水处理科学与技术

城市污水污泥过程减量及资源化利用理论与技术

田　禹　左　薇　陈　琳　卢耀斌　李之鹏　著

科学出版社

北　京

内 容 简 介

本书在概述污水污泥产生途径、组分特性及处理处置技术最新研究进展的基础上,着重介绍了解偶联、生物捕食、高温热解等污泥处理处置前沿技术,探讨了污水污泥减量化及资源化过程中的关键影响因子,阐释了污泥组分的转化规律及产物的形成途径,剖析了污泥处理处置技术的发展瓶颈,并提出了相应的对策和解决方案。

本书既可作为从事市政工程、环境科学、环境工程等学科和专业的硕士生、博士生以及高校教师的教学用书,也可作为相关学科科研人员的参考书。

图书在版编目 CIP 数据

城市污水污泥过程减量及资源化利用理论与技术/田禹等著. —北京:科学出版社,2012

ISBN 978-7-03-035680-2

Ⅰ.①城… Ⅱ.①田… Ⅲ.①城市污水-污水处理②城市污水-废水综合利用③城市-污泥处理④城市-污泥利用 Ⅳ.①X703

中国版本图书馆 CIP 数据核字(2012)第 231802 号

责任编辑:朱 丽 / 责任校对:钟 洋
责任印制:张 伟 / 封面设计:铭轩堂

科 学 出 版 社 出版
北京东黄城根北街 16 号
邮政编码:100717
http://www.sciencep.com

北京教图印刷有限公司 印刷
科学出版社发行 各地新华书店经销
*
2012 年 9 月第 一 版 开本:B5(720×1000)
2017 年 1 月第二次印刷 印张:29 3/4
字数:580 000
定价: 178.00元
(如有印装质量问题,我社负责调换)

前　言

随着我国城市化进程的加快和污水处理率的不断提高，城市污水污泥的产量不断增加，至 2010 年底，全国污泥日产量已达 40 万 t(以含水率 80％计)。由于技术和经济因素的制约，我国城市污水污泥处理处置技术远远落后于国际先进水平，大量的污泥随意外运、填埋或堆放，对城市环境与人民健康造成了极大的危害。污泥的处理处置已经成为我国可持续发展过程中亟待解决的重大环境问题。

本书全面介绍了污泥的解偶联、生物捕食、高温热解等城市污水污泥处理处置的前沿技术，重点阐述了污水污泥主要成分在处理处置过程中的转化规律及内在机理，深入剖析了处理处置过程中出现的科学问题，并针对可能出现的二次污染问题，提出了相应的控制手段与规避措施。本书是在整理和凝练作者所主持三项国家自然科学基金研究成果的基础上编著而成的，介绍了作者在研究过程中形成的污泥处理处置新思路、新观点。全书突出理论创新与实践可行并重的思想，强调污水与污泥协同处置，对提高我国污水污泥处理处置水平具有一定指导意义。

全书共分为 4 章。第 1 章在介绍城市污水污泥产生途径与组分特性的基础上，概述了国内外污泥处理处置技术的发展与现状。第 2 章介绍了污泥的解偶联技术，揭示了微生物代谢过程中能量解偶联发生的原因、内部驱动和维持的机制，分析了不同解偶联剂作用下的污泥减量效果，研究了解偶联剂在水处理系统内的迁移转化规律。第 3 章介绍了污泥的生物捕食技术，重点阐述了作者开发的蠕虫附着型污泥减量工艺，探讨了蠕虫捕食过程中氮、磷营养物释放与重金属迁移的内在机理，揭示了蠕虫捕食作用对污泥活性及沉降性能影响的作用机理，提出了基于生物捕食技术的污水与污泥协同处理方案。第 4 章介绍了污泥微波热解资源化技术，重点阐述了污水污泥在微波场内的升温特性与影响因子，揭示了热解产物的生成规律及转化机理，提出了微波热解污泥危害产物的控制措施。

在本书完成之际，诚挚感谢郑蕾、方琳、陈琳、张军、张晓琦、苏欣颖、吴迪、柳锋、陈东东、延崇建、张赛、曹长玉、吴伟男、赵娟、祝初梅、任正元、林海莲、祁伟、赵博研、姜天凌、谭涛、王宁等，他们在研究生期间的研究成果为本书的完成提供了重要的数据和资料。本书在编写过程中参阅了大量的国内外论文及论著，已列入参考文献中，在此对文献原作者一并致以由衷的谢意。

由于作者水平有限，书中难免有错误和不足之处，敬请有关专家和广大读者不吝指正。

作　者
2012 年 1 月

目　　录

第 1 章　城市污水污泥的来源、性质及其危害

1.1　城市污水污泥的来源

1.1.1　全球污水处理现状

水资源作为人类赖以生存和发展的基础性的资源,亘古以来一直是决定社会和经济发展的关键因素,区域水资源条件不仅与一个国家的能源、农业、工业等各领域的发展息息相关,而且直接决定了该地区的经济发展模式。然而,随着人类科技的不断进步以及城市经济的不断发展,水资源却首当其冲成为了最大的牺牲品。大到工业和农业用水,小到家庭日常用水,急速膨胀的人口密度使得人类对水资源需求量越来越高,对水资源的使用也越发频繁,并最终使得水资源短缺和水环境恶化问题日益严重。

值得肯定的是世界各个国家和地区在 20 世纪末到 21 世纪初期纷纷采取了包括制定相关法规政策,研发新型污水处理技术以及兴建污水处理设施等大规模的污水治理举措来应对、解决水污染和水资源紧缺问题。欧洲于 1991 年 5 月 21 日颁布实施了污水指令(91/271/EEC),该指令以减轻生活污水、工业废水的排放对环境造成的污染为目标,制定严格的污水处理标准,推动欧洲大批污水处理厂的兴建和升级、改造。我国"九五"、"十五"以及"十一五"规划中,均重点强调了水体污染的控制与治理,包括开展流域水生态功能区划,研究流域水污染控制,开发安全饮用水保障集成技术和水质水量优化调配技术,建立适合国情的水体污染监测、控制与水环境质量改善技术体系等措施,使得我国的污水处理产业得到了快速发展,污水处理能力及处理率迅速增长。截至 2010 年,我国已建成污水处理厂 1993 座,污水日处理能力达到 1.25 亿 m³,城市污水处理率由 2005 年的 52% 提高到 2010 年的 75% 以上。在未来几十年里,随着各国经济(尤其是发展中国家)不断发展,全球污水处理行业仍将会以更加惊人的速度继续发展。正是在这样一个大背景下,污水净化过程中的必然产物——污水污泥,其产量正以每年超过 10% 的增长率迅速增加。对于传统的好氧活性污泥工艺,进水生化需氧量(biochemical oxygen demand,BOD)的 40%～60% 将会转化为污泥,其产量占总处理水量的 0.5%～1.0%,而真正意义上氧化分解的 BOD 仅占 30%～40%。因此,对大部分污水处理而言,进水污染物将以污水污泥的形式向自然界转化。污水污泥具有环境的危害性和资源可利用性的双重属性,它不仅是一种浓缩了污水中几乎全部有

毒有害物质(重金属、难降解有机污染物、病原微生物)的潜在污染物质;同时它还富含丰富的有机物和营养元素(氮、磷等),是一种可以回收利用的资源。因此,污水污泥的安全处理及资源化处置成为继污水处理之后又一个国内外研究和讨论的焦点。

1.1.2　城市污水污泥的定义

城市污水处理厂在处理污水的过程中会产生两个主要产物,一种是出水或被称为处理后的水,它将会被排放到自然水体中;另一种就是通常所说的污水污泥。污水污泥通常是以液态形成存在的,并且富集和浓缩了污水中几乎全部的物质,包括有机污染物、重金属、致病微生物、营养元素等。受到污水污泥的来源、性质等多种因素的影响,国内外对于污水污泥的定义不尽相同。欧盟委员会将污水污泥定义为污水初级处理(物理、化学处理)、二级处理(生物处理)以及深度处理(通常指氮、磷等营养物质的去除)过程中所产生的剩余物质,并将污水预处理过程中产生粗糙的固体颗粒物、砂砾以及油脂等残渣定义在污水污泥的范畴之外。美国和澳大利亚更倾向于用"生物固体"这一名词来替代"污水污泥",主要原因是稳定化后的污水污泥是一种有资源利用价值的有机质固体。本书所称"城市污水污泥"是指在城市污水处理厂的初沉池、生物处理池以及二沉池等水处理构筑物中,伴随污水的一级处理(去除水中悬浮物或颗粒物)、二级处理(去除水中有机物)以及深度处理(去除水中 N、P 等营养元素)等污水处理过程所产生的、富集了微生物菌胶团、病原菌、有机污染物、重金属以及大量颗粒物的固液混合物(Smith,2009;Aparicio et al.,2009)。

1.1.3　城市污水污泥的产生途径

图 1-1 所示的是一座城市的污水由产生到处理,再到排放的过程。可以看到,城市污水主要包含居民生活污水、机关、学校、医院、商业服务机构等各种公共设施排水,工业废水、农业废水以及初期雨水等。大量的污水经由城市污水管网收集后送到城市污水处理厂进行统一处理,达到排放标准的出水可以直接排入自然水体或进行回用。

一座常规的城市污水处理厂的包含格栅、沉砂池(未画出)、初沉池、生物处理池、二沉池等水处理单元,每一个水处理单元都对应着污水处理的每一个过程,一般来说,污水处理过程可以分为预处理、一级处理、二级处理以及三级处理四个阶段(图 1-2)。

污水进入污水处理厂后,首先进入预处理阶段,这一阶段的主要处理构筑物有格栅和沉砂池,污水中大部分浮渣、漂浮物、大颗粒杂质等物质在重力(沉淀)或机械力(筛分)作用下从水中脱离出来,最终形成半固态残渣,它们一般并不属于污水

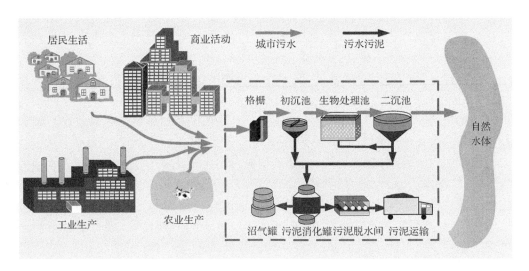

图 1-1 城市污水的产生、处理及排放

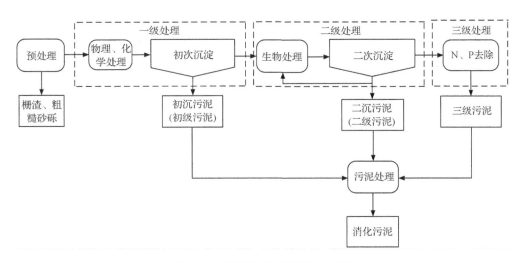

图 1-2 城市污水污泥的产生过程

污泥的范畴。

随后污水将进入一级处理阶段,这一阶段最常见的处理单元是初沉池,此外,为了提高污水中小颗粒物、胶体物质等悬浮物质的沉降效果,通常还引入絮凝和混凝等物化手段。经过一级处理后,污水中 50%～70% 的悬浮物以及 25%～40% 的 BOD 将从污水中分离出来,最终在初沉池底部形成了以无机物为主的初沉污泥。

紧接着,污水将进入以生物处理为主的二级处理阶段,该阶段通常采用活性污泥法对污水中的有机物进行降解,活性污泥中含有大量的菌胶团和细菌,它们将利用污水中的有机物来维持自身生长,其中一部分有机物在微生物的呼吸作用下被转化为CO_2排放到空气中,另一部分则被微生物合成代谢所利用,转化为活性污泥微生物细胞,进入污泥,致使污水污泥大量产生。生物处理结束后,生物处理单元中的活性污泥量得到大幅度增长,泥水混合物将被送入二沉池进行泥水分离,并最终在二沉池底部中形成包括有机残片、菌胶团、无机颗粒及胶体在内的二次沉淀污泥。与初沉污泥相比,二沉污泥中的脂肪酸、油脂以及纤维素的含量较低,氮、磷以及蛋白质的含量相对较高。

污水的三级处理(深度处理)主要是指通过生物或化学方法对二级处理水中的氮、磷进行深度去除,包括生物脱氮除磷、混凝沉淀除磷等技术。该阶段同污水的二级处理一样会产生大量的剩余污泥(三级污泥),通常设有三级处理的污水处理厂,污水污泥产量将提高30%。随着污水处理技术的不断发展,现有的城市污水处理工艺通常是将污水的二级、三级处理合并到一起,如SBR工艺、MBR工艺,因此也将二级污泥和三级污泥统称生物污泥。

一般来说,城市污水污泥主要由初沉污泥和生物污泥组成,其产量受到污水的污染程度、处理工艺以及污水处理厂出水排放标准等多个因素影响。一般而言,城市污水处理厂的污水污泥产量与污水处理效率成正比,即出水水质要求越高,污水污泥产量越大。例如,粗放的生物处理工艺,如稳定塘、湿地等污水自然处理工艺,其处理效果相对活性污泥法低,污水污泥产量也相对较低;而对于那些因为需要严格控制出水氮、磷含量而采用脱氮除磷等深度水处理工艺的污水处理厂,其污水污泥产量将比普通活性污泥法高出30%。表1-1列举了不同水处理工艺对应的污水污泥产量。

表1-1　基于单位污水处理量的污水污泥产率

污水处理工艺	干污泥产率(t/万 t)
一级强化处理工艺	0.73
传统活性污泥法	1.48
A/O 和 A²/O 工艺	1.20
SBR 工艺	0.90
氧化沟工艺	1.09
其他处理工艺	1.34

资料来源:陈中颖等,2009

1.1.4　城市污水污泥的现状

随着污水处理技术的不断进步和发展,以及日益严格的污水排放标准,污水二级处理率不断提高,污水处理厂的规模也不断增大。污水污泥作为污水处理过程中的必然产物,其产量也在不断增加,带来了日益严重的环境污染问题。表 1-2 给出了世界各主要国家和地区的污水污泥产量增长情况,可以看出在近 20 年的时间里,各国的污水污泥产量均有较大幅度的提高。欧洲污水污泥的年产量从 550 万 t (干污泥)涨到 900 万 t(European Commission,1997,2001;Magoarou,2000)。中国继美国之后成为已经成为世界上污水污泥产量第二大国,据住房和城乡建设部《2009 年城市、县城和村镇建设统计公报》显示,截至 2009 年年底,我国已建成城镇污水处理厂 1993 座,污水总处理能力超过 1 亿 m³/d,按处理每万吨废水产生干污泥 2.7 t 来算,我国城市污水污泥日产量约为 90 万 t/d(含水率 97%)。产量如此庞大的污水污泥,如果未经妥善处理就排放到自然界中,将造成包括地下水、地表水、空气在内的严重二次污染,给城市环境与人民健康带来极大危害。

表 1-2　世界主要国家和地区干污泥产量一览

国家	干污泥产量(万 t/a)		增长幅度/%	文献出处
	1990~2000 年	2000~2010 年		
美国	615.4	800	30.0	GAOEWSBM(2008);Lee et al. (2002)
英国	158.3	218	37.7	Magoarou(2000);Wilson(1998)
德国	222.7	275	23.5	EC(2001)
意大利	80	100	25	GAOEWSBM(2008)
法国	82	117.2	42.9	EC(2001)
西班牙	68.5	108.8	58.8	EC(2001)
荷兰	28	150	435.7	GAOEWSBM(2008)
葡萄牙	24.5	35.9	46.5	EC(2001)
芬兰	13.6	16	17.6	EC
挪威	85	86.5	1.7	GAOEWSBM(2008)
丹麦	15.1	16	5.9	EC(2001)
比利时	8.5	15.9	87.0	EC(2001)
爱尔兰	3.8	11.3	197.3	EC(2001)
希腊	5.9	9.9	67.8	EC(2001)
中国	400	570	42.5	Lee et al. (2002)
日本	190	230	21.0	GAOEWSBM(2008)

1.2　城市污水污泥的性质

污水的净化过程中实际上是污染物由水相转移到泥相的过程,污水中绝大部分污染物质、颗粒物质会在物理、化学、生物等联合作用下富集到污水污泥中。因此,对污水处理效果产生影响的所有影响因素,如污水的组成、污水受污染程度、污水处理标准、污水处理技术、水温等,均会对污水污泥的性质产生影响。作为污水净化过程的副产物,人们很难像模拟污水成分一样制得人工污泥,这一点也正是污水污泥处理处置难度较大的最主要原因。充分了解与认识污水污泥的性质,是合理选择污泥处理处置技术的关键。本书将从污水污泥的水含量、组成、农用特性以及毒害性等四个方面对污水污泥的性质进行介绍。

1.2.1 污水污泥的水含量

　　城市污水污泥是一种含水率极高的物质(97%～99%),采用传统机械脱水技术处理后,污泥的含水率仍然高达80%左右,这也是导致污水污泥体积庞大的最主要原因。国外学者 Vesilind 和 Martel 提出了污泥中所含的水分主要有四种(图1-3),即自由水、毛细结合水、表面吸附水和结合水。自由水是指没有与污泥颗粒结合的水分,一般占到污泥总水含量的65%～85%。这部分水是污泥浓缩的主要对象,可以在重力或机械力作用下去除;毛细结合水是通过污泥颗粒之间或颗粒裂缝中的毛细作用固定在污泥絮体表面的水分(Chu and Lee,2008),这部分水占到总水分的15%～25%,需要提供较高的机械作用力才能去除;表面吸附水是指在表面张力作用下覆盖于污泥絮体表面的水分,占总水分的10%～15%;结合水是指经过水合作用,以化学方式与颗粒结合的水分,这部分水分的含量一般只占到污泥总含水量的5%～10%,需要通过热处理过程才能去除。

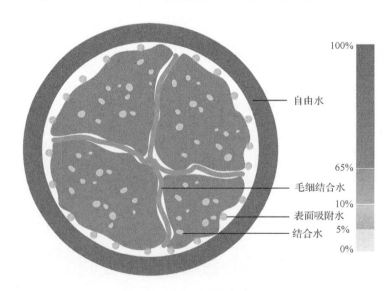

图1-3　污水污泥的水分组成

1.2.2　污水污泥的复杂组成

污水污泥富集了污水中几乎全部的污染物质,其主要成分有蛋白质、脂肪(脂肪酸盐、油类、油脂)、尿素、纤维素、硅土、氮素、磷酸盐、铁离子、氧化钙、氧化铝、氧化镁以及碳酸钾等(Turovskiy and Mathai,2006)。此外污水污泥中还含有大量的微生物、重金属、腐殖酸以及多种矿物质(表1-3)。

表1-3　污水污泥的组成

污泥的组成	含量
污泥干重/%	0.83～1.16
挥发性固体(占污泥干重)/%	59～88
水分/%	＞95.0
脂肪类物质(醚溶性和醚浸出物质,占污泥干重)/%	13.0～75.0
蛋白质(占污泥干重)/%	15.0～41.0
氮(N,占污泥干重)/%	1.5～6.0
磷(P_2O_5,占污泥干重)/%	0.8～11.0
钾(K_2O,占污泥干重)/%	0.0～3.0
纤维素((占污泥干重)/%	8.0～15.0
铁(非硫化物,占污泥干重)/%	2.0～8.0
硅土(SiO_2,占污泥干重)/%	10.0～20.0
有机酸(乙酸,占污泥干重)/(mg/L)	200.0～2000.0
总大肠杆菌(个/g 干污泥)	$1.2×10^8$
链球菌(个/g 干污泥)	$2.1×10^5$
沙门氏菌属(个/g 干污泥)	$7.9×10^2$
肠道病毒(个/g 干污泥)	$3.6×10^2$

资料来源：Metcalf and Eddy,1995；Rulkens,2003；Pathak,2009

1.2.3　污水污泥的农用价值

污水污泥含有大量的具有农用价值的物质,包括能够改良土壤结构的有机质、植物生长发育所需的氮、磷、钾以及维持植物生长的多种微量元素(如钙、硫、镁、铁等)。因此,经过稳定化处理的污水污泥又被称作生物固体。

1. 有机质

污水污泥中含有丰富的有机物质,它们主要以溶解性有机物构成,如碳水化合物、氨基酸、小分子蛋白质以及腐殖酸等物质形式存在。表1-4给出了污泥中有机物质的组成。

表 1-4　城市污水处理厂污泥的有机物组成

有机物种类及其含量（干污泥）	初沉污泥	剩余活性污泥	厌氧消化污泥
有机物含量/%	60～90	60～80	30～60
纤维素含量/%	8～15	5～10	8～15
纤维素含量/%	2～4	—	—
木质素含量/%	3～7	—	—
油脂和脂肪含量/%	6～35	5～12	5～20
蛋白质含量/%	20～30	32～41	15～20

资料来源：尹军等，2005

　　这些有机物质施加到土壤中，一方面可以改善土壤的结构，增强土壤的强度和持水能力，从而有效缓解土壤的水土流失现象；另一方面这些可生物降解的有机物质也为土壤微生物提供了良好的"食物"，并且在其降解过程会释放氮、磷等农作物生长所需的营养元素。换言之，污水污泥中的有机物不仅可以提升土壤微生物的代谢活性，丰富微生物种类，还能够为农作物和植物生长提供必需的营养物质，促进农作物和植物的生长。通常污水污泥中的有机物质（易降解的）含量占污泥干重的50%以上，表 1-5 将污水污泥中有机物的含量与城市垃圾、动物粪便进行了比较，可以看到与动物粪便相比，污水污泥普遍具有较高的有价值含量，即便是经过消化或热处理等稳定化的污水污泥，其有机质含量仍然较高，因此在不考虑一些难降解有机物可能对环境造成的不良影响的条件下，污水污泥是非常良好的农业肥料。

表 1-5　污水污泥、城市垃圾以及动物粪便中有机物含量的比较

项目	有机物含量（占干污泥的比例）/%
生污水污泥	59～88
好氧消化污泥	60～70
厌氧消化污泥	40～50
堆肥处理污泥	<40
热处理污泥	50～85
城市垃圾（堆肥处理）	40～60
动物粪便	45～85

2. 营养元素

　　在污水净化过程中，污水中氮、磷、钾等营养元素会被微生物合成代谢利用，进

入到污水污泥当中。污水污泥中营养元素含量是污泥土地利用的价值和肥效的基础,其含量受到污水性质、污水处理工艺以及污泥处理方式等多个因素的影响。表 1-6 是世界主要国家和地区污水污泥氮和磷含量的比较,可以看到在经济发达地区,污水污泥中氮和磷的含量相对较大,其主要原因为这些地区的居民生活水平普遍较高,饮食质量相对较高,相应的污水中的氮和磷等物质含量也较高。

表 1-6　世界主要地区污水污泥中氮和磷含量　　　　（单位：mg/kg 干污泥）

国家或地区	总氮含量	总磷含量	文献出处
中国	22 600	11 500	Wang et al. (2008)
中国香港	43 800~65 000	10 600~21 800	Wong et al. (2001)； Chan et al. (2003)
印度	26 000~38 700	13 400~14 400	Nandakumar et al. ,(1998)； Pathak et al. (2008)
阿根廷	19 300	7200	Torri and Lavado(2008)
加拿大	32 500~53 700	8700~16 900	Warman and Termeer (2005
美国	20 000~60 000	2000~30 000	McMahon(1996)
英国	38 000	22 000	UK Environment Agency(1999)
西班牙	16 300~45 600	4200~16 700	Fuentes et al. ,(2004)

资料来源：Pathak et al. 2009

1）氮

表 1-7 比较了不同种类及处理工艺污水污泥的氮含量。一般来讲,经过稳定化处理后的污泥的氮含量占干污泥量的 1%~6%,远低于商用肥料中的氮含量（11%~82%）。污泥中的氮主要以有机氮和可被植物直接利用的无机氮的形式存在,其具体含量取决于污泥的产生过程和处理工艺。例如,在厌氧消化污泥中,由于微生物未能对有机物进行彻底的氧化,因此污泥中的氮主要存在于含氨的溶解性有机物和微生物细胞中。在好氧消化污泥中,由于微生物的氧化作用完全,大部分有机氮和氨氮化合物都能够被充分氧化,因此污泥中的有机氮含量要较厌氧消化污泥低,并且好氧消化污泥中氨氮的含量仅占到总氮的 10%,而厌氧消化污泥中的氨氮则占到约 30%。污水污泥中的无机氮能够直接被农作物所利用,而有机氮必须被微生物利用转化为无机氮后才能被农作物吸收利用。因此,在将污水污泥用作氮肥时,需首先考虑污泥中有机氮和无机氮的含量,以确定该污泥的肥效。此外,污泥在被用作氮肥的施加到土壤中时,同样需要满足氮肥的农用标准,即不能超过农作物对氮的吸收利用量,否则过量的氮可能渗透过植物的根系区域,进而对地下水造成污染。

表 1-7　不同种类的污水污泥的氮含量比较

污水污泥的种类/处理方式	总氮含量(占干污泥的比例)/%	氨氮含量(占总氮的比例)/%
液态污泥	1~7	2~70
好氧消化,重力浓缩	5~7	5~10
好氧消化,机械浓缩	4~7	2~8
厌氧消化	1~7	20~70
半固态污泥	2~5	<10
好氧消化,机械脱水	3~5.5	<5
厌氧消化,机械脱水	1.5~3	<5
石灰处理	3.4~5	<10
固态污泥	1~3.5	<10
好氧消化,石灰处理	2.5	<10
堆肥处理	1.5~3	10~20
好氧消化,脱水干化处理	2~3.5	<10
厌氧消化,脱水干化处理	1.5~2.5	<10
干化污泥	3.5~6	10~15

2)磷

与氮相似,污水污泥中的磷主要以有机磷和无机磷形式存在,它们的含量同样取决于污水的性质以及污泥处理工艺。一般来说,污水污泥中的磷含量占干污泥总量 0.8%~6.1%,略低于商用肥料中的磷含量(8%~24%),因此,相比污泥中的氮而言,污泥更适宜作为磷肥来供农作物吸收和生长。

3)其他营养元素

除了氮和磷之外,污水污泥还含有农作物生长所必需的钾、硫、镁、硼、硒、钴等微量元素(表 1-8),经稳定化处理后的污水污泥可以很好地满足农作物生长对微量元素的需求,因而具有良好的农用价值。

表 1-8　污水污泥中营养物质含量

物质成分	变化范围	典型值
K_2O/(g/kg 干污泥)	0.1~95	4.2
MgO/(g/kg 干污泥)	0.1~122	9.7
CaO/(g/kg 干污泥)	0.1~727	73.7

1.2.4　污水污泥的毒害性

对于城市污水生物法处理工艺而言,污水中的大部分有毒有害物质(如有机污染物、重金属以及病原微生物等)不能被微生物所降解,而是直接富集到污水污泥中,使得污水污泥具有一定的毒害性。污泥富集的这些有毒有害物质不仅容易对环境造成严重的二次污染,并且还会通过生态系统中的食物链迁移、富集,对生态环境和人类健康造成长期的危害性。

1. 有毒有机污染物

城市污水污泥中的有毒有机污染物主要有多环芳烃(PAHs)、多氯联苯(PCBs)以及多种苯系物(BTEXs)等。它们主要来源于工业生产、能源污染以及人类日常生活等过程,并最终在污水生物处理的过程中,通过吸附和浓缩作用转移到污泥中。污泥中的这些有机污染物不仅浓度高(高出土壤背景值数十倍甚至数百倍)、毒害性强而且很难被微生物降解,具有很强的持久性,一旦进入土壤则可能存在数十甚至数百年的时间,从而会对土壤生态环境、地下水、地表水、大气环境以及人类健康造成潜在不良影响:①污泥中的有机污染物会随地表径流进入地表水环境,进而通过食物链进入鱼体内,并发生生物富集,最终进入人体;②污泥中有机污染物会在风蚀作用下部分挥发到大气中,对大气环境造成污染,同时还会随呼吸直接侵入人体;③污泥中的有机污染物还渗透到地下水中,对地下水环境造成不可逆的污染,并最终通过饮用水系统进入人体内。图 1-4 是我国部分城市污泥中主要有机污染物的含量水平。可以看到我国不同城市的污水污泥中的有机污染含量相差较大,但邻苯二甲酸酯类和多环芳烃类有机污染物含量普遍较高。

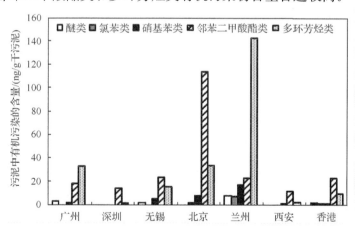

图 1-4　我国部分城市污泥中有机污染物含量水平

1) 多环芳烃

多环芳烃(PAHs)类物质是污水污泥中常见的有机污染物之一,是一类对人体健康和生态系统威胁极大的污染物,它们中的许多化合物被美国环境保护署列为"优先控制污染物"。表 1-9 列出了不同种类的污水污泥中 PAHs 的含量。可以看到,各类污泥中 PAHs 的含量存在较大差异,并且生活污水污泥中同样含有较高的 PAHs 含量水平。在污泥的 PAHs 中,芘的含量水平远高于其他 PAHs 物质,相反,污泥中的二苯并[a,h]蒽、苯并[ghi]苝以及茚并[1,2,3-cd]芘的含量较小。

表 1-9 不同污泥中 PAHs 的含量 （单位：mg/干污泥）

组分	生活污水污泥	印染废水污泥	化工废水污泥	制药废水污泥	制革废水污泥
萘(NA)	1.065	1.108	2.010	1.141	1.468
苊(AC)	0.155	0.123	0.234	0.055	0.148
芴(FLUOR)	0.335	0.254	0.142	0.165	0.818
菲(pHEN)	1.815	1.353	2.882	0.912	2.788
蒽(AN)	0.667	0.065	0.155	0.032	0.238
荧蒽(FLUR)	0.869	0.311	0.503	0.258	0.655
芘(PY)	4.994	2.531	3.056	3.479	5.306
苯并[a]蒽(BaA)	2.232	1.644	0.801	3.934	1.971
苯并[b]荧蒽(BbF)	0.243	0.150	0.073	0.302	0.200
苯并[k]荧蒽(BkF)	0.224	0.092	0.016	0.055	0.047
苯并[a]芘(BaP)	0.171	0.110	0.018	0.011	0.043
二苯并[a,h]蒽(DA)	0.046	0.044	—	—	0.033
茚并[1,2,3-cd]芘(IN)	0.054	0.012	—	—	—
苯并[ghi]苝(BP)	0.081	—	0.051		
PAHs 总和	12.4	7.579	10.345	10.345	13.717

注：生活污水污泥 PAH 的含量取自四个城市(郑州、杭州、合肥、上海)污水污泥的平均值

资料来源：翁焕新,2009

2) 苯系物

苯系物(如苯、甲苯、二甲苯)是污水污泥中另一常见的有机污染物,其在污泥中的种类和含量与污水的性质直接相关。图 1-5 为不同种类的污泥样品中苯系物的含量分布情况。可以看到印染污泥和造纸污泥中的苯系物含量明显高于其他种类的污泥,而以生活污水为主产生的市政污泥中苯系物含量较低。这主要是因为印染和造纸过程中需要使用大量染料,而甲苯、二甲苯以及间二甲苯等苯系物正是生产染料的化工原料,因此印染和造纸过程中残留的苯系物会进入印染和造纸污水中,它们不能被微生物代谢所利用,最终富集到污水污泥中。另外,人们日常生活中使用的清洁剂、胶黏剂等日用品中也会含有一些苯系物,它们会随生活污水进入城市污水处理厂,并最终进入市政污水污泥中。此外,污泥处理工艺对污泥中苯

系物的种类和含量也有较大的影响,如图 1-6 所示,除合肥外,郑州、杭州和上海等地的污水污泥中苯系物含量相差不大。主要原因是来自合肥的污泥样品没有经过消化处理(该污水处理厂未设污泥消化池),从而使得污泥中有机物含量较高,进而使得苯系物含量偏高。因此,对污泥进行适当的稳定化处理,对降低污泥中苯系物的含量具有非常重要的意义和作用。

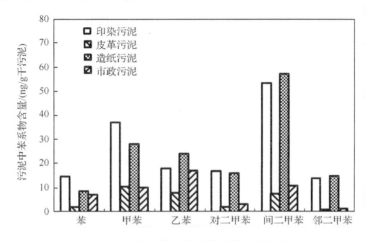

图 1-5　不同种类污泥中苯系物含量比较

资料来源:翁焕新,2009

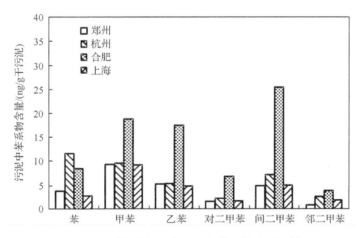

图 1-6　不同城市污水污泥中苯系物含量比较

资料来源:翁焕新,2009

2. 重金属

重金属是指原子序数在 21～38 的金属单质或相对密度大于 4 的金属,它们不仅广泛存在于环境、土壤以及食物中,而且被大量应用于生产和建筑等行业。具体来说,污水中的重金属主要来源于以下几个方面:①污水在通过污水管网进入污水处理厂的过程中,由于管道的腐蚀老化而产生的重金属化合物会直接进入到污水;②工业、交通以及人类日常生活等活动所产生的废气中也含有重金属离子,它们会随大气降水进入污水;③一些制造业和加工业,如电镀、冶金、造纸、制革、电池等行业,受材料加工及产品的需要,它们在生产过程往往会使用大量的重金属化合物,因此也将产生富含大量重金属离子的工业废水。一般而言,工业废水中重金属离子的含量显著高于前两种污水,随着污水处理厂中工业废水的所占比例越来越大,污水中的重金属含量也越来越高。在污水处理过程中,污水中的重金属不能被微生物降解,绝大部分(50%~80%)的重金属离子通过菌胶团吸收、矿物颗粒表面吸附、絮凝以及共沉淀等途径在污泥中浓缩富集。污水污泥中常见的重金属元素有汞(Hg)、铬(Cr)、镉(Cd)、铜(Cu)、铁(Fe)、铅(Pb)、镍(Ni)、砷(As)、锌(Zn)、锡(Sn)、锰(Mn)等(表 1-10)。表 1-11 列出了世界主要国家或地区城市污水污泥中重金属的平均含量,可以看到尽管来自不同国家或城市的污水处理厂污泥中重金属的含量相差较大,但是,污泥中锌(Zn)的含量普遍较高,其次是铜(Cu),这一分布特征是一致的。此外,美国和英国的污水污泥中镉(Cr)和铅(Pb)的含量远高于其他国家。

表 1-10　污水污泥中的金属含量

重金属元素	含量/(mg/kg 干污泥)	典型值/(mg/kg 干污泥)
As	1.1~230	10
Cd	1~3410	10
Cr	10~990 000	500
Co	11.3~2490	30
Cu	84~17 000	800
Fe	1000~154 000	17 000
Pb	13~26 000	500
Mn	32~9870	260
Hg	0.6~56	6
Mo	0.1~214	4
Ni	2~5300	8
Se	1.7~17.2	5
Sn	2.6~329	14
Zn	101~49 000	1700

表 1-11　不同国家或城市污水处理厂污泥中重金属含量　　　（单位：mg/kg）

重金属	美国	英国	中国上海	日本	意大利	瑞典	西班牙马德里	加拿大魁北克	希腊雅典
Cd	10～400	107	0.09～5.55	2.1	2.1	6.7	2.7	3.0	2
Cr	50～200	887	1.13～70	210	—	86	85.5	139	552
Cu	95～700	1121	101～426	210	370	560	242	1800	258
Mn	100～300	—	—				198	468	150
Ni	100～400	201	17.3～65.2	39	19	51	37.5	134	41
Pb	200～500	900	0.95～129	52	72	180	197.2	87	326
Zn	1000～1800	2874	147～3740	1200	1500	1570	689	620	1739
As	10～50	—	1.5～33.4	1.4					
Hg	—	—	0.19～9.25	—					

资料来源：翁焕新等，2009；Pathak et al.，2009

污水污泥中的重金属污染物能够以化合物、离子等形态迁移到大气、水体以及土壤中，它们不仅会通过饮食以及呼吸等作用直接危害生物体，而且还能通过食物链作用不断迁移并积累，最终对人类健康造成更加严重的伤害。20 世纪 50 年代日本暴发了多起因重金属而造成的污染事件，如水俣病（汞污染）、骨痛病（镉污染）。近年来，随着污水污泥产量的急剧增长以及大规模的污泥土地利用和污泥填埋，污泥的重金属污染成已为污泥处理处置环节中最受关注的一个问题。一般来讲，重金属的具有以下毒害特征：①不可逆转性，即重金属一旦进入土壤环境后，很难通过自然循环从环境中消失或稀释，并且其对生物体和生态系统的破坏不易恢复；②危害长期性，即重金属对动植物或人体的危害往往需要较长时间才能显现出来，具有一定的潜伏性，因此也往往被忽视；③生物累积和放大性，即重金属进入土壤后，其生物有效成分会被植物或农作物吸收并积累，然后通过食物链作用在较高级的生物体中富集，最终进入人体；④毒性可变性，即重金属在不同的环境条件（如pH、温度等）下，可以以不同的价态、不同的形式存在，其毒性也相应地发生改变；⑤微量致害性，即很微小量的重金属即可产生明显的毒性效应，如汞（Hg）的毒性阈值（对生物体产生毒性的最小剂量）为 0.01～0.05 mg/m³，铅的为 0.1～0.20 mg/m³。根据重金属对农作物和植物生长的影响程度，可将污泥中的重金属元素分为两类：一类是对农作物和植物影响相对较小的，即很少被农作物和植物吸收利用的，如铁、铅、硒、铝等；另一类则对农作物和植物的毒害作用较大，迁移能力较强，并且有些对人体有非常大的危害，如镉、铜、锌、汞、铬等。

1）锌（Zn）

锌是植物正常生长不可缺少的重要微量元素。当植物缺乏锌时，生长素和叶绿素的形成会受到破坏,多种酶的活性会降低,并最终导致光合作用及正常的氮和有机酸代谢无法进行,引起多种病害,如玉米的花白叶病、柑橘的缩叶病。过量的锌同样对植物生长不利,它会使得植株矮小、叶退绿、茎枯死,质量和产量下降。据报道,将锌含量为 56 mg/m³ 污泥施用于土壤后,其对土壤和农作物的污染持续 30 年之久。

2) 镉(Cd)

镉是一种毒性很强的污染物质。20 世纪 50 年代,日本的"骨痛病"就是由镉污染引起的。Cd 进入人体后主要分布于胃、肝、胰腺和甲状腺内,其在人体内的停留时间长达 3~9 年,人如果每天的镉摄取量超过 300 μg,就有可能患"骨痛病"。镉对植物的毒害主要表现在其对磷代谢的破坏,使得叶绿素严重缺乏,叶片退绿,并引起各种病害,如大豆、小麦的黄萎病。试验证明,土壤含镉 5×10^{-6} mg/m³,可使大豆减产 25%。镉属于累积性元素,在植物体内迁移性强,生长在镉污染土壤上的农产品含镉量可达 0.4×10^{-6} mg/m³ 以上。在正常环境条件下,土壤镉的含量通常在 0.5×10^{-6} mg/m³ 以下,最高含量不得超过 1×10^{-6} mg/m³。

3) 铬(Cr)

铬也是植物需要的微量元素。它能增强植物光合作用能力,提高抗坏血酸、多酚氧化酶等多种酶的活性,增加叶绿素、有机酸、葡萄糖和果糖含量。而当土壤中的铬过多时,则影响植物生长,干扰养分和水分吸收,使叶片枯黄、叶鞘腐烂、茎基部肿大、顶部枯萎。土壤铬的含量一般在 250×10^{-6} mg/m³ 以下,最高含量不得超过 500×10^{-6} mg/m³,Cr^{6+} 含量达 1000×10^{-6} mg/m³ 时,可造成土壤贫瘠,大多数植物不能生长。铬对人体的危害主要表现在铬及其化合物会对人体呼吸系统产生伤害,使人患上咽喉炎和肺炎等,严重时甚至能导致呼吸道癌。

4) 汞(Hg)

汞是植物生长的有害元素。它会使植物代谢失调,降低植物的光合作用,影响根、茎、叶和果实的生长发育,过早落叶。汞和镉一样属于累积性元素。据报道,当土壤含可溶性汞量达 0.1×10^{-6} mg/m³ 时,稻米中含汞量可达 0.3×10^{-6} mg/m³。土壤中 Hg 的安全含量为 0.2×10^{-6} mg/m³ 以下,最高含量不得超过 0.5×10^{-6} mg/m³。汞进入人体后会对人体消化道、口腔、肾脏以及肝脏等器官造成损害。汞慢性中毒时会导致神经衰弱。

5) 铜(Cu)

铜是植物的必需元素。土壤缺乏铜时,破坏植物叶绿素的生成,降低多种氧化还原酶的活性,影响糖类(碳水化合物)和蛋白质代谢,能引起尖端黄化病、间断萎缩病等症状。过量的铜为植物带来铜害,主要表现在根部,新根生长受到阻碍,缺乏根毛,植物根部呈珊瑚状。土壤含铜量一般在 $10 \times 10^{-6} \sim 50 \times 10^{-6}$ mg/m³,可溶性铜的最高允许量为 125×10^{-6} mg/m³。据报道,土壤含铜 200×10^{-6} mg/m³,

将使小麦致死。

3. 病原微生物

在污水处理的过程中,约有 90% 以上的病原微生物被富集到污水污泥中,目前在污水污泥中已确认的病原微生物有细菌(24 种)、病毒(7 种)、原生动物(5 种)以及寄生虫(6 种)。未经处理的污水污泥中常见的病原微生物种类及含量见表 1-12。在污泥的回用过程中,病原微生物不仅会污染土壤、空气和水源,还会通过皮肤接触、呼吸以及食物链危及人类和动物的健康。含有病原微生物的污水污泥一旦进入环境中,就会在短期内危及人类和动物的健康,其主要污染途径通常有4 类:①随污泥农用进入土壤生态系统,抑制土壤微生物的正常代谢,导致土壤肥效降低;②随污泥颗粒进入大气,进而通过呼吸直接侵入人体;③吸附在植物或农作物表面通过食物进入人体;④病原微生物还会随地表径流和渗透液污染地表水和地下水。

表 1-12　污水污泥中主要病原微生物的数量

病原微生物	名称	数量/(个/g 干污泥)
细菌	总大肠杆菌	$10^6 \sim 10^9$
	埃希氏大肠杆菌	10^6
	沙门氏菌	$10^2 \sim 10^6$
	链球菌	8.9×10^5
病毒	肠病毒	$10^2 \sim 10^4$
原生动物	鞭毛虫	$10^2 \sim 10^3$
寄生虫	蛔虫	$10^2 \sim 10^3$
	绦虫	5

资料来源:李鸿江等,2010

1) 大肠杆菌

大肠杆菌是污泥中主要肠道细菌之一,可能引起人体重症水泻、脱水以及虚脱等症状。

2) 沙门氏菌

沙门氏菌是污泥中主要的病原微生物之一,绝大多数是污泥中均能检测到该菌种。沙门氏菌具有较强的内毒素,能够引起急性肠胃炎,表现为腹泻、腹痛以及发烧等症状。

3) 病毒

由于病毒易于被颗粒吸附,因此在污水处理过程中,污水中的大多数病毒都会富集到污泥中。据统计,初沉污泥的病毒含量高达 100 万个/L,而经消化处理后的污泥中病毒含量也可达 1000 个/L。污泥中的病毒种类繁多,如肝炎病毒、脊髓灰质炎病毒以及艾柯病毒等,均会引发多种疾病。

4. 其他污染

污泥中还含有部分带臭味的物质,如硫化氢、氨、腐胺类等,任意堆放会向周围散发臭气,对大气环境造成污染,不仅影响厂区周围居民的生活质量,也会给厂内工作人员的健康带来危害。同时,臭气中的硫化氢等腐蚀性气体会严重腐蚀厂内设备,缩短其使用寿命。

污水污泥中富含大量的氮、磷等营养物质,当有机污染的分解速度大于植物对氮、磷的吸收速度时,氮、磷等营养物质会随水流失而进入地表水体,造成水体的富营养化,或通过地下渗流造成地下水污染。

1.3　污泥处理处置技术

城市污水污泥处理与处置的研究目标涵盖减量化、无害化、稳定化、资源化四个层次,包括处理与处置两个环节。其中污泥处理是指污泥经单元工艺组合处理,达到"减量化、稳定化、无害化"目的的全过程,其目标是使污泥达到最终处置的要求,可经过浓缩、稳定、调理、脱水、灭菌、干化、堆肥、焚烧等一种或多种处理手段组合的处理;污泥处置是指将处理后的污泥置于自然环境中(地面、地下、水中)或进行再利用,能够达到长期稳定并对生态环境无不良影响的最终消纳方式。随着城市化的不断发展以及人口的不断增长,土地和能源紧缺问题日益凸显,国内外的污泥处理处置日益朝着减量化、资源化的方向发展。

1.3.1　传统的污泥处理技术

1. 污泥脱水

污泥脱水是污泥处理中最重要的步骤,通过高效分离污泥中的水分减少污泥体积,为污泥的输送、消化和进一步综合利用创造条件。脱水是大多污泥处理处置方式都必须经历的重要过程,脱水效果的好坏直接关系到整个污泥处理系统的优劣,研究表明,污泥含水率在78%以下时每降低1个百分点,每吨湿污泥的后续处理将减少1美元以上。

目前常用的污泥脱水方法有自然干化、浓缩、机械脱水、污泥干化、冻融脱水等。这些技术各有其优缺点:污泥机械脱水操作简单,但脱水效率不高,污泥脱水后含水率为 65%～85%;冻融脱水,脱水效率高,可使含水率降低到 50%～60%,在加入高聚物电解质时可降至 43%,但其能耗较高;污泥自然干化能耗少但占地面积大;加热干化能耗较大。因此,更为经济高效的污泥脱水技术受到国内外学者的高度重视。台湾学者运用电渗透脱水＋机械脱水的组合工艺进行污泥脱水,可使污泥的含水率由 82.8% 降至 62.6%,而且整个污泥处理费用可减少 17.4%~25.6%。Raats 等(2002)将电渗透脱水＋带式压滤的组合工艺应用于实际工程上,可使污泥的含固率由 17% 提高到 24%,使压滤机的排水率由 2.0~2.5m³/h 提高到 4m³/h。

随着科学技术的发展和进步以及减少占地和基建投资的要求,针对各种脱水设备的优缺点,各国都在相继开发、研制和使用低能耗、低磨损的脱水机种类,并由单纯的带式压滤机、离心机、真空机、板框机等发展到综合性的集浓缩和脱水为一体的设备,并有逐步取代单一类型脱水机的趋势。结合目前的发展现状,污泥脱水机械正朝着大型化、高参数,节能复合型、机械化、自动化以及智能化等方向发展。Robotal 公司生产的卧式螺旋卸料离心机,该离心机采用了变频(双变频)和液力传动系统,因此能耗较干燥脱水相比有了大幅度的下降。新开发的压榨隔膜过滤机能适应多种操作工艺,具有自动拉板、自动振打、自动洗涤,刮去残余滤饼、自动压紧、自动补偿装置等全面自动机械化功能,实现了无人操作。CUNO 公司研究开发的 ZETA PLUS 过滤板使带电荷高分子物质通过化学官能团加入污泥基体,形成稳定的化学键,并产生正电荷,构成强化的迷宫式通道,具有电、化学吸附与机械截留多重功用。

2. 污泥的厌氧消化

在污泥消化过程中,部分有机物分解释放 CH_4 和 CO_2,体积减小 50% 以上,脱水性能提高 2~3 个百分点,同时使致病细菌得到灭活处理,消化完全时更可消除恶臭。这些污泥性质的改变符合污泥处理减量化、无害化和资源化的多效目标,因此污泥的厌氧消化在发达国家得到了普遍的认同。以欧盟为例,50% 污泥均采用了厌氧消化。

国外的厌氧消化工艺于 20 世纪 40 年代开发,在 60 年代便已达到装备成套的产业化水平。理论研究及工程实践表明:污泥的厌氧消化主要在两个温度段中具有较高活性,分别为高温(55℃左右)厌氧消化和中温(35℃左右)厌氧消化。目前世界上绝大多数污泥厌氧消化池均运行在中温范围内。但实际上在不同温度条件下,厌氧消化工艺具有各自的优点和不足。中温消化不能使污泥中的病源微生物得到有效控制,而高温消化对寄生虫卵杀灭率可达 99%,有机物降解率较高,反应速率较快,并能有效改善污泥脱水性能。但高温消化有时会出现明显的挥发性有机酸积累,使运行过程不稳定,而且上清液水质不好,含有大量不溶固体颗粒。更重要的是,已有研究结果表明,高温及中温厌氧微生物从菌种、种群结构等多方面都有明显差别。因此采用高温-中温两级串联厌氧消化工艺,可以取得最优的厌氧消化效果。

生物分相厌氧消化技术在高浓度污水处理方面得到广泛的应用,在污泥生物分相处理方面的研究较少,众多应用集中于污泥二级厌氧消化,第一级加热搅拌,第二级不加热不搅拌,没有充分发挥污泥强化水解和高效产甲烷过程的分相优势。Ghosh(1987)开展了污水污泥多相厌氧消化研究,证明采取高温停留 3d、中温停留 10d 的消化方式,两级消化系统可将对有机物(volatile solids,VS)的去除率提高 40%(相比中温单级消化系统),且沼气产量增加 $0.37m^3/(kgVS)$。Song 等 (2004)的研究结果也表明中温(35℃)~高温(55℃)两级系统的有机物去除率高于中温单级和高温单级消化,总大肠菌群去除率达到 98.5%~99.6%。目前,在德国、美国等国家有极少数城市污水处理厂采用了类似的温度两级厌氧消化工艺对其污泥进行厌氧消化处理,均取得了良好的运行效果。

1.3.2 污泥减量新技术

1. 代谢解偶联剂技术

代谢解偶联剂技术是指利用活性污泥的解偶联代谢来实现污泥减量,该技术自 20 世纪 90 年代开始逐步受到国内外学者的关注,其原理是通过向活性污泥系统中添加解偶联剂,将微生物对有机物的氧化过程同二磷酸腺苷(adenosine diphosphate,ADP)转化成腺嘌呤核苷三磷酸(adenosine triphosphate,ATP)的磷酸化过程相互分离,使得微生物在降解相同基质条件下,生物合成量降低,从而使污泥产量下降。

Renze、Houtenb 等学者提出在以下情况有可能发生微生物的解偶联生长:存在影响 ATP 合成的物质(解偶联剂);存在过剩能量;存在不适宜的温度条件;存在基质物质的限制。前三种是通过解除新陈代谢中的能量偶联实现污泥减量,后一种是通过解除物质偶联达到抑制污泥产生的目的,据此也逐步演变出解偶联技术的主要方向:解偶联剂添加下的化学解偶联技术、S_0/X_0 高比值下解偶联技术以及 OSA(oxic settling anaerobic process)工艺下的解偶联技术。Chen 等(2004)、Strand 等(1999)学者的研究解析了上述解偶联减量技术的工况条件和减量效果,其研究表明 S_0/X_0 高比值下解偶联技术只适用于要求严格的工业废水处理工艺,OSA 工艺主要应用在进水有机物浓度较高的条件下,解偶联剂都是难生物降解或有较大毒性的化合物,在缺少深入的生物化学、分子生物学以及毒理学方面认知下,目前仅限于机理研究。

2. 污泥生物捕食技术

利用污水处理系统中出现的微型生物对污泥絮体、污泥中细菌和有机物的捕食作用实现污泥过程减量是近十几年兴起的新型污泥减量技术。该技术被称作生物捕食污泥减量技术,它起源于荷兰,关于它的研究最早可追溯到 1994 年。Rat-sak 等(1994)对荷兰某污水处理厂活性污泥中的后生动物种群动态变化进行了一年半的观测,她首先观测到仙女虫和红斑颚体虫的大量出现会伴随着污泥产量的显著减少。随后,Lee 等(1996)发现原生动物和后生动物对剩余污泥均有较为显著的减量效果。Rensink 等(1996)也对蠕虫的污泥减量效果进行了试验研究。他发现在一种改进的滴滤池的塑料填料上自然生长有仙女虫,红斑颚体虫和颤蚓等水生生物。当向系统中接种颤蚓后,污泥产量发生了大幅度的下降。此后的十几年里,该技术在荷兰取得了一系列突破式的进展:首先是荷兰 Wetsus 中心的 Elis-sen 等(2006)开发了一套新型的水生蠕虫污泥减量装置,将夹杂带丝蚓接种于特制的填料上,首次实现了蠕虫捕食污泥和消化排泄两个步骤的分离,污泥减量效果高达 75%;紧接着,在 2009 年荷兰 Wetsus 中心的 Hendrickx 等(2009)对上述污泥减量装置操作条件和设计参数进行了优化,并将装置与完全混合式活性污泥法污水处理系统组合起来,使得污泥减量效果达到 41%~71%,同时 COD 去除效果维持在 88% 左右,实现污水和污泥的协同处理;2010 年,Hendrickx 和 Elissen 进一步对污泥捕食系统中的物料平衡分析以及污泥捕食生物及其粪便的开发利用进行了研究;2011 年,Hendrickx 在上述研究的基础上,实现了水生蠕虫污泥捕食反应器工程化应用。目前,生物捕食污泥减量技术已在荷兰 Wolvega 污水处理厂完成了为期 4 年的工程化应用研究,污泥减量效果可达 30%~40%。

　　我国对生物捕食污泥减量技术的研究始于 2000 年。翟小蔚等(2000)采用两段式膜生物反应器培养富含原生动物的污泥,然后将其定期接种于普通活性污泥中,从而使得污泥产率大幅度下降,同时污泥絮凝沉降性能得到改善。这以后,中国科学院生态环境研究中心和清华大学相继对污泥生物捕食技术开展了更为深入的研究。2003 年中国科学院的魏源送等比较了传统活性污泥工艺(CAS)和膜生物反应器(MBR)中寡毛类蠕虫生长情况对剩余污泥产量的影响,发现 CAS 提供了更适合寡毛类蠕虫生存的环境。清华大学的 Liang 等于 2006 年研究了生物捕食污泥过程中的碳素迁移转化,实验比较了 *Aeolosomahemprichi*、*Daphnia mag-na*、*Tubifextubifex* 以及 *Physaacuta* 等四种污泥捕食生物的污泥减量效果,结果表明 *Aeolosomahemprichi* 和 *Tubifextubifex* 具有较大的污泥减量潜力。随后梁鹏和黄霞(2006)在实验室规模下将 *Aeolosomahemprichi* 和 *Tubifextubifex* 作为主体污泥捕食生物,研究了其在污水处理系统中的污泥减量效果及相应的优化运行操作条件。中国科学院 Guo 等(2007)和 Wei 等(2009)先后把颤蚓污泥减量反应器和寡毛类污泥减量反应器与立体循环一体化氧化沟(IODVC)结合,实现了污泥的高效减量。2011 年,针对生物捕食技术面临的蠕虫附着不稳定和营养物释放的问题,本书作者针对颤蚓类蠕虫,开发了具有蠕虫长期稳定存在、污泥高效捕食、营养物质释放有效控制等特点的序批式静态蠕虫反应器,并实现了与 MBR 污水处理系统的偶合,构建了以 MBR 为污水处理主体、蠕虫附着型生物床为旁路的组合工艺,实现了污泥的整体生态化减量;同时利用污泥捕食生物对污泥的改良、改性、减量作用,有效减轻膜污染,为生物捕食技术带来了新的方向。

3. 污泥热解技术

污泥的热解技术指的是在无氧或缺氧条件下加热污泥,使有机物产生裂解,形成利用价值较高的气态产物、油类产物及固体残渣。该技术能够取得比污泥预处理更为彻底的处理效果,同时,产生比污泥焚烧危害更小的副产物;在控制适当的条件下,污泥的分解可以避免副产物的污染,而使其成为资源回用的对象。国际学者已对该技术进行了广泛而深入的研究:Menéndez 等(2002)的研究表明它可以使污泥的体积减小 93%,质量减少 82%～85%;Guibelin(2002)的研究表明它把除汞以外的重金属离子固定在固体残留物中;Domýnguez 等(2003)的研究表明,污泥高温分解过程中产生的油和其他气体物质,主要成分为碳氢化合物,热值在 13 000～14 000kJ/m³,可以作为燃料加以利用。在过去 30 年里,热解技术已基本完成了实验室规模的机理研究,部分已进入中甚至工业化生产的规模阶段,并取得了可喜的突破:如美国 EPA(环境保护署)、NREL(国家再生能源实验室)、GTRI(佐治亚理工学院工业技术研究所),德国 Hamburg 大学,加拿大 Laval 大学,日本日立制作所和川崎重工。

微波法处理污泥是近几年来污水污泥热解技术领域研究的热点,已经有了一定数量的报道。20 世纪 90 年代,Haque(1999)最早将微波作为热源,在 200～300℃的温度下对污水污泥干燥热处理,实验结果表明微波辐射在污水污泥干燥脱水过程中具有独特的优势,微波加热 90 s 污泥样品就能达到 200℃,实现污泥的彻底干燥,过程中没有能量传递过程中的损耗问题,热量在整个反应装置内立体化传递,大大减小了设备的体积。邹路易等发现微波干燥污泥能高效的脱去污泥中的水分、降低污泥含水率、缩小了污泥的体积。傅大放等(1999)采用微波加热技术对污泥进行了干燥处理,并开展了中试研究,处理后的污泥达到了农用标准。乔玮等在微波辐照下以 80～170℃为反应温度,进行了污水污泥的热水解实验,结果表明,微波辐射可以促进污泥有机物的水解反应的进行。Guo 等(2008)开展了以微波、超声波和高温杀菌三种预处理技术处理过的污水污泥作为原材料,利用假单胞细菌进行了污泥发酵制取高纯氢气的实验研究,结果表明经高温杀菌和微波辐照处理过的污水污泥获得了较高的氢气产量。Wong 等(2006)研发了微波加双氧水高级氧化复合污水污泥处理工艺,结果表明该技术可完全溶解污泥中的 COD,同时营养元素也被溶解,采用矿石结晶技术可将这些营养物质从残余污泥中提取出来,在实验过程中也发现了微波可同时起到杀菌和灭活的作用。

　　由于微波的快速升温及整体加热效果，国内外学者将微波引入到污水污泥的热解过程。Menéndez 等通过添加微波能吸收物质，帮助污水污泥在微波场内快速升温至高温热解所需温度，促使污泥在 10 min 内升至 900℃并发生高温热解反应；方琳等（2008）将碳化硅和污水污泥微波高温热解后的固态残留产物作为微波能吸收物质加入到污泥样品中，从而促进了污泥在微波辐射条件下的快速升温及高温热解，她同时研究了污泥微波热解的液、气、固三种产物的特性及其再利用价值。

　　微波高温热解污水污泥具有污泥处理效果彻底、重金属有效固定、副产物危害小等优点，被认为是极具发展前景的污水污泥能源化、资源化技术。目前国内外学者对微波热解污水污泥的产物特性进行了初步的研究，但是也存在一些不足的地方：如目前尚未明确微波热解污水污泥反应系统中的影响因素对热解过程中样品的升温特性及产物产率的关系；未能明确气态及油类等能源产物在热解过程中独特的释放规律及形成机理；未能建立重金属高效固定的固体残留物资源化利用途径并对微波热解污水污泥实现其能源化、资源化应用的能量转化过程进行全面评价。

1.3.3　传统的污泥处置技术

1. 污泥土地、农业利用

　　污泥的土地利用被认为是当前最经济的污泥处理方式之一（Metcalf and Eddy，2003）。这主要是因为污水污泥中含有丰富的营养元素，它们可以作为肥料被土壤吸收利用，因此将污泥施用到土壤中，可以大幅度提高土壤肥效，降低农业施肥的费用。具体来讲，污水污泥中含有丰富的有机物质、氮源、磷源以及铜、锌、钼、铁、硼、镁、钙等微量元素，这些物质不仅有利于农作物、森林和植被的生长，而且能够有效改善土壤结构化学组成，丰富土壤微生物种类（Beck et al.，1996）。国外学者对污泥的土壤改性作用进行了深入的研究，发现施加了污泥后的土壤，其微生物种类、无有机物含量（2.38%）、总氮含量（0.20%）、水分含量（5%）以及孔隙率（11%）均有所提高（Epstein，1975；Navas and Machín，1995）。Bertoncini 等（2008）研究发现砂质土壤在施加了污水污泥后，土壤中的 C、N、P、Ca 元素含量明显升高，并且土壤的阳离子交换能力也有限制提升。Banerjee 等（1997）的研究表明污泥可以有效提高土壤中微生物的呼吸能力以及其体内代谢酶的活性。

　　截至 2006 年，英国约有 62% 的污水污泥以肥料的方式被应用于农业。法国能源控制署（ADEME）的报告表明，在丹麦，超过 65% 的污水污泥被应用到农业领域，利用焚烧和填埋技术处理的污水污泥分别为 20% 和 10%～15%；而在瑞典，很多农民反对将污水污泥施加到土地中(Ungoed-Thomas and Grey,1999),因而污泥农用(用作肥料)的比例仅占 12%,83% 的污水污泥被填埋(Hultman et al.,2000),余下的 5% 则采用焚烧技术进行处理。在欧盟成员国中,希腊的污泥农用比例最低,仅为 10%,绝大部分的污水污泥(90%)采用填埋进行处置。从 2005 年开始,瑞典政府已经停止对污泥进行填埋,其他欧盟国家也肯定了瑞典的这一举措,并以此为例开展了一系列相类似行动(Klee et al.,2004)。

近年来,污水污泥的土地利用正逐步受到新法律政策的限制,特别需要提及的是城市污水指令 91/271/EEC (Fytili and Zabaniotou,2007;The Commission of European Communities,1991)和污水污泥指令 86/278/EEC (The Commission of European Communities,1986)。污泥指令探索和鼓励污泥在农业上的应用,同时又管制污泥在这方面的应用以防止其对土壤、动植物和人类的危害。

2. 污泥卫生填埋

污泥卫生填埋是迄今为止最经济的污泥处置技术。该技术始于 20 世纪 60 年代,然而,受到国家政策法规以及欧盟填埋指令(CEC1991)的限制,该技术的前景不容乐观。对于污泥填埋技术而言,它仅仅实现了污染物质的转移,并没有从根本上对污水污泥中的有机污染物进行处理和控制,污泥填埋过程产生的甲烷气体会对大气环境和天气造成一定的负面影响。此外,随着土地的日益紧缺,填埋场的选址问题日益严重,填埋的费用也不断上升,并且欧盟填埋指令 99/31/EC (CEC,1999)政策的出台,对填埋技术的要求更加严格,该技术的应用也同样受到了抑制。

3. 污泥焚烧

早在 1954 年,Jamis 和 Vickrdge 就发现取自污水处理厂的污泥在 550℃ 的燃烧期间自燃;安大略湖污泥焚烧炉的成功生产则进一步证明:经合适预处理的污泥在焚烧过程中完全达到了热能的自持。这些研究促进了从 20 世纪 60 年代开始兴起的固体废物焚烧技术迅速地应用于污泥处理,并在发达国家获得广泛使用。从 1962 年德国斯图加特污水处理厂采用了由 Lurgi 公司设计的多层焚烧炉开始,到目前焚烧工艺已成为发达国家污泥处置场的重要工艺。与其他方法相比,污泥焚烧的优点在于其产物为无菌、无臭的无机残渣,能够迅速地实现污泥体积减小 90% 的目标。资料显示,日本有近 50% 的污泥采用了焚烧的方法进行处置,而欧盟采用焚烧方法处置的污泥也超过 10%。

污泥焚烧工艺的发展可分为以下几个阶段:20 世纪 80 年代之前对污泥的处理主要考虑的是污泥的充分燃烧和避免污泥的胶黏阶段,该时期的工艺代表为多层焚烧炉,但该工艺炉体内温度变化复杂、控制困难、易产生有毒有害气体,如二噁英等,使其不能满足日益严格的环保要求;80 年代后污泥的处理主要考虑尾气的排放质量,该时期的工艺代表为流化床焚烧炉＋烟气净化设备,该工艺不足表现为不适合处理黏附性高的半流动污泥,同时产生的粉尘比其他焚烧炉多;为满足减少能量消耗的需要,Lurgi 公司于今年开发出多层流化炉。该工艺结合了多层焚烧炉和流化床的特点和结构,并已成功应用于法兰克福污水处理厂中;目前,由流化床也衍生出其他一些各具优点的新型工艺,如道尔奥利弗(Dorr-Oliver)流化床焚烧炉、考可兰(Copel)式流化床焚烧炉以及回旋型流化床焚烧炉等。这些设备为降低处理成本,焚烧过程中产生的能量被尽可能地利用;而处理后的灰渣也可用于水泥厂和玻璃制造厂,做到物尽其用。

污泥焚烧工艺几经完善,并由最初的减量化向无害化、资源化发展。虽然污泥焚烧工艺已实现工业化,并被广泛的推广应用,但是其仍具有耗能高,有毒有害气体难以处理等问题:焚烧技术基建费用和运行费用高,燃料费用占总处理成本50％以上;燃烧时会产生大量的有害物质,如二噁英(PCDD)、呋喃(PCDF)、SO_2、CO、NO_x、N_2O、HCl、HF、C_xH_y,并同时产生重金属烟雾和污泥灰。这些不利因素都限制了该方法的广泛应用。特别是在经济不发达的国家和地区,焚烧技术在污泥处理中占的份额始终很小,只有在其他污泥处置方法由于环境或土地利用的限制而被排除时,才考虑采用该方法。

1.4　我国污泥处理处置现状

1.4.1　我国污水污泥的产量

近年来,随着我国经济的日益增长,政府开始逐渐重视水资源保护和水体污染治理方。自"七五"规划开始提出开展城市污水处理的研究,到"十一五"规划重点强调水体污染的控制与治理,短短十几年里,通过引进、吸收和消化国外先进污水处理技术,我国的城市污水处理工业取得了跨越式的发展,有效缓解了我国水污染和水资源紧缺问题。截至 2010 年我国已建成污水处理厂 1993 座,污水日处理能力达到 1.25 亿 m³,城市污水处理率由 2005 年的 52％提高到 2010 年的 75％以上(2010 年中国环境公报)。然而,伴随污水处理过程而产生的污水污泥量也在急剧上升,如果按照处理每万吨废水产生干污泥 2.7t 来算,到 2010 年底,我国城市污水污泥年排放量已达到 769.1 万 t(表 1-13)。因此,如何安全经济地处置城市污水污泥,避免其对环境造成的二次污染对我国来说刻不容缓。

表 1-13　我国城市生活污水处理量及污水污泥产量

年份	生活污水排放量/亿 t	污水处理率/%	污泥产量（干污泥）/万 t
2006	296.6	43.8	350.75
2007	310.2	49.1	411.23
2008	330.1	55.3	492.9
2009	354.8	64	613.1
2010	379.8	75	769.1

1.4.2　我国污泥管理的发展历程

　　我国于 1984 年制定颁布的《农用污泥中污染物控制标准》是我国首部有关污泥管理的法规条例,该标准对污泥的土地利用标准进行了限定,包括对农用污泥中镉、汞、砷等重金属污染物及苯并芘等有机污染物含量的限定。1993 年我国出台了《城市污水处理厂污水污泥排放标准》,要求城市污水处理厂在保护环境、化害为利的基础上,对污水污泥进行妥善的处理处置。2000 年,原国家环境保护总局联合科学技术部印发了《城市污水处理及污染防治技术政策》,强调了污水污泥后续处理的重要性,建议采用厌氧、好氧和堆肥等方法进行污水污泥稳定化处理,并要求采用氧化沟、SBR 技术以及物化一级强化处理的污水处理设施所产生的污泥必须达到稳定化要求;到了 2002 年《城镇污水处理厂污染物排放标准》出台,该标准对污泥稳定化(厌氧消化、好氧消化、好氧堆肥)提出了明确的技术要求和控制指标,并在原有的《农用污泥污染物控制标准上》对污泥中的多氯联苯、可吸附有机卤化物等苯系物的含量加以限定;2007 年,原国家环境保护总局启动了"环境技术管理体系建设",将污水污泥列入首批试点的六大行业之一,并于 2007 年 1 月 29日正式发布了 CJ/T 239—2007《城镇污水处理厂污泥处理分类》标准,该标准不仅规定了城镇污水、城镇污水处理厂、城镇污水处理厂污泥以及包括污泥土地利用、填埋、焚烧等术语的定义,还按照污泥的最终消纳方式对污泥处理处置进行了分类。2009 年初,我国又出台了《城镇污水处理厂污水污泥处理处置及污染防治最佳可行技术导则》,该技术导则在技术上、环保上以及经济上对污泥浓缩技术、污泥厌氧消化及其沼气利用技术、污泥脱水技术、污泥好氧发酵技术、污泥焚烧技术、污泥土地利用等污泥处理处置技术进行了科学评估,为我国城市污水处理厂污泥处理处置项目的环境影响评价、工程设计、验收以及运营管理等环节提供了管理依据,也为我国的污泥处理处置技术走上正规化道路起到了推动作用;2009 年 3 月,国家住房和城乡建设部、环境保护部以及科学技术部联合制定了《城镇污水处理厂污水污泥处理处置及污染防治技术政策》(试行),该政策明确我国城镇污水处理厂污泥处理处置技术发展方向和技术原则,对传统的污泥处置技术(如园林利用,土壤改良、农业利用、建材利用、填埋等)、污泥处理技术(如污泥浓缩、脱水、消化、堆肥、焚烧等)、污泥的储存和运输以及污泥的管理等多个方面提出了综合性的要求,并鼓励污泥处理处置技术创新和科技进步。该政策的实施对各地开展城镇污水处理厂污泥处理处置技术研发和推广应用、保护和改善生态环境、促进节能减排和污泥资源化利用具有重大的指导意义,极大地推动了我国城市污水处理厂污泥处理处置技术的发展。在"十一五"规划中,我国建设部开始逐步推进对城市污水处理厂污泥农用标准的研究和编制工作,其目的是促进我国污泥处理与处置技术的发展,规范污泥资源化利用技术,避免因污泥回用而造成的二次污染。

1.4.3　我国污泥处理处置面临的问题

在过去十几年里,我国的污水处理技术在政策指导和资金支持下,通过引进、吸收和消化国外先进技术,取得了突破式的发展。然而,与之相配套的污水污泥的处理处置技术不仅起步较晚,且发展缓慢,从而使得我国城市污水处理系统缺乏完整性和安全性,在一定程度上限制了城市污水处理行业的发展进程。造成这种局面的原因主要有三点:①污水污泥的性质和成分较污水复杂,受到污水性质和处理工艺等多个因素影响,不仅处理难度较大,而且费用较高(占污水处理厂总处理费用的 30%～60%),导致我国长期存在"重污水处理、轻污泥处理处置"的倾向,从而使得我国污泥处理处置技术发展缓慢,严重滞后于污水处理技术;②国外开展污泥处理处置技术的研究早于我国数十年,不仅拥有一套系统完整的污泥管理制度,而且还总结归纳出卫生填埋、焚烧、堆肥和土地利用等适宜的污泥处理处置路线。但由于我国人口密度较大,经济条件相对国外发达国家差,加之我国污水污泥产量大、成分复杂、毒性大(我国现行的污水处理厂,大多施行生活污水和工业废水一并处理,从而导致污水污泥中重金属和有毒有机污染含量大)等特点,国外现有的污泥处理处置技术并不完全符合我国国情,导致一些先进的技术无法在国内推广,增加了我国污泥处理的难度。近年来,随着我国污泥问题日益严峻,国家开始逐步加大了对污泥处理处置技术的研究力度和经费资助,我国各主要城市纷纷展开了有关城市污水处理厂污泥的处理处置技术的开发和探索活动,并取得了一定的进展,积累了宝贵的经验。广州市根据当地污泥氮、磷含量高的特性,将污泥稳定化后用作农业肥料,并且取得了很好的经济效益;深圳市依托其经济技术优势,采用干燥和焚烧技术对污水污泥进行处理处置;上海采用污泥厌氧消化-脱水-干燥-堆肥-填埋以及脱水-干燥-焚烧等成套技术对超大型污水处理厂的污水污泥进行了集中处理;天津利用了厌氧消化技术对污水污泥进行了稳定化处理;合肥采用焚烧技术对污泥进行了处置;武汉采用污泥堆肥和制砖技术对污水污泥资源化利用。然而,从全国范围来看,我国污水污泥的处理处置现状仍不容乐观,出现的问题主要表现在以下几个方面。

1. 缺乏广泛而完善的技术标准和相关法规

尽管近年来我国已制定并发布了多部与污泥有关的管理办法和操作标准,如《城镇污水处理厂污泥处理分类》《城镇污水处理厂污水污泥处理处置及污染防治最佳可行技术指南(试行)》等,但与欧美发达国家相比,这些标准对污泥中有毒有害物质指标的相对控制较少,远不能满足污泥在稳定化及资源化利用过程中的需求,导致在污泥处理处置过程中往往出现无理可依的现象。另外,由于没有严格的有关污水污泥排放的法律法规,我国普遍存在"重污水处理,轻污泥处理"的倾向,一些污水处理厂为了减少投资成本,在设计之初就忽略了污泥处理处置单元,或尽可能的简化对污泥的处理处置。而一些已经投入使用的污水处理厂,虽然有完备的污泥处理处置设施,但为了节省污水处理厂的运行费用,往往选择不对污水污泥进行处理,而是直接将污水污泥随意外运、简单填埋或堆放,给周围的生态环境带来了隐患。有资料显示,我国目前已建成的污水处理厂中约有 90% 没有配备污泥处理设施,60% 以上的污泥未经任何处理就直接农用或进入城市垃圾填埋场进行填埋或堆置。

2. 缺乏污泥处理处置责任主体

我国污泥处理处置责任主体不明确主要由以下三方面原因:传统的污水处理厂并非民事法人主体,而是事业单位,是为政府义务服务的附属机构,因此无法独立承担有关责任;污泥处理没有专门的经济支撑体系,一般城市污水处理厂无法维持污泥处理运行所需的高昂费用,使得责任被旁置;过分强调资源化路线,导致有些企业和政府仅把污泥处理处置作为有价值的资源,而非一种责任。正因为如此,加之对污泥的排放缺少相应的法律法规,使得我国城市污水处理厂污泥的处理处置处于无人监管、无人负责的尴尬境地。

3. 污泥处理处置方面的经费投入较少,技术和设备相对落后

近年来,虽然污泥问题越来越受到政府的重视,但相比污水处理而言,我国在污泥处理处置方面的经费还很低,因而限制了我国在污泥处理与处置技术及关键设备领域的开发和研究。当前我国污水污泥的处理费用仅占到污水处理厂总运行费用的 20%～35%,远低于发达国家的 50%～70%。受经济和技术条件的限制,大部分污水处理厂所采用的污泥处理技术大多是发达国家所摒弃的技术,其水平还停留在发达国家 20 世纪 70～80 年代的水平,不仅效率低,而且能耗高、难以应对巨大的市场需求,难以解决巨大的环境压力。

4. 污泥产量大、成分复杂,处理难度大

我国城市污泥具有不同于国外的两个明显特点:一是污泥的数量和体积特别大,这主要因为我国区域经济发展尚不均衡,现行的污水处理主要采取集中处理的方式,一个大型的城市污水处理厂的日处理能力往往能高达十几万甚至几十万吨,因而污水污泥产量也非常巨大,处理难度和处理成本也随之增大,而国外发达国家已从污水集中处理向分散处理方式转移,城市污水处理厂的污泥产量也相对较少,且比较分散,易于进行处理;二是我国的城市污水处理厂普遍采取生活污水和工业废水合并处理的方式,因此使得污水污泥的成分非常复杂,再者由于工业废水中往往含量较高浓度的有毒有机污染和重金属,污水污泥的毒害性也因此而提高,污泥的资源利用受到限制。

1.5　本书的目标

当前我国城市污水污泥产量与日俱增与污泥处理处置能力的严重不足、处理处置技术的显著落后形成了尖锐的矛盾。大量的湿污泥随意外运、简单填埋或堆放,致使许多城市出现了“污泥围城”的现象,污泥的处理处置问题已经成为我国城市发展过程中亟待解决的重大环境问题。从国际上看,发达国家也面临城市污水处理厂污泥处理处置的难题,污泥处理已经成为国际研究热点,建立安全、高效、经济的污泥处理及处置技术体系,不仅对于改善我国环境质量,同时对于提升我国环保产业的国际竞争力具有重大意义。

针对我国城市污水处理厂污泥处理处置存在的科学问题及技术难题,本书结合国内外污泥处理处置方面的最新研究进展,整理和凝练作者多年来污水污泥减量及资源化利用方面的研究成果,详尽介绍了蠕虫附着生物床污泥减量技术、蠕虫附着型生物床污水污泥协同处理技术、微波高温热解污水污泥制取燃油、燃气及微晶玻璃等污水污泥处理处置前沿技术。全书不仅从工艺优化及反应机理的角度对控制参数的优化、各技术产物的性质组成及生成途径进行描述,而且从危害产物控制的层面揭示出污水污泥代谢解偶联、生物捕食、无氧裂解等反应机制及 SO_2、NO_x、重金属、多环芳烃等多种危害物质在污泥处理过程中暴露、迁移、转化的途径,这有效地解决了污水污泥处理处置过程中二次污染的问题,对实现我国污水污泥安全处理处置及资源化意义重大。

第2章 代谢解偶联剂污泥减量技术

面对日益严峻的污泥问题,研究开发安全、高效、经济的污泥处理工艺成为人们共同的目标。代谢解偶联技术以其污泥减量效果好、运行管理方便、经济等优点受到人们越来越多的关注。目前,国内外学者主要针对经济、高效代谢解偶联剂的筛选,适宜的解偶联剂投加量和投加方式,以及投加解偶联剂后对污水处理效能的影响等方面进行了初步研究。

然而,对解偶联剂在活性污泥系统中的迁移转化途径尚未见报道,而这为深入了解解偶联剂的环境毒理学性质以及微生物的抗药性和降解性等,对更深入研究解偶联剂的污泥减量作用机理非常重要。因此,需要开展解偶联剂在活性污泥系统中的行为研究,考察多种因素(如 pH、温度、解偶联剂浓度、活性污泥浓度等)对解偶联剂在活性污泥中迁移转化的影响。

另外,国内外的大多数研究都是在较高 COD 浓度下进行的,在高浓度 COD 条件下,加入解偶联剂会产生很好的污泥减量效果,但在较低 COD 水平下解偶联剂的污泥减量作用尚未见报道,也未见高碳氮比的条件下,化学解偶联剂的污泥减量效果与脱碳及脱氮关系的研究。本章关于化学解偶联剂污泥减量技术的研究主要包括:高效低耗代谢解偶联剂的筛选及其工艺运行参数优化;解偶联剂长期投加对活性污泥系统综合运行效能的影响;解偶联剂在活性污泥系统内的迁移转化规律及铜离子与解偶联剂协同下的污泥减量作用。

2.1 代谢解偶联剂污泥减量技术概述

2.1.1 代谢解偶联技术用于剩余污泥减量化研究背景

1. 代谢解偶联作用机理

1) 微生物的新陈代谢

微生物在生命活动中,从外界环境中摄取营养物质,通过生物酶催化的一系列复杂的生物化学反应提供能量,并不断进行着生长繁殖和自我更新,同时向外界环境排泄废物,这个过程简称为微生物的新陈代谢。新陈代谢大体上分为两大类:分解代谢和合成代谢。

分解代谢,或称异化作用,是新陈代谢的基础,微生物从外界环境中摄取营养物质进入体内后,通过分解代谢活动,一方面使得复杂的高分子物质或高能化合物降解为简单的低分子物质或低能化合物;另一方面在代谢过程中,将高能化合物中所含的能量逐级释放出来。合成代谢,或称同化作用,是指微生物利用分解代谢产生的能量和有机小分子物质合成微生物细胞的过程。这两种代谢在微生物的生命活动中,不是单独进行的,而是相互依赖、密切配合、共同进行的,分解代谢为合成代谢提供物质基础和能量,而合成代谢为进一步的分解代谢提供条件。

2) 微生物的能量代谢

微生物的能量代谢是通过微生物体内的生物氧化反应来实现的。生物氧化不同于普通的氧化反应:①它们是一系列酶在温和的条件下按一定次序进行的催化反应;②生物氧化反应释放能量是分段逐级进行的;③生物氧化反应释放的能量一部分以化学能的形式储存在能量载体内。一般而言,无论微生物是以哪种方式获得能量,它们都先将这些能量转换成 ATP,当微生物体需要能量时,ATP 分子上的高能键水解,将储存在高能键上的能量释放出来。

ATP 作为细胞的主要供能物质参与体内的许多代谢反应。微生物体内 ATP 的生成方式有两种:作用物(底物)水平磷酸化和氧化磷酸化。在活性污泥系统中,ATP 的形成主要以氧化磷酸化作用为主。氧化磷酸化是指代谢物脱下的氢经呼吸链传递给氧生成水,同时逐步释放能量,使 ADP 磷酸化生成 ATP 的这种氧化与磷酸化相偶联的过程。氧化过程为放能反应或称分解代谢,磷酸化则为吸能反应或称合成代谢,所以微生物体内的吸能与放能反应总是偶联进行的。

合成代谢所用的能量代表了微生物合成新细胞物质所需要的能量,在没有其他能量需求时,合成所用能量就是初始基质中的有效能量与所形成的细胞物质中的能量之差,即可以表示为初始基质的 COD 与所形成的细胞 COD 之差。因此,理想状态下,初始基质中的有效能量与细胞的增长是密切相关的,当所有可用的能量都用于合成时,去除单位基质所生成的细胞物质的量称之为理论生长比率,并可以表示为去除单位基质 COD 所产生的细胞 COD。而在生物处理过程中,单位基质实际生成的生物量,称为实际生长比率。理论生长比率通常远远大于实际生长比率,因为合成代谢所用能量并不是微生物唯一的能量需求,微生物也需要维持能。

3) 氧化磷酸化

微生物学家认为,在正常情况下,生物的分解代谢和合成代谢是由三磷酸腺苷(ATP)和二磷酸腺苷(ADP)之间的转化偶联在一起的(图 2-1),即在微生物体内,基质的氧化过程同时伴随着 ADP 转化成 ATP 的磷酸化过程,微生物消耗基质形成的各种中间代谢产物和能量(ATP)被用于细胞物质的合成、维持正常的生理活动和最终产物的生成。微生物通过分解代谢氧化底物,释放的能量通过磷酸化作用储存在 ATP 中,然后 ATP 的能量用于合成代谢和维持能,所以维持能消耗越多,用于合成的能量就越少,降解单位基质所形成的微生物量就越少。

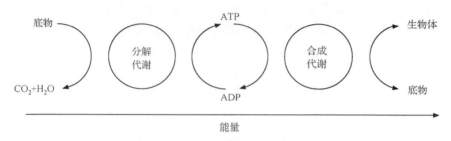

图 2-1　分解代谢和合成代谢的关系

4）能量溅溢

近年来,大量研究表明,在一些特殊情况下,如高负荷、不适宜的温度、投加化学解偶联剂等,微生物的增长量与底物浓度的关系用维持能理论也无法合理解释。1990 年 Tsai 等引入了底物过度利用的概念来分析这种现象。Cook 等也于 1995年发现在氯霉素作用下的链球菌并不生长,但是对葡萄糖的降解量仍然能够维持在其对数生长期所消耗能量的 1/3 左右,从而推断在微生物的新陈代谢过程中,还存在其他消耗能量的机理及过程,并将这部分能量消耗称为"能量溅溢"。同时,该研究还进一步指出非生长相关的能量溅溢是维持能的 10 倍。通常情况下,溅溢的能量主要用于热量散失、其他代谢途径、某些多聚物或分泌物的生成等,正是这部分溅溢的能量使得微生物的增长量大幅减少。"能量溅溢"理论认为微生物之所以会在异常条件下发生能量溅溢,主要是由于微生物发生了新陈代谢的解偶联,即合成代谢和分解代谢的解偶联。进一步的研究分析表明,新陈代谢解偶联的本质是使能量传递过程中的氧化磷酸化发生解偶联,基质氧化过程释放的能量没有被完全用于磷酸化,而是部分产生溅溢,从而导致合成代谢可利用的能量减少,微生物增长量减少。

5）化学渗透学说

正常情况下,氧化与磷酸化是紧密地偶联在一起的,其偶联机理是目前广为认可的英国生化学家 Mitchell 于 1961 年提出的化学渗透学说（chemiosmotic hypothesis）,根据此学说,在生成 ATP 的氧化与磷酸化过程之间起偶联作用的因素是 H^+ 的跨膜梯度。在微生物体内,氧化过程中释放的能量不断地将细胞内的 H^+ 沿逆浓度梯度泵出细胞膜,由于细胞膜的选择透过性,H^+ 并不能自由透过细胞膜,于是在细胞膜两侧形成一个外高内低的质子跨膜梯度。细胞膜外的 H^+ 只有通过一个特异的质子通道才能顺着 H^+ 浓度梯度进入细胞内。H^+ 顺浓度梯度方向运动所释放的自由能供给 ADP 和 Pi 结合生成 ATP。解偶联剂可以增强微生物细胞膜对 H^+ 的通透性,促进 H^+ 通过细胞膜扩散到细胞内部,消除细胞膜两侧的质子梯度,使 H^+ 顺浓度梯度方向运动所释放的自由能减少,合成的 ATP 减少。由上可知,微生物细胞内的氧化和磷酸化之间的偶联关系,可以通过投加解偶联剂使其解偶联。在此过程中,氧化反应仍可以进行,而磷酸化反应不能进行,从而导致合成代谢无法进行,微生物产率大幅度减小。

2. 代谢解偶联发生条件

1) 能源过剩(高 S_0/X_0)

在高 S_0/X_0(底物浓度/污泥浓度)条件下,微生物在分解代谢中产生 ATP 的速率大于合成代谢中 ATP 的消耗速率(由于其他营养物的相对缺乏)。随之而来的是能量的消散(energy spilling,即能量以热和功的形式散失到环境中)和微生物产率系数(Y)的降低。对于微生物体内过剩的能量最终是转化成热能散失是没有问题的,但是其中的能量传递过程还存在一定的争议。有文献报道在高 S_0/X_0条件下,能量主要通过无效质子循环,从而实现能量的散失,而无效质子循环可能是由 ATP 酶对高浓度 ATP 的分解而造成的。在高浓度条件下,ATP 可以自发转化成 ADP,其释放的能量用于重新形成质子梯度,当此梯度高到一定程度以后,质子将通过其他控制途径穿过细胞膜,使能量得以耗散掉,也有人认为能量的散失主要是通过维持能量的增加达到的。但是,由于 S_0/X_0要求相对较高的 $F/M(>8)$,远远大于实际活性污泥法处理污水的 $F/M(0.05\sim1)$;且在高 S_0/X_0条件下,所产生的微生物不完全代谢产物会使污水处理系统的出水有机物浓度增加,出水水质不能满足城市污水处理厂出水要求,所以在高 S_0/X_0条件下利用代谢解偶联进行污泥减量还不能用于实际的污水处理过程中。

2) 高盐浓度和高溶解氧浓度

在高盐浓度下(NaCl 浓度为 $10\sim30$ g/L)微生物的呼吸速率将受到影响。在此条件下,微生物细胞内外 Na^+浓度差升高,渗透压增高,因而,需要细胞提供部分能量用于转移过多的 Na^+,从而消耗了部分用于合成的 ATP,也就降低了微生物的表观产率系数。细胞对 NaCl 有个适应过程,长期处于一定浓度的 NaCl 溶液中,细菌将被驯化,使能在高 NaCl 浓度下生存的细菌占优势,这部分细菌消耗用于合成的 ATP 的量较少,使得污泥减量不明显,所以为了防止细菌对 NaCl 的适应,有人考虑利用 NaCl 冲击负荷来对细菌新陈代谢进行解偶联。

纯氧活性污泥工艺即使在高污泥负荷率下,也能比传统的空气活性污泥工艺减少 54% 污泥量。Boon 和 Bugess(1974)比较了纯氧和空气曝气活性污泥系统,发现在相同的污泥停留时间下,纯氧系统中的污泥产率仅为空气系统的 60%。Abbassi 等(2000)也报道,当小试规模的传统活性污泥反应器的溶解氧从 1.8 mg/L 增加到 6.0 mg/L 时,剩余污泥量从 0.28 mgMLSS/mgBOD$_5$ 下降为 0.20 mgMLSS/mgBOD$_5$。Mc Whirter(1978)提出,高浓度溶解氧产生的活性生物量多,因此,真正的污泥负荷率比低溶解氧系统还要低,这样在相同负荷率下,污泥产率相对要低。Abbassi 等(2000)等认为,溶液中溶解氧浓度的提高,造成氧气的深度扩散,使得生物絮体中好氧区域扩大,因此在絮体基体内的水解生物量能够被好氧降解,污泥量随之减少。总之,高溶解氧可以使得细菌在氧化有机物的速度上加快,使其产生的 ATP 的量增加,这样,也可以使得细菌由于 ATP 合成酶在 ATP 浓度较高时对 ATP 进行水解,形成质子的无效循环,从而实现代谢解偶联。

　　3) 好氧-沉淀-厌氧(OSA)工艺

　　好氧-沉淀-厌氧(OSA)工艺是在传统活性污泥工艺中,在污泥沉淀回流时引入厌氧反应器,其基本原理就是利用细菌在好氧条件下储存能量,而在缺氧条件下被迫大量利用细胞内的 ATP 作为基本生理活动的能量,当细菌又回到食物充足的好氧环境时,可供利用的能量增多,ATP 又大量生成。OSA 工艺给微生物提供了一个交替好氧和厌氧的环境(图 2-2),使得细菌在好氧段所合成的 ATP 并未用来大量合成新的细胞,而是在厌氧段作为维持细胞的正常生理活动而被消耗。这样使得微生物的分解代谢和合成代谢相分离,从而达到污泥减量的效果。

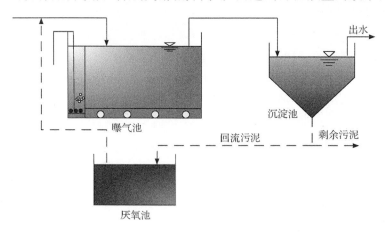

图 2-2　OSA 工艺

　　OSA 工艺污泥减量效果比较明显,污泥龄为 5 d 时,表观增长系数由 0.28~0.47 减少到 0.13~0.29,减少 50% 左右。污泥在经过厌氧段后的 ATP 含量是未经厌氧段时 ATP 含量的 60%~70%。OSA 工艺的污泥产率系数为 0.12~0.28,是常规活性污泥处理工艺(0.29~0.47)的 1/2 左右。张全等(1995)采用好氧-沉淀-微氧活性污泥工艺使污泥量由 80% 减少到 15%~20%。朱振超等(1996) 在上海锦纶厂废水处理站采用 OSA 活性污泥工艺,运行结果表明剩余污泥可达到零排放。

　　和常规活性污泥工艺相比,OSA 工艺虽然可显著降低污泥的表观产率系数,但是其优越性是体现在进水有机物浓度较高的条件下的,如果进水有机物的浓度较低,则 OSA 工艺的污泥产率系数和常规活性污泥工艺相差不大。同时,由于OSA 工艺的水力停留时间较长(一般是传统活性污泥工艺的两倍),使得在处理有机物浓度较低的污水时,与传统活性污泥工艺相比没有优势。从工程化应用角度看,OSA 工艺能显著降低污泥产量,同时改善污水处理系统运行稳定性,是一种很有发展前途的技术。

4) 投加解偶联剂

在污水处理过程中投加化学解偶联剂使微生物能够过量消耗基质,提高基质消耗率,产生的能量只用来驱动能量圈的物理循环和以热的形式散失到环境中,在不明显降低处理效果的情况下大幅度降低污泥产率。Cook 和 Russel(1994)的研究表明,在解偶联剂存在下,即使污泥自身的量并不增加,微生物利用能量的速度也是按指数生长的微生物利用基质速度的 3 倍。

几种代谢解偶联条件下的污泥减量效果及优缺点如表 2-1 所示。从工程应用的角度分析,以上各种类型的代谢解偶联,有的需要改变污水处理工艺的运行条件,有的需要对污水处理工艺流程进行改变,有的需要额外投入较大能量,这都在一定程度上限制了它们的推广和使用。而向原有污水处理工艺中投加化学解偶联药剂的方法,简单易行,如果投加的化学药剂价格低廉,环境风险较低,并能够在保证污水处理效果的情况下有效减少剩余污泥的产量,那么将解决现有活性污泥系统的一大难题,而且易于在工程中推广使用。

表 2-1　不同代谢解偶联条件的污泥减量效果

解偶联代谢条件	减量效果/%	优点	缺点
能源过剩	—	减低污泥二次处理费用	污水处理效果相对较差
高盐浓度	—	—	长期高盐浓度细菌将被驯化,减量效果不稳定
高溶解氧浓度	28.5	即可减少污泥产量又可减少基质的浓度	能耗大成本高
OSA 工艺	50～100	对磷的去处优于传统活性污泥工艺	水力停留时间较长
投加解偶联剂	16～100	不需改变原有工艺,操作简单,污泥减量效果好	解偶联剂对环境存在潜在的危害

2.1.2　代谢解偶联剂用于剩余污泥减量化的研究基础

解偶联剂(uncoupler or uncoupling agents)分为人工合成解偶联剂和天然解偶联剂两种。目前使用的解偶联剂通常为脂溶性小分子物质,其作用机理是该物质通过与 H^+ 的结合,降低细胞膜对 H^+ 的阻力,并携带 H^+ 跨过细胞膜,使膜两侧的质子梯度降低。降低后的质子梯度,可供给 ATP 合成酶合成 ATP 的能量较少,从而减少了氧化磷酸化作用所合成的 ATP 的量,氧化过程中所产生的大部分的能量最终以热的形式被释放掉。这个过程只抑制磷酸化,而不抑制氧化(呼吸作用),所以在污泥得到显著减量的同时,耗氧率并不会受到影响,有时反而会增高。因此可以通过投加解偶联剂的方法使氧化和磷酸化解偶联,导致合成反应无法进行,微生物产率大幅度减小。投加解偶联剂是减少污泥产量的最简单方法之一,可同时实现污水处理和污泥减量,而且不需要对现有污水处理工艺作大的调整。

1. 国内外解偶联剂研究现状

早在 1948 年,Loomis 和 Lipmann 等首次发现了一种氧化磷酸化解偶联剂 2,4-二硝基苯酚(DNP)。该研究发现,$5×10^{-5}$ ～ $2×10^{-4}$ mol/L 的 DNP 能阻止磷酸化而不会或者轻微刺激氧化过程。经过几十年的研究,许多有效的解偶联剂被不断地发现。在活性污泥减量化应用中,常见的化学解偶联剂有硝基酚类化合物、氯酚类化合物、$3,3',4',5$-四氯水杨酰苯胺(TCS)、羰基-氰-对三氟甲氧基苯腙(FCCP)、氨基酸、甲苯、双香豆素等。常见的化学解偶联剂及其作用效果如下:

1) 硝基酚类化合物

硝基酚类解偶联剂主要包括 DNP、对硝基苯酚(p-NP)、间硝基苯酚(m-NP)、邻硝基苯酚(o-NP)。

Maxine 和 Tom(1998)考察了 8 种化学物质,通过测定污泥的呼吸作用判断哪种化学物质能使代谢解偶联而不是杀死微生物,筛选出 DNP 作为解偶联剂进行了 7 周的研究,结果表明,DNP 的污泥减量效果为 28.6%,且污水处理系统的 BOD 去除效果没有受到影响。席鹏鸽等(2004)在对 DNP 的研究中发现,投加 DNP 后,生物表观增长率(Y_{obs})显著下降,当其浓度为 1 mg/L 时,Y_{obs} 降低 16%,当其浓度从 0 增加到 20 mg/L 时,相应的 COD 去除率从 88% 下降到 50%。Low 和 Chase(1999)和 Riveranevares 等(1995)等对投加 DNP 的活性污泥进行培养发现,当 DNP 浓度为 20 mg/L 时,污泥产率为零。另外,Low 等(1998,1999)的研究表明,当 p-NP 浓度为 100 mg/L 时,剩余污泥产量可以减少 62%。Strand 等(1999)用 16s RNA-PCR 技术和变性梯度凝胶电泳技术(DGGE)对污水处理系统中的生物种群分析发现,加入 p-NP 后,生物种群的带发生了变化,显微镜观测显示,p-NP 投加之前,微生物主要以菌胶团细菌占优势,很少有丝状菌,污泥絮体中包含有一定量的原生动物,在投加 p-NP(浓度为 100 mg/L)2 d 后,系统中的原生动物消失,丝状菌发生增殖,优势种群也发生转变,同时,基质利用率有明显的升高,平均污泥产率下降了 30%。在活性污泥工艺中加入 o-NP 作为解偶联剂,当 o-NP 浓度从 0 增加到 20 mg/L 时,相应的污泥产率从 0.65 mgMLSS/mgCOD 下降到 0.091 mgMLSS/mgCOD,且 COD 的去除率下降了 26%;而当用 m-NP 时,在相同的条件和浓度下,相应的污泥产率从 0.5 mgMLSS/mgCOD 下降到 0.17 mgMLSS/mgCOD,且 COD 的去除率减少了 13%。说明在污泥减量方面,o-NP 比 m-NP 更有效(Yang et al. ,2002)。

2) 氯酚类化合物

到目前为止,国内外对氯酚类解偶联剂的研究较少。有效的氯酚类化合物解偶联剂主要有邻氯苯酚(o-CP)、对氯苯酚(p-CP)、间氯苯酚(m-CP)、三氯苯酚(TCP)、2,4-二氯苯酚(DCP)、五氯苯酚(PCP)等。据 Yang 等(2002)研究表明,污泥产量随 p-CP 浓度(0~20 mg/L)的增加而下降,当 p-CP 浓度为 20 mg/L 时,污泥产量下降 58%,COD 去除率降低 8.9%;在相同条件下,用相同浓度的 m-CP 做解偶联剂时,污泥产量减少 86.9%,COD 去除率降低 13.2%。叶芬霞等(2004)使用 o-CP、m-CP、DCP 和 TCP 作为解偶联剂考察活性污泥系统的污泥减量效果,研究发现,当 MLSS 约为 1000 mg/L,解偶联剂浓度均为 20 mg/L 时,污泥产率下降分别为 60.08%、46.60%、42.80% 和 78.40%,可见在氯酚类解偶联剂中 TCP 的污泥减量效果最好。

Strand 等(1999)对比了 12 种氯酚类解偶联剂,发现其中污泥减量效果最好的是 TCP,进一步把 TCP 应用于实验室规模的连续流完全混合式活性污泥系统中,研究发现,在系统运行的初始阶段 TCP 的加入可以使污泥产率降低 50%,运行 80 d 后,污泥产率随着反应器中 TCP 浓度的降低而增加,表明解偶联剂的加入能显著地降低污泥产率,但是微生物的适应性会弱化解偶联剂的作用。

3) TCS

TCS 是肥皂、洗涤剂和香波的组成部分,是一种最常见、有效的化学解偶联剂。Chen 等(2002a)发现,TCS 能有效降低序批式培养和连续流培养过程中的污泥产量,尤其是连续流培养,当 TCS 浓度为 0.8 mg/L 时,表观污泥产率降低 70%,同时基质去除率没有受到影响。Chen 等(2002b)研究表明,当利用 TCS 作为解偶联剂时,浓度大于 0.4 mg/L 时,能够有效地降低剩余污泥产率,当其浓度为 0.8 mg/L 时,能够减少污泥产量 40%。叶芬霞等(2003)在研究 TCS 的污泥减量效果的过程中发现,当每克固体悬浮物中含有 0.5 mgTCS 时,可以使剩余污泥产量减少 30%。在 60 d 的活性污泥运行中,COD 去除率和污泥沉降性未见明显的变化,但是出水氨氮和总氮浓度升高,通过镜检发现,添加 TCS 运行 60 d 后,微生物种群发生了改变,丝状菌增加,原生动物和后生动物的数量和种类减少,且污泥活性降低。

4) 氨基酸

氨基酸是一种比硝基酚、氯酚更强的解偶联剂,但由于氨基酸的种类较多,对基质的去除率影响较大,所以到目前为止国内外对它的研究较少。据 Xie(2002)研究表明,当氨基酸浓度为 20 mg/L 时,没有剩余污泥产生,但是 COD 去除率下降了 56%。

总结国内外关于化学解偶联剂的研究发现,这些解偶联剂都是亲脂性弱酸;在作用效果上,硝基酚类化合物的污泥减量效果比氯酚类化合物要好,最有效的解偶

联剂是 o-NP、m-CP、DNP 和 TCP;就解偶联剂的毒性而言,一般情况下硝基酚类化合物大于氯酚类化合物,TCS 最小。常见的化学解偶联剂的比较可见表 2-2。

表 2-2 常见化学解偶联剂的污泥减量效果比较

化合物	运行参数	污泥减量/%	COD 去除率下降/%	参考文献
o-CP	25℃,pH=7.0,间歇式活性污泥法,加入 o-CP20 mg/L,MLSS=1000 mg/L	60.08	18.32	叶芬霞,2004
p-CP	(25±1)℃,pH=7.0,序批式活性污泥法,加入 p-CP 20 mg/L,MLSS=2000 mg/L,DO>2.0 mg/L	58	8.9	Yang,2002
m-CP	(5±1)℃,pH=7.0,序批式活性污泥法,加入 m-CP 20 mg/L,MLSS=2000 mg/L,DO>2.0 mg/L	86.9	13.5	Yang,2002
DCP	25℃,pH=7.0,间歇式活性污泥法,加入 DCP20 mg/L,MLSS=1000 mg/L	42.80	18.70	叶芬霞,2004
TCP	21℃,pH=7,连续活性污泥培养,加入 TCP2~2.5 mg/L,VSS/TSS=0.83,SRT=5.0 d,HRT=5.5 h	50	8.2	Strand,1999
o-NP	(25±1)℃,pH=7.0,序批式活性污泥法,加入 o-NP 20 mg/L,MLSS=2000 mg/L,DO>2.0 mg/L	86.1	26	Yang,2002
m-NP	(25±1)℃,pH=7.0,序批式活性污泥法,加入 m-NP 20 mg/L,MLSS=2000 mg/L,DO>2.0 mg/L	65.5	13.2	Yang,2002
p-NP	(20±1)℃,pH=7.7±0.3,连续活性污泥培养,加入 p-NP 100 mg/L,稀释时间=0.29 h,MLSS=0.71 g/L	49	25	Low,2000
DNP	20℃,pH=7,连续活性污泥培养,加入 DNP 35 mg/L,SRT=1.5 d,HRT=5.5 h,MLSS=2.0 g/L	88.2	3.7	Maxine,1998
TCS	20℃,pH=7,连续活性污泥培养,加入 TCS 0.8~1.0 mg/L,SRT=7 d,HRT=8 h,MLSS=2.0 g/L,一天一次	40	几乎无影响	Chen,2002b 叶芬霞,2004 Chen,2002

2. 影响解偶联剂作用的因素

解偶联剂的污泥产量效果受解偶联剂浓度、解偶联剂性质、污泥浓度、温度、pH 和投加方式等众多因素影响,此外,微生物对不同类型的解偶联剂会表现出不同的生理状况和生存能力。

1) 解偶联剂浓度

大量的研究表明,污泥的表观增长率(Y_{obs})与解偶联剂的浓度存在拟线性关系,污泥的产率与解偶联剂浓度成反比关系,解偶联剂浓度越大,污泥的产率就越低。但是,解偶联剂的投加浓度存在一个临界值,即当污泥产率为零时对应的解偶联剂浓度,当解偶联剂的投加浓度大于临界值时,污泥的产率也始终为零。该现象可以用以下理论来解释,在不投加解偶联剂的微生物培养基中,用于生成 ATP 的质子动力势(pmf)可定量如下:$pmf = \Delta\Psi - 2.3RT\Delta pH / F$($\Delta\Psi$ 为膜势,ΔpH 是膜内侧到外侧的 pH 梯度,它是一个负值),当解偶联剂加入到培养基中,由于解偶联剂向膜内侧释放质子,使 ΔpH 从负值变为正值,pmf 将减少,释放的质子越多,pmf 减少越多,直到为零,使用于生成 ATP 的 pmf 完全消失时的解偶联剂浓度即为临界值。Low 和 Chase(1999)对含有 DNP 的活性污泥分批培养物的研究中也证实了该理论,当 DNP 浓度为 20 mg /L 时,污泥产率为零;而当 DNP 浓度提高到 120 mg/L 时,污泥产率仍旧保持为零。

2) 解偶联剂性质

污泥减量效果与解偶联剂的酸性强弱有关(DCP 除外),解偶联剂的酸性越强,即 pK_a 值越低,污泥减量效果越强。低 pK_a 值有利于氯酚类和硝基酚类解偶联剂中的酚羟基脱质子,在含有解偶联剂的培养基中,解偶联剂的 pK_a 值对 ΔpH 的影响很大,即较低的 pK_a 值使 pmf 弱化,进一步使污泥产量下降。Yang 等(2002)报道,间氯酚($pK_a=8.8$)的污泥减量效果好于对氯酚($pK_a=9.20$),邻硝基酚($pK_a=7.17$)的污泥减量效果好于间硝基酚($pK_a=8.28$)。

3) pH

活性污泥法处理生活污水的最适 pH 范围是 7.0~7.5,有效 pH 范围是6.0~9.0。Simon(1953)发现酸性条件下,质子和载体化合物结合增强,有利于提高有机质子载体的解偶联活性。Low 和 chase (1999)发现,单独降低 pH 对污泥产量没有影响,但在同时降低 pH 和加入质子载体的情况下,污泥产量能显著下降,例如进水 pH=6.2、对硝基苯酚浓度为 100 mg/L 时,污泥产量下降77%。

4) 温度

在活性污泥工艺中,温度对系统的影响不是很大,温度主要影响微生物活性,温度过低,活性污泥中微生物的活性将降低,导致基质去除效果下降,从而也会减弱解偶联剂的作用,温度过高,则将限制一些微生物的生长,也会降低解偶联作用。目前,国内外的很多研究都将解偶联剂的使用温度控制在 25℃左右,对于异常温度下的解偶联作用报道较少。

5) 污泥浓度

污泥的浓度也将对解偶联剂的污泥减量效果产生影响。在解偶联剂浓度不变的条件下,随着污泥浓度的升高,污泥产率逐渐提高,说明在高污泥浓度条件下,单位污泥所承受的解偶联剂的量较低,使得解偶联剂的效果下降。因此,采用比解偶联剂浓度(解偶联剂浓度/污泥浓度)来表示解偶联剂作用效果更为合理。

6) 投加方式

解偶联剂投加方式的不同将对污泥减量效果造成一定影响。总的来讲,固体投加的效果好于液体投加,一次性投加比分批小剂量投加对污泥的减量化效果要好。叶芬霞等(2005)还对 TCS 的投加方式进行了研究,发现当每天投加相当于液体投加浓度 1 mg/L 的固态 TCS 时,可使污泥减量 49%,比液体投加方式的污泥减量效果好,另外,采用一次性大剂量的投加方式,污泥减量效果好于分次小剂量投加,如每天投加 12 mg TCS,污泥产量比对照系统(不投加 TCS)下降 33%,而每 2 天一次性投加 24 mg TCS,污泥产量比对照下降 55%。

3. 添加化学解偶联剂可能存在的负面影响

化学解偶联是一种有着巨大发展潜力的污泥减量化技术,在常规的活性污泥法中,加入适量的化学解偶联剂能有效减少剩余污泥的产量,但是同时也可能带来其他一些经济成本、操作运行和二次污染等问题。

1) 化学解偶联剂对营养物质的去除的影响

目前,对于使用化学解偶联剂进行污泥减量的研究表明,各种解偶联剂都会不同程度地影响污水处理系统对有机物和营养物质的去除效果。由于污水中的部分氮素会被污泥微生物吸收并同化,污泥产率的下降将导致污水中氮的去除率下降;活性污泥系统中的磷的去除也主要通过剩余污泥的排放而实现的,污泥排放量的减少必然会导致磷的去除效率的降低。因此,化学解偶联剂污泥减量化技术会降低污水处理系统的营养物质去除效率,这些营养物质的排放会使受纳水体富营养化,出水可能需三级处理,而三级消化过程还将进一步增加对氧气的需求量。

2) 化学解偶联剂对污泥沉降性能的影响

传统活性污泥工艺,要求污泥絮体具有良好的沉降性,以保证出水质量和高浓度的回流污泥,提高曝气池中的污泥浓度。污泥沉降性能的改变与微生物中絮体形成细菌和丝状菌之间的平衡相关,同时也与胞外多聚体和阳离子的浓度有关。采用化学解偶联剂污泥减量化技术可能对不同种类生物的生长速率影响不同,可能对污泥的沉降性能产生不利影响,如凝絮能力差、丝状菌繁殖导致污泥膨胀。因此,使用化学解偶联剂进行污泥减量时,必须谨慎对待以确保出水质量和工艺运行效能不受影响。

3) 化学解偶联剂对氧气需求的影响

在传统活性污泥工艺中,按照曝气方法的不同,氧气的传质效率为 $0.6 \sim 4.2 t$ $O_2/(kW \cdot h)$,一般曝气费用占污水处理厂总能源费用的 50% 以上。解偶联剂的加入将使系统的需氧量提高 $30\% \sim 50\%$,系统的运行成本将增加 15% 以上。

4）化学解偶联剂对环境的影响

大多数化学解偶联剂对环境有潜在的危害,在活性污泥的解偶联代谢中,高效解偶联剂的使用浓度一般比较低,经过和污泥的相互作用后(包括吸附、吸收与降解),出水中的浓度更低。但由于解偶联剂的难降解性和脂溶性等特点,长期接触势必会造成其在微生物体内的积累,造成对微生物的伤害。必须对出水中解偶联剂的残留量做跟踪监测。从生物毒性的角度确定不同解偶联剂的最高可使用浓度,再结合污泥对解偶联剂降解能力,可以设计出一组最佳的解偶联剂及其使用浓度,使其既能达到污泥减量和废水处理的设计要求,又能使出水中残留的解偶联剂降低到控制标准之内,使其对环境的危害降至最小。

2.1.3　代谢解偶联剂用于剩余污泥减量化的主要研究方向

1. 高效低耗代谢解偶联剂的筛选及其工艺运行参数优化

综合评价解偶联剂对污泥产率、系统基质去除率的影响以及解偶联剂的环境安全性和经济性等因素,筛选高效低耗的解偶联剂;并进一步对解偶联剂浓度、污泥浓度(MLSS)、溶解氧(DO)浓度、温度和 pH 等工艺运行参数进行优化,确定了解偶联剂的最佳使用条件。

2. 解偶联剂长期投加对活性污泥系统综合运行效能的影响

研究在保证污泥减量效果的前提下,外部敏感参数对硝化作用的影响,并进一步研究在选定参数条件下,解偶联剂长期投加对硝化作用及活性污泥系统碳氮功能微生物的影响,并从活性污泥沉降性能、脱水性能、胞外聚合物以及微生物群落等几方面研究解偶联剂对活性污泥性质的影响。

3. 解偶联剂在活性污泥系统内的迁移转化规律

从解偶联剂的非生物因素损失、生物降解损失以及曝气时间对解偶联剂各相分配的影响等几方面考察解偶联剂在活性污泥中的短期分配行为;并在长期运行的过程中,分析解偶联剂迁移转化对剩余污泥减量效果以及污水碳、氮、磷处理效能的影响。

4. 铜离子与解偶联剂协同下的污泥减量作用研究

研究在活性污泥工艺中分别或同时添加铜离子和化学解偶联剂的污泥减量化效果,深入研究其对活性污泥工艺运行效能、污泥性质和活性污泥微生物群落的影响;同时研究了在活性污泥工艺处理低浓度含铜废水过程中添加化学解偶联剂的污泥减量化效果。

2.2　高效低耗代谢解偶联剂筛选及其工艺运行参数优化

经过几十年的研究,到目前为止已经发现了多种有效的化学解偶联剂。高效的解偶联作用首先应该能够实现污泥减量化的目的,也就是能够最大限度降低污泥的产率,其次,由于污水处理的最终目标是去除水中的有机物质,使水质净化,所以,高效的解偶联作用还应该不影响出水的水质。解偶联剂的筛选和浓度的最优化要综合考虑其污泥减量化的效果和对系统效能的影响大小。

本节研究选择了几种毒性相对较小,污泥减量效果明显的解偶联剂加入到SBR污水处理系统中,比较它们在相同运行操作条件下,在较短的作用时间内,对污泥产率和基质去除率的影响,并综合考虑几种化学解偶联剂的作用效果、毒性和价格来选择较为合适的化学解偶联剂。

2.2.1　高效低耗代谢解偶联剂筛选

本章涉及的研究接种的污泥取自哈尔滨太平污水处理厂污泥回流泵房,所用的活性污泥首先需经过一个月的驯化培养,在此期间不加入解偶联剂,采用 SBR 的方式进行培养(6 h 曝气,2 h 静置),进水为人工模拟的生活污水,在整个培养期 MLSS 都保持在 4000 mg/L 左右。

表 2-3　人工模拟污水的组成与浓度

成分	浓度/(mg/L)	成分	浓度/(mg/L)
葡萄糖	468.4	$MgSO_4$	5.07
尿素	15.2	$CaCl_2$	0.28
$(NH_4)_2SO_4$	83.5	$FeSO_4$	2.49
KH_2PO_4	25	$MnSO_4$	0.31
$NaMoO_4$	1.26	$ZnSO_4$	0.44
NaCl	0.25	$CuSO_4$	0.25
$NaHCO_3$	10	$CoCl_2$	0.41

驯化培养结束后,在一系列相同的、有效容积为 1L 的反应器中,分别加入一定量的已驯化好的活性污泥,用人工模拟污水(表 2-3)作为实验用水,分别加入 6 种解偶联剂,另外同时做不加解偶联剂的对照实验。各种解偶联剂浓度均为 20 mg/L,初始污泥浓度控制在 2000 mg/L 左右,DO 值控制在 6 mg/L 左右。分别测定投加解偶联剂前后的 MLSS、MLVSS、SVI 和 COD 值。

1. 解偶联剂对污泥产率的影响

通过物料平衡计算,投加 6 种化学解偶联剂后反应器内的污泥产率如表 2-4

所示。在添加 DNP 的反应器中,污泥产率较对照反应器下降最多,达到 80％以上;投加邻氯苯酚、对氯苯酚、2,4-二氯苯酚和 2,6-二氯苯酚的反应器的污泥产率较对照反应器下降 60％左右;而甲苯对污泥产率的影响较小。

表 2-4　各种化学解偶联剂对污泥产率的影响　　　　　　　(浓度:20 mg/L)

解偶联剂	污泥产率(Y)	污泥减量 $R/\%$
邻氯苯酚(o-CP)	0.388	62.91
对氯苯酚(p-CP)	0.369	62.42
2,4-二氯苯酚(2,4-DCP)	0.399	60.26
2,6-二氯苯酚(2,6-DCP)	0.438	56.13
2,4-二硝基苯酚(DNP)	0.200	81.13
甲苯	0.695	25.83

污泥产率的控制效果与解偶联剂的酸性强弱有关(除 DCP 外),如表 2-5 所示。2,4-DNP 的减量效果最好,pK_a 值最小。这与 Yang 等(2002)所报道的结果基本一致,他们发现,间氯酚($pK_a = 9.10$)的污泥减量化效果好于对氯酚($pK_a = 9.43$);邻硝基酚($pK_a = 7.222$)的污泥减量化效果好于间硝基酚($pK_a = 8.360$)。说明化学解偶联剂的酸性越强,即 pK_a 值越低,解偶联代谢的能量耗散越大,越有利于污泥的减量化。

表 2-5　各种化学解偶联剂酸性对污泥产率的影响　　　　　　　(浓度:20 mg/L)

解偶联剂	污泥减量 $R/\%$	pK_a
邻氯苯酚(o-CP)	62.91	8.55
对氯苯酚(p-CP)	62.42	9.38
2,4-二氯苯酚(2,4-DCP)	60.26	7.85
2,6-二氯苯酚(2,6-DCP)	56.13	——
2,4-二硝基苯酚(DNP)	81.13	4.08
甲苯	25.83	——

2. 解偶联剂对 COD 去除率的影响

6 种化学解偶联剂对 COD 去除率的影响如表 2-6 所示。由表 2-6 可知,解偶联剂的加入都不同程度的降低了污泥对 COD 的去除效果,其中甲苯对 COD 去除影响较小,邻氯苯酚、对氯苯酚、2,4-二氯苯酚、2,6-二氯苯酚和 2,4-二硝基苯酚会使 COD 去除率下降 5％以上,邻氯苯酚和 2,4-二硝基苯酚对 COD 的去除效果影响最大,使 COD 去除率下降达到了 10％以上,但值得的注意的是,二者对污泥污泥减量效果也是最大的。

表 2-6　各种化学解偶联剂对 COD 去除率的影响

解偶联剂	COD 去除率/%	COD 去除率下降/%
邻氯苯酚(o-CP)	82.47	11.64
对氯苯酚(p-CP)	87.81	5.81
2,4-二氯苯酚(2,4-DCP)	96.09	7.75
2,6-二氯苯酚(2,6-DCP)	86.40	7.43
2,4-二硝基苯酚(DNP)	81.55	12.62
甲苯	92.17	1.28

3. 解偶联剂的环境安全性和经济性

为了更加客观的评价各种解偶联剂,引入了解偶联剂的毒性和价格,结果如表 2-7 所示。可以看到六种解偶联剂中 2,4-二硝基苯酚的毒性最大,价格最高甲苯的毒性最小,价格最低。四种氯酚类化合物中,邻氯苯酚、对氯苯酚和 2,4-二氯苯酚的毒性相差不大,LD_{50} 都在 600 mg/kg 左右;而 2,6-二氯苯酚的毒性较小,LD_{50} 约为 3000 mg/kg。在价格方面,邻氯苯酚价格最低,对氯苯酚、2,4-二氯苯酚和 2,6-二氯苯酚相差也不大,都在 13 000 元/t 左右。

综合考虑解偶联剂的污泥减量效果、对 COD 去除效率的影响、对环境的二次污染程度和价格等因素,与其他几种解偶联剂相比,2,6-二氯苯酚的污泥减量效果虽然不是最佳,但是 2,6-二氯苯酚具有对 COD 去除效果影响较小,对环境影响较小(毒性较低)和价格适中等优点。所以选择 2,6-二氯苯酚(DCP)作为最佳解偶联剂,并进一步研究其对活性污泥系统的影响及在活性污泥系统中的迁移转化。

表 2-7　各种化学解偶联剂的毒性和价格

解偶联剂	毒性(LD_{50})/(mg/kg)	价格/(元/t)
邻氯苯酚(o-CP)	670	6600
对氯苯酚(p-CP)	750	12 500
2,4-二氯苯酚(2,4-DCP)	580	14 500
2,6-二氯苯酚(2,6-DCP)	2940	13 000
2,4-二硝基苯酚(DNP)	30	28 000
甲苯	5000	6200

注：1. 解偶联剂的价格来自中国试剂信息网(www.cnreagent.com)。

2. 解偶联剂的毒性(LD_{50})是指大鼠经口的急性毒性半致死量,数据来源于《固体废弃物试验分析评价手册》。

2.2.2　代谢解偶联剂技术用于剩余污泥减量化工艺运行参数优化

1. 解偶联剂浓度对系统运行效能的影响

1) 解偶联剂浓度对污泥产率的影响

DCP 投加浓度对污泥产率和污泥减量效果的影响如图 2-3 所示。由图可知，污泥产率随 DCP 浓度的增大而减小，而污泥减量效果随浓度的增大而提高。当 DCP 浓度大于 15 mg/L 时，污泥产率明显下降，相比于不投加 DCP 的对照实验污泥减量了 23%。由此可以推测，能对污泥产生明显解偶联作用的 DCP 阈值应该在 15 mg/L 左右。当 DCP 投加量介于 15~20 mg/L 时，污泥产率大幅下降，污泥产率从 0.7 下降到 0.5，污泥减量效果从 23% 上升到了 43%；但是，当 DCP 投加量大于 20 mg/L 时，污泥减量效果的增长趋势变缓。相似地，当 DCP 投加量由 5 mg/L 提高到 20 mg/L 时，污泥产率的下降幅度较大；而当解偶联剂浓度由 20 mg/L 进一步提高到 50 mg/L 时，污泥产率的下降趋缓，这可能是因为高浓度 DCP 对微生物的具有较强的毒性作用，使微生物活性降低。综上，在获得较为理想的污泥减量效果的同时，需考虑高浓度解偶联剂对环境的潜在威胁和对运行成本的影响。因而，比较合理的 DCP 用量应该控制在 20 mg/L 左右。

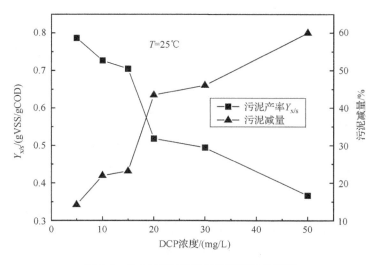

图 2-3　2,6-DCP 浓度对污泥产率的影响

为进一步分析 DCP 的污泥减量机理，采用了比污泥生长速率（μ, h^{-1}）和比基质去除速率（q, h^{-1}）两个参数，其分别定义为反应前后 MLVSS 和 COD 的差值除以反应时间和平均 MLVSS。不同 DCP 浓度下的 μ 和 q 值分别除以不加 DCP 的对照试验下的 μ_0 和 q_0 值得到相对比污泥生长速率（μ/μ_0）和相对比基质去除速率

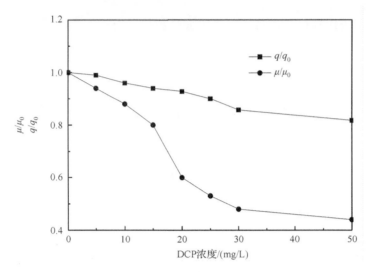

图 2-4　2,6-DCP 浓度对相对比生长速率(μ/μ_0)和相对比基质去除速率(q/q_0)的影响

(q/q_0)。不同 DCP 投加量对 μ/μ_0 和 q/q_0 这两个参数的影响如图 2-4 所示。

　　从图 2-4 中可知,当 DCP 投加量为 0 时,微生物的氧化反应和磷酸化反应处于偶合状态,此时微生物生长速率和基质消耗速率相关联;投加 DCP 后,当浓度较小时(低于 10 mg/L),μ/μ_0 和 q/q_0 有很好的关联;但是,当 DCP 浓度大于 10 mg/L 时,微生物的相对增长速率与底物相对去除率相分离,且下降速度远大于底物相对去除率,充分证明了微生物的增长速率和底物消耗速率已经不再处于偶合状态,而是发生了一定程度的解偶联,即大部分分解代谢产生的能量不是用于生物合成;随着投加量的增加,微生物的比污泥增长速率下降程度相对于比基质去除率越来越大,当 DCP 投加量为 20 mg/L 时,污泥比生长速率是比基质去除速率的 1/3。该现象可以用 Cook 和 Russel(1994)的观点来解释,在解偶联情况下,微生物也能大量的消耗基质,但大部分有机物被彻底降解为二氧化碳和水,所产生的大部分能量以热的形式散失到环境中。

　　2) 解偶联剂浓度对 COD 去除率的影响

　　DCP 浓度对系统 COD 去除效果的影响如图 2-5 所示,COD 去除率随着 DCP 投加量的增加而下降。当 DCP 投加浓度大于 5 mg/L 时,COD 去除率显著下降。当 DCP 浓度由 5 mg/L 增加到 10 mg/L 时,COD 去除率由 94% 下降至 88% 左右,出水 COD 在 50～60 mg/L 仍满足《城镇污水处理厂污染物排放标准》GB18918—2002 中一级 B 标准;当 DCP 浓度增加到 20 mg/L 时,COD 去除率下降约 8%,出水 COD 为 70 mg/L,仅能满足《城镇污水处理厂污染物排放标准》GB18918—2002 中的二级标准;当 DCP 浓度进一步增加到 30 mg/L 时,COD 去除率下降约 13%,出水 COD 值为 94 mg/L,仍能达到二级出水标准;但是当 DCP 浓度为 50 mg/L

时,COD 去除率下降约 14%,出水 COD 值为 120 mg/L,不能达到二级出水标准。可见,在该工艺条件下,当 DCP 浓度控制在 20 mg/L 以内时,对 COD 去除率的影响较小(小于 10%),不至于严重影响微生物对基质的去除能力,而当 DCP 浓度继续增大时,会对污水处理系统中的微生物产生毒害作用,使微生物的活性减弱,导致基质去除率显著下降。

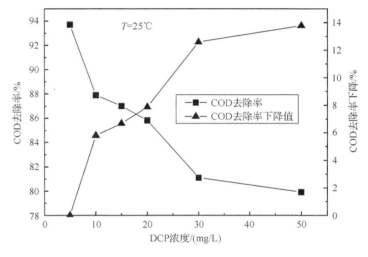

图 2-5　2,6-DCP 浓度对 COD 去除率的影响

3) 解偶联剂浓度对 NH_4^+-N 和 TP 的去除率的影响

DCP 浓度对 NH_4^+-N 和 TP 的去除率的影响如图 2-6 所示,NH_4^+-N 去除率随着初始解偶联剂浓度的增加而下降,由 DCP 浓度为 5 mg/L 时的 32% 下降为 50 mg/L 时的 14%。根据实验结果可以推测,DCP 一方面可能增强了微生物的氨化作用,使系统中的有机氮大量转化为氨氮;另一方面由于 DCP 抑制了微生物的合成代谢,大量氨氮被硝化生成大量的亚硝酸盐氮和硝酸盐氮,也有一部分氨氮溶解于水中,导致出水中 TN 浓度增加。另外从图 2-6 也可看出,TP 去除率受解偶联剂投加量的影响变化不大。

4) 解偶联剂浓度对污泥沉降性能的影响

污泥是微生物的集合体,解偶联剂的投加会明显改变污泥微生物的生理生态特性,从而显著改变污泥的性质。本节以 SVI 值为考察参数,着重介绍 DCP 对污泥沉降性的影响(图 2-7)。在不同浓度 DCP 的作用下,污泥的沉降性能均有所下降,DCP 浓度越大,污泥沉降性能下降就越大。但是,在试验的 DCP 浓度范围内,污泥仍能保持较好的沉降性能,并没有出现污泥膨胀现象。上述结果表明解偶联剂 DCP 的加入可能会导致活性污泥的絮体结构发生改变,进一步研究 DCP 的加入对污泥性质及污泥微生物种群的影响将十分必要。综合考虑解偶联剂浓度对污

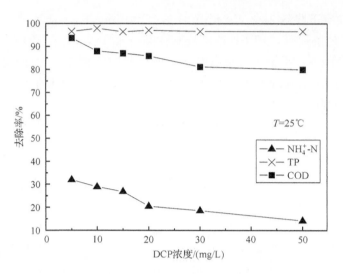

图 2-6　2,6-DCP 浓度对系统运行效能的影响

泥减量效果、系统基质去除率及污泥沉降性能和经济成本等因素的影响,将最佳 DCP 作用浓度确定为 20 mg/L 是比较合理的。

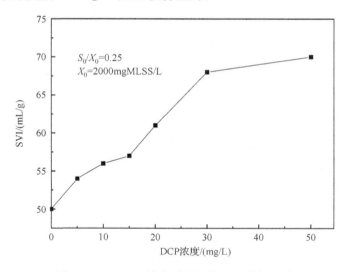

图 2-7　2,6-DCP 浓度对污泥的 SVI 值的影响

2. 污泥浓度对解偶联剂作用效果的影响

1) 活性污泥浓度对解偶联剂污泥减量效果的影响

在 DCP 浓度一定的条件下,活性污泥浓度对污泥减量效果的影响如图 2-8 所示。在 DCP 浓度不变时,随着污泥浓度提高,污泥产率也逐渐升高,而污泥减量效

果则随之不断下降。当污泥浓度由 1 g/L 增大到 3 g/L 时,污泥减量效果由 50%下降为 42%,这主要是因为在生物量较大的情况下,单位污泥的解偶联剂浓度相对较小,弱化了解偶联剂的作用。要使解偶联剂发挥污泥减量化作用,每种解偶联剂都有其适合的比解偶联剂浓度(解偶联剂浓度/污泥浓度),因此采用比解偶联剂浓度来确定解偶联作用下的最佳生物量浓度很有必要。当污泥浓度超过 3 g/L 后,污泥减量效果明显下降,污泥产率明显增加,因此当解偶联剂的浓度为 20 mg/L 左右时,适宜的活性污泥浓度应控制在小于 3 g/L,此时的比解偶联剂浓度为 0.0067。

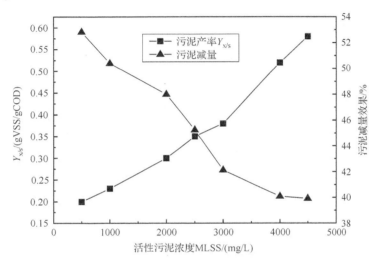

图 2-8　活性污泥浓度对污泥产率的影响

2) 活性污泥浓度对解偶联剂作用下的系统运行效能的影响

本节同时考察了活性污泥浓度对解偶联剂作用下的 COD、NH_4^+-N 和 TP 去除率的影响,具体如图 2-9 所示。由图可知,COD 去除率随着污泥浓度的增加呈缓慢上升趋势;结合污泥产率随污泥浓度增加而增加的结果,证实合成代谢与分解代谢之间存在偶合关系,当污泥浓度增加时,分解代谢和合成代谢之间的解偶联程度也降低。NH_4^+-N 去除率随着活性污泥浓度的增加而下降,在污泥浓度为 2 g/L 时下降量较大;TP 去除率随污泥浓度的增加先升高后降低,在污泥浓度为 2.5 g/L 时达到最大值。综合考虑污泥减量效果与系统基质去除率等因素,在 DCP 浓度为 20 mg/L 时,污泥浓度控制在 2000~2500 mg/L 比较合适。

3. 溶解氧对解偶联剂作用效果的影响

不同溶解氧浓度对 COD 去除率和污泥产率的影响如图 2-10 所示,COD 去除率和污泥产率都随着溶解氧浓度的升高而升高。在 DCP 使微生物发生代谢解偶

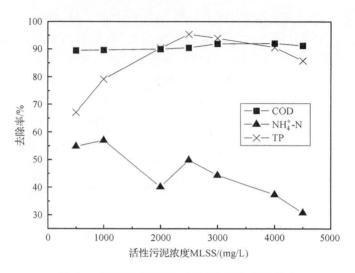

图 2-9　活性污泥浓度对系统运行效能的影响

联情况下,微生物的异化作用通常会异常活跃,生物活性也会增加,微生物自身不但不增长,有时还可能发生萎缩,微生物能过量消耗基质,有较高的基质消耗率,且大部分有机物质被氧化成二氧化碳,产生的能量只用来驱动能量圈的无效循环和以热的形式散失到环境中。因此微生物对氧的需求量和消耗速率也会随之增加。在保证基质去除效果的条件下,比较经济合理的 DO 值应该控制在 5 mg/L 左右。

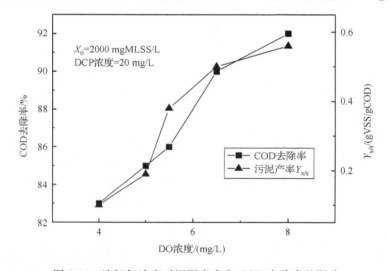

图 2-10　溶解氧浓度对污泥产率和 COD 去除率的影响

4. 温度对解偶联剂作用效果及系统运行效果的影响

1）温度对解偶联剂作用下的系统 COD 去除率的影响

温度对解偶联剂作用下的系统 COD 去除率的影响如图 2-11 所示，五个温度条件下的 COD 去除率均随着 DCP 浓度的增大而减小，且温度对 COD 去除率的影响非常明显。高温或者低温条件下 COD 去除率下降均比较大。如 DCP 浓度为 20 mg/L 时，15～45℃下的 COD 去除率分别为 70.2％、83.3％、85％、79％、67％，25℃下的 COD 去除效果最佳，这说明温度是影响污水处理系统运行效能的重要因素。在解偶联剂的作用下，25℃时基质去除率都相对较高，因此温度为 25℃时解偶联剂对基质去除率的影响较小。

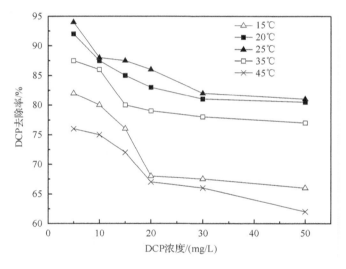

图 2-11　温度对 COD 去除率的影响

2）温度对解偶联剂作用下的系统 TP 去除率的影响

温度对解偶联剂作用下的系统 TP 去除率的影响如图 2-12 所示，结果发现在高温或者低温条件下 TP 的去除率下降均比较大。在 DCP 浓度为 15 mg/L、温度为 45℃时，TP 的去除率较 25℃时下降 18％左右。20～35℃下 TP 去除率变化不大。另外，从图 2-12 中可以看出，不同温度下 TP 的去除率受解偶联剂浓度的影响较小。在解偶联剂浓度相同时，总磷的去除率受温度变化的影响也不大（除高温和低温外）。因此在 20～35℃范围内，解偶联剂对总磷的去除率影响较小。

综上可知，温度主要是对活性污泥中微生物的生理活性造成影响，进而影响了污水处理系统的出水水质。正常条件下，微生物生存的适宜温度范围是 20～35℃，超过或者低于此范围，都会对微生物的生理活动造成影响。因此，本节研究将 25℃定为解偶联剂的最佳使用温度。

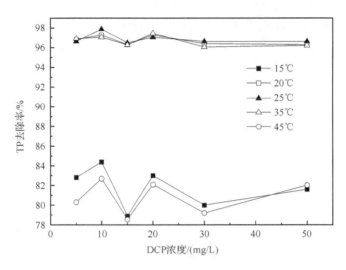

图 2-12　温度对 TP 去除率的影响

5. pH 对解偶联剂作用效果及系统运行效果的影响

1) pH 对解偶联剂作用下的系统污泥产率的影响

pH 是影响污水处理系统处理效能的重要因素,pH 对污泥产率和 COD 去除率的影响如图 2-13 所示。可以看出,污泥产率和 COD 去除率均随着 pH 的增大而逐渐升高。在 pH=6 时,污泥产率接近达到最大值,由 pH=5 时的 0.15 增大至 0.73,污泥产率显著增加,另外,在 pH 较低时(pH 不大于 5),随着 pH 的减小,污泥产率逐渐下降,这说明在低 pH 下微生物的同化作用和异化作用发生了解偶联;但当 pH 大于 5 时,随着 pH 升高,污泥产率不断上升,此时,污泥微生物的同化作用与异化作用之间存在良好的偶合,这也说明在高 pH 条件下,解偶联剂对污泥减量无明显作用。Low 和 Chase(1998)发现,单独降低 pH 对污泥产率没有影响,说明 pH 必须与解偶联剂共同作用才能实现污泥减量,且酸性条件强对污泥减量作用明显。因此,从污泥减量的角度看,理想的 pH 应控制在 5 以下。

2) pH 对解偶联剂作用下的系统运行效能的影响

pH 对系统运行效能(COD、NH_4^+-N、TP)的影响如图 2-13、图 2-14 所示,在解偶联剂作用下,系统出水水质如 COD、NH_4^+-N、TP 等指标受 pH 的影响也较为明显。随着 pH 的不断增加,各基质去除率随之逐渐增大,但在 pH=5 处,出水水质开始出现明显变化。如 COD 去除率由 pH=5 时的 75% 下降为 pH=6 时的 65%,去除率下降 10%;TP 去除率则在 pH=5 时达到最大值,最高的去除率超过 90%,此后 TP 去除率受 pH 影响变化不大;NH_4^+-N 去除率在 pH>5 的条件下,增大趋势也较为明显。

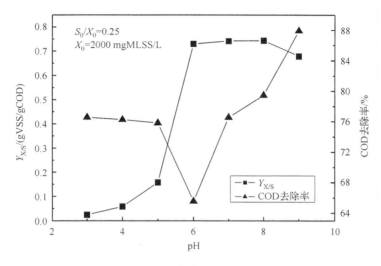

图 2-13　pH 对污泥产率与 COD 去除率的影响

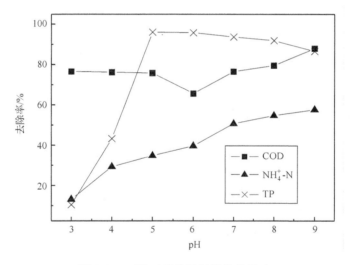

图 2-14　pH 对系统运行效能的影响

NH_4^+-N 去除率随 pH 的升高而增大,这是主要是因为 pH 对脱氮反应的影响有两个方面:①氨氧化菌生长要求有合适的 pH 环境;②pH 对游离氨浓度有重大影响,从而影响氨氧化菌的活性。调节 pH 能为好氧氨氧化菌生长创造合适的条件,亚硝酸盐氧化菌对 pH 的变化尤其敏感,在低 pH 时,亚硝酸盐氧化菌比氨氧化菌生长更快,反之则氨氧化菌生长较快,因此提高 pH 对 NH_4^+-N 去除效果好。另外,pH 对基质去除过程有直接影响,这是由于细菌的代谢作用离不开酶的活动,而酶作用的 pH 范围较窄,每种酶又具有不同的最适 pH,当 pH 产生一定变化时,会抑制或促进酶的活动,影响微生物的代谢能力和生命活动。从基质去除效果看,pH 为 7.0~8.0 时为最佳(图 2-14),从污泥减量效果看,pH=5 时为最佳 pH,综合考虑系统对基质的去除效果、污泥减量效果等因素,得到 pH=5 是最佳 pH 的结论。

6. 2,6-DCP 投加方式对解偶联剂作用效果的影响

大部分解偶联剂都是环境毒性物质,它进入活性污泥系统后的行为对系统运行、出水水质、以及收纳水体环境的影响都非常重要。有鉴于此,本节研究以筛选出来的解偶联剂 2,6-DCP 作为研究对象,在前期确定的最佳作用条件(pH=5,温度=25℃,活性污泥浓度=2~2.5 g/L,DCP 作用浓度=20 mg/L,DO 值=5~6 mg/L)下考察 2,6-DCP 在活性污泥系统中的迁移转化途径。

1) 2,6-DCP 溶解-平衡

解偶联剂进入活性污泥系统后,与活性污泥的具体作用方式还不甚清楚,实验针对它在活性污泥中的溶解-平衡规律的进行研究。

a. 颗粒态 DCP 的溶解-平衡

图 2-15 揭示了颗粒态 DCP 在 8 h 内的溶解平衡情况。

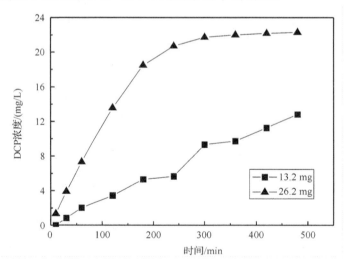

图 2-15　2,6-DCP 8 h 溶解-平衡实验

由图 2-15 可以看出,两个初始颗粒浓度(13.2 mg/L、26.2 mg/L)的 DCP,在 8 h 内尚未完全溶解。由于 DCP 是氯酚类物质,属微溶性物质,常温下溶解度较小,故在系统内溶解缓慢,溶解于水中 DCP 浓度呈逐渐增大的趋势;可以推测,在某个时间点处,将有最大浓度出现,此外,还可以看出,在相同时间内,DCP 在较高浓度时的溶解量比低浓度时要大。

　　为了得到 DCP 在活性污泥中的溶解-平衡规律,延长反应时间至 24 h。进一步分析了解偶联剂在 24 h 内的溶解-平衡情况,结果如图 2-16 所示,在 20 h 处,三个 DCP 初始颗粒浓度下,溶解于水中的 DCP 浓度有一极大值。此外,增加纯水反应,目的在于考察污泥和非污泥相中的 DCP 溶解情况,了解活性污泥与解偶联剂两者间可能存在的作用情况。结果表明,反应至 6 h 时,纯水中的溶解态 DCP 的浓度远远大于活性污泥系统内的浓度,约为污泥系统中浓度的 3 倍;纯水中 DCP 的溶解速度快,溶解曲线接近直线,而污泥中溶解速度较慢,为非线性溶解。

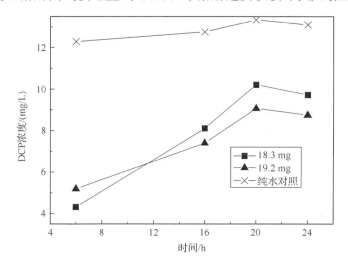

图 2-16　2,6-DCP 24 h 溶解-平衡实验

　　将溶解-平衡试验延长至 64 h,所得结果如图 2-17 所示。颗粒态 DCP 在第 18 h 处溶解达到最大值,无论是在污泥中还是纯水中皆显示出此规律。在 18 h 后,污泥中的溶解态 DCP 的浓度逐渐减少,而纯水中的浓度基本保持不变;而且纯水中的溶解态 DCP 浓度与活性污泥中的浓度之间始终存在较大差值。综合 8 h 实验、24 h 实验和 64 h 实验结果可以得出如下结论:DCP 进入活性污泥系统后即与污泥发生作用,而非完全溶解后再发生;颗粒态 DCP 加入活性污泥系统后,在 18 h 时达到最大溶解值,而且 DCP 在活性污泥中与纯水中同时达到最大值,两者数值差 2 倍左右,这说明解偶联剂的溶解只与自身理化性质有关,与外界环境无关;由于活性污泥与 DCP 间的相互作用,使得污泥中 DCP 浓度自始至终低于纯水中的浓度。另外,从图 2-16 中还可以看出,在反应至 64 h 时,活性污泥系统中的 DCP 出水浓度已降至 2 mg/L 左右,而对照组浓度基本保持不变,大约为 19.2 mg/L,结合图 2-15,说明活性污泥与解偶联剂间存在着相互作用,此种作用可能为吸附、降解或转化等作用中的一种或几种。

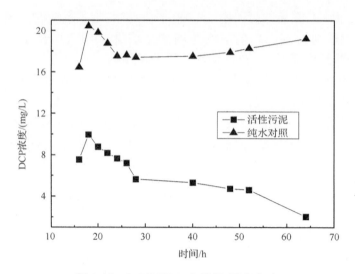

图 2-17　2,6-DCP 64 h 溶解-平衡实验

b. 粉末态 DCP 溶解-平衡实验

粉末态 DCP 在活性污泥中的溶解情况如图 2-18 所示。

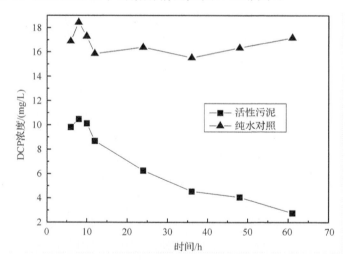

图 2-18　粉末态 DCP 溶解-平衡实验

　　由图 2-18 可知,活性污泥系统和纯水系统中的粉末态 DCP 在 8 h 处同时达到最大溶解值,分别为 10.48 mg/L、18.42 mg/L。粉末态 DCP 的溶解曲线同样揭示了污泥与 DCP 间存在着相互作用,这可以从污泥和纯水中的溶解态 DCP 浓度差看出来。随着反应时间的延长,污泥中 DCP 的浓度逐渐降低,在反应至 61 h 时,活性污泥系统内的溶解态 DCP 浓度已降至 2.76 mg/L 左右,而纯水对照组中

溶解态 DCP 浓度却高达 17.50 mg/L（基本稳定不变），说明在整个反应时间内，活性污泥能与解偶联剂持续发生相互作用。与颗粒态 DCP 相比，粉末态 DCP 的溶解-平衡时间有所缩短，这主要是由于粉末态 DCP 的比表面积较颗粒态 DCP 大，与水相的接触面积更大，溶解更快。

　　c. 液态 DCP 溶解-平衡实验

　　实验同时考察了液态 DCP 的溶解-平衡情况，如图 2-19 所示。在 DCP 加入后 2 h，活性污泥系统和对照组纯水系统中的溶解态 DCP 浓度均达到最大值，分别为 6.62 mg/L、8.82 mg/L。与颗粒态、粉末态的溶解曲线相类似，在液态 DCP 加入到污泥系统中后，边溶解边与活性污泥发生相互作用，这可以从曲线前段（0~2 h）明显得出。此后，污泥系统中溶解态 DCP 的浓度逐渐减少，在反应至 48 h 时，污泥中的 DCP 浓度为 2.29 mg/L，而对照组纯水系统中为 8.68 mg/L（与最大溶解值相比基本保持不变），说明污泥与解偶联剂之间一直发生着相互作用。纯水中 DCP 浓度的基本恒定，也说明反应期间解偶联剂由于曝气、挥发、光照等非生物因素而损失的量非常小，可以近似忽略。

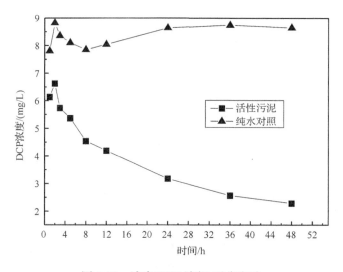

图 2-19　液态 DCP 溶解-平衡实验

　　2）2,6-DCP 投加方式优化

　　在考察了解偶联剂三种形态的溶解-平衡规律后，进一步比较分析粉末态 DCP 和液态 DCP 两种投加方式对污泥产率、系统运行效能以及 DCP 出水浓度等因素的影响，以期筛选出最优化的投加方式。

　　a. 2,6-DCP 投加方式对污泥产率的影响

　　DCP 投加方式对污泥产率的影响如表 2-8 所示，在固态 DCP 投加浓度为 5 mg/L、20 mg/L 和 40 mg/L 时，其污泥减量效果分别为 9.52%、14.26% 和

16.03%，均高于液态投加时的 7.26%、8.50% 和 10.07%，DCP 以固体形式投加时污泥减量效果优于液态形式投加。同时还可以发现，污泥减量效果随 DCP 投加浓度的增加而提高。如当 DCP 固体投加量从 5 mg/L 增大到 40 mg/L 时，污泥减量效果由 9.52% 提高到 16.03%。

表 2-8　2,6-DCP 投加方式对污泥产率的影响

投加方式	污泥产率(Y)	污泥减量 R/%
5 mg/L(固)	0.217	9.52
5 mg/L(液)	0.222	7.26
20 mg/L(固)	0.205	14.26
20 mg/L(液)	0.219	8.50
40 mg/L(固)	0.201	16.03
40 mg/L(液)	0.215	10.07

b. DCP 投加方式对系统运行效能的影响

DCP 投加方式对系统运行效能的影响如表 2-9 所示。DCP 的加入都会不同程度的降低污泥对基质的去除效果，但液态投加方式对基质去除率的影响更大。

表 2-9　2,6-DCP 投加方式对系统运行效能的影响

投加方式	COD 去除率/%	COD 去除率下降/%	NH_4^+-N 去除率下降/%	TP 去除率下降/%
5 mg/L(固)	93.40	1.55	32.67	0
5 mg/L(液)	92.67	2.32	48.86	0
20 mg/L(固)	93.40	1.55	52.70	0
20 mg/L(液)	88.28	6.95	61.79	0.354
40 mg/L(固)	79.48	16.22	63.07	0.354
40 mg/L(液)	79.48	16.22	72.73	0.636

当 DCP 投加浓度为 20 mg/L 时，COD 去除率的下降程度由固体投加时的 3.04% 提高到液态投加时的 8.36%，NH_4^+-N 去除率的下降程度则由 52.70% 提高到 61.79%，在另外两个 DCP 投加浓度下也可得到相似的结果。另外，由表 2-10 可知，当 DCP 处于低浓度范围(不大于 5 mg/L)时，无论以何种方式投加，DCP 的加入对 COD、TP 去除率的影响都比较小，各自去除率下降均小于 2.5%；但对 NH_4^+-N 去除率影响较大，在固态和液态 DCP 投加浓度均为 5 mg/L 时，NH_4^+-N 去除率分别下降了 32.67% 和 48.86%。还可以发现，TP 的去除效果受解偶联剂的影响较小，在 DCP 投加浓度为 40 mg/L(液态)时，TP 去除率下降程度达到最大，为 0.636%。

c. 2,6-DCP 投加方式对解偶联剂出水浓度的影响

DCP 投加方式对解偶联剂出水浓度的影响如表 2-10 所示。不同 DCP 投加浓度下,以固体方式投加时其出水中溶解态 DCP 浓度均高于以液体形式投加时的浓度。分析原因可能与 DCP 的溶解过程相关:固体 DCP 在活性污泥系统中逐渐溶解,其间不断与污泥发生作用,而液态 DCP 进入系统后能迅速与污泥进行作用。

表 2-10　2,6-DCP 投加方式对出水浓度的影响

投加方式	DCP 出水浓度/(mg/L)
5 mg/L(固)	2.03
5 mg/L(液)	1.82
20 mg/L(固)	11.76
20 mg/L(液)	8.36
40 mg/L(固)	24.68
40 mg/L(液)	20.01

综合以上各方面的结果,DCP 以固体形式投加优于液体形式。因此,后续研究均采用固体形式投加。

2.3　解偶联剂对活性污泥系统综合运行效能的影响

活性污泥工艺已被广泛地应用于污水处理中,但同时也产生大量的伴生品——污泥。污泥的处理与处置占污水处理厂总投资和运行费用的 $40\%\sim60\%$。而且剩余污泥的最终处置,如焚烧和土地填埋对环境存在潜在危险,在人口密集的大城市寻求适宜的填埋场所已非常困难。为解决这个矛盾,剩余污泥的减量化可能是最理想的解决途径。

2,6-DCP 能将分解代谢和合成代谢的能量偶联相分离,使一部分能量通过无用质子循环而泄漏,而不能用于合成代谢,使污泥的增加受到限制,进而达到污泥减量的效果。但是,2,6-DCP 的长期使用是否会使微生物产生抗性,进而影响长期的污泥减量效果;是否会使污泥的性质发生恶化,进而影响出水水质;是否会使微生物的种群结构发生变化,这些问题均需要进一步的研究。为此,本节采用 SBR 工艺,并使反应器中的 2,6-DCP 浓度保持在 20 mg/L 左右,研究在 2,6-DCP 长期作用条件下,SBR 系统的污泥减量效果、污水处理效能等,并进一步研究 2,6-DCP 对硝化作用、污泥性质以及微生物的种群结构等的影响。

2.3.1　解偶联剂污泥减量效果的长效性研究

图 2-20 为 90 d 运行时间内,投加 DCP 的 SBR 与不投加 DCP 的对照 SBR(空

白)的累计剩余污泥量。从第 1 天开始在 SBR 中加入 2,6-DCP,并维持其在 20 mg/L 左右。从图 2-20 中可以看出,在加入解偶联剂后的 1~40 d 内,2 个系统的污泥产率相差较大。污泥产率以一段时间内 SBR 的累计排泥量除以这段时间内 SBR 去除的总 COD 的量来表示,即污泥表观产率 $Y_{obs} = \Delta MLSS/\Delta COD$;在对照反应器中,剩余污泥的平均表观产率为 0.54 mgMLSS/mgCOD,而在投加 2,6-DCP 的反应器中,剩余污泥的平均表观产率降为 0.34 mgMLSS/mgCOD,比对照反应器中下降约 38.18%,投加解偶联剂的系统内污泥的累计产量明显下降,表明在前 40 d 内活性污泥中的微生物对 2,6-DCP 并没有表现出明显的抗性,污泥减量效果良好。

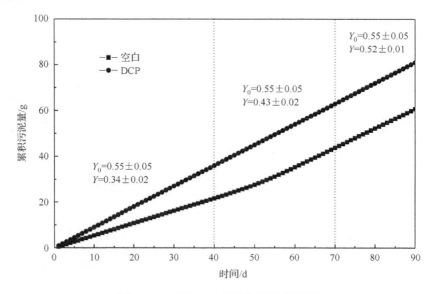

图 2-20　运行 90 d 的系统累计排泥量

从反应器运行的第 40 天开始,在投加 DCP 的反应器中,剩余污泥的平均产率开始逐渐增大,从第 40 天到第 70 天,污泥的表观产率从 0.34 mgMLSS/mgCOD 逐渐增大为 0.50 mgMLSS/mgCOD。从第 70 天开始投加 DCP 的反应器的平均污泥产率与对照反应器基本一致(0.54 mgMLSS/mgCOD)。

图 2-21 为运行 90 d 系统减量效果。污泥减量效果是以投加 DCP 的 SBR 的污泥产率与对照 SBR 的污泥产率的差值占对照 SBR 的污泥产率的百分率来表示,即 $R_{污泥减量} = 100 \times (Y_{对照试验平均} - Y_{加解偶联剂})/Y_{对照试验平均}$。从图 2-21 中可以看出,前 40 d,在投加解偶联剂的 SBR 中,污泥减量效果为 40%;从第 40 天开始,污泥减量效果开始下降,到第 70 天,污泥减量效果降为 10%。可以直观的看出前 30 天的污泥减量效果很好,高达 40%,随着时间的增长,污泥减量效果弱化,到第 90 天时降至 10% 左右,这有可能是微生物逐渐适应了 DCP 或者是能够降解 DCP 的微

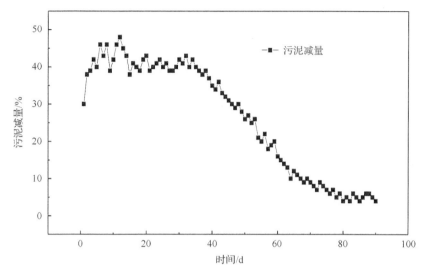

图 2-21　投加解偶联剂运行 90 d 污泥减量效果

生物成为优势种群的原因。

2.3.2　解偶联剂对系统运行效能的影响

1. 投加解偶联剂对 COD 去除率的影响

图 2-22 描述解偶联剂对 COD 去除率的影响。在 90 天的运行时间内,对照反应器的平均 COD 去除率为 91.70%。而对于投加 DCP 的反应器,在最初两天里,COD 去除率很低,仅为 75% 左右,但当系统中的微生物适应了 DCP 后,基质去除率明显提高,COD 的平均去除率可达到 84.16%。这表明在 DCP 长期作用下(20 mg/L),污水处理系统的出水水质并没有发生显著的下降,2,6-DCP 的存在并不会影响污泥微生物对基质的去除能力。说明 2,6-DCP 在实现了代谢解偶联使污泥产率降低的同时,污泥微生物对基质的利用能力仍然较高。这可能是因为本节研究采用的 SBR 系统反应时间较长,足以让基质得到充分的降解,同时微生物本身也可能适应了 DCP 存在的环境。上述结果表明可以应用 2,6-DCP 来实现剩余污泥的减量而不至于严重影响污水处理系统对污染物的去除能力。

在加入 DCP 的最初阶段,COD 去除率显著下降的主要原因可能是初期污泥系统中一些对 DCP 特别敏感的微生物会因为 DCP 的加入而死亡或停止生长,从而造成污泥产量和 COD 去除率的显著下降。而随着时间的延续,对 DCP 较不敏感的微生物所占的比例上升,污泥产量和 COD 去除率也随之显著回升。

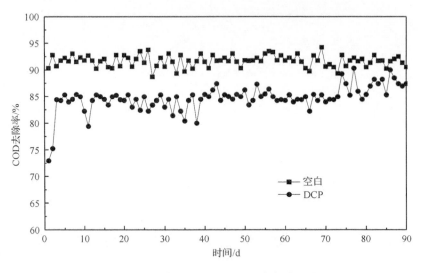

图 2-22   解偶联剂对 COD 去除率的影响

2. 投加解偶联剂对 NH_4^+-N 去除率的影响

在 90 d 的运行时间内,两个 SBR 的氨氮去除率情况如图 2-23 所示。在前 40 d 内,投加 2,6-DCP 的反应器的出水氨氮浓度比对照反应器的要高,平均去除率下降约为 55%,说明 2,6-DCP 对氨氮去除率影响很大。目前关于解偶联剂对活性污泥脱氮效果的影响的研究较少,其影响机理也尚不清楚,还需要更进一步的研究探讨。

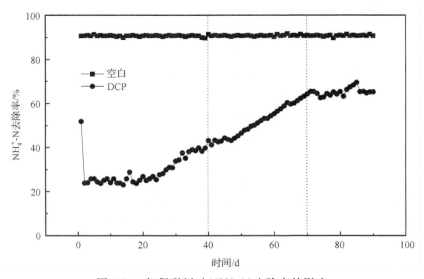

图 2-23   解偶联剂对 NH_4^+-N 去除率的影响

2.3.3　解偶联剂对活性污泥系统硝化作用的影响

1. 外部敏感参数对硝化作用的影响

在采用活性污泥法对污水进行生物除氮处理时,氮的硝化效果是最关键的环节。因而及时发现和妥善处理污水处理系统中硝化过程出现的问题,确保系统运行的稳定性及处理出水的质量,是人们所关注的问题。

参与硝化作用的微生物主要是一群自养性细菌,包括将氨氮氧化为亚硝酸盐氮的亚硝酸细菌和将亚硝酸盐氮氧化为硝酸盐氮的硝酸细菌,这些细菌统称为硝化细菌。硝化细菌只以二氧化碳为碳源,生长缓慢,生长代时少则十几小时,多则几十小时,而且,硝化细菌受环境条件的影响明显,诸如温度、pH 和溶解氧等因素均可使硝化作用受限。因此,本节主要从温度、pH 两个环境条件对 DCP 作用下的硝化过程的影响方面进行研究。

在一系列相同的有效容积为 7 L 的反应器中,以人工模拟污水为实验用水(表 2-3),分别加入一定量的活性污泥,在 DCP 浓度为 20 mg/L、MLSS 为2000 mg/L左右、曝气量为 140 L/h, pH 为 8 的条件下,采用 SBR 的运行方式(6 h连续曝气 2 h 静置)进行试验。调节各反应器的温度分别为 15℃、25℃、35℃,另外同时做一组不加解偶联剂的空白对照反应器,运行一周考察运行结果,选择污泥减量效果好且对硝化反应影响相对较小的温度进行后续实验。所选择的最佳温度条件下(保持其他条件与温度影响试验相同),调节各反应器的 pH 分别为 6、7、8,运行一周考察运行结果,选择污泥减量效果好且对硝化反应影响相对较小的pH 条件进行后续实验。在两个相同的有效容积为 13L 的反应器中,在所选择的最佳温度和 pH 条件下(其他与温度、pH 影响试验相同),考察解偶联剂长期作用下对污泥减量效果及污水处理系统硝化作用的影响。

1) 温度的影响

不同温度条件下 DCP 对 COD 去除率的影响如图 2-24 所示,空白反应器和加入 DCP 的反应器内 COD 的去除率都随着温度的升高而升高,空白反应器在15℃、20℃和25℃下的 COD 去除率分别为 90.0%、91.0%和 91.2%;加入 2,6-DCP 的反应器内在 15℃,20℃和 25℃下的 COD 去除率分别为 83.7%、84.0%和 84.5%,相比于对照系统分别下降了 6.3%、7%和 6.7%,说明通过提高温度的措施并不能改善解偶联剂对 COD 去除率的影响。

另外,由图 2-25 可以看出,未投加 DCP 的反应器在温度为 15℃、20℃和25℃时污泥产率平均值分别为 0.44 mgMLSS/mgCOD、0.43 mgMLSS/mgCOD 和0.55 mgMLSS/mgCOD。加入解偶联剂的反应器污泥产率平均值分别为0.38 mgMLSS/mgCOD、0.30 mgMLSS/mgCOD 和 0.33 mgMLSS/mgCOD,污泥

减量效果分别为 16.2%、30.9% 和 40.0%,随着温度的增大而增大。

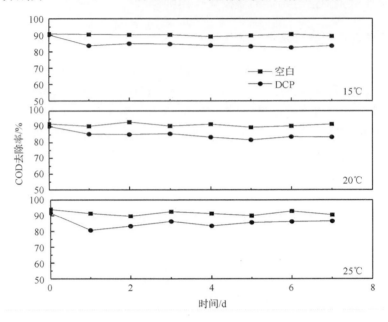

图 2-24　不同温度下 DCP 对 COD 去除率的影响

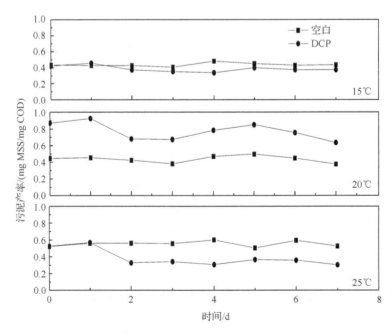

图 2-25　不同温度下 DCP 对污泥产率的影响

温度对硝化过程的影响,主要表现在对硝化细菌的生长速率及代谢能力的影响上。温度与硝化细菌的最大比生长速度的关系如下:

$$(\mu_{max})_N = (\mu_{max})_{N20℃} \times 10^{0.033(T-20)}$$

式中:$(\mu_{max})_{N20℃}$——温度为 20℃时的硝化细菌最大比生长速率;

　　　$(\mu_{max})_N$——温度为 T℃时的硝化细菌最大比生长速率;

　　　T——运行温度,℃。

根据该式,不难就温度对硝化过程的影响从理论上加以解释。温度影响硝化细菌的生长速率,这是温度影响硝化过程的根本原因。

如图 2-26 所示,在温度分别为 15℃、20℃和 25℃的条件下,在不加入解偶联剂的情况下,污水处理系统出水中氨氮的浓度分别为 2.0 mg/L、1.0 mg/L 和 0.64 mg/L,亚硝态氮基本检测不出,硝态氮浓度分别为 22.3 mg/L、23.5 mg/L 和 25.8 mg/L,出水中氨氮占总氮的比例分别为 8%、4%和 2%,硝化功能随温度提高而增强;而在加入解偶联剂的反应器中,出水中的氨氮浓度分别是 20.3 mg/L、20.1 mg/L 和 13.3 mg/L,氨氮去除率分别较对照系统下降 73.0%、76.2%和 50.6%。温度的变化显著影响了解偶联剂对氨氮去除过程的破坏作用,在温度为 25℃时,解偶联剂对氨氮去除影响相对较小,去除率下降 50.6%。随着温度的升高,亚硝态氮出现了积累,由 15℃的 0.22 mg/L 升高到 20℃的 1.28 mg/L 再增加到 25℃的 4.5 mg/L,出水中氨氮占总氮的比例分别为 79.2%、78.6%和 50.6%,加入解偶联剂后硝化功能依然是随着温度的提高而增强。因此,在 15~25℃的范围内,升高温度有利于减弱解偶联剂对硝化作用的破坏程度。

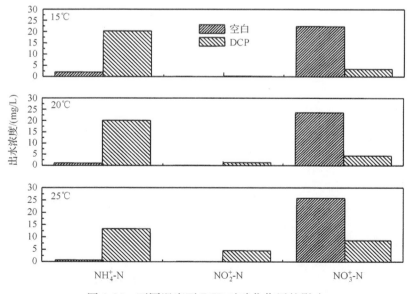

图 2-26　不同温度下 DCP 对硝化作用的影响

Hunik 的研究指出,在温度>15℃时,氨氧化菌生长速率快,然而只有在温度>25℃时,氨氧化菌才能有竞争优势。Yoo 等(1999)研究结果表明,实现亚硝化反应的最佳温度在 22～27℃,因为在该温度范围内氨氧化菌的活性最强,而在15℃以下亚硝酸盐氧化菌的活性最强。Balmelle 等(1992)也认为实现亚硝化反应的最佳温度为 25℃。Mulder 等(1997)认为在高温条件下,亚硝酸盐氧化菌的生长比氨氧化菌缓慢,Fdz-polanco 等(1994)的研究结果表明,温度能影响水体中脂肪酸的浓度,从而对亚硝酸盐的积累产生影响。在本节研究中加入 2,6-DCP 后,随着温度的提高亚硝化反应也在 25℃时最为活跃,同时较高温度对亚硝酸盐氧化菌生长有更大的影响,因而亚硝态氮出现了积累。

2) pH 的影响

pH 对亚硝化反应的影响主要有两个方面:①氨氧化菌生长要求有合适的酸碱环境;②pH 对游离氨浓度有重大影响,从而影响氨氧化菌的活性。调节 pH 能为好氧氨氧化菌生长创造合适的条件,亚硝酸盐氧化菌对 pH 的变化尤其敏感。在低 pH 时,亚硝酸盐氧化菌比氨氧化菌生长更快,反之则氨氧化菌生长较快。

如图 2-27 所示,当 pH 分别为 6、7 和 8 时,空白反应器内的 COD 去除率平均值分别为 90.2%、90.8%和 91.4%,加入解偶联剂后,COD 去除率分别为 80.8%、82.7%和 85.4%,分别降低了 9.4%、8.1%和 6%,DCP 的加入会造成 COD 去除率不同程度的降低,DCP 对 COD 去除率的影响随 pH 的提高有减小的趋势。

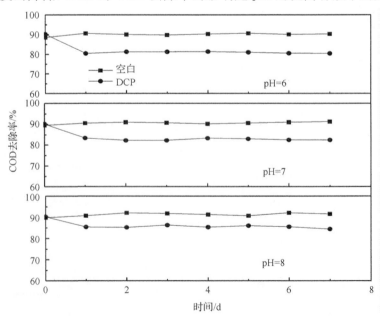

图 2-27　在加入 DCP 的条件下 pH 对 COD 去除率的影响

　　另外,由图 2-28 可得到不同 pH 条件下解偶联剂对污泥产率的影响,当 pH 分别为 6、7 和 8 时,空白反应器内的污泥产率分别是 0.51 mgMLSS/mgCOD、0.54 mgMLSS/mgCOD 和 0.53 mgMLSS/mgCOD,空白反应器内的污泥产率随 pH 的升高而变化不大,即单独的 pH 变化并不能引起污泥产率的变化;在 pH 分别为 6、7 和 8 时,加入解偶联剂的反应器内污泥产率随 pH 的增大变化规律并不明显,分别为 0.34 mgMLSS/mgCOD、0.35 mgMLSS/mgCOD 和 0.33 mgMLSS/mgCOD,污泥减量效果分别为 33.3%、35.2% 和 37.3%。

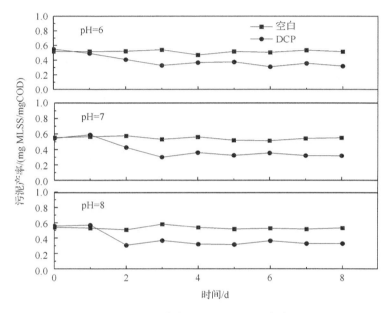

图 2-28　不同 pH 条件下 DCP 对污泥产率的影响

　　在不同的 pH 条件下解偶联剂对硝化作用的影响如图 2-29 所示,在不加入 DCP 的条件下,当 pH 分别为 6、7 和 8 时,氨氮的去除率分别可达到 56.7%、97.7% 和 99.6%,氨氮去除率随着 pH 的增大而增大;出水中氨氮占总氮的比例分别为 30.3%、2.1% 和 0.5%,硝化功能同样随着 pH 的增大而增加的,在 pH=8 时,出水中亚硝态氮有很少量的积累,原因在于亚硝酸盐氧化菌对 pH 的变化尤其敏感,在低 pH 时,亚硝酸盐氧化菌比氨氧化菌生长更快,随着 pH 的升高,亚硝酸盐氧化菌生长缓慢,所以亚硝态氮产生少量的积累。

　　加入解偶联剂的反应器出水中,当 pH 分别为 6、7 和 8 时,氨氮的去除率分别为 16.9%、7.5% 和 45.4%,氨氮去除率较对照系统分别下降约 73.6%、90.2% 和 54.2%;出水中氨氮占总氮的比例分别为 66.7%、77.1% 和 73.3%,且比对照系统分别升高了 36.4%、74.9% 和 72.8%。加入解偶联剂后硝化功能在 pH=8 时降低得最小,解偶联剂对脱氮的破坏作用减小,但是此时出水氨氮浓度约为

29.2 mg/L,超出《城镇污水处理厂污染物排放标准》GB18918—2002 的二级排放标准。加入解偶联剂后亚硝态氮出现了积累,应该是亚硝酸盐氧化菌受解偶联剂影响所造成的。从实验结果可以说明加入解偶联剂后硝化作用确实受到了不同程度的抑制,但是可以通过提高 pH 的方法减弱解偶联剂对硝化作用的破坏程度。

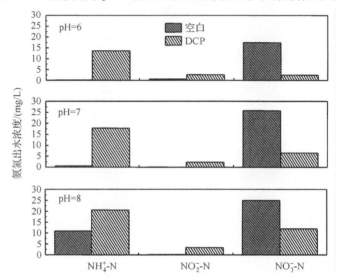

图 2-29　不同 pH 条件下 DCP 对硝化作用的影响

2. 解偶联剂对硝化作用的影响

低浓度氨氮生物硝化作用的影响因素研究发现,有毒有害物质的存在会导致一些生物硝化系统(尤其是工业废水)出现运行不稳定的情况,如出现亚硝态氮的累积,这主要是由于水中的有毒有害物质(包括有机物和重金属)都会对硝化过程产生抑制,在其持续作用下会导致硝化效率不断下降直至消失。本节主要针对解偶联剂 2,6-DCP 对硝化作用的影响进行研究。

30 d 连续运行期间,两个反应器(投加 DCP 的 SBR 和未投加 DCP 的 SBR)中活性污泥的 NH_4^+-N 去除率如图 2-30 所示。未投加 DCP 的空白反应器内 NH_4^+-N 去除率稳定在 94.5% 左右;而在投加 DCP 的 SBR 中,NH_4^+-N 去除率降低到 38.1%,抑制作用明显,随着时间的变化,在投加 DCP 的 SBR 中,NH_4^+-N 去除率逐渐提高,11 天后达到 40% 左右,并且继续保持小幅度的提高,在 30 d 后达到 45.5%。

氨氧化菌的生物氧化反应包括氨氧化为羟胺和羟胺氧化为亚硝酸的过程,催化氨氧化为羟胺的酶是氨单加氧酶(AMO),有研究发现,AMO 含铜,对硫脲等金属螯合剂敏感,AMO 能利用多种基质,除氨外,还可将甲烷氧化成甲醇、乙烯转化

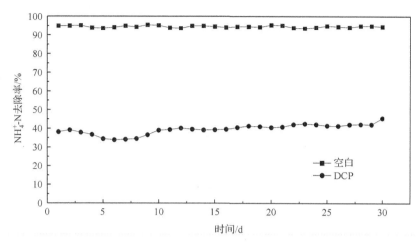

图 2-30　运行过程中两个反应器内的 NH_4^+-N 去除率

成环氧丙烷、环己烷转化为环己醇、苯转化为苯酚、CO 转化为 CO_2、酚转化为醌，这些基质既可与氨竞争 AMO 活性部位，也可与氨竞争还原剂，因而对氨的生物氧化有抑制作用。本节实验所用解偶联剂 2,6-DCP 为酚类，因而对氨的生物氧化有抑制作用。

30 d 实验后 NH_4^+-N 去除率为 45.5% 比短期作用下氨氮去除率提高了5.2%，初步推断氨氧化菌受 2,6-DCP 影响的恢复期比较长，同时也说明解偶联剂对氨氮去除率的影响会随着时间的增长而得到一定程度的恢复。这种恢复可能是由两个原因造成的：①长时间接触 DCP 的污泥中的某些微生物可能激发（获得）了降解 DCP 的能力；②失活的硝化细菌重新恢复了活性。实验研究的是短期时间内的 DCP 作用，在这么短的时间内活性污泥很难对其产生抗性作用，后者的可能性比较大。

30 d 连续运行期间投加 DCP 的 SBR 和未投加 DCP 的 SBR 中出水的 NO_2^--N 浓度如图 2-31 所示。未投加 DCP 的空白反应器中出水的 NO_2^--N 浓度几乎检测不出。而在加入 DCP 的反应器中，NO_2^--N 浓度在开始一周时间内变化不大，一周后浓度开始逐渐升高，在 15 d 左右达到最大值，约为 5.48 mg/L，然后在 4 d 之内迅速下降至 2.41 mg/L，然后逐渐在 2.5 mg/L 左右波动。NO_2^--N 的积累发生在第 10 天左右，此时 NH_4^+-N 去除率已得到一定程度的恢复，说明亚硝酸盐氧化细菌受解偶联剂 DCP 的影响有一定的滞后性。

30 d 连续运行期间投加 DCP 的 SBR 和未投加 DCP 的 SBR 中出水的 NO_3^--N 浓度如图 2-32 所示。未投加 DCP 的空白反应器内出水中的 NO_3^--N 浓度稳定在25.51 mg/L。加入 DCP 的反应器内出水中 NO_3^--N 的浓度在加入 DCP 后相对于对照反应器迅速下降到 11.1 mg/L，在第 15 d 降到 5.8 mg/L，在第 30 d 升高到

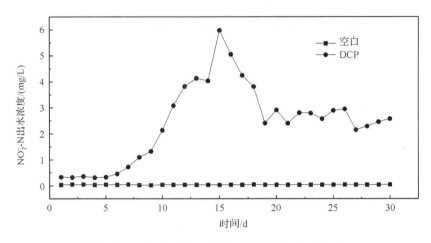

图 2-31 运行过程中两个反应器内的 NO_2^--N 浓度

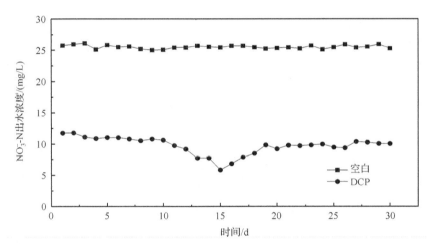

图 2-32 运行过程中两个反应器内的出水 NO_3^--N 浓度

10.0 mg/L。

从图 2-33 可以看出加入 DCP 的反应器内出水中氨氮、亚硝酸氮、硝态氮浓度的变化,氨氮出水浓度先经过一个短暂的增加(10 d),然后呈现缓慢的降低趋势;亚硝态氮在出水氨氮浓度开始下降时开始显著积累,亚硝态氮在 20 d 后又恢复到较低水平,说明亚硝酸盐氧化菌得到了恢复;出水中硝态氮的浓度呈现先减少后增加的变化趋势,是由于硝化作用受限制和逐渐恢复过程导致的。

活性污泥系统中氮的去除主要分为氨化作用、硝化作用和反硝化作用。硝化作用的降低使相同条件下通过氨化作用产生的等量氨氮转化为亚硝酸盐氮和硝酸盐氮的量也会降低,导致一部分生成的氨氮未能进一步转化而滞留在水中,所以加

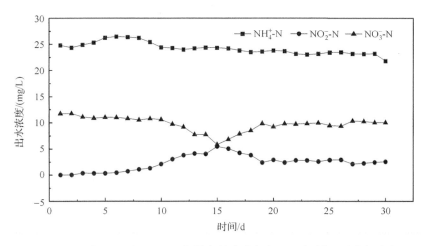

图 2-33　运行过程中 DCP 反应器内的出水氨氮、亚硝酸氮、硝态氮浓度

入 2,6-DCP 会增加出水中氨氮浓度。但是 2,6-DCP 对氮去除的影响的确切作用机理尚不清楚,根据实验结果可以推测,2,6-DCP 可能增强了微生物的氨化作用,使系统中的有机氮大量转化为氨氮。但由于 2,6-DCP 抑制了微生物的合成,在大量氨氮被硝化生成大量的亚硝酸盐氮和硝酸盐氮的同时,仍也有一部分氨氮溶解于水中,导致出水中氨氮浓度增加。另外,2,6-DCP 的毒性可以降低微生物的反硝化作用,使得大量亚硝酸盐氮和硝酸盐氮停留在水中导致出水中总氮浓度升高。

2.3.4　解偶联剂对活性污泥特性的影响

活性污泥絮体是由不同微生物种群、有机物和无机物颗粒嵌入胞外聚合物所构成的网状悬浮固体集合而成的。活性污泥的絮凝过程是一个自发的过程,它依靠活性污泥的物理、化学和生物学性质。污泥的可压缩性和沉降性则主要依赖于活性污泥絮凝体的形态学和物理化学方面的特性。在解偶联剂污泥减量过程中,由于 DCP 的使用,系统中的活性污泥的生长会受到抑制,活性污泥的各种性质都将随之而发生改变。

1. 解偶联剂对活性污泥沉降性能和脱水性能的影响

1) 解偶联剂对活性污泥沉降性能的影响分析

本节通过对活性污泥的沉降性以及脱水性进行测试,从表观现象说明 DCP 对活性污泥特性的影响规律。良好的沉降性能和浓缩性能是发育正常的活性污泥所应具有的特性之一。发育良好,并具有一定浓度的活性污泥,其沉降要经历絮凝沉淀、成层沉淀和压缩沉淀等全部过程,最后能够形成浓度很高的浓缩污泥层。正常的活性污泥在 30 min 之内即可完成絮凝沉淀和成层沉淀的过程,并进入压缩沉淀。根据活性污泥在沉降-浓缩方面所具有的特性,以污泥容积指数(SVI)为主要指标表示活性污泥的沉降性能。

实验中,对投加 DCP 的 SBR 和未投加 DCP 的 SBR 中污泥的 SVI 进行了30 d 的连续监测,结果如图 2-34 所示。

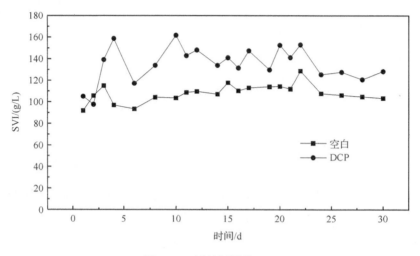

图 2-34　活性污泥的 SVI

从图 2-34 可以看出,在未投加 DCP 的空白反应器内,污泥 SVI 保持相对稳定的状态,平均值为108.0 g/L;而在投加 DCP 的 SBR 中,加入 DCP 后,SVI 出现了较大的波动,最小值为 97.6 g/L,最大值为 158.8 g/L,平均值达到 135.1 g/L,上下波动范围在 14.9%～27.8%,SVI 在第 22 天时基本达到稳定状态,SVI 值稍高于系统运行初期和空白反应器中的值。解偶联剂会不同程度地影响某些微生物种群的生长率,从而影响种群结构动态,进而可能会导致污泥沉降性能的改变,但是随着运行时间的增长,活性污泥系统会呈现一定的适应性。

2) 解偶联剂对活性污泥脱水性能的影响分析

过滤比阻是判断活性污泥脱水性好坏的重要指标,过滤比阻越大脱水性能越差。污泥过滤比阻随时间的变化如图 2-35 所示。

一般认为,比阻大于 $1.0 \times 10^9 \, s^2/g$ 的污泥为难过滤的,比阻在 $0.5 \times 10^9 \sim 0.9 \times 10^9 \, s^2/g$ 范围内污泥的过滤难度为中等,当比阻小于 $0.4 \times 10^9 \, s^2/g$ 时,污泥则易于过滤。由图 2-35 可以看出投加 DCP 的 SBR 和未投加 DCP 的 SBR 中污泥的过滤比阻相对比较平稳,没出现较大波动,两个反应器内活性污泥的比阻非常接近于可过滤比阻,未投加 DCP 的空白反应器中的平均过滤比阻为 $1.21 \times 10^9 \, s^2/g$。而在加入 DCP 的反应器中,平均过滤比阻小于空白反应器,为 $1.02 \times 10^9 \, s^2/g$,接近于可过滤比阻,说明在投加 DCP 的废水处理系统中,能够降低活性污泥的过滤

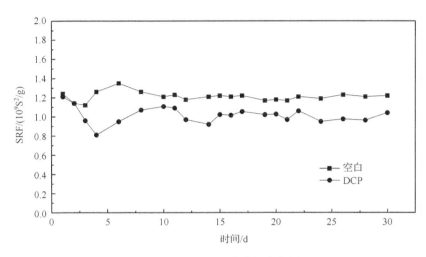

图 2-35　污泥比阻随时间变化图

比阻,增加了污泥的可过滤性,有利于活性污泥的脱水。

2. 解偶联剂对污泥活性的影响分析

活性污泥的比耗氧速率(SOUR)是表征污泥中微生物活性的重要参数之一,从微生物呼吸速率角度反映活性污泥生理状态和基质代谢状况。大量研究表明,在活性污泥工艺中加入解偶联剂,活性污泥的比耗氧速率(SOUR)将增加,污泥的活性将不同程度地提高。Mayhew 和 Stephenson(1998)在用 2,4-二硝基苯酚和鱼滕酮作为污泥解偶联剂时也发现了类似的现象;Chen 等(2002a)和叶芬霞(2004)采用 TCS 作为解偶联剂研究污泥减量作用时,发现在较低的 TCS 浓度条件下,污泥的 SOUR 值可提高 30% 左右。运行期间投加 DCP 的 SBR 和未投加 DCP 的 SBR 中污泥的 SOUR 值如图 2-36 所示。从图中可以看出,2,6-DCP 的加入使污泥微生物对氧气的吸收速率比未加 DCP 的对照试验提高了 16.7%,DCP 能增加污泥对氧的吸收速率。

3. 解偶联剂 2,6-DCP 对活性污泥胞外聚合物的影响分析

胞外聚合物(EPS)是活性污泥的主要有机物组分,它是由微生物分泌的聚合物、细胞溶解及水解的产物以及活性污泥絮体从水中吸附的有机物质组成的复杂的混合物,具有重要的生理功能。蛋白质和糖类是 EPS 的主要成分,通常情况下占 EPS 总量的 43%,EPS 中蛋白质和糖类物质的含量及组成将直接影响活性污泥的絮凝性、沉降性以及脱水性。

1) 污泥胞外聚合物的提取及测定

本节研究采用加热法提取污泥的 EPS,然后分别用苯酚-磺酸法和 Folin 分光

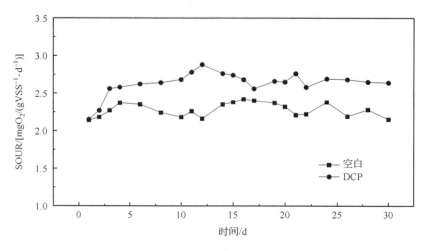

图 2-36　SOUR 随时间变化图

光度法测定 EPS 中糖和蛋白质类物质的含量。图 2-37 为实验过程中投加 DCP 的
SBR 和未投加 DCP 的 SBR 中平均 EPS 总量、蛋白质及糖类的含量对比图。从图
中可以看出,加入 2,6-DCP 后,污泥絮体中的糖类物质减少了 18.3%,蛋白质类物
质减少了 12.1%,EPS 总量减少了 15.3%。

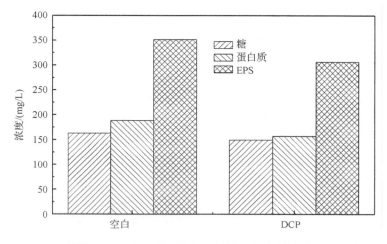

图 2-37　2,6-DCP 对 EPS 总量及组成的影响

2) 解偶联剂作用下糖和蛋白质对活性污泥沉降性的影响分析

在连续 30 d 的监测中发现 EPS 中的糖类和蛋白质类物质的含量发生明显波
动,如图 2-38 所示。在前 10 d 内,糖类和蛋白质类物质受 2,6-DCP 影响很大,含
量波动很大,对应的 SVI 值也发生较大的波动,SVI 值的变化趋势与糖类物质的
变化趋势基本一致;10 d 后蛋白质类物质的含量增大并维持在较稳定的水平,而

糖类物质的含量却有所减少,SVI 值也趋于稳定。糖类和蛋白质类物质含量的增加均可使絮体间质的黏度增大,但多糖的亲水性比蛋白质强,其含量增大将导致絮体中滞留水分增多,使絮体与水更难分离,沉降速度减慢,从而造成 SVI 增大,污泥沉降性能变差。

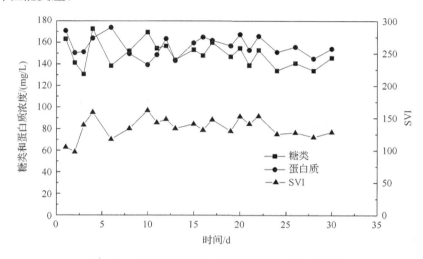

图 2-38　糖类及蛋白质对 SVI 影响随时间变化图

3) 解偶联剂作用下糖和蛋白质对活性污泥脱水性的影响分析

活性污泥脱水性能的好与坏是污泥能否实现减容的关键所在。在污水处理系统中投加适量的 DCP 能够达到污泥减量的效果,但是仍然能产生一定数量的剩余污泥,因此剩余污泥的脱水仍然是污泥减容的重要手段。同时,DCP 的加入会影响污泥的 EPS 含量和组成,从而使活性污泥的脱水性能发生改变。

从图 2-39 可以看出,反应器运行的初始阶段(10 d)糖类和蛋白质类物质受 DCP 影响波动较大,比阻的波动也比较大,糖类浓度达到最大值时比阻最小;10 d 后,比阻的大小以及污泥中糖类和蛋白质类物质含量均趋于稳定。

从图 2-40 中可以看出,加入 DCP 的反应器中 EPS 总量呈下降趋势,其过滤比阻也接近于可过滤比阻,为 $1.01 \times 10^9 \, s^2/g$,说明 EPS 总含量的降低能够降低活性污泥的比阻,增强污泥的可过滤性;EPS 总量降低也能增加污泥的 SVI,但污泥仍能表现出良好的沉降性。

4. 解偶联剂对活性污泥微生物群落的影响

投加 DCP 的 SBR 系统和未投加 DCP 的 SBR 系统中污泥絮体的扫描电镜图片如图 2-41 所示。可以看出,两个反应器中的污泥都形成了较厚的污泥絮体;在对照试验系统中,污泥的菌胶团比较密实,主要以球菌和短杆菌为主,伴随少量的

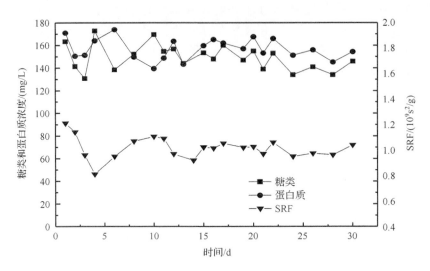

图 2-39　糖类和蛋白质与活性污泥过滤比阻随时间变化图

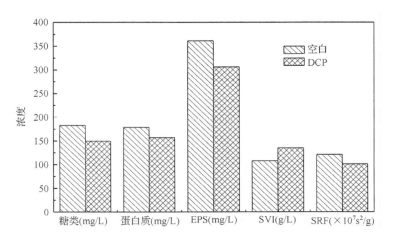

图 2-40　两个反应器内糖类、蛋白质、EPS、SVI 及过滤比阻对比变化图

丝状菌和螺旋菌,几乎没有无机成分以及丝状菌的存在;而在投加 2,6-DCP 的反应器中,生物种群及结构发生了一些变化,菌胶团中空隙较多且结构较对照试验污泥疏松,絮体中的球菌和短杆菌的数量减少,出现了较多的长杆菌和丝状菌,同时也出现了一些对照试验中未出现的菌种。一定量的丝状菌能够提高活性污泥的絮凝性,但是丝状菌的过量繁殖会导致污泥膨胀现象的发生。2,6-DCP 对污泥系统中污泥 SVI 值总体影响不大,但是能使活性污泥的过滤比阻有很大程度的改变,使活性污泥接近于可过滤污泥,这很可能是由于适量丝状菌的存在,使反应器中污

泥絮体的结构发生改变,在过滤过程中形成的密实层结构相对较为松散,透水性能良好。

(a) 对照系统中的污泥　　　　　　　　(b) 添加DCP系统中的污泥

图 2-41　连续运行 30 d 后反应器中污泥的扫描电镜

2.4　解偶联剂在活性污泥系统内的迁移转化规律

目前,解偶联剂污泥减量技术的研究重点都放在筛选经济高效、无毒或低毒的化学解偶联剂,确定适宜的解偶联剂投加量和投加方式,考察解偶联剂的投加对系统基质去除率、污泥性能及减量效果等的影响上,对解偶联剂在活性污泥中的迁移转化途径尚未见报道,而这对深入了解解偶联剂的环境毒理学性质以及微生物对解偶联剂的抗性和降解性,从而更深入研究解偶联剂的污泥减量作用机理非常重要。因此,本节重点介绍解偶联剂在活性污泥系统中的行为研究,考察多种因素(如 pH、温度、解偶联剂浓度、活性污泥浓度等)对解偶联剂在活性污泥中迁移转化的影响。

活性污泥系统内异型生物质 DCP 的主要去除途径包括污泥吸附、生物降解或生物转化、化学降解及挥发等,如图 2-42 所示。

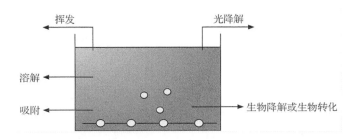

图 2-42　异型生物质在活性污泥系统中的迁移转化

2.4.1 解偶联剂在活性污泥中的短期分配行为

1. 解偶联剂非生物因素损失

解偶联剂进入活性污泥系统后,可能因挥发、光解及反应器壁吸附等非生物因素作用而导致质量损失。为了明晰解偶联剂进入活性污泥系统后的迁移转化规律,首先以纯水代替活性污泥混合液,在其他实验条件不变的前提下,考察上述非生物因素对 2,6-DCP 的作用。

在六个(1-6 号)有效容积为 1L 的烧杯中,分别加入 1L 纯水,调节水温为 25℃,DO 为 5 mg/L,pH 为 7.0。解偶联剂以固态形式进行投加,使得 1~5 号烧杯内 DCP 浓度分别为 10 mg/L、20 mg/L、30 mg/L、40 mg/L 和 50 mg/L,6 号烧杯作为对照实验。连续曝气 48 h,此时各浓度 2,6-DCP 的溶解已近饱和,即使延长反应时间,溶解也不再进行。混合液离心后取上清液,水相 2,6-DCP 浓度进液相色谱测定。

2,6-DCP 的非生物作用损失率通过下面公式计算:

$$r(\%) = 100 \times \frac{(c_i - c_e)}{c_i}(\%)$$

式中:c_i——DCP 初始浓度;c_e——DCP 出水浓度。

由图 2-43 可知,解偶联剂浓度较低(10 mg/L、20 mg/L、30 mg/L)时,2,6-DCP 的非生物损失率均小于 6%,说明跟生物作用导致的 2,6-DCP 去除相比,非生物损失影响可以忽略。然而,随着 2,6-DCP 投加量的增加,非生物损失比率也不断增加。在 2,6-DCP 浓度为 40 mg/L、50 mg/L 时,非生物损失率则分别达到 8%、14%。Quan 等(2003)在蜂窝型陶瓷反应器降解 2,4-DCP 的研究中发现,在初始浓度 10~60 mg/L 的范围内,非生物因素损失率均低于 5%,认为该因素的影响基本可以不予考虑,这与本实验在较低浓度下(10 mg/L、20 mg/L、30 mg/L)得到的结论相一致。

2. 解偶联剂的生物降解损失

解偶联剂在活性污泥系统中可能被污泥絮体吸附或者被污泥中某些菌类利用降解为中间产物或终产物。为了考察污泥中微生物是否对 2,6-DCP 有降解作用,开展以下实验研究。

在六个(1~6 号)有效容积为 1L 的烧杯中接种已驯化好的活性污泥,初始 MLSS 均为 2000 mg/L;调节各烧杯水温为 25℃,DO 为 5 mg/L,pH 为 7.0。为了考察活性污泥中微生物对解偶联剂的生物降解、转化作用,实验前先将一定量的 NaN$_3$加入 2 号、4 号、6 号杯中,使其作用于活性污泥 18 h,以抑制污泥中微生物活

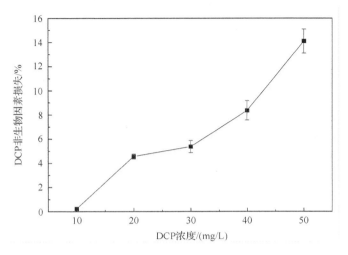

图 2-43 2,6-DCP 的非生物因素损失

性,然后再投加 2,6-DCP 进行下面实验。解偶联剂以固态形式进行投加,使得最终 1、2 号浓度为 10 mg/L,3、4 号浓度为 20 mg/L,5、6 号浓度为 30 mg/L。所有反应器连续曝气运行 48 h,在 6 h、18 h、24 h、30 h、48 h 处分别取样,测定出水 2,6-DCP 的浓度。

在初始投加浓度分别为 10 mg/L、20 mg/L、30 mg/L 三种情况下,48 h 的连续运行结果见图 2-44 所示。由图可知,投加 NaN₃ 后的活性污泥系统中,2,6-DCP 的出水浓度与对照组相比无较大变化,这说明在污泥系统中不存在微生物对 2,6-DCP 的降解转化作用,微生物需要长期的驯化后才有可能对其产生生物降解。而

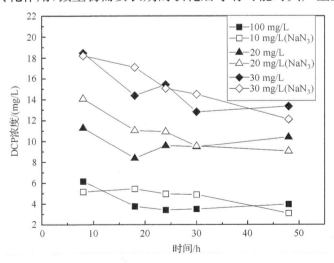

图 2-44 2,6-DCP 的生物活性抑制实验

本实验研究的是短期时间内的 2,6-DCP 迁移转化,在这么短的时间内活性污泥很难产生抗药性作用。

通过 DCP 三种形态下的溶解-平衡实验,由初始浓度扣除出水浓度及非生物损失,可以计算得到各个反应中的污泥吸附量与污泥吸附率,解偶联剂在污泥与出水中的具体分布如表 2-11 所示。

表 2-11　　2,6-DCP 在污泥和出水中的分布

存在形态	吸附量/(mg/L)	吸附率/%	出水/%	污泥+出水/%
颗粒态	16.36	81.83	10.17	92.00
粉末态	15.64	78.20	13.80	92.00
溶解态	7.68	76.83	22.93	99.76

由表 2-11 可知,在颗粒态、粉末态和溶解态三种存在形态下,活性污泥吸附了大部分的 DCP,吸附所占比例均超过 75%;出水中解偶联剂的比率分别为 10.17%、13.80% 和 22.93%,说明出水残留是 DCP 的第二大迁移途径;另外,二者共同贡献了 92% 以上的去除率,说明解偶联剂在活性污泥系统中的其他影响因素作用较小,污泥吸附和出水是 DCP 的主要的去向。

总之,在短期作用下,活性污泥与 DCP 之间主要进行了生物吸附作用;非生物因素(挥发、光解)损失及污泥降解转化影响均非常小;超过 75% 的解偶联剂被活性污泥吸附,另外一小部分解偶联剂在出水中残存,二者之和占总投加量的 92% 以上。

3. 活性污泥对 2,6-DCP 吸附作用的研究

活性污泥工艺运行中,有多方面的因素影响着活性污泥与解偶联剂的相互作用,如 pH、温度、解偶联剂浓度、活性污泥浓度等。采用 SBR 的运行方式,通过考察 DCP 在系统出水浓度及污泥吸附量的变化情况,研究上述各种因素对活性污泥吸附解偶联剂的影响。

1) pH 对 DCP 出水浓度与污泥吸附量的影响

pH 是影响生物吸附 DCP 的最重要因素之一,它通过改变酚类分子和污泥表面的离子化程度影响微生物对目标物的吸附作用,从而导致 DCP 出水浓度与污泥吸附量的变化。

由图 2-45 可知,随着初始 pH 的增大,解偶联剂在出水中的浓度不断升高,污泥吸附量则不断下降。在 pH 为 2 和 3 时,DCP 的污泥吸附量相差不大;而当 pH 大于 5 时,DCP 的污泥吸附量下降变快;当 pH 从 5 增加到 8 时,污泥吸附量由 3.3 mg/g 下降为 1.0 mg/g。这些现象可以通过 pH 对吸附剂和吸附质间的亲和力的影响来解释,在环境 pH 较低时,酚分子以非游离态存在,分子表面的活化 OH⁻ 和 Cl⁻ 主导了与吸附剂间的相互作用,当 pH 较高时(大于酚的 pK_a 值),酚主要以负离子形式存在于溶液中。在 pH 低于微生物的等电点(活性污泥等电点一般为 1～3)时,细胞表面被 H⁺ 包围整体呈现正电性,这提高了酚分子与生物吸附剂的吸附位点的相互作用,此时的污泥絮体和解偶联剂的亲和力非常强;随着 pH 的增大,细胞表面整体电荷呈负电性,使得与带负电的酚分子间的相互作用减弱,表现为污泥吸附量的不断减小,从而导致出水浓度的升高。

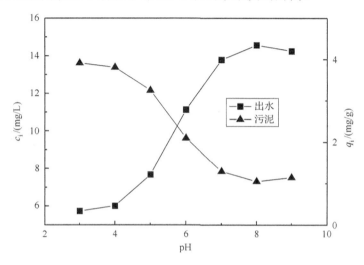

图 2-45　pH 对 DCP 出水浓度与污泥吸附量的影响

2) 温度和解偶联剂浓度对污泥吸附量的影响

一般情况下,吸附剂的吸附容量与温度、平衡浓度等因素有关。活性污泥絮体作为吸附剂,具有较高的比表面积,对污水中的污染物有较强的吸附作用,同时,活性污泥微生物对吸附的污染物有较强的生物降解能力。当污泥吸附和生物降解达到平衡时,活性污泥对 2,6-DCP 的吸附容量是一定的。五种温度(15℃、20℃、25℃、35℃、45℃)下,解偶联剂浓度对活性污泥吸附量的影响如图 2-46 所示。

实验表明,DCP 的吸附量随初始浓度的增加而增加,但增加幅度逐渐变小,此现象可以由污泥表面吸附位点的理论来解释。污泥表面的吸附位点是有限的,随着 DCP 浓度的不断增加,在相同活性污泥浓度下,吸附趋于饱和,即使 DCP 浓度继续增加,吸附量也不会有明显变化。从图 2-46 中还可以看出,随着温度从 45℃降低至 15℃,污泥吸附量却逐渐增加,低温有利于吸附,温度升高,吸附量降低,这表明活性污泥吸附 DCP 的反应是放热反应,温度不仅会影响系统的污水处理效能而且还会影响污泥的生物组成和生物活性,因此最终也会影响活性污泥的吸附速率。从污泥吸附量角度考虑,温度越低,污泥吸附量越大,出水浓度越低,但考虑实

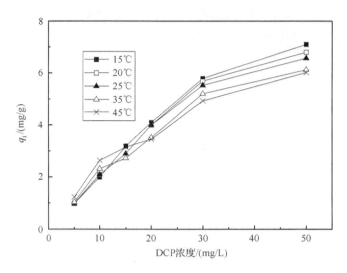

图 2-46　温度和 DCP 浓度对活性污泥吸附量的影响

际操作可行性，25℃是比较合理并且容易控制的。

3）活性污泥浓度对 DCP 出水浓度和污泥吸附量的影响

活性污泥浓度对 DCP 的出水浓度与污泥吸附量的影响如图 2-47 所示，DCP 出水浓度与污泥吸附量均随着污泥浓度的增加而下降。当污泥浓度由 0.5 g/L 增大到 4.5 g/L 时，污泥吸附量（q_i）则由 6.3 mg/g 下降至 2.4 mg/g，污泥吸附量的下降是由于在吸附反应过程中微生物剩余吸附位点的未饱和造成的。

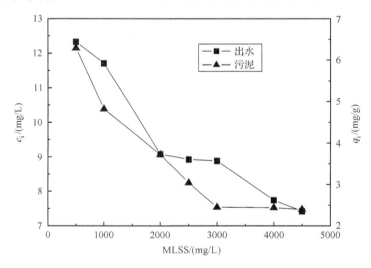

图 2-47　活性污泥浓度对出水浓度与污泥吸附量的影响

2.4.2　解偶联剂在活性污泥系统长期运行下的迁移转化行为

1. 解偶联剂在长期运行的活性污泥系统中的迁移转化行为

在投加解偶联剂前 SBR 反应器连续运行 14 d,COD 和 NH_4^+-N 的去除率大于 90%,污泥 SVI 值为 100～110mL/g,系统达到一个稳定的状态。第 15 天开始每周期向反应器中投加 20 mg/L 的 2,6-DCP,研究其在 SBR 系统中的迁移转化(图 2-48)。

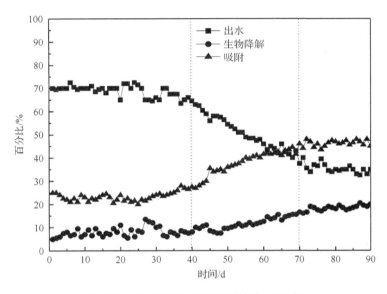

图 2-48　2,6-DCP 在 SBR 系统中的迁移

活性污泥是一种具有多孔结构和大量胞外聚合物的絮体,从而有较大的比表面积,对水中的污染物具有良好的吸附能力。污泥对水中有机污染物的吸附作用与污泥中有机质含量有关,还与有机物的辛醇-水分配系数有关,有机质含量较高的污泥、分配系数较大的有机污染物被吸附的强度和倾向也较强。随着运行时间的延长,污泥中有机质的含量可能发生了变化,也会导致 2,6-DCP 在活性污泥中不同相之间的重新分配。

图 2-48 显示了 2,6-DCP 在三个阶段中,出水、吸附及生物降解量的变化。对比三个阶段可以看出,出水中 2,6-DCP 的量在不断降低,吸附的量与生物降解量不断增加。说明随着时间的延长,解偶联剂并没有明显破坏细菌细胞的正常结构或破坏活性污泥絮体的结构,其吸附能力并没有明显降低,同时,随着时间的延长,活性污泥会对 2,6-DCP 逐渐产生一定的抗性/适应性。

2. 解偶联剂迁移转化与剩余污泥减量效果的偶合分析

由图 2-48 和图 2-49 可知,在第一阶段(1～40 天),出水中的 2,6-DCP 约占 2,6-DCP 总量的为 70%,污泥中吸附的 2,6-DCP 约为 25%,在这一阶段,随着曝气时间的延长,活性污泥的吸附和生物降解作用达到平衡状态,2,6-DCP 在水相和活性污泥颗粒两者之间的分配趋于稳定,因此这一段时间的污泥减量效果比较稳定,维持在 40% 左右;从第 40 天开始,出水中 2,6-DCP 所占的比例开始下降,吸附的 2,6-DCP 开始显著增加,生物降解量也开始逐渐增多,这一阶段系统的污泥减量效果开始下降,随着时间的延长,污泥减量效果不断降低,到第 90 天时降至10% 左右;从第 70 天开始,吸附的 2,6-DCP 量逐渐稳定在 50% 左右,而出水中 2,6-DCP 逐步下降,生物降解的 2,6-DCP 在 90 d 时达到最高为 20% 左右。

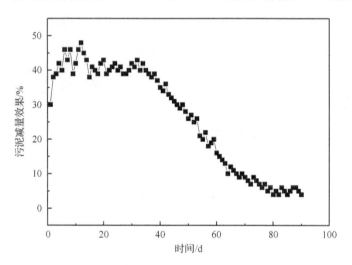

图 2-49　投加解偶联剂运行 90 d 污泥减量效果

由图 2-50 可以看出,解偶联剂 2,6-DCP 的分配系数(K_d)与污泥减量效果(R)之间存在负线性相关关系,结果表明 2,6-DCP 存在于水相中比吸附在污泥表面更有利于污泥减量。污泥减量效果的下降可能与活性污泥微生物对 2,6-DCP 产生抗性有关。另外,污泥微生物将更多 2,6-DCP 吸附到 EPS 中,从而达到保护活性污泥中微生物的目的。

3. 解偶联剂对系统运行效能及污泥性质的影响

90 d 连续运行期间投加 2,6-DCP 的 SBR 和未投加 2,6-DCP 的 SBR 中污泥沉降性能如图 2-51 所示,在运行初期的 15 d 内,投加 2,6-DCP 对污泥沉降性的影响不明显;从第 15 天开始,投加 2,6-DCP 会使污泥的 SVI 值升高,污泥的沉降性

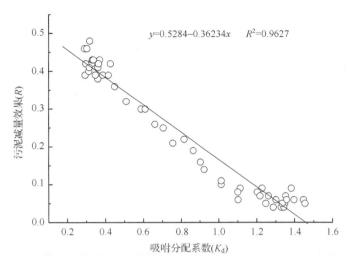

图 2-50　污泥减量效果与分配系数之间的关系

能降低,并出现了轻微的污泥膨胀现象;从第 35 天开始污泥的沉降性能开始恢复,到第 50 天污泥的沉降性能完全恢复,SVI 值与未投加 2,6-DCP 的 SBR 基本一致。

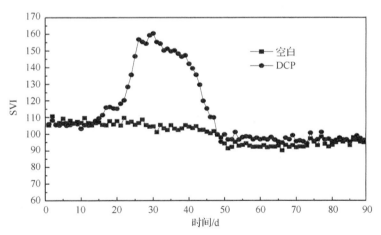

图 2-51　运行 90 d 两个反应器的 SVI 值

运行期间两个反应器中污泥的 SOUR 值如图 2-52 所示,在运行的前 40 d,2,6-DCP 的加入可使氧气吸收速率比对照实验提高 50%;在 40~70 d,投加 2,6-DCP 的反应器内污泥 SOUR 值开始下降,到第 70 天,仅比对照实验提高了 25%。在 2,6-DCP 存在的整个运行期间,SOUR 一直维持在比较高的范围内,随着污泥减量效果的减弱,SOUR 值也随之下降,基本与污泥减量效果的变化趋势一致。

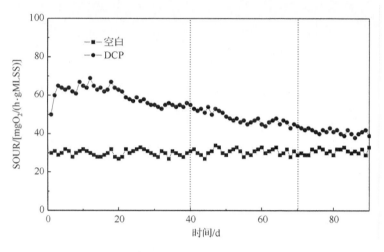

图 2-52　运行期间反应器中污泥的 SOUR 值

2.5　铜离子与解偶联剂协同下的污泥减量作用研究

2.5.1　添加铜离子与解偶联剂的活性污泥工艺研究

众多研究表明,化学解偶联剂能在不明显降低污水处理效果的情况下大幅度降低系统的污泥产率;而铜离子在浓度较低时也可对活性污泥的生长造成一定的抑制作用。到目前为止,同时使用铜离子与解偶联剂对活性污泥进行减量的研究在国内外还未见报道。鉴于此,本节研究将 Cu^{2+} 与 2,6-DCP 单独或同时添加到活性污泥系统中,研究其对活性污泥的作用及污泥减量效能。由于国内外很多研究也表明,铜离子浓度在大于 5 mg/L 时将严重影响活性污泥系统的正常运行,此外本研究是一次尝试性研究,一般工业废水中铜离子的浓度为 5~500 mg/L,所以为了保证污水处理系统的正常运行,本节研究将人工废水中的铜离子浓度定为 1 mg/L,而 2,6-DCP 的使用浓度确定为 20 mg/L,主要考察 Cu^{2+} 和 2,6-DCP 是否存在协同的污泥减量作用,同时,还考察了二者对活性污泥系统运行效能、对污泥性质以及微生物群落的影响。

30 d 连续运行期间四个 SBR 反应器(R1 为对照反应器、R2 为投加 2,6-DCP 的反应器、R3 为 Cu^{2+} 作用下的反应器、R4 为 2,6-DCP 和 Cu^{2+} 共同作用下的反应器)中累计剩余污泥增长情况如图 2-53 所示,2,6-DCP 单独作用下污泥产率相对于对照系统下降约 44%;但在 Cu^{2+} 存在下,2,6-DCP 的作用能使污泥产率大幅下降 68%,远大于无 Cu^{2+} 时,可以推测,Cu^{2+} 的存在能够增强 2,6-DCP 污泥减量效果;单独 Cu^{2+} 作用下污泥产率相对于对照试验下降约 20%。在 2,6-DCP 和

Cu^{2+} 共同作用下,系统运行前 4 d,污泥基本不增殖,说明活性污泥的生长受到了严重的抑制;但是系统运行 5 d 以后,剩余污泥量慢慢的开始增长,说明活性污泥已经开始适应 Cu^{2+} 和 2,6-DCP 的存在,此时,相对于对照试验 Cu^{2+} 和 2,6-DCP 共同作用下的污泥产率下降达 75% 左右,其减量效果大于二者单独作用下剩余污泥减量效果的总和,说明铜离子与 2,6-DCP 共同作用的效果不单纯是二者单独作用之和,二者之间存在着某种未知的关系。在前 30 天的连续运行期间,活性污泥微生物不会对 Cu^{2+} 和 2,6-DCP 产生抗性;也表明铜离子与解偶联剂在活性污泥减量上有很好的协同作用。

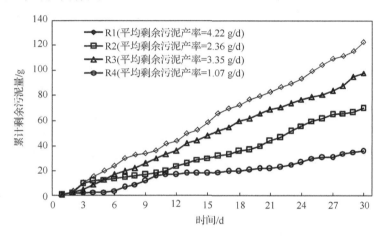

图 2-53　在 30 d 运行期间四个反应器中累计剩余污泥量(SS)

1. Cu^{2+} 和 2,6-DCP 对系统运行效能的影响

30 d 连续运行期间四个反应器中活性污泥的 COD 去除率如图 2-54 所示。在单独 Cu^{2+} 或单独 2,6-DCP 作用下,污泥的 COD 去除率相对于对照试验下降较小,分别为 1.98% 和 2.78%,这表明 Cu^{2+} 和 2,6-DCP 对污泥的 COD 去除效果影响较小。Chang 在研究铜离子(浓度为 1.5 mg/L)对活性污泥系统影响实验中也发现铜离子在该浓度下不会影响溶解性有机碳的去除效率;席鹏鸽等和谢冰等研究铜离子对污泥的 COD 去除率的影响也表明低浓度的铜离子对 COD 去除影响很小。在 Cu^{2+} 存在下,2,6-DCP 的引入可使污泥的 COD 去除率下降约 5.12%,这说明 Cu^{2+} 和 2,6-DCP 单独作用或共同作用对污泥的 COD 去除效果影响都较小。上述结果表明可以应用 Cu^{2+} 和 2,6-DCP 的协同作用来减少剩余污泥产率而不会严重影响污泥对 COD 的去除效果。

在 30 d 连续运行期间四个反应器中氮和磷的去除效果如图 2-55 和图 2-56 所示。本节研究采用 SBR 的运行方式,造成了好氧-厌氧循环的条件,在反应器中发

生了硝化与反硝化作用,故四个反应器中污泥的脱氮除磷效果都较好。由图 2-55
可知,在单独 Cu^{2+} 作用、单独 2,6-DCP 作用和二者共同作用下,活性污泥的脱氮
除磷效果都有不同程度的下降。Cu^{2+} 单独作用对氮的去除效果的影响比 2,6-
DCP 单独作用要小,在 Cu^{2+} 单独作用和 2,6-DCP 单独作用下,氮素的去除率分别
下降 11.35% 和 13.69%;但是,2,6-DCP 单独作用对磷去除效果的影响要明显小
于 Cu^{2+} 单独作用时,前者使磷的去除率下降 5.25%,后者却使磷的去除率大幅下
降 29.98%;Cu^{2+} 和 2,6-DCP 共同作用下,活性污泥对氮、磷的去除率都显著下降
了约 34%。可见,Cu^{2+} 和 2,6-DCP 对污泥的氮、磷去除效果的影响也存在协同作
用;二者共同作用对氮的影响效果大于二者单独作用之和,对磷的影响效果略小于
二者单独作用之和。

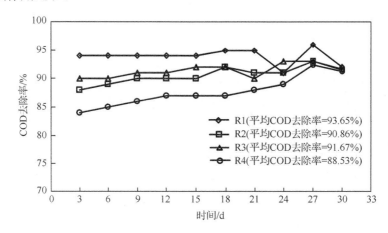

图 2-54　运行 30 d 期间四个反应器中污泥 COD 去除率

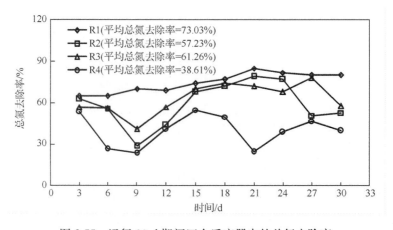

图 2-55　运行 30 d 期间四个反应器中的总氮去除率

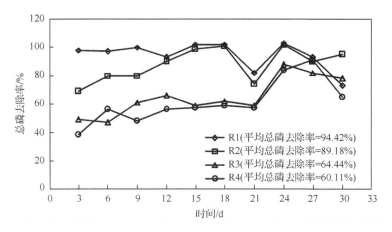

图 2-56　运行 30 d 期间四个反应器中的出水总磷浓度

　　四个反应器的出水氨氮浓度如图 2-57 所示,在 Cu^{2+} 单独作用下出水中氨氮浓度为 9.45 mg/L,相比对照试验去除率下降了 11.15%;在 2,6-DCP 单独作用下出水中氨氮浓度为 10.04 mg/L,相比对照试验去除率下降了 13.69%;在二者共同作用下出水中氨氮浓度为 16.06 mg/L,相比对照试验去除率下降了 37.78%。可见,Cu^{2+} 和 2,6-DCP 对氨氮去除效果的影响与其对总氮去除效果的影响基本一致;Cu^{2+} 和 2,6-DCP 的加入都会明显降低污泥对氨氮的去除效果。Cu^{2+} 和 2,6-DCP 对氨氮去除效果的影响也存在协同作用;二者共同作用对氨氮的影响效果大于二者单独作用之和。

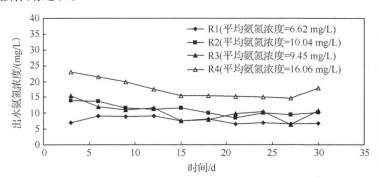

图 2-57　运行 30 d 期间四个反应器中的出水氨氮浓度

　　活性污泥系统中氮的去除主要分为氨化作用、硝化作用和反硝化作用。在铜离子存在的环境中,由于微生物要过量消耗分解代谢产生的能量来抵抗铜离子引起的毒性作用,降低了细胞合成的可利用能量。另外,铜离子的毒性对硝化过程具有一定的抑制作用,由于硝化作用的降低,一部分通过氨化作用产生的氨氮未能被进一步转化而滞留在水中,所以铜离子的存在会增加出水中氨氮的浓度。此外,由于铜离子也能抑制反硝化作用,减少,使得经过硝化作用生成的亚硝酸盐氮和硝酸盐氮量浓度也相应升高。而由于合成代谢和反硝化作用都被 Cu^{2+} 所抑制,由于污泥增殖和反硝化脱氮所消耗的氮素总量将会减少,出水中总氮浓度也将随之而升高。活性污泥对磷的去除主要为聚磷菌对磷的过剩摄取和聚磷菌的放磷作用,通过排放剩余污泥而实现磷的去除,在 Cu^{2+} 的存在下,污泥产率有所下降,从而导致磷的脱除效果的降低。此外,有研究表明,处理水中硝酸盐氮浓度越高,除磷效果越差,除磷效果一般与硝酸盐氮浓度呈负相关。铜离子加入使得系统中硝酸盐氮浓度升高,故也降低了系统的除磷效果。

　　为了进一步研究污泥对 Cu^{2+} 的去除效果,分别在第 8 天、15 天、23 天和 30 天测定了 R3 和 R4 反应器出水中 Cu^{2+} 的浓度,结果见表 2-12。可以看出,未加 2,6-DCP 的反应器中 Cu^{2+} 的平均去除率为 79%;加入 2,6-DCP 的反应器中 Cu^{2+} 的平均去除率上升到 93%。可见,2,6-DCP 的加入可以使污泥对 Cu^{2+} 的平均去除率提高约 14%。本实验还研究了 R2 和 R4 反应器出水中残留 2,6-DCP 的浓度,结果如表 2-13 所示。可以发现,在 2,6-DCP 单独作用下,反应器出水中的 2,6-DCP 浓度较低,平均浓度仅为 0.073 mg/L;在 2,6-DCP 与 Cu^{2+} 共同作用下,反应器出水中 2,6-DCP 的残留量较大,平均浓度达 0.280 mg/L,但仍小于国家二级排放标准(0.5 mg/L)。可见,Cu^{2+} 的存在将会增加反应器出水中 2,6-DCP 的浓度。

表 2-12　运行 30 d 期间反应器出水中 Cu^{2+} 的浓度　　　　（单位：mg/L)

时间/d	反应器	
	R3	R4
8	0.233	0.104
15	0.109	0.023
23	0.174	0.039
30	0.324	0.131
平均	0.210	0.074
平均去除率	79%	93%

表 2-13　运行 30 d 期间反应器出水中 2,6-DCP 的浓度　　　　（单位：mg/L)

时间/d	反应器	
	R2	R4
8	0.047	0.682
15	0.047	0.004
23	0.025	0.089
30	0.174	0.343
平均	0.073	0.280

2. Cu^{2+}和 2,6-DCP 对污泥性能的影响

在 30 d 连续运行期间四个反应器中的污泥沉降性能如图 2-58 所示,2,6-DCP 单独作用和 Cu^{2+}单独作用或二者共同作用都会降低污泥的沉降性能。国内外许多学者关于解偶联剂和铜离子的研究也都有类似的结论。Chang 等(1986)就浓度为 1.5 mg/L 的铜离子对活性污泥系统的影响的研究发现铜离子的存在能降低污泥的沉降性能。2,6-DCP 与 Cu^{2+}共同作用比二者单独作用对污泥沉降性能的影响更大,但是四个反应器中的污泥 SVI 值都在 100 以内,说明四个反应器中污泥的沉降性能仍能维持在较好的范围内,没有出现污泥膨胀问题。这说明在活性污泥中单独或同时添加低浓度的 Cu^{2+}和 2,6-DCP 是不会严重影响污泥的沉降性能的;此外,可以推测,污泥沉降性能下降程度与铜离子离子和解偶联剂浓度呈正相关,控制二者的投加量是保证系统正常运行的关键。

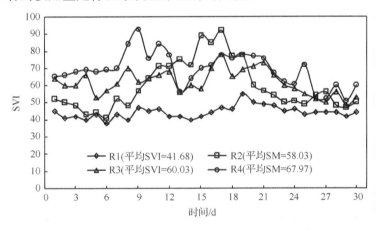

图 2-58　运行 30 d 期间四个反应器中的 SVI 值

在 30 d 连续运行期间四个反应器中污泥的 SOUR 值如图 2-59 所示,在 2,6-DCP 单独作用下,污泥的氧气吸收速率比对照试验提高了 16.71%,可见 2,6-DCP 能增加污泥对氧的吸收速率。从图 2-60 中还可以看出,Cu^{2+}的加入会抑制污泥的生物活性,Cu^{2+}单独作用下污泥的比耗氧速率比对照试验下降了 9.81%。Ong 等(2005)在研究 Cu^{2+}对序批式活性污泥系统的作用时也发现,低浓度的 Cu^{2+}就能明显降低污泥的 SOUR 值。在 Cu^{2+}和 2,6-DCP 共同作用下,污泥的比耗氧速率相比对照试验只增加了 0.77%,可见,Cu^{2+}和 2,6-DCP 对污泥的比耗氧速率影响存在一定的互补性。为了进一步研究四个反应器中微生物的活性,测定了在 30 d 连续运行期间四个反应器中污泥的脱氢酶活性(DHA),结果如图 2-63 所示,2,6-DCP 的加入可以使污泥的脱氢酶活性提高 7.16%。然而,Cu^{2+}的加入却会使污泥的脱氢酶活性下降了 31.98%;二者同时作用时污泥的脱氢酶活性下降了

28.21%,该结果与测得的污泥比耗氧速率结果不同。由于铜离子对大多数微生物是有毒的,铜离子的存在能严重抑制某些生物酶的合成,还能争夺系统中的氧,使微生物对氧的消耗速率降低,污泥的活性也会随之而降低。可见,2,6-DCP 确实能提高污泥的活性,而低浓度的 Cu^{2+} 也能抑制微生物的活性,但在二者共同作用下污泥活性的变化情况还不能确定。可以肯定的是,在污泥活性方面 Cu^{2+} 和 2,6-DCP 对活性污泥的作用存在一定互补性。

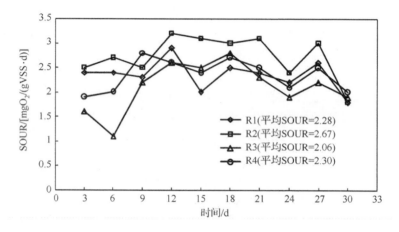

图 2-59　运行 30 d 期间四个反应器中的污泥 SOUR 值

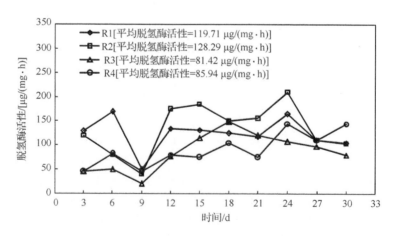

图 2-60　运行 30 d 期间四个反应器中的污泥脱氢酶活性

　　在光学显微镜下观察四个反应器中污泥的生物相(图 2-61)发现,四个反应器的污泥中都存在大量种类繁多的原生动物和后生动物,如草履虫、钟虫和轮虫等。有 Cu^{2+} 存在的反应器污泥中的原生动物和后生动物的种类和数量要明显多于未加 Cu^{2+} 的反应器。添加 2,6-DCP 的反应器污泥中的原生动物和后生动物的种类和数量少于未添加 2,6-DCP 的反应器污泥。没有添加 Cu^{2+} 和 2,6-DCP 的反应器中的污泥比较密实,污泥絮体主要以球菌为主,兼有少量的短杆菌,菌种较为单一。2,6-DCP 单独作用的反应器中,污泥絮体较未添加 2,6-DCP 的疏松,菌胶团呈长条形,优势菌种也发生了改变,球菌数量减少,出现了长杆菌、螺旋菌和丝状菌等。添加 Cu^{2+} 的反应器中污泥的絮体也较未添加 Cu^{2+} 的疏松,但是对污泥的沉降性能影响轻微。在 Cu^{2+} 单独作用下,污泥絮体中出现了较大的空隙,且出现丝状菌和长杆菌,球菌的数量减少,菌胶团的形状比较凌乱,原生动物增加,说明微生物群落的多样性和稳定性下降。Cu^{2+} 和 2,6-DCP 共同作用时,污泥絮体中也发现了较多的丝状菌、长杆菌和螺旋菌,球菌数量也有所下降,同时污泥絮体相比 Cu^{2+} 单独作用下的污泥絮体更加疏松,说明污泥的沉降性能和微生物群落的稳定性进一步下降。

图 2-61　运行 30 d 后四个反应器中的污泥的扫描电镜

铜离子的存在抑制了某些微生物的生长,如葡萄球菌,但同时也促进了某些微生物的生长,如丝状菌,故铜离子的存在会使系统中微生物群落结构发生变化,使污泥的沉降性能也有所降低。由于大多数化学解偶联剂都是非生物性的,对微生物可能都存在一定的毒性,所以 2,6-DCP 的加入也会对微生物的生长产生负面效应。但与铜离子不同的是,化学解偶联剂只对微生物生长产生抑制的负面效应。在 2,6-DCP 对微生物群落结构的影响实验中也能观察到微生物群落中的原生动物和后生动物的种类和数量都相比对照试验减少,葡萄糖球菌数量减少,丝状菌数量增加。这也必将导致污泥的沉降性能下降。

2.5.2 活性污泥工艺处理含铜废水中的解偶联剂作用研究

活性污泥工艺被广泛应用于低浓度含铜废水的处理中,虽然该方法处理含铜废水具有处理费用低、去除效率高和环境较友好等优点,但是在处理过程中会产生大量的含有铜离子或含铜化合物的剩余污泥,容易对环境造成了严重的二次污染。目前,污泥减量化的研究大多针对城市生活污水的处理进行的,关于含铜废水生物处理过程中的污泥减量化研究很少,其中,利用解偶联剂对含铜废水生物处理过程的污泥减量研究还没有。鉴于活性污泥工艺中 Cu^{2+} 与 2,6-DCP 的协同污泥减量作用,因此,本节主要研究在低浓度含铜废水的处理过程(采用连续流活性污泥工艺)中,将一定浓度的 2,6-DCP(20 mg/L)添加到系统中,研究其对污泥产率,系统运行效能和污泥性质的影响,综合评价该工艺的可行性,同时进一步比较间歇式活性污泥系统与连续流活性污泥系统的运行效果。

1. 2,6-DCP 对污泥产率的影响

经过 30 d 的连续运行,得到了投加 2,6-DCP 和未投加 2,6-DCP 的活性污泥系统中产生的剩余污泥产量,如图 2-62 所示。可以看出,两个活性污泥系统中的剩余污泥产率相差较大,添加了 2,6-DCP 的活性污泥系统中剩余污泥产量比对照试验下降了 69%,而在相同 Cu^{2+} 和 2,6-DCP 浓度下的 SBR 实验中,2,6-DCP 加入引起的剩余污泥产率下降为 68%。可见,连续流活性污泥工艺中 Cu^{2+} 的存在也能增强 2,6-DCP 的污泥减量效果;连续流活性污泥工艺抵抗毒性物质冲击的能力要弱于 SBR 工艺;而且在 30 天的运行时间内,活性污泥对 Cu^{2+} 和 2,6-DCP 没

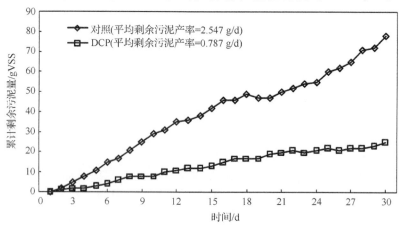

图 2-62　30 d 连续运行期间反应器中累计剩余污泥量(SS)

有产生抗性,也就是说只要在曝气池中存在 Cu^{2+} 或 2,6-DCP,使活性污泥吸附一定量的 Cu^{2+} 或 2,6-DCP,就能降低系统的剩余污泥产率。因此,在采用连续流活性污泥工艺处理低浓度含铜废水时,添加适当的解偶联剂来实现剩余污泥减量化是可行的。

2. 2,6-DCP 对系统运行效能的影响

投加 2,6-DCP 和未投加 2,6-DCP 的活性污泥系统的 COD 去除率如图 2-63 所示,在连续流活性污泥工艺处理低浓度含铜废水时,添加 2,6-DCP 可使系统 COD 去除率下降 4%,这与相同条件下 SBR 系统中所得结果(3%)接近,说明 2,6-DCP 的存在对污泥的 COD 去除率影响不大;两个反应器中出水 COD 的平均值分别为 69.94 mg/L 和 91.98 mg/L,也都能达到国家二级排放标准;对照试验的出水 COD 在第 24 天达到最小值,加入 2,6-DCP 的反应器出水 COD 在第 12 天达到最低,说明系统的出水 COD 波动较小,系统相对稳定。

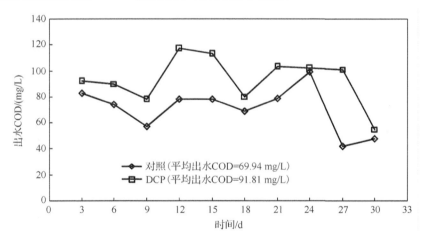

图 2-63　连续运行 30 d 期间反应器中污泥 COD 去除率

投加 2,6-DCP 和未投加 2,6-DCP 的活性污泥系统对总氮总磷的去除情况如图 2-64 和图 2-65 所示。可以看出,在连续流活性污泥工艺处理低浓度含铜废水时,添加 2,6-DCP 会降低污泥对氮磷的去除效果,投加 2,6-DCP 的系统对氮和磷的去除率分别比对照试验实验下降约 22% 和 11%。

同时,本节还研究了投加 2,6-DCP 和未投加 2,6-DCP 的活性污泥系统中出水的氨氮浓度情况,其结果如图 2-66 所示。可以看出,添加 2,6-DCP 的反应器出水中氨氮浓度比对照试验中要高(浓度分别为 11.38 mg/L 和 17.70 mg/L),去除率下降约为 25%,与总氮的结果接近。

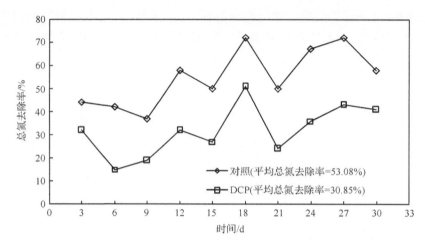

图 2-64　30 d 连续运行期间反应器中的总氮去除率

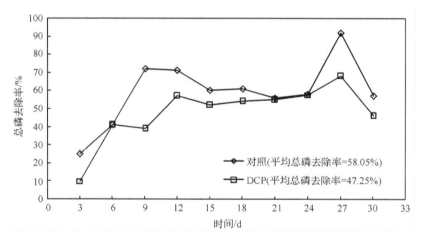

图 2-65　连续运行 30 d 期间四个反应器中总磷去除率

为了研究投加 2,6-DCP 的活性污泥系统对 Cu^{2+} 的去除效果和出水中 2,6-DCP 的浓度情况,定期对两个反应器出水中 Cu^{2+} 的浓度和 2,6-DCP 浓度进行分析,结果如表 2-14 所示。可以看出,在 30 d 的连续运行中,两个反应器对 Cu^{2+} 均有较好的去除效果,去除率都在 80%以上;2,6-DCP 的添加使出水中的 Cu^{2+} 浓度小于 0.1 mg/L,与对照实验相比,Cu^{2+} 去除率增加了约 10%。可见在连续流活性污泥工艺中 2,6-DCP 同样可以提高污泥对铜离子的去除效果。值得关注的是,在添加 2,6-DCP 的反应器出水中已经检不出 2,6-DCP,可以说明在该连续流活性污泥系统的出水中已经不存在 2,6-DCP。

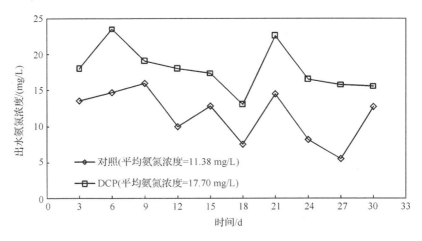

图 2-66　连续运行 30 d 期间四个反应器中的出水氨氮浓度

表 2-14　连续运行 30 d 期间反应器出水中 Cu²⁺ 和 2,6-DCP 的浓度

（单位：mg/L）

时间/d	2,6-DCP 浓度		Cu²⁺ 浓度
		加 2,6-DCP	对照试验
8	检不出	0.082	0.147
15	检不出	0.001	0.217
23	检不出	0.029	0.072
30	检不出	0.131	0.211
平均	—	0.061	0.162

3. 2,6-DCP 对污泥性质的影响

在 30 d 连续运行期间投加 2,6-DCP 和未投加 2,6-DCP 的活性污泥系统中的污泥沉降性能如图 2-67 所示,在添加 2,6-DCP 的反应器中,污泥的 SVI 值明显高于对照试验,并在第 15 天发生了污泥膨胀,此时的 SVI 值达到了 240。为此,将 2,6-DCP 的投加量由原来的 20 mg/L 降低为 13 mg/L,并向曝气池中加入 0.5% 的 PAM 约 10mL,经过 3 d 的恢复后,污泥膨胀现象有所减轻,SVI 值恢复到 100 左右。可见,2,6-DCP 的加入对污泥沉降性能是有一定的影响的,然而在相同条件下的 SBR 系统中未发生污泥膨胀现象。在未加 2,6-DCP 的对照实验中发现污泥的平均 SVI 值也高于相同条件下的间歇式活性污泥实验;这充分说明,污泥膨胀现象的发生很大程度来源于连续流活性污泥系统较弱的抗 2,6-DCP 冲击能力。因此,在连续流活性污泥工艺处理低浓度含铜废水时,投加较高浓度的解偶联剂是会严重影响污泥沉降性能的,所以合理确定解偶联剂投加量是系统能够正常运行的关键。

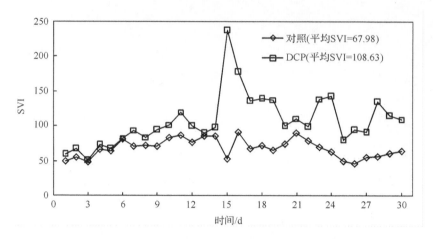

图 2-67   连续运行 30 d 期间反应器中的 SVI 值

　　为了研究在连续流活性污泥处理低浓度含铜废水时,投加 2,6-DCP 对污泥活性的影响,测定了连续运行 30 天期间污泥的比耗氧速率(SOUR)和污泥的脱氢酶活性,其结果如图 2-68 和图 2-69 所示。可以发现,添加 2,6-DCP 的反应器中污泥 SOUR 比对照试验提高了约 1%,污泥的脱氢酶活性相比对照试验提高了约 59%,这说明在采用连续流活性污泥处理低浓度含铜废水时添加 2,6-DCP 能增强活性污泥的活性,该结果与在 SBR 系统中所得结果有所不同。

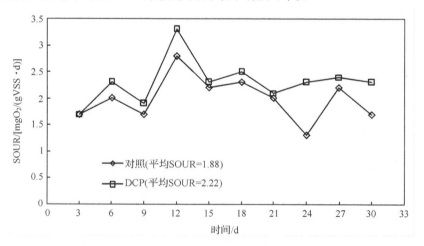

图 2-68   连续运行 30 d 期间反应器中的污泥 SOUR 值

　　投加 2,6-DCP 和未投加 2,6-DCP 的活性污泥系统中污泥的扫描电镜图片如图 2-70 所示。可以看出,两个反应器中的污泥都形成了较厚的污泥絮体;在对照实验系统中,污泥的菌胶团比较密实,主要以球菌和短杆菌为主,伴随少量的丝状菌和螺旋菌;在添加 2,6-DCP 的系统中,可以观察到许多的 PAM 的絮体存在,尽管由于 PAM 对微生物的吸附和网捕作用使得污泥的絮体也显得较为密实,但还是较对照实验疏松;菌胶团中空隙较多,絮体中的球菌和短杆菌的数量减少,出现了较多的长杆菌和丝状菌,同时也出现了一些对照实验中未出现的菌种。这充分说明了 2,6-DCP 的加入能使微生物的优势群落发生改变,因此,研究在 Cu^{2+} 存在条件下 2,6-DCP 加入引起的污泥群落结构和污泥活性变化是很有必要的。

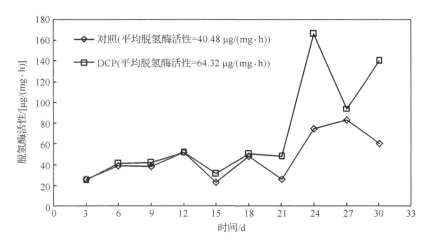

图 2-69　连续运行 30 d 期间反应器中的污泥脱氢酶活性

(a) 为对照试验系统中的污泥　　　　(b) 为添加2,6-DCP系统中的污泥

图 2-70　连续运行 30 d 后反应器中的污泥的扫描电镜

第3章 生物捕食污泥减量技术

3.1 污泥生物捕食技术概述

利用污水处理系统中出现的微型动物对污泥絮体、污泥中细菌和有机物的捕食作用以减少剩余污泥产量是近十几年兴起的新型污泥减量技术。生物捕食污泥减量技术起源于荷兰,关于它的研究最早可追溯到1994年。Ratsak等对荷兰某活性污泥法污水处理厂中后生动物的种群动态变化进行了一年半的观测,首先观测到仙女虫和红斑颚体虫的大量出现伴随着污泥产量的显著减少。随后,Lee等也发现原生动物和后生动物对剩余污泥均有较为显著的减量效果。1997年,Rensink等对蠕虫的污泥减量效果进行了试验研究,发现在一种改进的滴滤池的塑料填料上自然生长有仙女虫、红斑颚体虫和颤蚓等水生蠕虫,当向系统中接种颤蚓后,污泥产量大幅下降。Ghyoot等(2000)在膜生物反应器(MBR)和传统活性污泥法反应器基础上分别应用两段法进行污泥减量,同时比较了两个系统的污泥减量效果,他们发现MBR系统更利于原生动物和后生动物的生长,污泥减量效果更好。2001年,Lumxy等也通过实验证实了在MBR中,原生动物和后生动物具有良好的污泥减量潜力。2006年,荷兰Wetsus中心的Elissen等利用夹杂带丝蚓(*Lumbriculus variegatus*)进行污泥减量,开发了一套新型的水生蠕虫污泥减量反应器,将蠕虫接种于特制的多孔性填料上,首次将蠕虫捕食污泥和蠕虫排泄两个步骤相分离。该研究表明,经过夹杂带丝蚓的捕食作用,污泥减量效果最高可达75%,为后续的研究开拓了新的思路。在随后的数年内荷兰Wetsus中心就该种水生蠕虫污泥减量反应器进行深入研究:2009年,Hendrickx等完成了该反应器的操作条件和设计参数的优化,并在实验室条件下初步把它与完全混合式活性污泥法污水处理系统组合起来,在污泥减量41%~71%的同时,COD处理效果能维持在88%左右,实现污水和污泥的协同处理;2010年Hendrickx和Elissen等分别完成了污泥捕食系统中的物料平衡分析和污泥捕食动物及其粪便的开发利用分析;在前期的研究基础上,2011年Hendrickx等进一步优化了水生蠕虫污泥捕食反应器的结构设计,使其能实现工程化应用。最近,生物捕食污泥减量技术在荷兰Wolvega污水处理厂完成了为期4年的工程化应用研究,该系统可实现污泥减量30%~40%。

在中国,对生物捕食污泥减量技术的研究始于2000年。2000年,翟小蔚采用两段式膜生物反应器培养富含原生动物的污泥,然后定期将其接种于普通活性污泥系统中。通过对比试验发现,普通活性污泥系统接种原生动物以后,污泥产率大幅度下降,同时污泥絮凝的沉降性能得到明显改善。2003 年魏源送等考察了常规活性污泥法(CAS)和 MBR 中寡毛类蠕虫的生长情况,并进一步研究了这些蠕虫对剩余污泥产量的影响。该研究发现,在 CAS 中,由于寡毛类蠕虫的作用,剩余污泥产率和污泥沉降性能均得到了显著的改善,与 MBR 相比,CAS 能为寡毛类蠕虫生存提供更适合的环境。2006 年清华大学 Liang 等通过捕食过程的碳素迁移转化研究,比较了红斑顠体虫(*Aeolosoma hemprichi*)、大型溞(*Daphnia magna*)、正顠蚓(*Tubifex tubifex*)和囊螺(*Physa acuta*)等四种生物的污泥减量效果,研究表明红斑顠体虫和正顠蚓具有较大的污泥减量潜力。2006～2007 年,梁鹏和黄霞把红斑顠体虫和正顠蚓作为主体污泥捕食生物,研究其在污水处理系统中的污泥减量效果及相应的优化运行操作条件。在 2007 年和 2009 年,中国科学院 Guo 和 Wei 等先后把顠蚓污泥减量反应器和寡毛类污泥减量反应器与立体循环一体化氧化沟(integrated oxidation ditch with vertical cycle,IODVC)相结合,实现污泥的高效减量。2010 年,针对生物捕食技术面临的蠕虫附着不稳定和营养物释放的问题,Tian 等针对顠蚓类蠕虫,开发了具有蠕虫长期稳定存在、污泥高效捕食、营养物质释放有效控制等特点的序批式静态蠕虫反应器(SSBWR),并实现与 MBR 污水处理系统的耦合,构建了 MBR 为污水处理主体、蠕虫附着型生物床为旁路的组合工艺,实现了污泥的整体生态化减量;同时,利用污泥捕食生物对污泥的改良、改性、减量作用,有效减轻膜污染,为生物捕食技术引领了新的方向。

　　与超声波、臭氧氧化、解偶联等其他污泥减量技术相比,生物捕食是一种纯生态的、环境友好的污泥减量技术,该技术不但具有良好的污泥减量效果,而且运行费用低,二次污染少,是一种较为理想的污泥减量技术,日益成为各国科学家研究的热点。近年来,为了利用原生动物和后生动物实现污泥减量,各种新型的反应器和工艺被不断开发出来,取得了一系列突破性的进展。

3.1.1　生物捕食技术削减剩余污泥量的理论基础

1. 生物捕食污泥减量技术的原理

　　生物捕食污泥减量技术主要是指利用原生动物、后生动物以及苍蝇幼虫等微型动物对活性污泥絮体和污泥中细菌的摄食和消化,使污泥絮体中的有机组分得到一定程度的矿化,从而使污水处理系统的污泥产量得到削减。生物捕食污泥减量技术主要基于以下三个方面的原理。

　　1) 物质和能量在食物链中低效传递

　　从生态学角度出发,生物捕食污泥减量技术延长了污水处理系统中的食物链,使系统中的物质和能量在沿食物链传递的过程中逐级递减。在污水生物处理系统中,细菌、真菌、原生动物和后生动物等多种微生物通过食物链相互关联,共同组成活性污泥人工生态系统。根据生态学能量流动的"十分之一"理论,能量在食物链的传递过程中仅有十分之一能进入下一营养级,十分之九的能量会在捕食过程中被消耗,并以热量的形式释放到环境中。因此,随着食物链的延长,系统中的能量就越少,作为能量载体的生物量也就越来越少。生物捕食污泥减量技术正是利用此理论,在污水处理系统中人为加入"捕食者"——污泥捕食生物来延长食物链,同时提供有利于污泥捕食生物的生长繁殖环境,最终实现污泥的减量。另外,食物链越健全,污水处理系统中的生态系统越稳定,越有利于物质和能量的传递,从而越有利于污泥的减量。因此,如图 3-1 所示,延长污水处理系统中的食物链或强化食物链中污泥捕食生物的捕食作用均能达到减少剩余污泥产生量的效果。这种方法早已在生物膜法中得到应用,生物膜法(如生物滤池)与 CAS 相比,一个重要特点是在生物膜中体型较大、营养级较高的污泥捕食生物容易繁殖,甚至能出现苍蝇一类的昆虫,使得食物链变长变复杂。因而,生物膜法的污泥产量一般要比活性污泥法低 1/4。

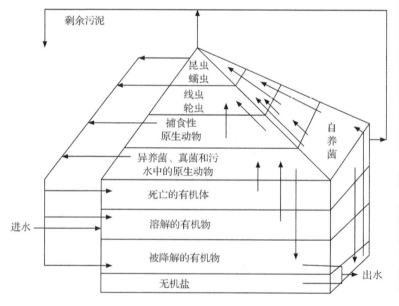

图 3-1　污水处理系统中的食物链

2) 污泥捕食生物对细菌的生物溶胞作用

生物捕食活性污泥,同时也可以看作是一种生物溶胞技术。微型动物对污泥絮体的摄食和消化必然会引起细菌细胞的破裂,使细胞内含物质发生释放,当这些物质重新进入污水处理系统就会成为其他细菌的营养物质而被重复利用。由于营养物质在每次利用的过程中都会伴随着能量和物质的损失,利用溶胞释放的营养物质而形成的生物量要远少于原有的生物量,最终生成的总生物量也就变少,从而实现污泥减量。

　3) 污泥捕食生物对细菌活性的增强作用

　污泥捕食生物和污泥细菌之间,除了捕食和被捕食的关系外,还有互惠互利的关系。污泥捕食生物对污水处理系统中细菌种类具有选择作用,通过捕食作用能够增强污水处理系统中细菌的活性或增加活性细菌的数量,从而增强细菌的自身氧化和代谢能力,使污泥的表观产率降低。在污水生物处理系统中,细菌的分泌物能刺激污泥捕食生物的生长;而污泥捕食生物的活动能够产生溶解性有机物质,这些物质可被细菌再利用,促进细菌的生长。另外,污泥生物捕食过程会释放出氮和磷,这些氮、磷物质的释放一定程度上提高了系统中的氮、磷比例,在氮和磷缺乏的工业废水处理过程中,污泥捕食生物的捕食作用可促进有机物的降解,提高碳源的矿化作用。

　2. 污泥捕食生物及其捕食特性

　原生动物和后生动物是目前用于污泥减量的主要的污泥捕食生物。活性污泥系统中的原生动物包括鞭毛虫、肉足虫和纤毛虫,后生动物包括轮虫、线虫、寡毛类蠕虫。不同污泥捕食生物具有不同的捕食特点和生理生态习性,污泥减量作用的大小与污泥捕食生物的种类以及污泥捕食生物所处的环境密切相关,污泥减量效果可在 10%~90% 的范围内变化。利用生物捕食进行污泥减量,首先要选择一种或多种合适的污泥捕食生物,下面主要针对几种常见的污泥捕食生物进行详细介绍。

　1) 原生动物

　活性污泥系统中能观测到的原生动物约有 230 种,约 70% 的原生动物是纤毛虫。鞭毛虫、变形虫主要出现在污泥培养初期或工况发生变化的情况下,而固着型纤毛虫则会在污泥培养成熟、系统正常运行时大量出现。通常情况下,原生动物对细菌的捕食是有选择性的。这种选择性首先体现在对细菌大小的选择上。大多数原生动物偏向于捕食中等大小的细菌(0.4~$2.4\ \mu m$),这与原生动物的捕食器及其咽的大小有关。当细菌尺寸大于 $2.4\ \mu m$ 或小于 $0.4\ \mu m$,细菌表现出明显的抗捕食性,不易被捕食。因此,对于原生动物来说,适宜于捕食游离的细菌,对污泥絮体以及絮体中的细菌摄食能力较差。此外,细菌的其他特性,如运动能力、形状和细胞表面的特征等都会影响原生动物的捕食。通常认为,革兰氏染色呈阴性的细菌更易被原生动物捕食。

　基于捕食的选择性,原生动物的存在会使游离细菌被大量捕食,使污水处理系统中的细菌种群由向丝状菌和菌胶团细菌等抗捕食形态发展,或者向快速生长的细菌品系发展。因此,利用原生动物的进行污泥减量可能产生三种效果:①由丝状菌的过度增殖而引起的污泥膨胀,但并无相关的报道,可能是由于在正常的污水处理过程中还有一些因素抑制着丝状菌的大量繁殖;②促进菌胶团的形成,从而改善污泥的沉降性能,但同时又会由于菌胶团的大小超出原生动物的摄食范围而导致污泥减量效果变差;③使细菌的活性发生改变,但不同原生动物捕食者对于同一细菌群落的影响有所不同。

2) 后生动物

在 CAS 和生物滤池中,常见的后生动物为轮虫和线虫,其他的如寡毛纲的环节动物则相对较少。后生动物中有许多体型较大,营养级较高的种属,其中主要用于污泥减量的种属可分为游离型后生动物和附着型后生动物两大类。游离型后生动物个体较小主要以分散的、悬浮的细菌为食;附着型后生动物个体较大主要以污泥絮体、菌胶团为食。

(1) 原腔动物门(Rrotocoelomata)轮虫纲(Rotifera):在普通活性污泥系统中,轮虫的数量可达 4500 个/mL;在生物膜中,可高达 10 000 个/cm³ 填料。与原生动物纤毛虫相比,轮虫在污水处理中的数量相对较少,但由于其体形相对较大,构造相对复杂,特别是具有肌肉质发达的咽喉,高度硬化了的咀嚼器以及具有消化腺的胃,加之可以较为灵活的移动,因而它们在污泥捕食过程中更具主动性。在污水处理中出现的轮虫可分成自由游泳型和附着型两种,与自由游泳型轮虫($40\sim200$ μm)相比,附着型轮虫($200\sim900$ μm)不仅体形较大,而且摄食能力更强,从污泥减量角度讲使用价值更高。

(2) 原腔动物门线虫纲(Nematoda):在污水生物处理系统中出现的线虫属于自由生活型,体长在 $600\sim1000$ μm。线虫的繁殖速度要比附着型轮虫快一倍,但在污水生物处理中的出现频率和密度却很小。线虫喜欢在水体各种碎屑中钻洞挖掘,可吞噬细小的污泥絮粒,在生物膜生长较厚的生物膜法污水处理系统中常会大量出现。Woombs 等(1986)研究了生物滤池中线虫的摄食、呼吸、生长繁殖和能量贡献,发现线虫的需氧量仅占活性污泥中总生物需氧量的 $0.03\%\sim2.7\%$,对活性污泥的直接影响较小;另外,在研究氧化沟中线虫的能量贡献后发现,线虫对细菌的捕食和分解是可以忽略不计的。线虫具有较强的污泥捕食能力,但在常规的活性污泥系统中并不常见。这主要由于在常规的活性污泥系统中,污泥絮体呈悬浮混合状态,系统内水力扰动强度较大,使得线虫的雌体和雄体的接合不容易,其繁殖受到阻碍。

(3) 节肢动物门(Arthropoda)甲壳纲(Crustacea):甲壳纲动物的主要特征是头部和胸部不同程度地愈合成头胸部,背面有大甲壳。污水生物处理中常见的甲壳纲动物有浮游生活的水蚤属(*Daphnia*)和剑水蚤属(*Cyclops*)。这类动物主要以摄食活性污泥为生,但其摄食污泥的能力尚无报道。

(4) 环节动物门(Annelida)寡毛纲(Oligochaeta):现阶段国内外用于污泥减量的污泥捕食生物主要集中在寡毛纲环节动物,包括小型的红斑颗体虫(*Aeolosoma hemprichi*)以及中型的仙女虫(*Nais elinguis*)、颤蚓(*Tubifex*)、带丝蚓(*Lumbsriculida*)和大型的蚯蚓(*Earthworm*)等。寡毛类蠕虫是活性污泥系统中可观察到的体型最大的后生动物。由于体型大、营养级高、摄食量大(寡毛类蠕虫每天的摄食量是自身质量的 2～10 倍),寡毛类蠕虫相对于其污泥捕食动物来说,具有更大的污泥减量潜力。下面将详细介绍几种经常用于污泥减量的寡毛类蠕虫。

颗体虫是活性污泥中体型较大、分化较高级的一种多细胞动物,主要以污泥碎屑中有机物颗粒为食料,是狭食性寡毛类蠕虫。出现在污水生物处理系统中的颗体虫几乎都是红斑颗体虫,当红斑颗体虫呈优势时污泥呈红色。已有的资料显示,红斑颗体虫主要生长在出水水质较好的活性污泥或生物膜系统中。在适当条件下,其单寄生培养的比生长速率常数是 $0.3～0.4\ d^{-1}$,最适温度是 33℃,最适 pH 范围为 6～8。梁鹏等(2006)的研究表明,在合建式曝气池中,红斑颗体虫对污泥的相对减量值为 39%～58%。同时,红斑颗体虫的大量出现,对污水处理系统的氨氮和总磷的去除效果并没有明显影响,但是能使污泥的沉降性能显著变好。魏源送等(2003)在 MBR 和 CAS 两种工艺中接种红斑颗体虫后发现:CAS 更有利于红斑颗体虫的生长,CAS 中的产泥率和 SVI 分别降至 0.17kgMLSS/kgCOD 和 60mL/g 左右。

仙女虫比红斑颗体虫、颤蚓等更具抗污能力,是水体富营养化的优势种群。有研究表明,仙女虫比红斑颗体虫具有更高的污泥减量能力,有大量仙女虫存在的情况下,污泥减量率可达到 25%～50%。但当仙女虫占优势时,污水处理系统的磷去除率略微降低,出水水质受到一定影响。

颤蚓是颤蚓科动物的统称,身体细长,有体节和刚毛,一般出现于污染负荷较低的生物滤池末端,同时也广泛分布于河湖底泥中,是底泥污染的指示生物。Rensink 等(1997)将颤蚓接种到滴流生物滤器中,污泥产率由 0.40 gMLSS/gCOD 下降到 0.15 gMLSS/gCOD。该研究还发现,在颤蚓捕食污泥的过程中,由于污泥频繁地通过颤蚓的肠道,污泥性质会发生显著的改变,可使污泥 SVI 值从 90 下降到 45,污泥的脱水性提高 27%。梁鹏等(2006)采用直接投加颤蚓进行污泥减量。该研究表明:投加颤蚓后,在初始阶段颤蚓具有较大的摄食能力,污泥比减量速率高达 0.31 mg/(mg·d),但随着时间的推移污泥比减量速率有所降低。Guo 等(2007)采用颤蚓反应器处理一体式竖向流氧化沟的外排污泥与回流污泥,研究表明:当利用颤蚓反应器处理外排污泥时剩余污泥总量下降 46.4%;当使用颤蚓反应器处理回流污泥后可使系统污泥产率降至 6.19×10^{-5} kgSS/kgCOD。Huang 等(2006)把 CAS 与颤蚓反应器相结合的研究表明:颤蚓的污泥捕食速率为 0.18~0.81 mgVSS/(mg 虫体·d)，颤蚓反应器的污泥减量能力为 650~1080 mgVSS/(L·d)。

夹杂带丝蚓(*Lumbriculus variegatus*)表观为红色，属带丝蚓目、寡毛纲类蠕虫。夹杂带丝蚓几乎都通过裂解方式进行繁殖，其世代时间为 14~40 d，腐烂的植物残留物、细菌和真菌等是其主要的食物来源。夹杂带丝蚓的数目与其栖息地的污染程度(营养水平)呈负相关。因此，夹杂带丝蚓在污水处理过程中很少出现。Elissen 等(2006)应用夹杂带丝蚓削减污泥产量的研究表明，夹杂带丝蚓以头部向下方式在沉淀物中猎食，以尾部向上方式呼吸氧气，可使污泥减量达 75%。

蚯蚓，环节动物门，寡毛纲，体呈长圆筒形，由若干体节组成，生长在土壤中，以土壤中动植物碎屑和微生物为食。世界上已发现的蚯蚓有 3000 多种，我国的蚯蚓有 200 多种，最常见的有 20 多种，其中表层种蚯蚓每天的摄食量相当于自身体重的 1~2 倍甚至高达 10 倍。蚯蚓处理城市污泥是一项新兴的污泥处理技术，不仅可以实现污泥的高效减量，还能将污泥中的重金属富集于蚯蚓体内、去除病原微生物、转移消化有毒有害的有机物，从而实现污泥的无害化稳定化，而且由于蚯蚓体内具有丰富的酶系，还可将城市污泥转化为富含营养物质氮、磷、钾和钙的生物有机肥——蚓粪。Zhao 等(2010)将赤子爱胜蚓接种到滤池中，发现生物滤池中污泥的挥发性有机物质含量下降 56.2%~66.6%。另外，该研究还表明，在蚯蚓摄食污泥的过程中，污泥絮体和细菌细胞中的有机物可转变为可溶性有机物，从而有利于微生物对污泥絮体中有机质的进一步降解。陈学民等(2010)利用微小双胸蚓与赤子爱胜蚓处理城市生活污泥，结果表明，30 d 后 2 种蚯蚓可分别使污泥质量消减 26.67% 和 27.14%，对污泥中有机物的消减量分别为 23.56% 和 24.81%。此外，蚯蚓生物滤池可以将部分剩余污泥转化为少量增殖的蚯蚓和蚓粪，蚯蚓可作为农牧业饲料，蚓粪可作为高效农肥和土壤改良剂，从而实现污泥的减量化和资源化。

近年来，国内外在生物捕食污泥减量技术方面的研究越来越多，但大都处于实验室研究阶段，其主要技术瓶颈是污泥捕食生物的数量和种群密度难以控制。如何在污水处理系统中实现污泥捕食生物的可调控稳定生长，使其种群密度维持在较高水平，以期达至最佳污泥减量效果，是生物捕食技术实现工程化应用所面临的关键性问题。

3. 制约污泥捕食生物生存繁殖及污泥减量的环境因素

在常规的活性污泥法污水处理系统中，其自身具有的水力条件、操作条件和食物条件决定了在该系统中不可能有较长的食物链。首先，在曝气池中，由于不断地曝气、剧烈地搅拌，对于大型生物的生存极为不利，这也是活性污泥中出现的后生动物通常个体较小的主要原因。其次，由于活性污泥法中各种微生物都随着污水一起流动,加之受到运行成本的限制,微生物平均停留时间又不能太长,所以增殖较慢的污泥捕食生物还没来得及增殖就会从曝气池中流失。最后,在常规活性污泥法污水处理系统中,细菌多以菌胶团的形式存在。菌胶团很稳定,只有反复持续的涡旋才能破坏其结构,使细菌游离出来。而原生动物捕食活动的作用力显然比涡旋小得多,因此,一些小型的原后生动物并不能获得充足的食物。这使得在活性污泥生态系统中,物质和能量的传递并不顺畅,绝大部分物质和能量停留在初级消费者——细菌这个营养级上,这是形成大量剩余活性污泥的根本原因。要想使污泥捕食生物在污水处理系统中存在并发挥作用,必须要有充足的食物——细菌(或活性污泥絮体)以及提供一个适合其生长繁殖的外部条件。

1) 充足和适宜的食物

污泥捕食生物的长期稳定存在要求污水处理系统中有一定的污泥浓度,同时细菌(污泥絮体)要处于一个适合污泥捕食生物进食的状态。以原生动物为例,污水处理系统中细菌自身的营养水平、活性、数量及存在形式对原生动物的捕食及生长繁殖有一定的影响。Berk 等(1984)的研究表明纤毛虫捕食活细菌时自身增长率比捕食死细菌时的高,主要是由于在死菌中细胞壁和 DNA 都受到不同程度的破坏,使其营养价值下降。Fenchel(1980)的研究表明,原生动物的生长速率对环境中的细菌密度有着显著的依赖性,如游泳型纤毛虫生长的最小细菌密度为 $4 \times 10^6 \sim 2.5 \times 10^7$ 个/mL。此外,处于分散状态的细菌更易于原生动物的捕食。

对于大型的污泥捕食生物,除了细菌密度外,污泥的性质对生物捕食的影响也不容忽视。Finogenova 等(1987)比较了不同营养水平的底物对正颤蚓生长繁殖的影响,发现以活性污泥为底物时正颤蚓的生长速率是以淤泥为底物时的 2 倍。Hendrickx 等(2009)研究了夹杂带丝蚓对不同污水处理系统的污泥的减量效果,结果表明,不同种类污泥由于营养价值不同使夹杂带丝蚓的污泥消耗速率在 $48 \sim 265 gTSS/(m^2 \cdot d)$ 范围内波动。

污泥中的有毒有害物质的含量也会对污泥捕食生物的生长繁殖以及污泥的捕食效能产生影响。Huang 等(2007)指出在活性污泥中铜、氨和盐对颤蚓的半致死浓度分别为 2.5 mg/L、880 mg/L 和 5100 mg/L。Hendrickx 等(2009)发现分子态的氨对蠕虫有毒害作用,而氨氮是蠕虫的代谢产物之一,氨浓度的增加会导致蠕虫消化污泥速率的急剧下降。法国及埃及学者指出一种生物杀虫剂——壳聚糖(chitosan)会对颤蚓的生长产生负面影响。

2) 长期稳定生长的外部条件

维持污泥捕食生物的长期稳定生长还需要有适合的外部条件:一个相对稳定的生活环境,如添加载体或利用生物膜法;要有足够长的污泥停留时间;需要对有毒物质浓度进行控制;除此以外,污泥捕食生物的生活繁殖还会受到如盐度、pH、O_2、CO_2、NH_3、H_2S、光照、BOD_5 负荷等的影响。

(1) 盐浓度：在常规的生物法污水处理过程中，常常会遇到一些含盐废水，如含盐生活污水、含盐工业废水和入侵海水等。Wong(1992)的研究表明，当含盐废水盐浓度超过 3‰～5‰时，不宜采用常规的生物处理方法。不同种属的微型动物对盐的耐受程度不同，一般钟虫属和盖纤虫属较其他纤毛虫更能抵抗盐的冲击。作为污废水生物处理生物相中重要组成部分的微型动物中也有一些嗜盐类，如展现突口虫(*Condylostoma-patuum*)、红色角毛虫(*Keronopsisrube*)和扇状游什虫(*Euplotesvannus*)等。这些嗜盐微生物在受到含盐废水的冲击时，会通过自身的渗透调节机制来平衡细胞内的渗透压或保护细胞内的原生质。另外，Salvadó 等(2001)的研究表明，盐的浓度和原生动物活性有很大关系，当 NaCl 浓度为 5 g/L 时，原生动物可以存活；当 NaCl 浓度为 10 g/L 时，原生动物的存活率下降；当 NaCl 浓度为 20 g/L 时，原生动物的数量大幅下降并显著影响污水处理效果；当 NaCl 浓度为 40 g/L 时，原生动物完全消失；然而，经过一定时间的适应后，部分原生动物又恢复活性。

(2) BOD 负荷：通常认为，当污水处理系统中 BOD 负荷较高时，游离细菌增多，有利于微型动物特别是游离细菌捕食生物的生长和繁殖。Wilfried 等(2001)认为，污水处理系统中处理效果稳定且微型动物活跃的 BOD 负荷范围为 0.2～0.6gBOD/(gMLSS · d)。

(3) DO 与温度：绝大多数原生动物和后生动物均为好氧微生物，只有极少数原生动物种群能在严格厌氧的条件下存活，但是关于厌氧条件下原生动物变化规律的研究非常少。此外，温度对微型动物的存活也有着一定的影响，微型动物生长的最佳温度为 10～25℃；当系统温度达 30℃，原生动物尤其是纤毛虫的数量显著减少；当温度达 40℃，原生动物不能存活。

在常规的活性污泥系统中，污泥捕食生物的食物来源(污泥絮体及其中的细菌)非常充足，而且生活污水中的有毒有害物质的水平比较低，对污泥捕食生物的影响较少，pH 等条件都比较适合。因而，利用生物捕食实现污泥减量的关键在于提供一个适宜其长期稳定生长的污泥捕食反应器。

3.1.2　典型的生物捕食污泥减量工艺

选择了适宜的污泥捕食生物并不意味着就能获得较高的污泥减量效果，保持污泥捕食生物在污水处理系统中的稳定存在非常关键。因此，针对所选择的污泥捕食生物，选择适宜的污水处理工艺以及为污泥捕食生物提供适宜的栖息环境就显得至关重要。部分研究者首先提出向活性污泥系统中直接投加污泥捕食生物的方式来实现污泥减量。然而，像颤蚓这样的附着型蠕虫容易沉于池底，无法在曝气池中均匀分布。另外，颤蚓会随着污泥的排放而流失，从而影响生物捕食污泥减量效果的稳定性。因而，目前多采用单独的污泥减量反应器接种污泥捕食生物后作为污泥处理单元,而污水处理系统无外乎采用活性污泥工艺,尤以常规的活性污泥法为主,其剩余活性污泥排放到污泥减量反应器中进行减量,经污泥捕食生物摄食后的污泥或者回流到污水处理系统,或者排放。污泥回流对 CAS 系统的污水处理效果几乎没有影响,因此有关污泥减量稳定性的研究主要集中在污泥减量反应器中污泥捕食生物的稳定性上。为了给污泥捕食生物提供一个适宜的生存环境,许多新颖的污水污泥处理工艺和设备被设计出来。一般认为,这些生物捕食污泥减量工艺可以分为在线减量工艺和离线减量工艺。

1. 在线生物捕食污泥减量工艺

在线减量工艺是指在污水处理的过程中加入污泥捕食生物或相关的单元装置,实现在污水处理的过程中减少剩余污泥的产生量,污泥捕食生物或污泥捕食装置只是污水处理系统的一个部分或处理单元,与污水处理系统构成一个整体。

1) 直接接种污泥捕食生物

翟小蔚等利用两段式 MBR 作为原生动物的哺育系统,将富含原生动物的污泥直接接种于活性污泥系统中发现,污泥沉降性能能获得明显的改善,COD 和氨氮的去除效率均有所提高,污泥产率由 0.02 kg/kgCOD 下降到 -0.47 kg/kg-COD。Rensink 等(1997)将颤蚓接种于以炉渣和塑料为填料的滴滤池中处理污水处理厂的回流污泥,污泥减少量均能提高 35% 左右。梁鹏等(2006)(图 3-2)在合建式曝气池中接种红斑颗体虫,发现在不同 SRT 条件下,红斑颗体虫均能对污泥进行减量,相对减量值为 39%~58%(基于污泥表观产率系数计算)。白润英等(2005)在合建式曝气池中接种卷贝,发现污泥表观产率系数与卷贝密度呈负相关,卷贝对污泥的相对减量约为 40%,绝对减量为 37.5 mgVSS/(L · d),减量速度为 0.177 mgVSS/(mg 卷贝 · d)。魏源送等(2003)在 CAS 和 MBR 系统中接种红斑颗体虫并连续运行 345 d,并对比了两种反应器的污泥减量效果。结果表明,蠕虫在 CAS 系统中的生长要好于在 MBR 中,在 CAS 中蠕虫密度为 71 条/mgVSS,而在 MBR 中蠕虫密度仅为 10 条/mgVSS。在 MBR 系统中只发现红斑颗体虫和仙女虫两种蠕虫。相对而言,在 CAS 中蠕虫可在整个运行周期中出现,主要种类为红斑颗体虫、吻盲虫和仙女虫,密度大于 30 条/mgVSS,由于在 MBR 中蠕虫密度较低,蠕虫的出现并不会带来明显的污泥减量和污泥沉降性能的改善。而在 CAS 中,大量蠕虫的出现则会使污泥产率和污泥的 SVI 值降至 0.17 kgSS/kgCOD$_{removed}$ 和 60mL/g。Wang 等(2011)考察了红斑颗体虫和颤蚓在 MBR 中生长繁殖、污泥减量效能及其对 MBR 的影响,研究发现当 MBR 在高曝气强度下运行时,污泥絮体平均粒径变小,分散性细菌的量增加,从而为蠕虫提供充足的食物,因而红斑颗体虫和颤蚓均能出现并稳定存在。该研究还发现,这些蠕虫的出现会使磷的去除效果降低,但对 COD 的去除没有影响。需要注意的是在污泥减量的同时,蠕虫的出现和高强度曝气还会导致 MBR 中溶解性微生物产物的增加,使污泥沉降性能和脱水性能变差,使膜污染加剧。直接接种污泥捕食生物具有能耗低、资金投入低的优点,但由于大多数污泥捕食生物在反应器中难以长期稳定生长,将其直接接种于污水处理系统中进行污泥减量还有待进一步的研究。

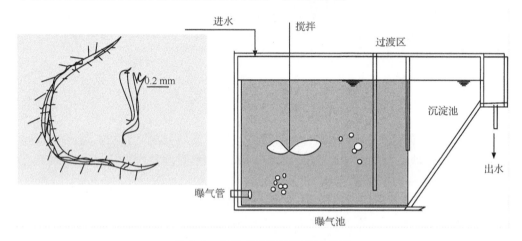

图 3-2　合建式曝气池工艺流程图

2) 两段式生物反应器工艺

两段式生物反应器主要是为捕食游离细菌的污泥捕食生物而设计的,由第一阶段的游离细菌培养反应器和第二阶段的游离细菌捕食反应器组成。第一段主要利用污水中丰富的有机底物来促进游离细菌快速增殖生长,该段中无污泥回流且泥龄较短,其目的是在细菌迅速降解有机物的同时抑制污泥捕食生物的生长。由于缺少污泥捕食生物的存在,能快速高效利用有机底物的细菌占据优势,可抑制菌胶团细菌的生长繁殖,使其不形成菌胶团;第二段专为污泥捕食生物设计,有着适合于污泥捕食生物生长繁殖的环境条件。其污泥龄大大长于水力停留时间(HRT),以便保持一定数量的原、后生动物。该阶段可以采用生物膜法工艺、MBR 或 CAS。常见的两段式生物反应器的工艺流程如图 3-3 所示。

Lee 等(1996)使用生物膜作为第二阶段的污泥捕食反应器,利用两段式生物反应器处理人工污水,系统的污泥产量比常规活性污泥法减少 30%～50%。Rensink 等(1997)在第二阶段采用塑料材料制成的填料来负载蠕虫等微型动物,在对比试验中发现,接种蠕虫的反应器污泥产率系数仅为 0.16g 污泥/gCOD,约为没有蠕虫的反应器污泥产率系数的 40%,污泥减量效果明显。两段式生物反应器能减少污泥产量,但在实际应用中也存在着如下问题:①在第二阶段中污泥矿化使得 COD、氨氮和磷酸盐等营养物质发生明显释放,影响系统的污水处理效果;②MBR 两段法中微型动物对硝化细菌有抑制作用,影响氨氮的处理效果;③在第一阶段反

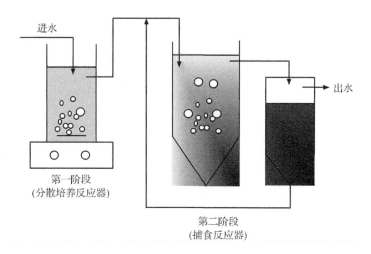

进水

出水

第一阶段
(分散培养反应器)

第二阶段
(捕食反应器)

图 3-3 两段式生物反应器工艺流程图

应器中 HRT 是关键的设计参数,HRT 必须足够长,避免由于分散细菌过度流失而影响污水处理效果,又必须足够短,以防止菌胶团的形成和污泥捕食生物的生长,但这一要求在实际操作中难以控制。

3) 生物膜法

利用生物膜法进行污泥减量的典型工艺为淹没式生物膜法,该技术是在污水处理池中放置生物膜载体,当污水通过填料时,在填料上逐渐形成生物膜,其中含有大量的细菌、真菌、原生动物、后生动物和藻类等,由于具有较长的食物链和较为复杂的生态系统,淹没式生物膜法能在降解污水中的有机污染物的同时,利用生物膜上的食物链对系统中的生物量进行生态化削减,从而降低系统中剩余活性污泥的产量。其剩余污泥产量仅为相同规模活性污泥法的 1/10~1/3。

王宝贞等(2000)在某生活污水处理厂的设计中采用了淹没式生物膜曝气池(图 3-4),实际运行时发现:剩余污泥的排放几乎为零;COD 的去除率为 84.6%;氨氮去除率为 98.1%。李军等(2002、2003)的研究还表明,淹没式生物膜反应器不但具有较低的污泥产率,还具有较高的 COD、氨氮、SS 去除率(均在 80% 以上)。该研究结果还显示,在应用淹没式生物膜反应器处理含磷污水的研究中,通过前置厌氧段可达到 63% 的除磷率。

淹没式生物膜法是生物捕食污泥减量工艺中发展比较成熟的技术。该工艺以污泥减量效果明显、处理流程简单、操作方便、基建费和运行费较低而得到广泛应用。

4) 多级活性生化处理工艺

多级活性生化处理工艺(图 3-5)是指利用一组从空间上分隔的微生物菌群来净化水中的污染物质,这些微生物菌群形成食物链,使每一种生物成为食物链上下

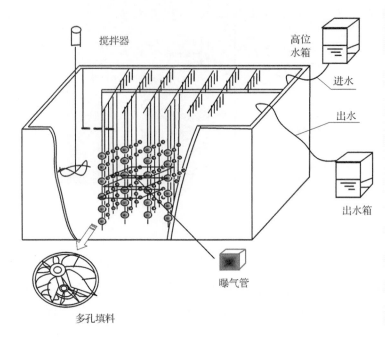

图 3-4　淹没式生物膜系统装置示意图

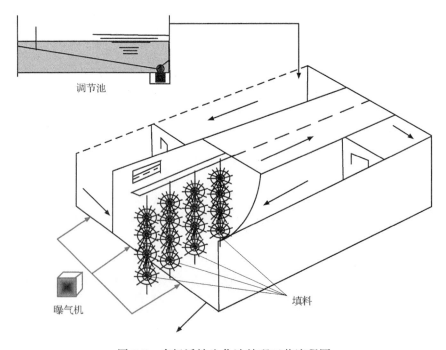

图 3-5　多级活性生化池处理工艺流程图

一级微生物的底物(食物),前段的微生物、老化死亡后释放的物质及剩余微生物的残体被后段的微生物所利用,从而使整个系统不产生剩余污泥。反应器分为多个单元,每个单元中装有单独的填料,用以固定水中的微生物。

　　唐良建等(2011)针对现有生物捕食污泥减量技术中存在的对氮、磷的去除率低,尤其是污泥减量与生物除磷不能兼优的问题,辅以外排厌氧富磷污水除磷,开发了具有强化脱氮除磷及污泥减量功能的 HA-A/A-MCO 工艺(图 3-6),其主体生物处理单元采用水解酸化及连续流的 A²/O 工艺。针对 CAS 中的曝气池污泥停留时间短、扰动强烈、不适于高营养级别污泥捕食生物的生长繁殖的问题,把曝气池分隔成相互独立的若干个单元,分别控制不同的有机物浓度、HRT 和 DO 浓度等,分别创造适合细菌、原生动物和后生动物的环境条件,使系统的生物相相对分离,以提高系统中污泥捕食生物的密度并延长系统中的食物链,从而达到良好的污泥减量效果。同时,对污水与小部分厌氧释磷污泥进行水解酸化也能起到一定

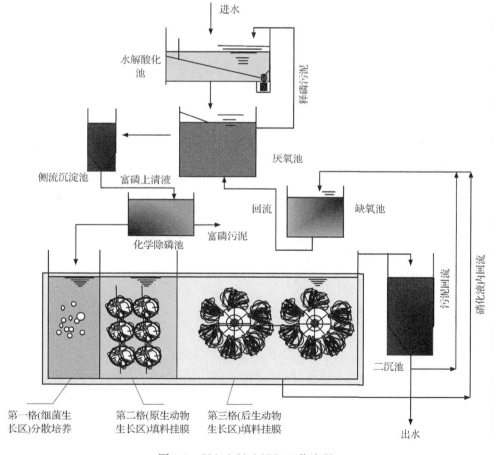

图 3-6　HA-A/A-MCO 工艺流程

程度的污泥减量作用。运行结果表明:系统污泥产率随曝气池生物相的逐渐分离和高级别微型动物数量的增加呈下降趋势,最终稳定在 0.112gMLSS/gCOD。

　　5) 蚯蚓生物滤池工艺

　　蚯蚓生物滤池(vermibiofilter,VBF)是法国和智利开发的一项针对生活污水和有机废水的生物处理技术,其基本原理见图 3-7。智利 Melipilla 和法国 Combaillaux 利用 VBF 处理生活污水的研究显示,在水力负荷为 $1m^3/(m^2 \cdot d)$ 时,系统的 COD 去除率可达 85% 以上,BOD 和 SS 的去除率达 90% 以上,氮和磷的去除率也分别在 80% 和 70% 以上。近几年,VBF 技术在法国和智利得到了较快发展,已进行了推广应用。中国和日本也有类似的 VBF 技术研究,但尚处在初级研究阶段。杨健(2001)等的研究表明蚯蚓生态滤池处理系统基本不外排剩余污泥,其污泥产率较普通活性污泥法大幅度降低。陈旸等(2003)也对蚯蚓生物滤池处理城市污水进行了试验研究,发现该滤池除了能实现污泥的大幅度减量外,还具有较强的去除污水中 COD、BOD_5、SS 的能力。该试验结果显示,蚯蚓生物滤池的建造费用是活性污泥法的 $1/5 \sim 1/4$,运行费用是活性污泥法的 $1/4 \sim 1/2$;当水力负荷为 $1m^3/(m^2 \cdot d)$ 时,蚯蚓生物滤池污水的 COD 去除率为 $72.8 \sim 87.5\%$,SS 去除率为 $90.5 \sim 93.2\%$,只有极少的剩余污泥排放。

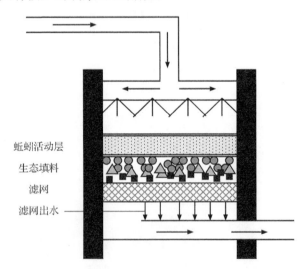

蚯蚓活动层
生态填料
滤网
滤网出水

图 3-7　蚯蚓生物滤池原理图

2. 离线生物捕食污泥减量工艺

　　在常规污水生物处理过程中,虽然污泥捕食生物的存在可以降低污泥的产量,但污水处理生物反应器是基于细菌的生长繁殖而设计,这些反应器的结构形式和运行方式对于原生动物或后生动物的生长繁殖并不一定有利,有些甚至会限制这些污泥捕食生物的生长,使其污泥减量的潜能得不到有效发挥。为此把污水处理过程和污泥处理过程相分离,设计一个相对独立的适合于污泥捕食生物长期稳定生长的反应器,用它来处理活性污泥系统中排放的剩余污泥,或者与活性污泥系统作为一个整体来处理回流污泥,将更有利于实现原生动物和后生动物污泥减量效能的最大化。笔者把这种在常规的污水处理系统以外建立的、相对独立的污泥生物捕食单元(系统)称为离线生物捕食污泥减量工艺。

1) 蚯蚓污泥稳定床

污水处理厂常规的污泥处理流程包括泥水分离、污泥浓缩、污泥消化等多项工序,最后还需解决污泥的最终处置问题。蚯蚓污泥稳定床集上述多项处理工序和污泥最终处置于一身,且构造简单,可大幅度节省相关的工程费用。蚯蚓污泥稳定床技术所需要的机械设备主要为提升水泵,操作管理方便,运行费用低廉,并能承受较强的冲击负荷。与常规技术相比,蚯蚓污泥稳定床无论在能耗、物耗还是二次污染物数量方面均体现了纯生态的特点。剩余污泥经蚯蚓吸收、消化和分解后转化为蚓粪,通过滤床后可储存在沉淀区底部,便于收集和利用。根据实测结果,蚯蚓生物反应器所产生蚓粪的营养元素含量与养殖蚯蚓蚓粪大致相仿,含有丰富的肥分,是一种优质高效的农用肥料和土壤改良剂,可实现资源化利用。

2) 寡毛类蠕虫反应器

寡毛类蠕虫是环节动物门寡毛纲的通称,约有 3000 种蚯蚓,但只有少部分为淡水生。目前,应用于污泥减量工艺研究的寡毛类蠕虫主要有两类:一类是红斑颗体虫和仙女虫属等游离型蠕虫;另一类是颤蚓科和带丝蚓属等附着型蠕虫。针对不同的寡毛类蠕虫,学者们提出大胆设想,通过设计寡毛类蠕虫反应器,创造出适合游离型或附着型寡毛类蠕虫的环境,利用蠕虫对污泥絮体、细菌的摄食达到污泥减量的目的。

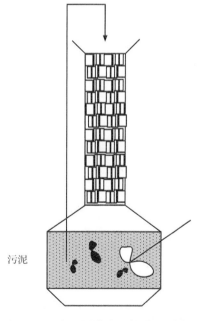

污泥

图 3-8 回流污泥滴流生物滤池示意图

Rensink 等(1997)制作了 1m 和 2m 两个不同高度的滴流生物滤器(图 3-8),用火山岩作为填料来负载颤蚓,把污泥投加到负载有颤蚓的滴滤器上,经过处理,回流污泥里面的 COD 减少 18%～67%,污泥产率由没有投加颤蚓的 0.40g/g 降至投加颤蚓后的 0.15g/g,SVI 值从 90 降到 45,同时污泥的脱水能力也提高了 27%。但是污泥经过滴滤器的处理后,液相中氮和磷的浓度都有明显的升高。

　　荷兰 Wetsus 中心的 Elissen 等在 2006 年针对夹杂带丝蚓开发了一套新型的水生蠕虫污泥减量装置,如图 3-9 所示。该种新型蠕虫反应器选用孔径小于蠕虫直径的网眼和海绵状载体(孔径 300 μm),利用夹杂带丝蚓进行污泥减量。网眼和海绵状载体能为蠕虫附着和捕食带来便利。这种新型蠕虫反应器第一次实现了蠕虫捕食污泥和消化排泄两个步骤的分离。结果表明,在被蠕虫捕食的污泥中(49 mg/d),25%通过粪便形式排出体外,其余 75%被蠕虫消化吸收(只有 2%的物质转化为蠕虫自身生物量的增长,其余 73%的物质被最终矿化)。单位质量蠕虫的污泥减质速率约为 0.045 mg/(mg·d),每天矿化的污泥质量约占蠕虫自身湿重的 4.5%。蠕虫摄食污泥后排出的粪便的 SVI 值几乎是原始污泥的一半,说明蠕虫的摄食可使松散的污泥絮体转变为密实的粪便颗粒,同时使污泥的沉降性能得到提高。另外,研究人员发现,与静态系统相比,在污泥不断更新的系统中,夹杂带丝蚓的增长率较高,这是由于不断更新系统可防止蠕虫和细菌的代谢产物在系统中的不断积累以及污泥停留时间过长带来的污泥性质变差而对蠕虫的生长和捕食产生的不利影响。通过直接称量法测量了由于蠕虫捕食作用引起的污泥减少量及其转化量,研究结果表明经过夹杂带丝蚓的捕食作用,污泥减量效果最高可达75%,为后续的研究开拓了新的思路。

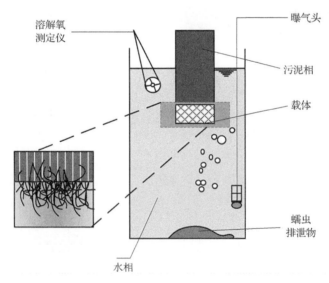

图 3-9　水生蠕虫污泥生物减量反应器示意图

　　在随后的数年内荷兰 Wetsus 中心就该种水生蠕虫污泥减量反应器进行了深入研究。2009 年 Hendrickx 等实现了该反应器的设计参数和操作条件的优化并在实验室条件初步把它与完全混合式活性污泥法污水处理系统组合起来,在污泥减量 41%～71%的同时,COD 处理效果能维持在 88%左右,实现污水和污泥的协同处理。另外,这种形式的水生蠕虫反应器的供氧会使污水处理厂总耗氧量增加15%～20%,氨氮负荷增加约在 5% 左右。值得注意的是,夹杂带丝蚓消化污泥释放的 NH_4^+-N[0.002～0.07 μgN/(mgTSS·h)]高于依据 TSS 消化比例预期的结果,这可能是由于蠕虫捕食硝化细菌或蠕虫释 NH_4^+-N 所致。夹杂带丝蚓消耗污泥后更多溶解性或胶体物质的形成可能会使液体表层更加混浊。

2010 年 Hendrickx 和 Elissen 分别完成了水生蠕虫污泥捕食系统中的物料平衡分析和污泥捕食动物及其粪便的开发利用分析。该研究表明,无论是夹杂带丝蚓个体还是夹杂带丝蚓组分都可以加以利用。在上述水生蠕虫污泥减量反应器中,夹杂带丝蚓可以轻易地从污泥中分离,可见,该反应器可使夹杂带丝蚓应用于污泥减量中并实现蠕虫的资源化回收,必将产生巨大的商业价值。

在前期的研究基础上,2011 年 Hendrickx 等进一步优化了水生蠕虫污泥捕食反应器的结构设计,如图 3-10 所示。为了提高夹杂带丝蚓的生长率,将孔径为 350 μm 的网眼状水平载体做成中空的圆柱形并且竖直放置,圆柱内部附着夹杂带丝蚓并且通入活性污泥系统排放的剩余污泥,连续运行 8 周,夹杂带丝蚓净生长率为 0.014d^{-1},明显高于水平载体时的 0.009～0.013d^{-1}。这种竖直放置载体的新型反应器单位容积内载体填料的表面积大大增加,可以为蠕虫提供更大的栖息空间,增加虫、泥接触面积,有效地利用反应器容积,使其能实现工程化应用。

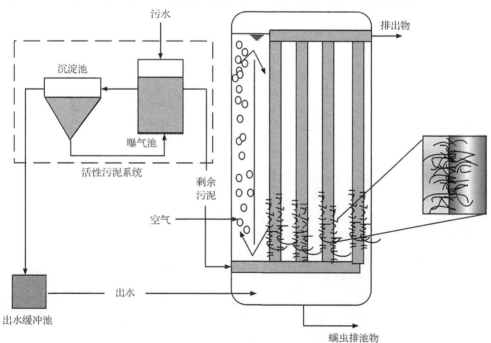

图 3-10　可工程化的水生蠕虫污泥生物减量反应器示意图

　　魏源送等(2005)利用寡毛纲类蠕虫反应器来处理污水生物处理系统排放的剩余污泥和回流污泥。如图 3-11 所示,在反应器内不同区域分别生长游离型和附着型蠕虫。其中附着型蠕虫生长区安装有可供颤蚓附着的丝状塑料载体填料,游离蠕虫生长区则通过污泥循环来避免游离型蠕虫的流失。该研究表明,颤蚓在接种后一直存在于反应器中,并主要附着在填料上和聚集在反应器的底部。颤蚓和游离型蠕虫存在均有助于污泥的减量,但颤蚓的存在和生长导致的污泥减量效果更为显著,接种颤蚓后反应器的平均污泥减量效果达 57%。另外,寡毛类蠕虫(颤蚓或游离型蠕虫)的存在有助于改善活性污泥的沉降性能。但是,尽管颤蚓生长良好,但聚集在反应器底部的颤蚓远多于附着在填料上的颤蚓,严重降低了反应器内的空间利用率。

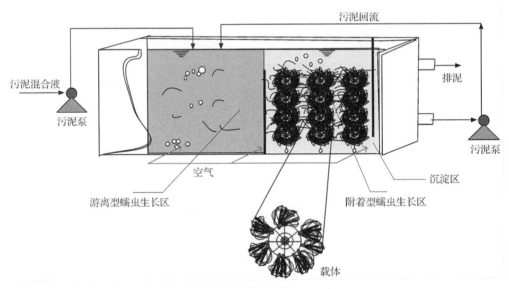

图 3-11　复合式生物污泥减量反应器示意图

　　王亚炜等(2006)采用新型的折流式颤蚓反应器(图 3-12)处理剩余污泥,颤蚓的接种比例为 28 条/mL,该研究表明,当反应器内多层水平隔板的通气孔径分别为 5 mm 和 1 mm 时,颤蚓反应器污泥减量的效果分别为 44% 和 33%,连续曝气的污泥减量效果可达 46%,要优于间歇曝气的污泥减量效果(33%);同时发现,经过处理后的污泥的粒径减小,污泥沉降性能得到改善,整个试验中也明显出现了营养元素氮、磷的释放,特别是磷的升高尤为明显。

　　黄霞等(2007)研究了 CAS 与污泥循环反应器相结合的污泥减量工艺,如图 3-13所示,在此工艺中颤蚓类蠕虫被接种到污泥循环反应器,污泥减量效果为 $0.18\sim0.81$ mgVSS/(mg 颤蚓·d),反应器的污泥减量效能为 $650\sim108$ mgVSS/(L·d),最优颤蚓密度为 2500 mg/L,最佳污泥回流比为 1。同时,颤蚓的存在并不影响 COD 和氨氮的去除效果,但会轻微降低总磷的去除率,当颤蚓密度大于3300 mg/L 时,污泥的 SVI 值会显著降低。

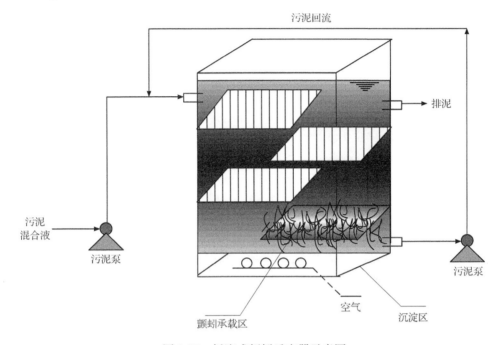

图 3-12　折流式颤蚓反应器示意图

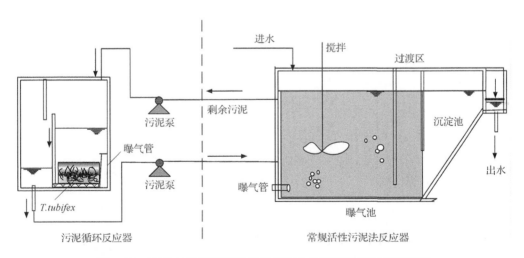

图 3-13　CAS 与污泥循环反应器相结合的污泥减量工艺流程图

郭雪松等(2007)开发了一体化立体循环氧化沟(IODVC)和寡毛类蠕虫反应器的耦合工艺来实现污泥减量,在寡毛类蠕虫反应器中接种颤蚓时,湿颤蚓的最大密度达 17 600g/m³,当采用寡毛类蠕虫(颤蚓)反应器处理 IODVC 所产生的剩余污泥,污泥量减少 46.4%,当采用此反应器处理 IODVC 的回流污泥,系统平均污泥产率为 6.19×10^{-5} kgSS/kg COD$_{removed}$,处理后的污泥回流到 IODVC 中,对 IO-DVC 的污水处理效果(COD、氨氮和总磷去除效果)及污泥性质(黏度、比阻和粒度分布)影响轻微,并没有发现难降解有机物的释放。在另外的报道中,魏源送等(2009)在寡毛类蠕虫反应器中同时接种颤蚓、红斑颚体虫时,发现附着生长类蠕虫,如颤蚓,可在寡毛类反应器长期出现,但在 IODVC 中却少有发现。而对于游离生长类蠕虫,如红斑颚体虫、仙女虫等能在寡毛类蠕虫反应器和 IODVC 中长期出现,并且以红斑颚体虫为优势种群。红斑颚体虫在寡毛类蠕虫反应器和 IODVC 中最大密度可分别达 322 条/mL 和 339 条/mL。研究发现,寡毛类蠕虫的出现对污泥产率的影响不大,但却能很好地改善污泥的沉降性能,平均污泥产率和污泥 SVI 值分别为 0.33 kgSS/kg COD$_{removed}$ 和 78mL/g。另外,蠕虫的出现并不会影响 IODVC 的污水处理效能,但会使磷发生释放,出水中平均的 COD、NH$_4^+$-N 和 SS 浓度分别为 49.06 mg/L、12.82 mg/L 和 58.25 mg/L。

近年来笔者的研究表明运行操作参数会对蠕虫的固定产生影响,指出高强度曝气的频率(frequency of high-intensity aeration,FHIA)以及 DO 浓度对颤蚓的固定以及污泥减量效果具有多方面影响。所用批式实验的新型静态颤蚓反应器(static sequencing batch worm reactor,SSBWR)与以往最大不同之处在于(图 3-14):载体采用穿孔板上安装聚乙烯填料来附着颤蚓、曝气采用连续曝气和

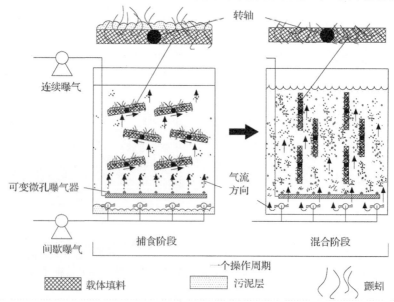

图 3-14　新型静态颤蚓反应器(SSBWR)示意图

间歇曝气联合的方式、颤蚓反应器容积为中试规模。SSBWR 的优点是可以提供稳定颤蚓量,颤蚓和污泥既可以充分接触同时又容易分离。实验结果表明当反应器处于最佳操作条件下时,污泥减量效果可达到最高值 470 mg/(L·d)。

3.1.3　目前发展趋势及存在的瓶颈问题

1. 发展趋势

1) 所利用微型动物由的由群体向单一类型的方向发展

早期的两段式污泥减量工艺大都利用多种类型的微型动物群体实现污泥减量。自从 Rstsak(1994)和 Rensink(1997)等发现在活性污泥系统中自然生长有的寡毛类蠕虫能显著减少污泥产生量后,各国学者们现在正逐渐利用单一类型的寡毛类蠕虫来实现污泥减量(梁鹏,2004;Elissen,2006,2010;吴敏,2007;Hendrickx,2009)。而且单一类型污泥捕食生物较多种类型污泥捕食生物具有更好的污泥减量效果,这在研究中得到了证实(魏源送,2005)。

2) 所利用的污泥捕食生物由游离型向附着型的方向发展

像红斑颚体虫和仙女虫这样的游离型蠕虫虽能在曝气池中自发形成,并能发挥较好的污泥减量作用,但由于其在曝气池中的生长和繁殖很不稳定,爆发和消失无规律可循,且游离型蠕虫只在低污染负荷、充足 DO 的情况下大量出现,当泥龄过短时还容易发生游离型蠕虫的大量流失,因此很难应用于实际污泥减量工程中。而对于附着型蠕虫来说,虽然不易在污泥中大量地自发形成,但由于从自然界中极易获得,且生长稳定,控制方便,在活性污泥系统中只需为其提供合适的生存繁殖环境(载体填料、温和曝气等),可以通过直接投加接种于活性污泥或设计独立的污泥捕食反应器的方式来实现污泥减量。随着对各种污泥捕食生物生活习性和污泥减量效果的不断深入了解,目前大多数的研究多采用夹杂带丝蚓、颤蚓、蚯蚓等附着型污泥捕食生物作为研究对象进行污泥减量。

3) 所利用的污泥捕食生物由小型原生动物向大型后生动物的方向发展

相对于原生动物来说,大型后生动物(特别是附着型生长的后生动物)拥有更广阔的利用前景。首先,一些大型后生动物营养级较高,捕食范围广,能捕食细菌、有机碎片甚至小型的原生动物,它们的存在可极大地延长活性污泥系统中的食物链,提高了污泥减量效果。其次,这些大型后生动物能直接消耗污泥絮体,不受污泥形态的影响,且能有效地提高污泥的沉降性能,因而大型后生动物相比小型的原生动物得到了更为广泛的应用。

2. 生物捕食污泥减量技术存在的瓶颈问题

1) 污泥减量效果的衡量标准和评价方法不统一

目前,人们对污泥捕食生物的污泥减量效果还存在争议,一个主要的原因就是还未建立科学完善的污泥捕食生物污泥减量效果的衡量标准和评价方法,因而难以推进污泥捕食生物的筛选、污泥减量工艺的设计和工艺操作条件的优化等一系列后续的研究工作。在污泥捕食生物污泥减量效果的衡量标准上,有的研究以单位质量污泥捕食生物的减量效果作为衡量标准,另外有些研究以单个污泥捕食生物的减量效果作为标准进行衡量,也有研究者使用污泥减量百分比来衡量,从而导致对污泥减量效果衡量标准的不统一。而对于污泥减量工艺来说,现有研究大多采用污泥减量百分数、表观污泥产率系数或表观污泥减量率来衡量污泥捕食生物的污泥减量效果,但此法易受活性污泥工艺和污泥减量工艺中多种因素影响(如污泥细菌细胞的自溶-隐性生长、污泥细菌的内源呼吸过程以及污泥-捕食生物间的相互作用等),也忽略了污泥捕食生物对活性污泥的团聚和浓缩作用,因此,并不能有效和准确评价污泥捕食生物所具有的污泥减质能力。另外,在计算污泥减量效能时,所使用的污泥质量单位各有不同,包括 VSS、TSS、SS、MLSS、MLVSS 等,为这些研究成果相互间的对比和借鉴带来不便。同位素示踪方法可为污泥捕食生物污泥减量效果的评价提供一条新途径,魏源送等利用放射性同位素 ^{32}P 作为示踪剂评价颤蚓在捕食污泥过程中所引起的表观污泥减量效果,但此法难以有效描述污泥捕食过程中物质和能量的迁移和转化。若采用碳同位素为示踪剂,可直接考察因寡毛类蠕虫捕食所引起的污泥矿化作用,进而明晰污泥捕食过程中物质和能量的迁移和转化过程,但放射性同位素的测定复杂,并具有一定的危险性,同时通过该方法得到的污泥减量效果难以与其他方法相比较,因而这种方法还不能广泛应用。梁鹏等通过测定由固态碳(污泥碳)转变成非固态碳(气态 CO_2、溶液中的有机和无机碳等)的量来衡量污泥捕食过程的减量效果,但此法所获得的结果需经一系列换算才能与获得能与常规测定相比较的数值(单位质量污泥捕食生物的减量效果),且测量过程是针对极少量的蠕虫而进行的,所获得的结果对于正常的捕食系统的适用性有待深入研究。另外,复杂多样的 CO_2 等非固态碳气体测量误差大,得到的污泥减量速率也不十分精确。污泥减量效果评价方法的不统一,使得各研究的污泥减量数据难以进行精确的比较,因此,如何准确衡量和评价污泥捕食生物的污泥减量效果还需要进行深入的研究,以便进一步明确不同种类污泥捕食生物的污泥减量能力,同时结合污泥捕食生物在以活性污泥为底物时的捕食、生长和繁殖规律,筛选出适宜活性污泥系统的、能够稳定存在的污泥捕食生物。

2) 污泥捕食生物的生长不稳定

原生动物和后生动物特别是寡毛类蠕虫在活性污泥系统中生长不稳定,受处理水水质、季节气候和工艺运行条件等因素的影响显著,从而使污泥减量效果不稳定、不理想。而且目前关于污泥捕食生物在活性污泥系统中的捕食、生长和繁殖行为等方面的研究极其缺乏,因此,急需对污泥捕食生物在活性污泥系统中的捕食习性、生长和繁殖规律有一个全面的认识,以便为生物捕食污泥减量工艺的研究与应用提供理论依据。

　　3）存在营养物质释放问题

　　污泥捕食生物在污泥摄食的过程中,由于污泥捕食生物的取食、排泄和生物溶胞作用,不可避免地会导致一定程度的营养物质(COD、氮、磷)的释放,致使污泥减量反应器中水质变差。污泥捕食生物的排泄是氮释放主要来源,这种释放会使污泥混合液中氨氮浓度大量增加,高浓度对污泥捕食生物有毒害作用,从而会降低污泥捕食生物的污泥减量效果。而且,寡毛类蠕虫污泥减量反应器在其运行中有时还存在大量丝状细菌、鞭毛虫等,从而容易引起污泥膨胀和产生大量泡沫等问题。因此,当前利用污泥捕食生物进行污泥减量所面临的一个挑战就是既要有效提高污泥减量效果,又要尽量减少营养物质的释放和防止污泥膨胀,并尽量不影响污水处理系统的出水水质。

　　综合来看,生物捕食污泥减量工艺投入工程应用尚有技术和经济两方面的瓶颈。技术瓶颈主要为:如何在污水处理系统中实现污泥捕食生物的可调控稳定生长,包括如何选择适宜的载体填料、设计结构合理的反应器和采用优化的操作运行条件;伴随污泥的矿化减量(营养物质释放),如何保证污水处理效果,尤其是对氮、磷营养物质的去除效果;如何避免污水处理系统无机物的积累、重金属及持久性有机污染物的生物积累;如何深入解析污泥捕食生物以活性污泥为底物(食物)时的捕食、生长和繁殖规律,而这很可能是生物捕食反应器应用于实际的决定性因素;如何对剩余污泥组分的关键因子(如可消化性、难降解性及有毒化合物等)进行有效调控,以提高污泥捕食生物对污泥的消化速率。经济瓶颈主要有:如何实现污泥捕食生物在捕食过程中的低流失或者自补充,从而减少由于污泥捕食生物的投加带来的运行费用;如何增加虫、泥接触面积,提高反应器中载体的容积利用率,以减少反应器占地面积;蠕虫消化污泥会释放氨氮和COD,因此蠕虫反应器的出水必须回流至污水处理系统进行脱氮处理,因而会造成污水处理系统水力负荷和氨氮负荷的增加,如何经济有效地解决污泥捕食生物反应器的占地、供氧、脱氮和污泥捕食生物低流失(自补充),是确定生物捕食污泥减量反应器经济可行性的几个关键因素。

3.2　蠕虫高效污泥减量工艺研发

3.2.1　高效污泥减量蠕虫种群的筛选

　　利用微型动物对污泥进行减量一般有以下几种途径:利用微型动物在食物链中的捕食作用;直接利用微型动物对污泥的摄食和消化,在减少污泥的总量的同时增加污泥的可溶性;利用微型动物来增强细菌的活性或增加有活性的细菌的数量,从而增强细菌的自身氧化和代谢能力。

本节首先对污水处理系统中常见的微型动物进行筛选,选取污泥减量效果较佳、易于控制、能实现工程化应用的的微型动物为实验的主体,对剩余污泥进行减量。而最佳污泥捕食生物的筛选主要是通过比较各种微型动物的生活习性、污泥减量效果及其对污水处理系统的适应性进行的的。

1. 污泥捕食生物的生理生态及捕食特性分析

本节经过长期的的研究和大量的文献调研,详细分析了城市污水处理系统中普遍存在的污泥捕食生物的生理生态特性,并进行了比较,结果如表 3-1 所示。

表 3-1　污泥捕食生物的生理生态特性比较

种类	名称	特点
原生动物	三大类:鞭毛虫、肉足虫、纤毛虫	掠食细菌速度快,且主要为滤食性,对大块污泥絮体和较小的细菌($<0.4\ \mu m$)捕食能力较差
后生动物	红斑顠体虫	属游离型蠕虫,长约 0.8 mm,宽约 0.05 mm;最适 pH 在 $6.7\sim8.2$;最适温度:$25\sim30℃$;其为滤食性动物,捕食粒径小于 $50\ \mu m$ 的颗粒;在 F/M 低于 0.7 mgCOD/(mgVSS·d),水质较好、溶氧充足下生长较好
	蛭形轮虫	长约 $300\ \mu m$,为滤食性动物,可容易地摄取 $0.2\sim10\ \mu m$ 的悬浮颗粒物
	颤蚓类蠕虫	在底土基质中抱团生长,最长 100 mm,宽约 1 mm;可吞食活性污泥絮体和污泥捕食生物;每天食泥量可达本身容积的 $8\sim9$ 倍

由表 3-1 可以看出,原生动物具有较快的细菌捕食速度,但是其捕食范围较小,不适于作为主要的污泥捕食生物,红斑顠体虫体型较大,$50\ \mu m$ 以下的颗粒均可捕食,但是其对生长环境要求比较苛刻,需要较好的水质条件和充足的 DO,蛭形轮虫对捕食的对象大小具有较强的选择性,只能捕食 $0.2\sim10\ \mu m$ 的悬浮颗粒,以上微型动物均属于游离型微型动物,其体型小捕食范围较窄,在污泥处理系统中难以控制,容易流失。相对于原生动物和小型的后生动物来说,颤蚓类蠕虫体型较大,食量较大(达本身容积 $8\sim9$ 倍)预示着它会有良好的污泥减量效果;占据高营养级可以更大限度地延长系统中的食物链,使物质和能量能更大程度地散失到环境中;有宽广的捕食范围,表明它的捕食不受细菌的生长方式的影响,对细菌、有机物碎片、污泥颗粒、污泥絮体都有良好的捕食作用;可适应较为宽广温度和 pH 范围,能耐受有毒有害物质,表明其具有一定的抗冲击能力,更易于控制,有利于维持污泥捕食系统污泥减量效果的稳定。

2. 污泥捕食生物的污泥减量效果比较

城市污水处理系统中普遍存在的污泥捕食生物的污泥减量效果如表 3-2 所

示。污泥减量效果的差异主要来源于污泥捕食生物的捕食特性、营养级和摄食量等。从表 3-2 中可以看出,原生动物与蛭形轮虫污泥减量效果并不明显,红斑颚体虫与颤蚓类蠕虫都具有较高的污泥减量速率,相对于红斑颚体虫,颤蚓类蠕虫的长期污泥减量效果更为明显和稳定,可达到 70%。由此可以看出后生动物中的寡毛类蠕虫特别是颤蚓类具有更为明显和稳定的污泥减量效果,污泥减量潜力更大。

表 3-2　各种污泥捕食生物的污泥减量效果的比较

种类	名称	污泥减量效果
原生动物	三大类:鞭毛虫、肉足虫、纤毛虫	捕食作用会使细菌群落的改变,使细菌向不易被捕食的生长方式改变,长期的污泥减量的效果不明显
后生动物	红斑颚体虫	污泥的减量速率为 0.8 mg 污泥/(mg 微型动物·d),污泥减量效果可达39%~65%
	蛭形轮虫	污泥减量的效果不明显,当轮虫的密度为 100 000 个/L 时,在 48 h 内可消耗污泥 9%~11%
	颤蚓	污泥的减量速率为 0.54 mg 污泥/(mg 微型动物·d),污泥减量的效果可达到 70%

3. 污泥捕食生物在污水处理系统中的稳定性及其对系统的影响

污泥捕食生物在污水处理系统中的稳定性及其对系统的影响也是考察污泥捕食生物能否应用于污泥减量的重要因素。污泥捕食生物需要满足:能在污水处理系统中稳定生长,并具一定的生理活性;能在不影响污水处理效果的基础上,实现污泥长期、稳定减量。由表 3-3 可以看出,目前,利用各种微型动物进行污水污泥减量的研究大部分都是集中在微型动物对于污泥减量的研究,而微型动物的存在对污水处理效果的影响研究相对较少。然而,在污泥减量过程中,污泥上清液中氮、磷甚至是 COD 的升高是不可避免的。Rensink 等(1997)发现,由于捕食引起的矿化作用使得硝酸盐和磷酸盐被释放出来;Lee 等(1996)也得到类似结论,在捕食反应器中由于微型动物的新陈代谢作用,大量硝酸盐(7~13 mgN/L)和磷酸盐(2.5~3.7 mgP/L)被释放出来;Wei 等(2009)的研究发现通过寡毛类对活性污泥的捕食作用,水中 PO_4^{3-}-P、TN、TP 都明显升高。污泥捕食生物的捕食作用都会引起营养物质的释放,但有关的文献表明这种营养物质的释放并不严重,处理后回流到污水处理系统中并不会使污水处理系统的出水水质变差。另外,由于污泥捕食生物世代时间很长,需要一个比较固定的外部环境,污水处理过程中较短的污泥停留时间、较短的 HRT 和强烈的水力扰动都造成污泥捕食生物难以稳定生长繁殖,造成污泥捕食生物随着出水、排泥大量流失,这也是在常规的活性污泥法中,大型的污泥捕食生物如颤蚓难以出现的主要原因之一。

表 3-3　各种污泥捕食生物的存在对污水处理过程的要求与影响的比较

种类	名称	对污水处理过程的要求与影响
原生动物	三大类：鞭毛虫、肉足虫、纤毛虫	世代时间须小于 HRT；增加出水的 TSS；降低 SVI
后生动物	红斑顠体虫	世代时间须小于 HRT；改善污泥的沉降性能，降低 SVI；对污泥粒径影响不大
	蛭形轮虫	世代时间须小于 HRT；捕食水中的颗粒物，有利于污泥颗粒的絮凝；提高了污泥的沉降性能
	霍夫水丝蚓	需适合其生长的固定环境；不影响氨氮和 COD 的去除，会轻微地影响总氮总磷的处理效果，会使污泥的粒径变小

4. 用于污泥减量的蠕虫的确定

由上面的分析和比较可以看出，颤蚓类蠕虫具有以下特点：营养级高，摄食范围广，摄食量大，可生长的温度和 pH 范围广，是兼性好氧的动物，耐受外界有毒有害物质的能力强，容易控制其生长。另外，考虑到大型的附着型蠕虫单独作用具有更好的污泥减量效果，所以本节选择颤蚓类蠕虫作为污泥减量的主体污泥捕食生物进行深入研究，根据颤蚓类蠕虫的生理生态特性，开发出适合颤蚓类蠕虫生长的污泥减量工艺，同时把生物捕食污泥减量工艺和污水处理工艺结合起来。

所选用污泥捕食生物——颤蚓类蠕虫体征如图 3-15 所示。颤蚓类蠕虫，又叫丝蚓、线虫、红虫、红线虫等，广泛分布于我国各地，为淡水中常见的底栖动物，多生活在含有机质、腐殖质较多的污水沟、排水口等处，还有一些过着浮游或聚集于腐殖质爬行的种类。呼吸作用一般利用皮肤进行呼吸，通过皮肤下的微血管吸收水中溶解氧，喜欢生活在氧饱和率 $10\% \sim 60\%$ 的水中，通过身体表面积的增大和加快颤动次数，促使周围水流的更新来调节呼吸。它们的尾部突出淤泥，体前端则埋入泥中，在正常情况下尾部有节奏地摆动，进行平静的呼吸，它们在缺氧的环境里，则从泥底伸出大部分身体，不断有节奏摆动，这种不断摆动加速了颤蚓体表的水流，以便获得更多的氧，水中溶氧越低，摆动越快，在氧充足的水体中，摆动则缓慢。颤蚓类蠕虫多为避强光喜弱光的类型，一遇惊扰，则一起缩入泥内。颤蚓实为混合种，最常见，全世界分布最广的种属为包括霍夫水丝蚓（*Limnodrilus hoffmeisteri*）、苏氏尾鳃蚓（*Branchiura sowerbyi*）和正颤蚓（*Tubifex tubifex*）等。这 3 个种属耐污染能力强，常作为有机污染水体和富营养化水体的指示生物，同时也是污泥减量研究中最常用的颤蚓种类。

霍夫水丝蚓，体长 $25 \sim 48$ mm（固定标本），体宽 $0.65 \sim 0.80$ mm，背腹刚毛同型，钩状，前部体节每束刚毛 $5 \sim 8$ 根，向体后部减少，末端体节仅 2 条，刚毛末端弯

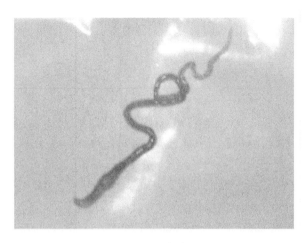

图 3-15　颤蚓

曲,远叉较近叉稍长或等长,输精管甚长,盘曲,精管膨部长纺锤形,阴茎鞘细长,其长度为宽度的 9~11 倍(长 0.45~0.50 mm,宽 0.045~0.050 mm),末端呈喇叭形扩大。

正颤蚓,体长 30~60 mm,体宽 0.70~1.00 mm(固定标本),体前端背面的刚毛有发状刚毛 1~3 条(多为 1~2 条),针状刚毛 3~5 条(多为 3 条),针状刚毛较直,末端弯曲,两叉约相等,叉间有 2~4 栉齿,体后部发状刚毛消失,针状刚毛叉间的栉齿减少以至消失,近叉变得比远叉粗,腹刚毛钩状,前端每束 3~5 条,远叉通常略细或相等,体后部腹刚毛减少到每束 1~2 条,受精囊较大,长囊形,向管部逐渐变细,其管细长,输精管细长,精管膨部棒状,常弯曲,交配腔小,囊状,阴茎呈乳头状。

苏氏尾鳃蚓,体大,体长 150 mm 以上,体宽 1.5~2.0 mm,体前部背刚毛每一束有发状刚毛 1~3 条,钩状刚毛 5~9 条,体后部发状刚毛消失,钩状刚毛减少,到鳃部消失,体前部钩状刚毛远叉很小,到后部则呈单尖形,腹刚毛从 Ⅱ 节起,前端每束 6~8 条,与背部钩状刚毛相似,但前部呈单尖形,中后部呈二叉形,远叉很小,体后部有鳃 40~55 对。

这 3 种颤蚓的体态特征、生命周期、生活方式虽各有不同,但差异并不明显,很难将它们分离纯培养,而且,购自市场的颤蚓绝大多数为霍夫水丝蚓,因此,在本节中使用此类混合种颤蚓进行污泥减量的研究。

3.2.2　蠕虫长期稳定生长的限制因子量化与调控

筛选好污泥捕食生物后,本节利用颤蚓类蠕虫进行初步的污泥捕食试验,考察了影响颤蚓类蠕虫捕食的主要外在环境要素,以及这些环境要素对颤蚓类蠕虫的生理生态和污泥减量效果的影响,掌握颤蚓类蠕虫的生活习性及外部需求,初步获得颤蚓类蠕虫稳定生长及高效捕食外部环境条件,为下一步反应器的设计和运行提供基础数据。采用杯罐试验的形式进行研究,以 2 d 为一周期,2 d 后取出各试验装置进行颤蚓类蠕虫和污泥的分离,将分离后的颤蚓类蠕虫称量其湿重,将已称量完毕的颤蚓类蠕虫重新放入清空的反应装置(降低颤蚓类蠕虫的代谢产物对其自身生长的抑制作用),再加入新鲜的试验活性污泥(经过低速离心后去掉上清液的浓缩污泥)确保其充足的食物来源,如此重复多个周期以观察颤蚓类蠕虫的生长情况及污泥减量效果。

1. 温度对颤蚓类蠕虫生长及污泥减量的影响

1) 温度对颤蚓类蠕虫生长的影响

在不同的温度下培养颤蚓类蠕虫,其他的生长条件均保持一致,仅考虑温度对其生长的影响。通过近一个月的培养测得颤蚓类蠕虫在不同温度下的生长曲线。另外,蠕虫对外界环境的适应性用死亡半数来衡量(当培养实验结束时颤蚓类蠕虫的剩余量小于初始试验颤蚓类蠕虫量的一半,即表示颤蚓类蠕虫对此试验温度不适应)。所得试验结果如图 3-16 所示,直接将室温(17℃左右)条件下的颤蚓类蠕虫直接加入温度为 40℃ 的试验装置,导致颤蚓类蠕虫的存活率极低,蠕虫迅速死亡;采用缓慢升温的方法继续进行实验,使试验装置内的温度缓慢达到 40℃,结果颤蚓类蠕虫仍然会在不到 2 d 的时间内全部死亡。将试验的温度降到 35℃,仍然采用缓慢升温的方法使试验装置内的温度达到试验设置温度,在升温的过程中颤蚓类蠕虫的活性慢慢降低,逐渐地所有颤蚓类蠕虫不再将尾部深入活性污泥中,转而趴在活性污泥表面上蠕动,4 d 后全部死亡。在 30℃ 下,培养前期颤蚓类蠕虫的密度下降,后期趋于平稳,在温度为 25～30℃,颤蚓类蠕虫是可以正常生长发育繁殖。颤蚓类蠕虫在 25℃ 的生长曲线上存在一凹点,但是最终颤蚓类蠕虫的密度还是逐渐趋于平稳,存在凹点的原因是颤蚓类蠕虫在移入 25℃ 环境时仍需要一段适应时间,在该时间内有部分颤蚓类蠕虫死亡,蠕虫的增殖率低于蠕虫的死亡率或自耗率。当温度维持在 20℃ 以下时,颤蚓类蠕虫的生长较好,在整个试验过程中蠕虫密度略有增长,培养结束后发现该温度条件下颤蚓类蠕虫的个体略有增大。在低温的情况下(≤10℃),颤蚓类蠕虫的生命活动迹象不明显:颤蚓类蠕虫尾部的摆动停止,虫体收缩抱团。由以上分析可得:颤蚓类蠕虫在室温 20～25℃ 条件下生长较好,在 30℃ 的条件下也能逐渐适应生长,当温度低于 10℃ 颤蚓类蠕虫的活性较低。

2) 温度对污泥减量效果的影响

主要研究在不同水温下颤蚓类蠕虫的污泥减量效果,所采用的试验温度系列为 10℃、20℃、25℃、30℃、35℃、40℃,试验过程中颤蚓类蠕虫的初始密度都为

15 g/L。各个水温条件下的平均污泥减量速率如图 3-17 所示。

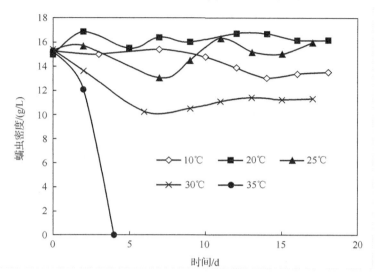

图 3-16　温度对颤蚓类蠕虫生长的影响

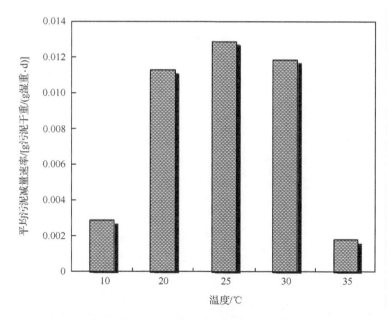

图 3-17　不同温度下单位湿重颤蚓类蠕虫的平均污泥减量速率

如图 3-17 所示,水温在 10℃、20℃、25℃、30℃、35℃条件下的平均污泥减量速率分别为 0.0029g 污泥干重/(g 颤蚓类蠕虫湿重 · d)、0.0109g 污泥干重/(g 颤蚓类蠕虫湿重 · d)、0.0129g 污泥干重/(g 颤蚓类蠕虫湿重 · d)、0.0119g 污泥干重/

(g 颤蚓类蠕虫湿重·d)和 0.0018g 污泥干重/(g 颤蚓类蠕虫湿重·d)。当水温在20～30℃时,颤蚓类蠕虫的平均污泥减量速率较高,在水温 25℃时达到最高,这说明了颤蚓类蠕虫在 20～30℃的水温下活性较好,捕食速率较高,25℃为其最适水温。当超出了 20～30℃的水温范围,水温对颤蚓类蠕虫的生长和污泥减量效果的影响非常显著,在 10℃和 35℃时平均污泥减量速率比 25℃时分别下降了77.6%和 86.0%。在较低的水温下颤蚓类蠕虫的新陈代谢速率很低,酶活性也相应降低,颤蚓类蠕虫的活性低,对污泥的摄食量很少;相反,较高的水温一方面使水中饱和 DO 浓度降低,另一方面又会降低颤蚓类蠕虫体内酶的活性,使颤蚓类蠕虫活性大幅度降低,污泥减量效果变差。

2. 种群密度对颤蚓类蠕虫生长及污泥减量效果的影响

1) 种群密度对颤蚓类蠕虫生长的影响研究

由于种内和种间竞争的同时存在,在食物量(污泥浓度)一定、生存空间一定的条件下,颤蚓类蠕虫具有与环境相适应的最优种群密度。因此,本节在生存空间、食物量一定的条件下研究不同的种群密度的颤蚓类蠕虫的生长情况。具体的方法:分别称取试验所需量(湿重)的颤蚓类蠕虫,并把它们置于各自独立的试验装置中,各个装置中分别加入等量的活性污泥。在各实验装置中颤蚓类蠕虫的密度分别 5 g/L、17 g/L、25 g/L、35 g/L、45 g/L。颤蚓类蠕虫生长情况如图 3-18 所示。

经过一个多月的培养,由于接种前颤蚓类蠕虫体内食物残存量很少,在第一周期结束后,颤蚓类蠕虫的体内积聚部分未消化的食物(颤蚓类蠕虫的平均体型较接

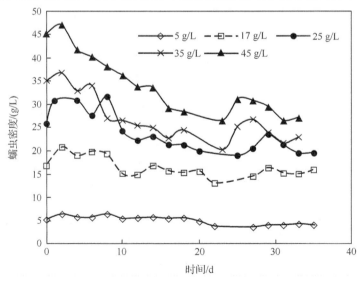

图 3-18　种群密度对颤蚓类蠕虫生长的影响

种前的大），因此第一周期测得的颤蚓类蠕虫密度轻微增加。在第二周期到第九周期的试验过程中，当颤蚓类蠕虫初始密度为 25 g/L、35 g/L、45 g/L 时，其生长曲线都有不同程度的下降，而且初始密度越大下降的程度越大。在九个试验周期结束后，初始密度为 45 g/L、35 g/L、25 g/L 的生长曲线下降幅度分别为 20 g/L、10 g/L、5 g/L。而初始密度为 5 g/L、17 g/L 的生长曲线保持平稳。此结论可以用颤蚓类蠕虫的种间和种内竞争来解释，由于食物和空间的有限性，生物个体为了生存必须尽可能多地控制必需资源，而劣势者则必需将资源让给竞争优胜者，从而导致劣势者营养匮乏而死亡，进而实现种群密度的降低以适应环境所提供的食物量。由图 3-18 可以得到，当蠕虫初始密度为 25～45 g/L 时，经过一段时间的培养，蠕虫密度均降至 20～30 g/L，表明在本试验条件下蠕虫可稳定生长的最高密度为 20～30 g/L。

2）种群密度对污泥减量效果的影响研究

主要考察了颤蚓类蠕虫初始密度分别为 5 g/L、15 g/L、25 g/L、35 g/L 和 45 g/L 时的污泥减量情况。各密度下颤蚓类蠕虫的污泥减量效果如表 3-4 所示。

表 3-4　各个初始密度下的污泥减量效果

颤蚓类蠕虫初始密度/(g/L)	5	15	25	35	45
污泥减量效果/(mg 污泥干重/d)	18.75	39.45	42.92	30.31	35.46

各个初始密度下颤蚓类蠕虫的平均污泥减量速率如图 3-19 所示。颤蚓类蠕虫初始密度在 5 g/L、15 g/L、25 g/L、35 g/L、45 g/L 下的平均污泥减量速率分别

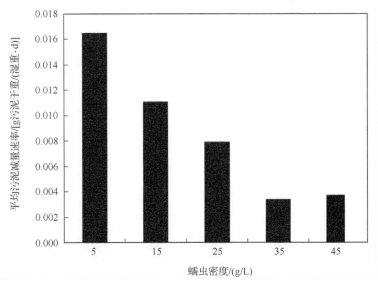

图 3-19　不同颤蚓类蠕虫密度下单位湿重颤蚓类蠕虫的平均污泥减量速率

为 0.0164g 污泥干重/(g 颤蚓类蠕虫湿重·d)、0.0110g 污泥干重/(g 颤蚓类蠕虫湿重·d)、0.0079g 污泥干重/(g 颤蚓类蠕虫湿重·d)、0.0034g 污泥干重/(g 颤蚓类蠕虫湿重·d)和 0.0037g 污泥干重/(g 颤蚓类蠕虫湿重·d)。从图中可以看出,随着颤蚓类蠕虫密度的增加,单位湿重蠕虫的平均污泥减量速率降低。

结合表 3-4,单位湿重的蠕虫在 5 g/L 的密度下,蠕虫密度较低,蠕虫间的竞争不激烈,每个蠕虫个体都拥有充足的生存空间和食物量,单位质量的蠕虫的捕食速率较高。需要注意的是,此时虽然有很高的污泥减量速率,但是由于蠕虫的数量较少,总的污泥减量效果较低;相反当颤蚓类蠕虫在高密度下(35 g/L 和 45 g/L)时,蠕虫的种内竞争较为激烈,蠕虫个体之间的影响较为严重,单位时间所分泌的代谢产物较多,自抑制作用较明显,因而单位湿重蠕虫的平均污泥减量速率较低,即使具有较大的蠕虫数量,总的污泥减量效果仍旧比较低;在 15 g/L 和 25 g/L 的密度下颤蚓类蠕虫总的污泥减量效果最佳分别为 39.45 mg 污泥干重/d 和 42.92 mg 污泥干重/d。但密度为 15 g/L 时,单位湿重蠕虫的污泥减量速率比 25 g/L 时高39%。这表明在相近的总的污泥减量效果下,颤蚓类蠕虫在 15 g/L 的密度下,单位湿重蠕虫所承担的污泥减量效果更好、效率更高。

通过比较国内研究和本试验中颤蚓类蠕虫的污泥减量效率可知(表 3-5),在最佳蠕虫密度下本实验所获得的污泥减量效率是国内研究的 21.1%,此时颤蚓类蠕虫个体数是国内研究的 24 倍以上,说明颤蚓类蠕虫在较为激烈的种内竞争中,仍然会有较好的污泥减量效率。

表 3-5   与国内外关于蠕虫污泥减量效率的研究成果的比较

项目	国内研究	本试验	
蠕虫种类	颤蚓	颤蚓类蠕虫	
试验中蠕虫湿重/mg	3.85～46.15	1000	3000
试验中蠕虫干量/mg	0.5～6	144	432
试验中蠕虫的量/个	1～12	288	864
污泥减量效率/[g 污泥干重/(g 颤蚓类蠕虫湿重·d)]	0.54	0.114	0.076

3. pH 对颤蚓类蠕虫生长及其污泥减量效果的影响

1) 酸性条件对颤蚓类蠕虫生长的影响

在其他生长因子一致的情况下,本节研究在酸性环境中培养颤蚓类蠕虫并观察其生长状况。当蠕虫处在 pH 为 3 的水环境中时,试验装置内的颤蚓类蠕虫分散不团聚,并不断地剧烈扭动身体,在两小时内全部死亡。pH 为 3.5 时,颤蚓类蠕虫同样分散在实验装置内,并有部分死亡,定时测量试验装置内混合液的 pH,发现测得的 pH 随着时间的延长而有所增加。在每个周期后加入一定量酸溶液,把试验装置内的 pH 调回 3.5 时,此操作同时伴随着少量的蠕虫的死亡。重复五个周期后,试验装置内的蠕虫全部死亡。当环境 pH 为 4 时,颤蚓类蠕虫能在半个月内逐渐适应其所处的酸性环境,但其存活量不到原来的 1/3。在 pH 为 5 的条件下,颤蚓类蠕虫的活性较好,在半个月的培养过程中,颤蚓类蠕虫的密度由 15 g/L 轻微下降至 11 g/L,并稳定在 11 g/L 左右,表明颤蚓类蠕虫对酸性的环境有较强的耐受能力。作为对照,在中性条件下培养颤蚓类蠕虫,发现即使在 pH 为 7 的中性环境下,颤蚓类蠕虫的密度也经历由下降到稳定的过程,只是下降的幅度稍低。各 pH 下蠕虫的生长情况如图 3-20 所示。

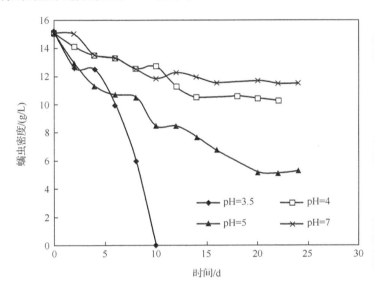

图 3-20　酸性条件对颤蚓类蠕虫生长的影响

由此推断颤蚓类蠕虫对酸性环境有较强的适应能力,对于酸性环境,可以通过一定时间的驯养,使颤蚓类蠕虫慢慢适应酸性环境,克服其带来的不利影响。

2) 碱性条件对颤蚓类蠕虫生长的影响

在其他生长因子一致的情况下,本节研究在碱性环境中培养颤蚓类蠕虫并观察其生长状况。当蠕虫处在 pH 为 9 的水环境中时,蠕虫在经历数分钟挣扎后失去活性,全部死亡。当 pH 为 8.5 时,颤蚓类蠕虫分散在试验装置内,并缓慢的蠕动,其活性能够在 10~15 d 内逐渐恢复,蠕虫的数目先下降然后维持在一定的范围内,但在此过程中近 1/3 的蠕虫死亡。一定时间间隔后测量试验装置内的 pH,发现试验装置的 pH 降低,若将试验装置内的 pH 调回 8.5,重复操作数次后,试验装置内的颤蚓类蠕虫全部死亡。但当试验装置内的 pH 为 8 时,颤蚓类蠕虫的活性较好,死亡率较低,且对此碱性条件的适应时间较短,在经历 3 个周期后颤蚓类蠕虫的密度基本能达到稳定。与对照试验(pH=7)相比,当试验 pH 为 8 时,颤蚓类蠕虫的下降程度略高于对照试验。当试验装置内的 pH 为 7 和 8 时,蠕虫的生长情况如图 3-21 所示。

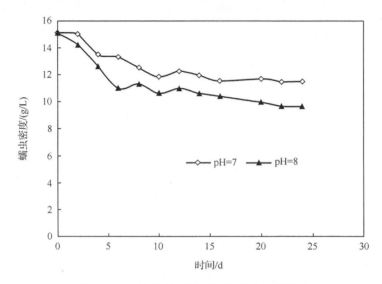

图 3-21   碱性条件对颤蚓类蠕虫生长的影响

3) 环境中 pH 对污泥减量效果的影响

在其他生长因子一致的情况下,本节研究通过改变试验装置中泥水混合液的 pH 来调节颤蚓类蠕虫所处的外部酸碱环境,研究不同 pH 条件下颤蚓类蠕虫的污泥减量效果,所采用的 pH 梯度为 3、3.5、4、5、6.5、7、8、8.5、9。由先前的实验结果可知,pH 为 3、8.5、9 时,颤蚓类蠕虫活性很低并迅速死亡;在 pH 为 3.5 时,颤蚓类蠕虫也会在一两个周期内死亡。因此,在本节研究只考虑在 pH 为 4、5、6.5、7、8 时的颤蚓类蠕虫的污泥减量效果。实验中为维持颤蚓类蠕虫生长环境 pH 4、5、7、8 时需加入酸碱进行调节,而在不调节 pH 的情况下颤蚓类蠕虫所处的环境中的 pH 为 6.5。在各个试验开始时颤蚓类蠕虫的密度都为 15 g/L 左右。不同 pH 条件下蠕虫的平均污泥减量效果如表 3-6 所示。

表 3-6   不同 pH 下蠕虫的平均污泥减量效果

pH	4	5	6.5	7	8
污泥减量效果/(mg 污泥干重/d)	34.56	38.55	41.06	36.09	31.02

由表 3-6 可知,当 pH 在 4 和 8 时蠕虫的平均污泥减量效果最差。但是在 pH 为 4 左右时,颤蚓类蠕虫仍然具有较好的污泥减量效果,其污泥减量效果与在中性条件下相似。说明颤蚓类蠕虫具有一定的耐酸能力。由上可知:颤蚓类蠕虫在中性偏弱酸的条件下总的污泥减量效果最好。当 pH 为 7、8 和 6.5 时平均污泥减量

速率分别为 0.0130g 污泥干重/(g 颤蚓类蠕虫湿重·d)、0.0118g 污泥干重/(g 颤蚓类蠕虫湿重·d)和 0.0119g 污泥干重/(g 颤蚓类蠕虫湿重·d),pH 为 8 时,减量速率最低,只有 0.0103g 污泥干重/(g 颤蚓类蠕虫湿重·d)。以上研究结果说明颤蚓类蠕虫有一定的耐酸碱能力,尤其在 pH 为 4 的酸性条件下其污泥减量效果与中性条件下差不多。可以认为,颤蚓类蠕虫对酸碱环境有较强的耐受能力,在 pH 偏离中性范围的污水处理系统中,可以通过一定时间的驯化,使蠕虫慢慢适应其所处的酸碱环境来获得较好的污泥减量效果。

4. 盐浓度对颤蚓类蠕虫生长及污泥减量效果的影响

1) 盐浓度对颤蚓类蠕虫生长影响

由于所使用的颤蚓类蠕虫为淡水种群,盐浓度会影响颤蚓类蠕虫的生长和捕食,有研究表明颤蚓类蠕虫的半致死盐浓度为 5100 mg/L(NaCl)。在其他生长因子一致的情况下,在本节的研究中,通过改变试验装置中泥水混合液的盐浓度来考察在污泥捕食系统中不同盐浓度对蠕虫生长和捕食的影响,设置试验的盐浓度分别为 500 mg/L、1000 mg/L、2000 mg/L 和 2500 mg/L。当盐浓度为 2500 mg/L 时,发现颤蚓类蠕虫分散试验装置内,并剧烈扭动身体,一段时间后蠕虫身体破裂,体液流出,存活量为一半左右。由图 3-22 的生长曲线可知:在盐浓度分别为 500 mg/L 和 1000 mg/L 的条件下,颤蚓类蠕虫都能很好地逐渐适应其所处的盐浓度环境,基本能在 10 d 内适应其环境的盐浓度,此后试验装置内的颤蚓类蠕虫密度基本保持稳定。而在盐浓度为 2000 mg/L 的条件下,蠕虫密度的下降程度较其

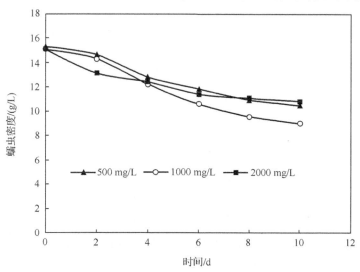

图 3-22　盐浓度对颤蚓类蠕虫生长的影响

他浓度培养下的大,尽管如此,部分颤蚓类蠕虫还是能适应此盐浓度,使得试验装置内的颤蚓类蠕虫密度趋向平稳。在不同盐浓度的作用下,三个试验装置内的颤蚓类蠕虫较正常培养条件下(不加入盐溶液)更加细小。

2) 盐浓度对污泥减量效果的影响研究

本节实验中同时考察了不同盐浓度下的平均污泥减量速率,盐浓度为正常(不加入盐溶液)、500 mg/L、1000 mg/L 和 2000 mg/L 时的平均污泥减量速率分别为 0.0129g 污泥干重/(g 颤蚓类蠕虫湿重·d)、0.0123g 污泥干重/(g 颤蚓类蠕虫湿重·d)、0.0105g 污泥干重/(g 颤蚓类蠕虫湿重·d)和 0.0089g 污泥干重/(g 颤蚓类蠕虫湿重·d)。总体看来,在此盐浓度系列下,颤蚓类蠕虫的平均污泥减量速率分别比正常情况下下降 5.4%、18.5% 和 31.3%。可以看出当盐浓度为 1000 mg/L 和 2000 mg/L 时,污泥减量速率明显的下降。因此,在实际应用中应控制蠕虫所处环境中的盐浓度在 500 mg/L(以 NaCl 浓度计算)以下。

5. 外界扰动对颤蚓类蠕虫生长及污泥减量效果的影响

1) 外界扰动对颤蚓类蠕虫生长的影响

颤蚓类蠕虫在自然环境中主要是营穴居生活,对外界的物理刺激(强光、强水流、振动等)比较敏感。长期观察发现,轻轻振动试验装置,颤蚓类蠕虫立即收紧其伸张在外的尾巴,停止其活动,待到振动停止颤蚓类蠕虫又恢复其活动。当颤蚓类蠕虫存在于曝气系统时,由于受到外界强的扰动影响,这些蠕虫趋向于躲藏在扰动较小的区域。当被水流带动形成悬浮状态时,颤蚓类蠕虫会极力团缩身体(如弹簧状或饼状)来抵抗冲击,此时蠕虫的捕食行为趋于停止,对于一些活性较低的虫体,过强的扰动甚至会导致躯体的断裂,造成虫体的死亡。因此,在本节试验中针对扰动对蠕虫的生长和捕食进行深入的研究。在其他生长因子一致的情况下,本研究通过改变试验装置中的扰动的条件,观察颤蚓类蠕虫的适应性和生长情况。扰动的程度通过调节曝气量大小和曝气头所在的位置来控制,分为以下两种情况:第一种情况,曝气头处于水面附近,而且曝气量较小,约为 0.6 L/min,此时试验装置内的污泥处于沉淀状态,泥水界限明显上清液清澈,曝气对蠕虫的扰动较少,蠕虫分布在试验装置底部的沉淀泥层中。第二种情况,曝气头靠近反应装置底部,曝气量较大,为 2.4L/min,此时试验装置内的污泥处于完全混合状态,曝气对蠕虫的扰动较大,在试验装置中部分蠕虫紧密团聚在一起,另一部分蠕虫呈分散团缩状,均随水流不断翻滚。不同扰动条件下蠕虫的生长曲线见图 3-23,在强扰动条件下,蠕虫密度在第 2~6 天内显著下降,第 6 天后蠕虫密度开始缓慢下降。由此试验可得出结论:强扰动对蠕虫的生长不利,蠕虫密度不断下降。

2) 外界扰动对污泥减量效果的影响

如表 3-7 所示:外界的扰动对颤蚓类蠕虫的污泥减量效果有较大的影响,在强

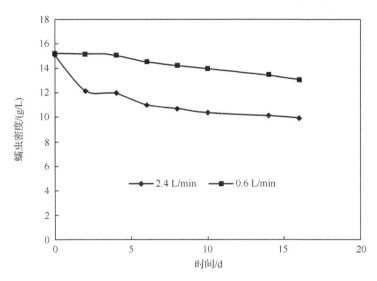

图 3-23 外界扰动对颤蚓类蠕虫生长的影响

曝气量为 0.6 L/min 和 2.4 L/min

扰动下颤蚓类蠕虫的平均污泥减量速率降至不扰动或少扰动时的 52%。强烈的曝气可使水中的 DO 充足可以提高颤蚓类蠕虫的新陈代谢速率,但却弥补不了由于扰动所引起的对颤蚓类蠕虫捕食的阻碍。说明了在实际的应用中应该在保持有足够的 DO 的前提下,尽量减少对颤蚓类蠕虫的扰动,这样更有利于它的生长和对污泥的摄食。

表 3-7 不同的扰动程度下单位湿重颤蚓类蠕虫的平均污泥减量速率

扰动程度	平均污泥减量速率/[g 污泥干重·/(g 颤蚓类蠕虫湿重·d)]
不扰动	0.0129
强扰动	0.0067

6. 污泥浓度对颤蚓类蠕虫生长的影响研究

作为食物的来源,污泥浓度对蠕虫的生长繁殖有较大的影响。在保持其他生长因子一致的情况下,本节通过改变试验装置中的污泥浓度,考察污泥浓度对蠕虫生长的影响。设定活性污泥浓度分别为 2500 mg/L、3000 mg/L、5000 mg/L 和 6000 mg/L,每次活性污泥都须经过稀释或浓缩到设定浓度才能加入到各个试验装置中。经过近一个月培养,蠕虫的生长曲线如图 3-24 所示:各污泥浓度下培养的蠕虫都呈现先增加后降低最后达到稳定的变化趋势。各曲线蠕虫的密度在第一个周期都急剧升高,这是因为各试验装置接种的蠕虫是在几乎饥饿的情况下被接种到各试验装置内的,此时称量的类蠕虫的湿重所含其体内食物较少,且分离后称量的蠕虫体内含有大量未被消化的食物,质量会有较大的变化,从而使各试验装置内的蠕虫密度上升。第二周期各试验装置的蠕虫密度下降是因为环境提供的食物充足,蠕虫无需再在体内积聚大量的食物,使得称量的质量较上一周期有所下降,从而使各试验装置的蠕虫密度降低。第二个周期后各试验装置的蠕虫密度几乎稳定不变,污泥浓度越大所能达到的稳定的蠕虫密度越高。另外,观察发现,在此杯罐试验中,污泥浓度对污泥减量效果的影响并不明显,在此不作研究。

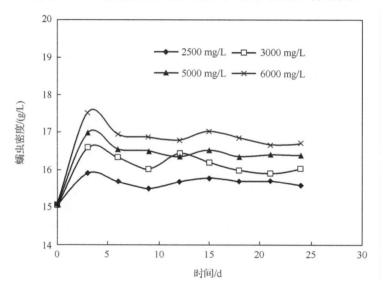

图 3-24　污泥浓度对颤蚓类蠕虫生长的影响
活性污泥浓度梯度为 2500 mg/L、3000 mg/L、5000 mg/L 和 6000 mg/L

7. 重金属对蠕虫生长的影响研究

污水生物处理过程所产生的剩余污泥中含有一定量对颤蚓类蠕虫有毒害作用的重金属,本节探讨了蠕虫捕食污泥过程中,重金属成分对微型动物的生长生存的影响。本试验以实际污水处理厂污泥(哈尔滨市太平污水处理厂产生的剩余污泥)的重金属含量和种类为研究对象,以半急性致死实验为研究体系,考察重金属存在下颤蚓类蠕虫的染毒特性。根据文献,我国城市剩余污泥中含量较高的六种重金属为 Cu、Zn、Pb、Ni、Cd、Cr。分析哈尔滨市太平污水处理厂所排放的剩余污泥,综合对比六种重金属在污水污泥的水相和泥相中的含量,筛选出含量较高的三种重金属——Cu、Zn、Pb,作为本研究的主要考察对象。这三种重金属通常在污水和污泥中的浓度如图 3-25 所示。首先探讨水相中重金属对蠕虫的毒性作用,设计了 96 h 的等间距浓度半急性致死实验,结果如图 3-26 所示。在 Cu^{2+} 浓度范围 0.06～0.68 mg/L、Zn^{2+} 浓度范围 1.26～10 mg/L、Pb^{2+} 浓度范围 3.39～

15.49 mg/L内,颤蚓类蠕虫的生存随着浓度升高、反应时间累积而逐渐衰退。根据不同反应时间(24 h、48 h、72 h 和 96 h)下的蠕虫致死量,求出各个时间阶段的 LC$_{50}$(半致死浓度)和 SC(安全浓度,SC=0.1×LC$_{50}$)。结果表明,三种重金属在水相中对蠕虫的毒害影响力顺序为 Cu^{2+}>Zn^{2+}>Pb^{2+},实际污水污泥中重金属浓度小于或接近蠕虫生存所需的安全浓度,不影响蠕虫生存。

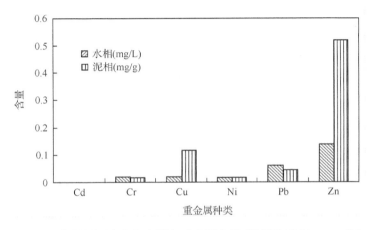

图 3-25　实际污泥中水相和泥相重金属含量(污泥浓度 8200 mg/L)

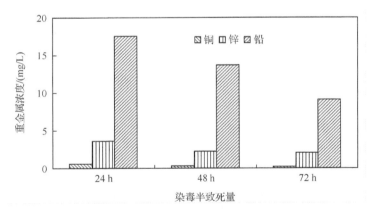

图 3-26　不同重金属浓度下蠕虫的染毒半致死浓度

8. 不同生长阶段下颤蚓类蠕虫的环境耐受能力和捕食污泥性能

本节研究所使用的颤蚓类蠕虫购自花鸟鱼市场,观察其形态特征:绝大多数个体无腮,尾部颜色为淡黄绿色,体直径为 0.5～1.2 mm,体长 35～55 mm,在水体缺氧时体色灰褐,水体复氧后体色迅速变成红色。根据其上述关键特征,判断其属于寡毛纲、颤蚓科、霍夫水丝蚓属的相关种类。作为寡毛纲环节动物,霍夫水丝蚓拥有其特殊的生长特征：由四个不同的生长阶段组成完整的生长周期，全生长周期通常 80 d 左右，少数能活到 120 d。霍夫水丝蚓的生长历经卵、幼蚓、未成熟蚓和成熟蚓四个不同的阶段(图 3-27)，在不同的生长阶段其体表形态和体长有明显的不同，幼蚓体长小于 5 mm，未成熟蚓体长约为 10 mm，成熟蚓是具有繁殖能力的成年蠕虫，体长 35～55 mm，身体靠近头部处具有白色环带。环带的膨胀是即将产卵的标志。体长和体征的不同是直观的，而不同生长阶段下蠕虫的生物活性是潜在的，很可能表现为不同的污泥捕食能力。要将颤蚓类蠕虫捕食污泥特性运用于实际工程，必将面对工艺的长期运行下颤蚓类蠕虫的适应问题，工艺运行期内，霍夫水丝蚓的繁殖、发育过程中各个生长阶段的蠕虫都将面临对环境的适应，并分担污泥减量功能。而目前国际上的相关研究中对颤蚓类蠕虫自身的生物性质关注较少。因此，立足于前面研究筛选出的关键环境要素，围绕颤蚓类蠕虫不同的生长阶段，考察各阶段颤蚓类蠕虫对环境的耐受能力和捕食污泥过程中污泥减量、水质变化，将有助于更好地分析不同生长阶段下蠕虫对污泥减量发挥的作用，从而指导工程实践。

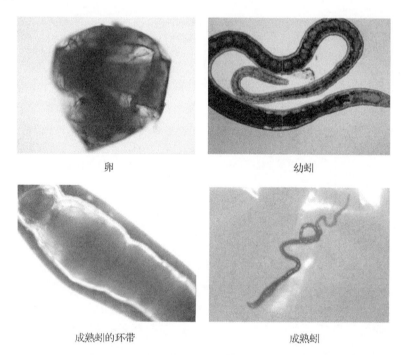

卵　　　　　　　　　　　　　　　幼蚓

成熟蚓的环带　　　　　　　　　　　成熟蚓

图 3-27　霍夫水丝蚓各生长阶段的体征

根据蠕虫捕食污泥过程中的主要环境要素的解析可知，温度和曝气是对颤蚓类蠕虫生存和捕食污泥效能影响最大的关键环境要素。因此，将这两个因子作为考察对象，选取幼蚓、未成熟蚓和成熟蚓这三个对污泥捕食作用最明显的生长阶段,并围这三个典型生长阶段,分别考察在不同的温度梯度、曝气方式和曝气量下各阶段颤蚓类蠕虫的生存状态、污泥减量效果,通过获得各阶段颤蚓类蠕虫对环境的耐受能力,为实际工程应用提供研究基础。

1) 各生长阶段下颤蚓类蠕虫的环境耐受能力

根据前面的研究发现,曝气对颤蚓类蠕虫的生长和污泥减量的影响较大。合适的曝气量和曝气方式是保障颤蚓类蠕虫稳定生长和捕食的关键。本节研究在供氧充足的前提下,控制不同的曝气量,以连续底部曝气方式进行曝气,比较了处于不同生长阶段的蠕虫对不同曝气方式和曝气量的适应性,其结果如图 3-28 和图 3-29所示,a 为不曝气、b 为连续微曝气(低于 0.025L/min)、c 为连续中等曝气(0.025L/min)、d 为连续强曝气(0.050L/min)、e 为间歇微量曝气(低于0.025L/min)。蠕虫增长率(WR)代表蠕虫在 3 d 试验时间内,蠕虫湿重的增长量。

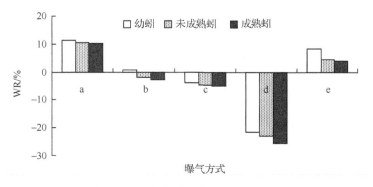

图 3-28　曝气方式对蠕虫生长的影响

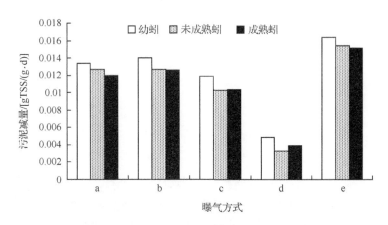

图 3-29　曝气方式对污泥减量的影响

图 3-28 表明,无论曝气量大小,各生长阶段下颤蚓类蠕虫生长都会受到曝气方式和曝气量的影响,扰动的存在使湿重呈现负增长;相比之下,不曝气和间歇微

量曝气(无扰动)是维持各阶段蠕虫稳定生长的较为适宜的曝气方式。在三个生长阶段中,幼蚓阶段对曝气扰动的耐受能力最强,成熟蚓最低,未成熟蚓由于体长居中,其耐受能力也处于幼蚓和成熟蚓之间。图 3-29 表明了曝气方式和不同生长阶段颤蚓类蠕虫的污泥减量效果。幼蚓污泥捕食能力是三个生长阶段中最强的,间歇微量曝气条件下的各生长阶段蠕虫的污泥捕食效果普遍较好。因而可以确定,间歇微量曝气最有利于颤蚓类蠕虫的生长和污泥减量。

对于温度的影响,本节研究设置了 5～40℃的温度梯度,如图 3-30 所示。三个生长阶段的颤蚓类蠕虫对温度都有显著的敏感性;幼蚓表现出更好的温度适应性,在 15～25℃的范围内均实现增长,而未成熟蚓和成熟蚓适应的温度范围为20～25℃;颤蚓类蠕虫对低温的耐受能力高于高温,三个生长阶段的颤蚓类蠕虫在较低温度下(5～15℃)呈现的负增长幅度都小于其在较高温度下(30～40℃)的负增长幅度。另外,由图 3-31 可知,在 25℃时,各生长阶段下蠕虫的污泥减量效果最佳,其中又以幼蚓的污泥减量能力最高,未成熟蚓居中,成熟蚓最低,推断由于幼小的颤蚓类蠕虫生长速率较快,所需的物质和能量较多,因此能摄入并消化更多的污泥。

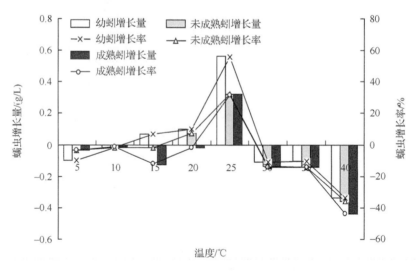

图 3-30　不同温度下蠕虫的生长

2) 各生长阶段颤蚓类蠕虫捕食污泥对水质的影响

碳、氮、磷是污泥细菌细胞的主要成分。碳是细胞的骨架,氮是蛋白质的重要组成,磷是核酸的主要成分。颤蚓类蠕虫的捕食目标是污泥,在捕食过程中,通过吞食、消化和排泄,污泥细胞内这三种物质将发生释放。已有的研究也表明,颤蚓类蠕虫的捕食作用会导致水质的变化,尤其是氮、磷的增加。本节研究设定四个曝气量梯度(0、微量、0.025L/min 和 0.050L/min),在进行曝气影响实验的同时,以

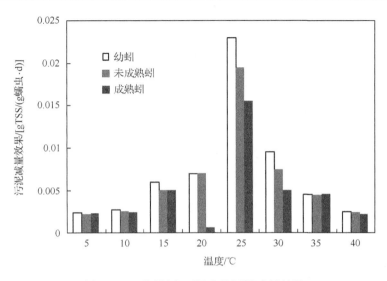

图 3-31　不同温度下蠕虫的污泥减量效果

蠕虫捕食后污泥混合液的上清液为研究对象,检测了捕食前后水质的变化,考察颤蚓类蠕虫捕食作用对水质的影响和不同生长阶段的颤蚓类蠕虫捕食后水质的变化。

如图 3-32 所示,在曝气量为 0 和微量的条件下,试验装置内的泥水混合液中的 COD 有轻微增加(10 mg/L 左右),这主要是由于在颤蚓类蠕虫捕食污泥的过程中,细菌细胞发生自溶现象,另外,颤蚓类蠕虫排泄的废物中也可释放出可溶性有机碳。然而,在曝气量为 0.025L/min 和 0.050L/min 时,COD 并没有明显增加,可能是由于曝气的作用提高了颤蚓类蠕虫所在的污泥系统中某些微生物的代谢,促进了 COD 的降解。可以看出,蠕虫捕食带来的 COD 的释放比较微弱,并且能够在适当的曝气条件下被污泥系统中的微生物所降解,不会对水质造成较大影响。

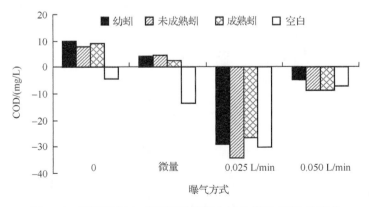

图 3-32　不同曝气方式下颤蚓类蠕虫捕食前后 COD 的变化

　　在利用微型动物进行污泥减量的工艺研究中,无论是两段式生物反应器还是直接向活性污泥系统中投入后生动物,均可降低剩余污泥产量,但是氮和磷的释放仍旧是一个尚待解决的问题。有鉴于此,主要研究颤蚓类蠕虫的捕食作用对其所处水环境中水质的影响(氨氮、硝态氮和亚硝态氮),研究结果如图 3-33～图 3-35所示。可以看出在各个曝气条件下,蠕虫的捕食都会带来氨氮的释放,这种释放在不曝气的条件下最明显。在对于颤蚓类蠕虫生存比较舒适的微量曝气环境下,氨氮释放比较微弱,氨氮浓度的增加量仅为 0.0059 mg/L。硝酸盐、亚硝酸盐的增长或减少源于试验装置内污泥微生物的代谢过程,由活性污泥自身的性质决定,受曝气条件影响,这也说明了颤蚓类蠕虫捕食污泥所导致的氨氮释放可以通过调控氮素在污泥中的代谢过程(调控曝气条件)而得到缓解。

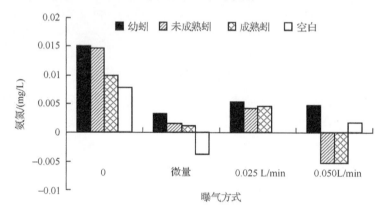

图 3-33　颤蚓类蠕虫捕食前后氨氮的变化

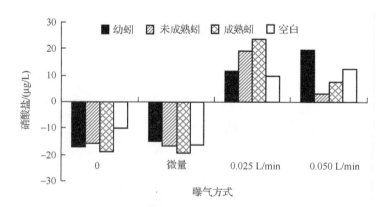

图 3-34　颤蚓类蠕虫捕食前后硝酸盐的变化

　　对于磷的释放问题,在常规的污水处理系统中,磷通常是通过污泥微生物的同化作用而从污水中被脱除,这些磷元素被合成到污泥微生物体内,继而通过剩余污泥的排放而排出污水处理系统外。换句话说,污水中的磷元素是通过排泥而去除的。因而,污泥减量的过程必将导致污水中磷元素去除效率的下降。同理,在蠕虫对污泥的捕食、代谢以及矿化过程中,剩余污泥中的磷会被重新释放到环境中。这一推论与本节试验结果基本一致,无论在什么曝气条件下,磷的释放似乎都不可避免。图 3-36 反映了不同曝气方式下颤蚓类蠕虫捕食所带来的磷酸盐释放,曝气量为 0.025L/min 时,磷酸盐的释放最为严重,但各生长阶段下的蠕虫对磷的释放的影响没有明显规律。

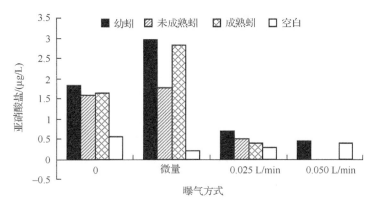

图 3-35　颤蚓类蠕虫捕食前后亚硝酸盐的变化

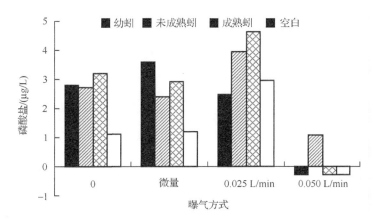

图 3-36　颤蚓类蠕虫捕食前后磷酸盐的变化

通过研究选用颤蚓类蠕虫开展基于生物捕食作用的城市污泥减量效果研究:考察不同的温度、pH、盐浓度、扰动程度、污泥浓度下、蠕虫密度条件下,蠕虫的生长状况及其污泥减量效果,以获得颤蚓类蠕虫种群稳定的优化条件,确定其生长的最关键环境要素;围绕颤蚓类蠕虫生长周期内三个典型生长阶段,考察不同生长阶段蠕虫的环境耐受能力和捕食污泥后水质的变化情况,以确定水丝蚓的高效污泥

减量生长期,为高效稳定的污泥减量工艺的开发提供理论支持。得出以下结论:

(1)通过对颤蚓类蠕虫环境生长因子的研究,得出颤蚓类蠕虫稳定生长和高效捕食的最佳条件为:温度 25℃,颤蚓类蠕虫种群密度 15 g/L,pH 为 4.0~8.0,盐浓度 500 mg/L 以下,污泥浓度 2500~6000 mg/L,低扰动曝气。

(2)颤蚓类蠕虫的捕食能够带来 COD、氨氮和磷酸盐的增加,平均提高的浓度分别为 17.65 mg/L、0.0059 mg/L 和 1.7492 μg/L,但不会对水质造成较大影响。颤蚓类蠕虫各个生长阶段下的 COD、氨氮和磷酸盐的变化未能形成明显规律。

3.2.3　蠕虫附着型生物床设计

经过长期的观察研究发现,颤蚓类蠕虫的高密度稳定生长主要取决于环境中的 DO 浓度和水力扰动情况。实验表明,当环境中的 DO 浓度低于 0.2 mg/L 时,颤蚓类蠕虫会出现互相排挤现象,以争取充足的吸氧空间;另外,当蠕虫的密度过大时,由于相互间对氧的竞争异常剧烈,可能会导致大量蠕虫因缺氧而死亡;当环境中的 DO 浓度为 0.2 mg/L~1.0 mg/L 时,颤蚓类蠕虫能通过尾部的剧烈摆动来获得足够的氧,很少发生相互间的排斥现象。当环境中的 DO 浓度大于 1 mg/L 时,颤蚓类蠕虫可以通过的轻微摆动身体甚至不需要摆动就能获得足够的氧,因而颤蚓类蠕虫活动并不剧烈。综上,颤蚓类蠕虫在缺氧的条件下最为活跃,并不需要提供高的 DO 浓度。另外,颤蚓类蠕虫会躲避扰动强烈的水力环境,强的水力条件会严重阻碍颤蚓类蠕虫的进食,从而对其生存构成严重影响。另外,在扰动强烈的水力环境中,颤蚓类蠕虫会聚集成紧密的虫团,活动基本静止,由于进食的困难,颤蚓类蠕虫会慢慢死亡。因而,一个弱扰动的水力环境有利于颤蚓类蠕虫的稳定生长。但是,需要注意的是,在弱扰动的条件下,反应器中的污泥会发生明显的沉积与积累,同时又不利于环境中物质的交换,使蠕虫的排泄物发生的累积,对颤蚓的稳定生长构成一定的影响。基于颤蚓类蠕虫的高密度生长条件以及前期的一些研究结果,可实现长期稳定运行的污泥减量反应器需具备如下三方面的特点:

(1)具有密度适中的填料,适宜于颤蚓类蠕虫大量稳定附着。正常情况下,颤蚓类蠕虫属于底栖生物,营穴居生活。要实现其在人工环境中的长期稳定,需为其提供躲避外界刺激、利于进食、与河/湖底泥环境相似的条件。

(2)提供较大的污泥与颤蚓类蠕虫的接触面积。在众多生物捕食污泥减量工艺中,颤蚓类蠕虫都会由于重力和水流的作用而集中于反应器的底部,这样严重限制了反应器内部可容纳的蠕虫数目。此时,污泥减量效率较低,反应器的体积利用率较低,污泥会被重复捕食,不利于蠕虫的生长繁殖。因而,需要设置一种特殊的反应器结构,使得蠕虫、污泥和 DO 浓度在反应器垂直方向的分布更为均匀,加大反应器内蠕虫的数目,减少单位蠕虫所承担的污泥捕食任务,从而实现蠕虫的高效捕食和稳定生长。

(3)提供颤蚓类蠕虫所需要足够 DO 浓度,并尽量避免强烈水力扰动对颤蚓类蠕虫生长带来的影响。如上文所述,过大或过小的 DO 浓度对蠕虫的污泥减量效果均有一定的影响。同时也要注意到,常规的生物反应器中,DO 的提供主要依靠曝气系统对反应器进行充氧,曝气的过程同时也是扰动的过程,一个合适的曝气量对蠕虫的稳定存在和捕食至关重要。

根据以上原则,作者经过长期研究和不断改进,设计出一种特殊的静态序批式附着型蠕虫反应器——蠕虫附着型生物床。

1. 高密度稳定生长填料的筛选

为了防止污泥的积累,反应器中需要有一定的水力条件,因而需要有特殊的填料,使颤蚓类蠕虫能在上面高密度附着并能长期稳定生长。笔者经过长期研究,筛选了一种特殊的填料,如图 3-37 所示。此种填料为聚乙烯网状多孔性填料,填料厚约 1.0 cm,内部孔道纵横交错上下相通,与颤蚓类蠕虫的天然生活环境相类似,其内部均匀分布有大量直径为 2~3 mm 的弹性孔或缝隙,用于承载数量极大的蠕虫,蠕虫在填料中可自由的爬行钻洞。填料表面附着有聚丙烯纤维束或聚乙烯纤毛,有利于蠕虫在填料上的附着。经试验颤蚓类蠕虫能长时间稳定附着在填料上,填料上的蠕虫密度可达 1.7 kg/m^2(5×10^5 条/m^2)。

图 3-37　高密度稳定生长填料图片

此种填料具有以下优点:

(1) 模拟了颤蚓类蠕虫的自然生境——底泥,填料表面粗糙、多丝状突起,易于吸附或沉积污泥絮体,能为蠕虫的捕食提供充足的食物来源。

(2) 大量适中的贯通孔道与颤蚓类蠕虫的钻洞特性相适应,蠕虫在填料中可自由的爬行钻洞;长期的观察发现,蠕虫还可以在孔道中囤积污泥絮体。

(3) 这种填料可以帮助颤蚓类蠕虫躲避外界的冲击,使蠕虫稳定固着。经观察发现,当受到外界的强烈刺激,如高强度曝气时,蠕虫能迅速收缩躲藏于填料中,从而免受由于水流的作用而脱落。同时,填料的存在为颤蚓类蠕虫提供一个较为稳定的环境,即使在外界高强度扰动的条件下,蠕虫仍能进行污泥的摄食。

2. 蠕虫附着型生物床的结构形式以及运行方式设计

蠕虫附着型生物床的结构如图 3-38 所示。

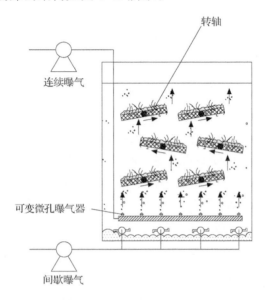

图 3-38　蠕虫附着型生物床示意图

1) 蠕虫附着型生物床内装有多层平板

蠕虫附着型生物床内设置有多块转动式填料板。填料板分层均匀安置在容器内部,在高度方向上交错分布。各块填料板微微倾斜,可以绕转轴转动,填料板上固定有填料。多层填料板的设置有效地增加了反应器内部的空间利用率,大大地增加了颤蚓类蠕虫在反应器中的数量,从而提高了污泥的减量速率。填料板交错布置,气泡在各块填料板间穿梭流过,使反应器内供氧均匀并延长了气泡在反应器中的停留时间,从而提高了氧气的利用率,降低了能量的消耗。而且填料板的转动,可以防止蠕虫的代谢产物在填料上的积累,有利于反应器内部物质的更新。反应器内填料板与填料板之间的水流较缓,有利于颤蚓类蠕虫捕食污泥和附着生长。

2) 采用双曝气系统

本反应器采用独特的连续微量曝气和间歇强扰动曝气相结合的双曝气系统。在容器的底部设置有上下两套曝气装置。下部的曝气系统,用于短时间间歇的剧烈曝气,曝气量为 $0.1 \sim 0.2 \ \mathrm{m^3/h}$,其上交错分布有朝上和朝下的曝气孔。朝下的曝气孔可以充分扰动沉积在泥斗中的沉积物,从而使容器内的污泥混合液充分混合。上部的曝气系统为微孔曝气器,其上均布有大量朝上的曝气微孔,进行微量曝气,对混合液进行连续供氧,以维持反应器内一定的 DO 浓度,有利于颤蚓类蠕虫长期稳定地生长于反应器中。通过调节阀调节空气压缩机的连续供气量,曝气量为 0.01~0.05m³/h。

3）蠕虫附着型生物床的运行方式

蠕虫附着型生物床作为一个污泥处理单元,采用序批式的运行方式,如图 3-39所示。反应器的操作分为进泥、运行、排泥三个阶段。进泥阶段采用高强度曝气,填料板成垂直布置,污泥呈完全混合状态,此时颤蚓类蠕虫身体大部分隐没在填料中。当进泥阶段结束后,反应器进入运行阶段,它是由若干个操作周期组成的,每个操作周期又可以分为捕食阶段和混合阶段。在捕食阶段采用微量曝气（曝气量 0.01~0.05m³/h）,以维持反应器内一定的 DO 浓度,填料板与水平方向成一定角度放置。在此阶段,由于较低的扰动强度,污泥慢慢在填料上沉积,形成一层污泥层。颤蚓类蠕虫把尾部伸出填料和污泥层,不断地摆动尾部以吸收水中的 DO,其头部埋在填料和污泥层中对污泥进行采食。经过一段时间的捕食后,反应器进入混合阶段,此阶段采用高强度曝气（曝气量为 0.1~0.2m³/h）,填料板缓慢绕轴转动至垂直方向,污泥呈完全混合状态。此时,高强度曝气形成强的水力扰

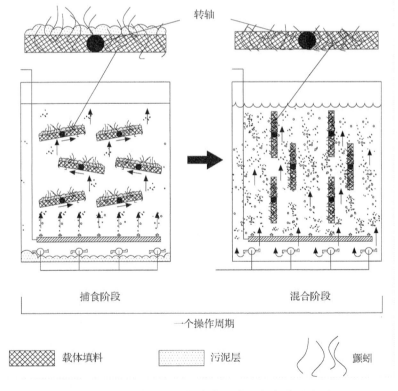

图 3-39　蠕虫附着型生物床序批式运行方式示意图

动,蠕虫受到外界刺激,迅速把露在填料外的身体回缩到填料中去,混合阶段持续5min。混合阶段结束后紧接的是下一操作周期的捕食阶段。经历若干操作周期后,反应器进入排泥阶段,采用高强度曝气,填料板成垂直布置,污泥呈完全混合状态。

由上述描述可以总结蠕虫附着型生物床的优缺点如下:

(1) 多层平板的设置可以增加蠕虫在反应器中的量,加快污泥的捕食和减量;在平板与平板之间的水流较缓有利于颤蚓类蠕虫的附着生长。

(2) 蠕虫附着型生物床采用长期连续微量曝气供氧和短时间歇高强度曝气搅拌混合相结合的运行方式,一方面,长期连续微量曝气能在提供足够的 DO 同时大大降低水力冲击对颤蚓类蠕虫捕食的不利影响;另一方面,间歇短时高强度曝气搅拌混合能够使反应器中的物质混合均匀,使污泥能被充分捕食,并减轻代谢产物积累所带来的影响,强化蠕虫在填料中的固着。

(3) 平板的交错布置,使氧气利用更为充分,从而降低能量的消耗。

(4) 蠕虫附着型生物床的调控和操作较为复杂。

3.3　蠕虫附着型生物床运行参数优化

在前期蠕虫附着型生物床设计的基础上,进一步研究了该反应器的优化运行参数。污泥捕食生物要发挥最佳的污泥减量效能,需要使其结构维持在相对稳定的状态。污泥捕食生物群落的建立是需要一定时间的,而其结构一旦受到破坏,恢复和重建同样需要一定时间,这个过程势必影响污泥减量效果的稳定性。因此,保持污泥捕食生物群落的相对稳定是至关重要的,这是保证生物捕食污泥减量工艺正常稳定运行的基本要求。生物群落稳定状态的维持需要相对稳定的外部环境。污水处理厂通常要根据进水水质的不同调整运行参数,但是这种运行管理往往会导致污水生物处理系统中污泥性质的改变。这种改变可能会对生物捕食污泥减量系统中的生物群落的结构造成影响,从而影响它们功能的发挥。如何降低污泥性质(特别是污泥浓度)的波动对后续污泥生物处理的影响,如何为污泥捕食生物反应器提供合适的运行参数,使其中的生物群落处于一个相对稳定的状态,这是需要重点研究解决的问题。

首先通过流体力学模拟得到最优化的填料板布置形式,然后在此基础上着重考察了扰动强度(frequency of high-intensity aeration,FHIA)、DO 浓度、初始污泥浓度(initial sludge concentration,ISC)和污泥停留时间(SRT)四个工艺参数对蠕虫附着型生物床的污泥减量效果(AΔVSS)、蠕虫密度(DT)和蠕虫的固着状态(以蠕虫突出填料外的平均体长度——ALW 来衡量)的影响,本节试验中蠕虫捕食的污泥采用的是常规的序批式活性污泥法(SBR)产生的剩余污泥,蠕虫附着型生物

图 3-40　蠕虫附着型生物床试验台

床如图 3-40 所示。

3.3.1　最佳填料板布置形式

1. 蠕虫附着型生物床中流场的模拟与分析

利用 Fluent 软件提供的标准 k-e 模型和 Mixture 两相流模型模拟得到不同填料板布置形式下的气液两相流流场分布,分析了流场中的速度、含气率和湍流强度的分布规律,得到填料板布置的最优形式,为蠕虫附着型生物床的设计及实际应用提供理论依据。对曝气量 $Q=0.05\mathrm{m^3/h}$,各层填料板不一致旋转 15°且连续曝气的情况下得到的模拟残差结果显示,数值模拟过程已经收敛,结果可信。

1) 压力场分析

针对蠕虫附着型生物床的结构特点,选取横向和纵向两个监测面进行监测。图 3-41 和图 3-42 分别表示监测面 plane-1 和 plane-2 上的压力分布情况。从图中可以看出,压强从底部到顶部逐渐降低,压强在反应器内的横向分布有微小波动,纵向分布呈均匀分层变化。图 3-43 表示压力沿 z 轴的分布情况,压力沿 z 轴从上到下逐渐增大,基本呈线性分布。

2) 速度场分析

图 3-44 是蠕虫附着型生物床放置填料板之前的速度矢量分布。可以看出,蠕虫附着型生物床内部升流区的速度较大,由于液体在反应器内近壁处有回流存在,致使曝气条喷出的气体也偏向中心向上,中心的速度较大,继而卷吸反应器内壁附近的流体偏向中心向上流动,形成了反应器中心液体向上而靠近壁面处液体向下的流动。这表明反应器内的流动不是平推流,而是存在较大的回流和涡旋的内循环流动。

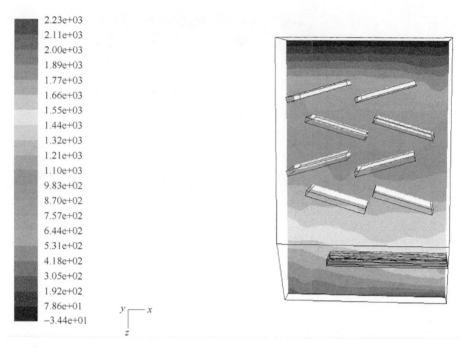

图 3-41　plane-1 的压力分布等势图

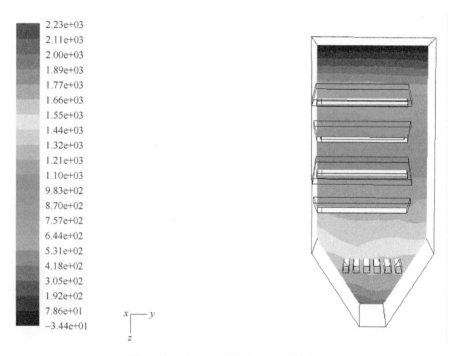

图 3-42　plane-2 的压力分布等势图

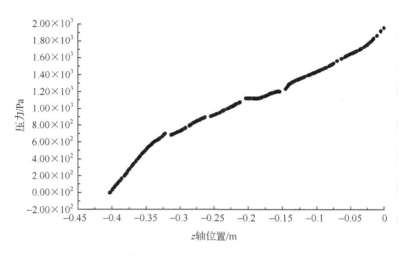

图 3-43 压力沿 z 轴分布图

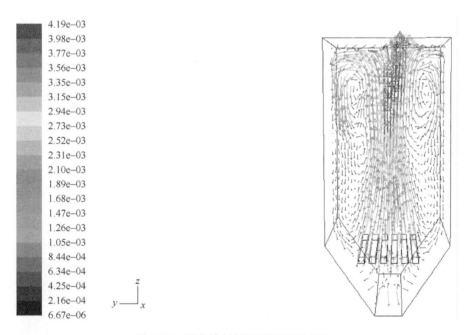

图 3-44 没有填料板时的速度分布图

加入填料板后,原有的循环流动被打乱。从图 3-45 可以看出,由曝气条喷出的气体向上流动,遇到填料板后发生绕流,通过填料板之间的间隙向上流动,到自由液面处液体发生回流,然后又经由填料板的空隙向下循环流动。曝气条在蠕虫床内右侧布置,所以右侧速度较大,气流主要沿右侧板子间隙上升,其他路径速度较小,回流液体速度较大,经由其他路径向下回流,由此形成循环流动。另外,由

图 3-46可以看出,由于下部曝气,曝气条上方液体速度迅速增大,在第三、四层填料板之间达到最大。再往上流动,液体绕流填料板后速度变小,在向下流动的过程中,液面向壁面倾斜,使得在壁面附近速度较大。在自由液面处水有回流现象,主要是由于气泡群在液面处迅速流向大气中,而水由于重力作用回流进反应器中。回流的水被上升的气泡冲向两侧,沿着壁面向下流去。

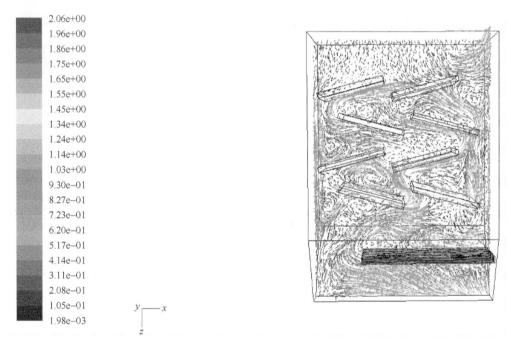

图 3-45　　plane-1 平面的速度分布图

3）含气率分析

由图 3-47 可见,从自由液面到第二层填料板之间的区域含气率较小,其他区域含气率较大,并且在第二层与底层填料板之间含气率一度达到峰值,曝气条曝气区含气率也达到峰值。这是由于在自由液面处液体发生速度较大的回流,而气体由此处排出,气体的体积分数急剧减小,相应的,液体体积分数急剧增大,于是出现了在自由液面处气体体积分数很小几乎为零的情况。回流的液体遇到填料板速度急剧减小,回流量也减小,在第一层与第二层填料板之间,气体体积分数逐渐回升。第二层填料板以下,气体占主导地位,曝气条喷出的气体带动水流向上运动,遇到填料板阻隔速度逐渐减小,在填料板底部有几个积聚区,在这里气体排出的量很少,相对地含气率较大,填料板上表面速度大,含气率较小,在边壁处速度小,含气率较小。

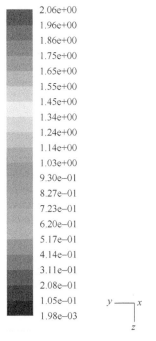
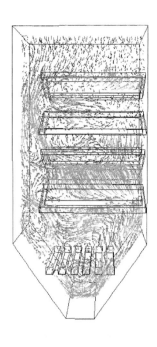

图 3-46　plane-2 平面的速度分布图

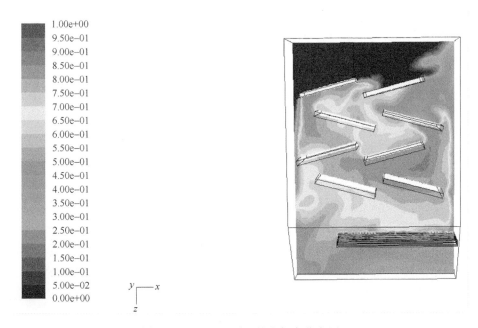

图 3-47　plane-1 平面的含气率分布图

含气率均匀度表示曝气稳定后蠕虫床中的气体均布程度,该值越大表明曝气效果越好,供氧越均匀。根据欧氏距离的概念,定义该指标值的计算公式为

$$U = 1 - \frac{1}{x_0} \sqrt{\frac{1}{n} \sum_{i=1}^{n} (x_i - x_0)^2} \qquad (3\text{-}1)$$

式中：U——含气率均匀度(%)；

$\quad i$——流场中的监测点编号；

$\quad n$——流场中的监测点总数；

$\quad x_i$——第 i 个监测点的含气率(%)。

如图 3-48 所示,选取五个填料板之间平面作为监测平面,分别在每个平面上取 11 个监测点,经计算,55 个监测点的含气率均匀度为 50.9%。

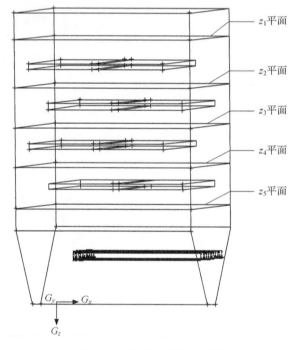

图 3-48　监测点位置示意图

4) 湍动强度分析

由于颤蚓类蠕虫易受外界强扰动的影响,同时也与反应器内污泥混合液的混合效果及湍流强度密切相关。所以对蠕虫附着型生物床中湍动强度的分析有助于了解床内的扰动情况,对反应器的优化和评估水力扰动对蠕虫的影响有重要意义。湍动强度指湍流脉动速度均方根与平均速度的比值,即

$$I = \frac{\overline{\overline{u}}}{\overline{u}} \qquad (3\text{-}2)$$

式中：I ——湍流强度（%）；

$\overline{\overline{u}}$ ——湍流脉动速度均方根（m/s），公式为

$$\overline{\overline{u}} = \sqrt{u_x^2 + u_y^2 + u_z^2} \tag{3-3}$$

$\overline{u}$ ——湍流平均速度（m/s），公式为

$$\overline{u} = \sqrt{\overline{u_x}^2 + \overline{u_y}^2 + \overline{u_z}^2} \tag{3-4}$$

由曝气条喷出的气体遇到静止的流体，会产生大量旋涡。旋涡运动是湍流运动的本质，因此涡流扩散速率取决于液体的湍动状态。湍流强度越大，湍流强度越均匀，反应器内的污泥混合液被搅拌得越均匀，有助于防止蠕虫排泄物在蠕虫周围积累。但是扰动强度越大对蠕虫的捕食活动影响越大，不利于污泥减量。因此，如何在有效防止蠕虫排泄物积累的同时减少水力扰动是反应器运行的一个关键问题。

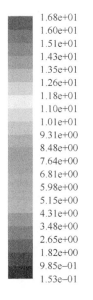
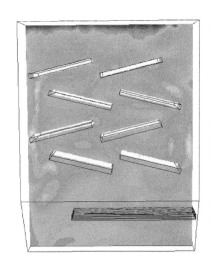

图 3-49 xOz 平面湍流强度分布图

由图 3-49 可见，在曝气装置的上表面处曝气量最大，湍流强度达到峰值，随着气流向上流动，湍流强度减小，在 z_5 平面处达到最小，然后逐渐增大，到第二层填料板与第一层填料板之间又再次达到峰值，这是由于气体在这部分积聚，第一层填料板到自由液面处水的体积分数较大，回流速度很大，使湍流强度急剧减小。从整体上看，蠕虫附着型生物床内部湍流强度分布比较均匀。为了定量描述床内流场中湍流强度分布的均匀程度，借用均方根偏差，提出湍流强度"均匀性指数"，以 β_I 表示，计算公式为

$$\beta_I = 1 - \frac{1}{\bar{I}} \sqrt{\frac{1}{N-1} \sum_{i=1}^{n} (I_i - \bar{I})^2} \tag{3-5}$$

式中：β_I——湍流强度均匀性指数(%)；

　　　i——流场中监测点编号；

　　　n——流场中监测点总数；

　　　I_i——流场中第 i 个监测点的湍流强度(%)；

　　　$\bar{I}$——流场中 n 个监测点湍流强度的平均值(%)，公式为

$$\bar{I} = \frac{1}{n} \sum_{i=1}^{n} I_i \tag{3-6}$$

　　湍流均匀度指数 β_I 值越大，湍流强度值分布越均匀，反之亦然。经计算，所选取的 55 个监测点的湍流强度均匀度为 80.5%。

　　湍动能是指单位质量流体的湍流脉动动能，即

$$k = \frac{3}{2} (uI)^2 \tag{3-7}$$

式中：k——湍动能($\mathrm{m^2/s^2}$)。

　　由图 3-50 可以看出，流场中湍动能的分布规律与湍流强度分布类似，曝气装置上表面最大，在填料板下表面也形成几个峰值区，自由液面处最小。可见，湍流动能主要产生于含气率较大的区域，这些区域湍动程度较高。

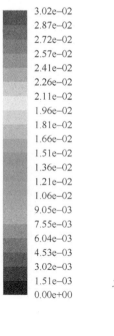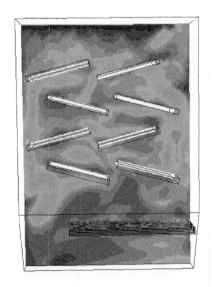

| 3.02e-02 |
| 2.87e-02 |
| 2.72e-02 |
| 2.57e-02 |
| 2.41e-02 |
| 2.26e-02 |
| 2.11e-02 |
| 1.96e-02 |
| 1.81e-02 |
| 1.66e-02 |
| 1.51e-02 |
| 1.36e-02 |
| 1.21e-02 |
| 1.06e-02 |
| 9.05e-03 |
| 7.55e-03 |
| 6.04e-03 |
| 4.53e-03 |
| 3.02e-03 |
| 1.51e-03 |
| 0.00e+00 |

图 3-50　湍动能分布

　　湍流耗散率是指单位质量流体脉动动能的耗散率,即各向同性的小尺度涡的机械能转化为热能的速率,即

$$\varepsilon = C_\mu^{\frac{3}{4}} \frac{k^{\frac{3}{2}}}{l} \tag{3-8}$$

式中：ε——湍流耗散率(m^2/s^3);

　　　　C_μ——经验常数;

　　　　l——湍流长度尺度(m)。

　　由图 3-51 可知,湍流耗散率与湍动能分布规律类似,流场中湍流脉动动能的耗散主要发生在含气率较大的区域,曝气条处和填料板下表面处,湍流耗散率明显高于其他区域,其他区域耗散率较低,且分布均匀。

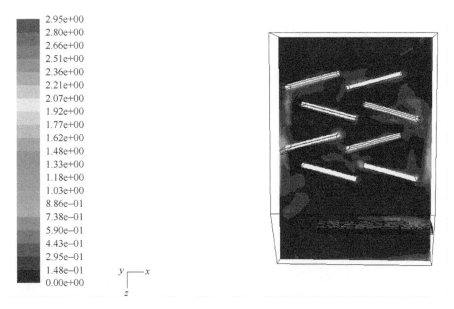

图 3-51　平面 $x=0.137$ m 的湍流耗散率

　　采用数值模拟方法分析了蠕虫床流场内的压力场、速度场、含气率及湍流强度分布,得出了蠕虫床内流场的分布规律。同时,通过定义含气率均匀度和湍流强度均匀度,定量地分析了流场内含气率及湍流强度的分布规律。结果表明,在曝气装置上表面和各填料板下表面区域,流场速度较大,含气率较大,湍流强度较大,湍动能较大,湍流耗散率相对较高,湍流动能集中耗散在这些区域,而其他区域湍动能值较小,耗散较低。

2. 蠕虫附着型生物床填料板布置形式优化

　　通过前面的分析得到了蠕虫附着型生物床内流场的分布规律,发现填料板布

置形式会影响到蠕虫床内的水利条件。通过数值模拟方法,研究其对蠕虫床流场的影响,从而优化蠕虫床工艺的设计和运行。

对于蠕虫附着型生物床,在相同曝气量(0.5m³/h)下,当残差达到稳定时,分别对填料板不旋转(condition1)、各层填料板一致旋转15°(condition 2)、各层填料板不同方向旋转15°(condition 3)、各层填料板不同方向旋转5°(condition 4)、各层填料板不同方向旋转10°(condition 5)等5种运行工况下的蠕虫床流场进行数值模拟。

首先比较填料板不旋转(condition 1)、各层填料板向同一方向旋转一定角度(condition 2)和各层填料板向不同方向旋转一定角度(condition 3)时的速度场分布。由图3-52(a)、(b)和(c)可知,填料板不旋转时,反应器左侧气相和液相的速度几乎为零,右侧速度较大,但形成几个死角,气相没有经过这些区域直接排出。而当各层填料板向同一方向旋转一定角度时,速度场的分布比较均匀,但由于填料板层与层之间的相互阻挡,某些板与板之间的区间液相或气相的速度接近于零,形成死区。当填料板向不同方向旋转时,由于气流能沿着板与板之间的区域折流上升,气流的路径明显得到大幅度延长,反应器中速度场更为均匀,各个区域均有气相的经过,使得各个填料板上的蠕虫都能接触到氧气。同时在此工况下,流场扰动也会得到加强,填料板下的速度增大,湍动效果明显比各层填料板向同一方向旋转时要好,有利于防止蠕虫排泄物的积累,但扰动强度的加大对蠕虫捕食的影响也会增大。实验进一步研究分析比较填料板的旋转角度大小对速度场分布的影响。在蠕虫附着型生物床中,填料板的倾斜角度不宜过大(由于重力的作用使得蠕虫容易掉落流失)。长期观察发现,填料板旋转角度在0°到15°之间为宜,当大于15°时,蠕

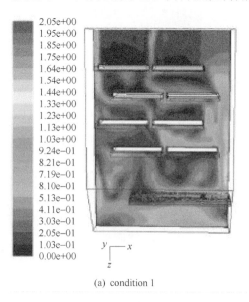

(a) condition 1

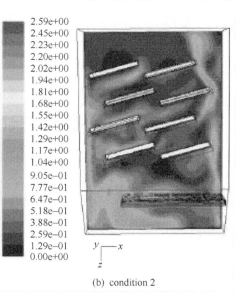

(b) condition 2

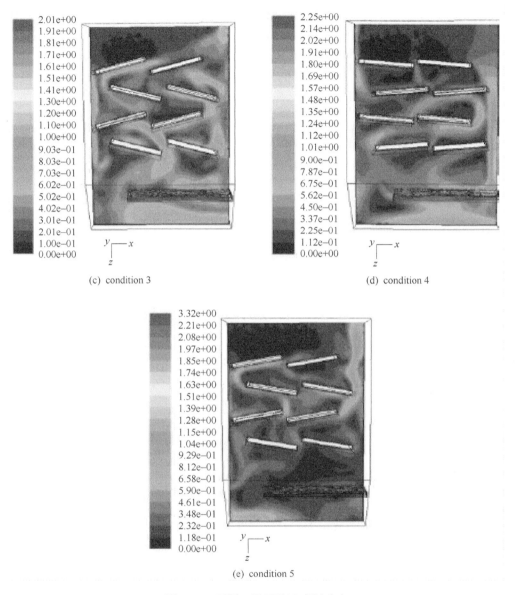

(c) condition 3

(d) condition 4

(e) condition 5

图 3-52　不同工况下的速度场分布

虫的流失比较严重。在其他条件都相同的条件下,对旋转角度为 5°(condition 4)、10°(condition 5)、15°(condition 3)三种工况下的速度场分布进行比较,可以很明显地看出,旋转角度越大,流体会流经各个填料板,填料板下表面处的速度分布情况越理想。综上所述,各层填料板向不同方向旋转,旋转角度为 15°时效果最优。

另外,对填料板旋转(condition 2)与不旋转(condition 1)、同向旋转(condition 2)与不同向旋转(condition 3)、旋转角度大小(condition 4、condition5、condition 3)等工况下的含气率分布的比较如图 3-53 所示。填料板不同向旋转 15°时含气率分布情况最好。同时由表 3-8 可以得出,填料板不同向旋转 15°时含气率分布均匀程度也最好。

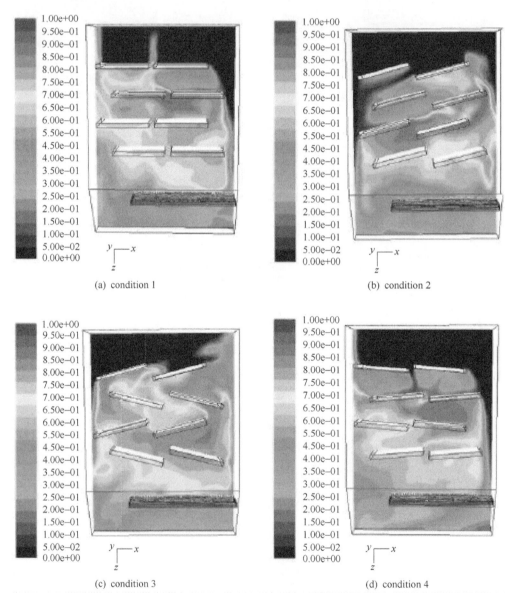

(a) condition 1　　　　　　　　　　　　　　(b) condition 2

(c) condition 3　　　　　　　　　　　　　　(d) condition 4

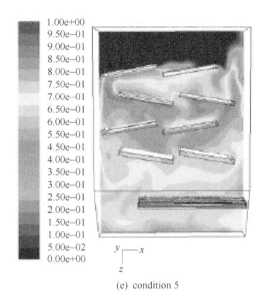

(e) condition 5

图 3-53　不同工况下的含气率分布

对填料板旋转（condition 2）与不旋转（condition 1）、同向旋转（condition 2）与不同向旋转（condition 3）、旋转角度大小不同（condition 4、condition 5、condition 3）等工况下的湍流强度分布进行比较，由图 3-54 可见，填料板不同向旋转 15°时的湍流强度分布情况最好。同时由表 3-8 得出，填料板不同向旋转 15°时的湍流强度最小，分布最均匀。

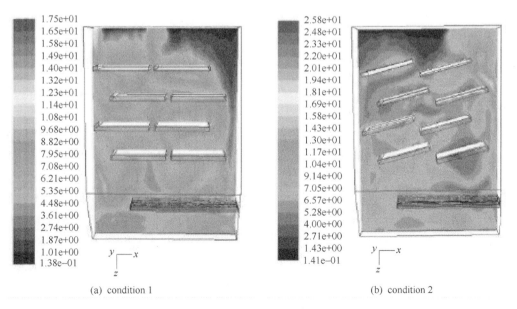

(a) condition 1

(b) condition 2

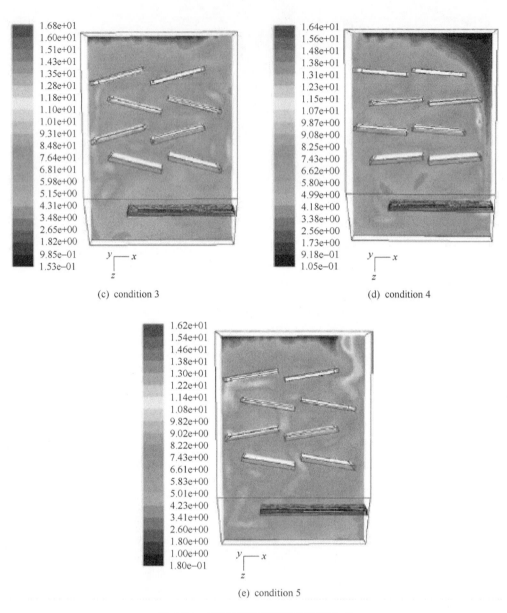

图 3-54　不同工况下的湍流强度分布

通过数值模拟,蠕虫床反应器在各层填料板不旋转(condition 1)、各层填料板一致旋转 15°(condition 2)、各层填料板不同方向旋转 15°(condition 3)、各层填料板不同方向旋转 5°(condition 4)、各层填料板不同方向旋转 10°(condition 5)的各种运行工况下流场分布的各参数见表 3-8。

表 3-8 不同填料板布置对流场分布参数的影响

工况	平均含气率	含气率均匀度/%	平均湍流强度	湍流强度均匀度/%
condition 1	4.38×10^{-1}	32.4	5.659 096	65.6
condition 2	4.91×10^{-1}	38.4	6.476 577	76.4
condition 3	5.52×10^{-1}	50.9	6.455 552	80.5
condition 4	5.00×10^{-1}	48.6	6.919 327	75.1
condition 5	5.35×10^{-1}	43.4	6.241 458	78.3

综合考虑填料板不同布置情况下的流场参数,在各层填料板向不同方向旋转15°时湍流强度较小,含气率均匀度和湍流强度均匀度都是最好。可以断定,在此工况下,蠕虫附着型生物床内部 DO 的分布较为均匀,各填料板上都能有气流的经过,强化了反应器内部的传氧,节约了能量,因而可以在最小的曝气量(最小扰动强度)下实现蠕虫床内部的均匀供氧。

3.3.2 单因素影响分析

在确定了最优填料板布置形式的基础上,着重考察了 FHIA、DO 浓度、ISC 和 SRT 四个工艺控制参数对蠕虫附着型生物床的 AΔVSS、DT 和 ALW 的影响。首先考察单一因素对污泥减量效果以及蠕虫密度的影响。

1. 扰动强度对污泥减量效果以及蠕虫密度的影响

在蠕虫附着型生物床中,强的扰动能迫使蠕虫躲藏于填料中,从而大大降低其捕食速率。但强扰动对蠕虫的固着却是有利的,强的刺激能使蠕虫倾向于躲藏于填料中,从而减少了蠕虫的脱离。

本节研究首先考察,在 ISC 为 3000 mg/L、DO 浓度为 1.0 mg/L、污泥停留时间为 2 d 的条件下,扰动强度对污泥减量效果以及蠕虫密度的影响。如图 3-55 所示,扰动程度对蠕虫的密度影响并不大,当扰动程度由 8 times/d 增加到 48 times/d,蠕虫密度有轻微的增加,都保持在 0.21 kg/m² 以上。然而,扰动强度对蠕虫的污泥减量效果有较大的影响,当扰动强度由 12times/d 增加到 48times/d,污泥减量效果由 470 mg/(L·d) 降至 280 mg/(L·d)。这主要是由蠕虫对机械刺激的敏感性决定的,机械刺激可以驱使蠕虫表现出逃离和躲避的行为。高强度曝气作为一种机械刺激,可以促使蠕虫退回到填料中并拥挤在一起。另外,高扰动强度可以更为频繁地更新填料上沉积的污泥,使蠕虫的食物相对比较充足,蠕虫倾向于停留在食物充足的填料上,因此,高扰动强度可以使蠕虫维持较高的密度。但高蠕虫密度并不意味着高的污泥减量效果:一方面,过高的蠕虫密度会引起空间和 DO 的过度竞争;另一方面,颤蚓类蠕虫的对污泥的消化需要蠕动身躯,过度拥挤严重限制其活动范围,不利于其进食,因而在高扰动强度时,污泥减量效果较低。另外,由图 3-55 还可以看出,低的扰动强度不利于蠕虫的固着和污泥减量:一方面,低的扰动强度意味着不能及时地更新填料上沉积的污泥层,从而造成食物的缺乏和代谢产物的过度积累,这些不利因素迫使蠕虫离开填料,降低蠕虫密度;另一方面,这些不利因素也降低蠕虫的捕食和消化活性。总的来说,在适中的扰动强度(12times/d)下,蠕虫的固着和污泥减量都能得到优化,污泥减量效果可达 470 mg/(L·d)。

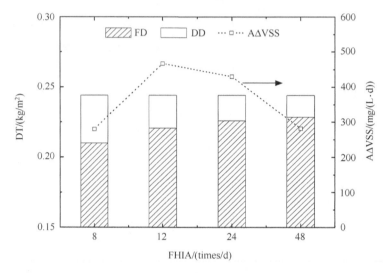

图 3-55　扰动强度对污泥减量效果以及蠕虫密度的影响
(FD 代表蠕虫的最终密度;DD 代表流失的蠕虫密度;AΔVSS 代表平均污泥减量效果)

2. DO 浓度对污泥减量效果以及蠕虫密度的影响

前期的实验结果表明,颤蚓类蠕虫能忍受极低的 DO 条件(小于 0.5 mg/L),但却不能忍受完全厌氧。因此,DO 浓度也是影响对蠕虫附着型生物床污泥减量效果的重要因素。在 ISC 为 3000 mg/L,扰动强度为 12times/d,污泥停留时间为 2d 的条件下,DO 浓度对污泥减量效果以及蠕虫密度的影响如图 3-56 所示。在高 DO 浓度条件下,由于周围环境中氧气很充足,蠕虫不需要伸长并剧烈摆动自己的身体去吸收氧,或者只须伸出小部分身体进行缓慢的摆动。这使蠕虫活动的减少,导致所消耗的能量也相对较少,因而捕食污泥的速率也就会相应降低。另外,由于 DO 很充足,竞争不激烈,蠕虫可以相互靠近并维持比较高的蠕虫密度。相反,在低 DO 条件下,氧的竞争异常激烈,导致蠕虫相互推挤,并伸出大部分的身体去争取更大的空间以求吸收足够的氧。当填料附近的 DO 降至某一极限值时,蠕虫倾向于脱离填料,并易于被水流带离填料,然后随排泥被带出反应器,从而导致蠕虫密度的下降。因此,适中的 DO(1.0 mg/L)有利于蠕虫的固着和捕食,在此 DO 浓

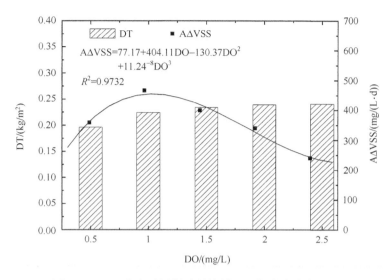

图 3-56　DO 浓度对污泥减量效果以及蠕虫密度的影响

度条件下,污泥减量效果能达到 470 mg/(L·d)。

3. ISC 对污泥减量效果以及蠕虫密度的影响

在扰动强度为 12times/d、DO 浓度为 1.0 mg/L、污泥停留时间为 2 d 的条件下,ISC 对污泥减量效果以及蠕虫密度的影响如图 3-57 所示。ISC 对蠕虫的密度影响较轻微,当 ISC 由 500 mg/L 增加到 5000 mg/L,蠕虫密度由 0.24 kg/m² 降低到 0.21 kg/m²,但是仍然能保持在 0.20 kg/m² 以上。然而,在同样的 ISC 变化范围内,污泥减量效果有显著的变化,其最大的变化幅度大约为 400 mg/(L·d)。蠕虫附着型生物床作为一个人工生态系统,一方面细菌是被捕食者,在较低的 ISC 范围内,当 ISC 增加时,蠕虫的捕食活性得到强化,污泥捕食速率增加;另一方面,对于蠕虫来说,细菌也是 DO 和空间的竞争者,在较高 ISC 范围内,蠕虫附着型生物床中的生物量越多,种间和种内的竞争越激烈。过于激烈的竞争不利于蠕虫的固着和捕食。因此,在 ISC 为 3700 mg/L 的条件下,污泥减量效果达到最大值,为 520 mg/(L·d)。

4. 污泥停留时间对污泥减量效果的影响

对于蠕虫附着型生物床这一半封闭的系统,污泥停留时间对蠕虫的捕食有较大的影响。由图 3-58 可知,在 SRT 由 1d 延长到 5 d 的过程中,总的污泥减量效果(TΔVSS)从 780 mg/L 增加到 950 mg/L。但平均每天的污泥减量效果(AΔVSS)却由 780 mg/L 降低到 190 mg/L。总的污泥减量效果在 SRT=3 d 时达到最大为

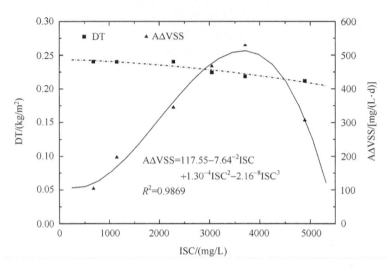

图 3-57　ISC 对污泥减量效果以及蠕虫密度的影响

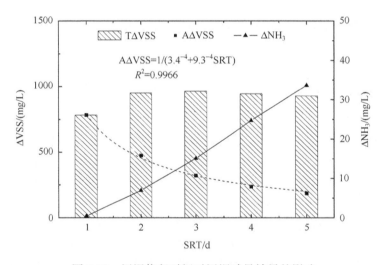

图 3-58　污泥停留时间对污泥减量效果的影响

960 mg/L。由此可知,在蠕虫附着型生物床中,污泥减量主要发生在第一和第二天,第三到第五天污的泥减量效果不明显。这主要在于:①在蠕虫的捕食和代谢过程中,氨氮等代谢产物会在蠕虫床中不断地发生积累,经过 5 d 的捕食,反应器内部污泥混合液的氨氮浓度(ΔNH_3)由 0.5 mg/L 增加到 34 mg/L,这些代谢产物的积累,特别是氨氮的积累,会对蠕虫的生存和捕食污泥产生严重影响。因而,在 SRT 由 1 d 延长到 5 d 的过程中,平均每天的污泥减量效果由 780 mg/L 降低到 190 mg/L。②随着蠕虫的捕食,污泥的营养物质含量不断降低。如表 3-9 所示,经过 5 d 的捕食,VSS/TSS、细菌总数、胞外聚合物、胞外聚合物中的糖与蛋白质之比分别减少了 6.6%、23.7%、23.1%和 44.8%。由上可知,随着停留时间的延长,蠕虫的外部环境和食物条件逐渐变得不再适合蠕虫的生存和摄食,使蠕虫对污泥的捕食作用降至很低甚至停止。因此,蠕虫附着型生物床的最佳的污泥停留时间是 2 d。

表 3-9　经过 5 d 捕食后污泥性质的变化

污泥性质	捕食前	捕食后
VSS/TSS	0.76	0.71
细菌总数/(cfu/mL)	1 690 000	1 290 000
胞外聚合物/(μg/mg)	130	100
胞外聚合物中的糖比蛋白质	0.58	0.32

3.3.3　DO 和 ISC 对污泥减量效果及蠕虫固着状态的作用

以上就 FHIA、DO 浓度、ISC 和 SRT 四个工艺控制参数对蠕虫附着型生物床的 AΔVSS、DT 的影响进行了单因数分析。然而,进入到蠕虫附着型生物床的污泥性质是波动的,这种波动主要体现在 ISC 上。为了在不改变反应器结构、体积的条件下,使污泥减量效果获得最大化,最方便、最有效的方法是提供一个与此时污泥浓度相对应的、合适的 DO 条件。因此,这种 DO 条件和 ISC 的一一对应的关系对于蠕虫附着型生物床的稳定运行是很重要的。经过对蠕虫附着型生物床进行长期观察,发现在不同的 DO 浓度和 ISC 条件下,蠕虫在填料上表现出三种固着状态:躲藏状态、活跃状态和脱离状态。在 DO 浓度低于 4 mg/L,或者 ISC 低于2500 mg/L 时,蠕虫表现出躲藏状态。在躲藏状态下,蠕虫紧密地靠在一起,并把一小部分身体(ALW<10 mm)伸出填料外,此时它们能稳定地固着在填料上并且能保持较高的密度。随着 ISC 的增加和 DO 浓度的降低,蠕虫把更长的一部分身体伸出填料外(ALW 在 10 mm 和 20 mm 之间)。同时,蠕虫变得更加活跃,它们剧烈地摆动自己的身体。此时,蠕虫的固着状态由躲藏状态过渡到活跃状态。在此状态下,蠕虫附着型生物床内 DO 浓度充足,ISC 适中,蠕虫能稳定附着在填料上,并能保持较强的活性。但是,随着 ISC 的不断增加和 DO 浓度的不断降低。氧气的获得变得越来越困难,为了获得足够的氧气,蠕虫把大部分身体(ALW>20 mm)伸出填料外,并倾向于离开填料。在极端条件下,蠕虫会完全脱离填料而爬行于污泥层中,这种状态定义为脱离状态。在此状态下,蠕虫很容易被水流带离填料并随排泥排出蠕虫附着型生物床。在这三个状态中,活跃状态是最理想的。在扰动强度为 12times/d,污泥停留时间为 2 d 的条件下,ISC 和 DO 浓度对污泥减量效果和蠕虫的固着状态的影响,如图 3-59(a)、图 3-59(b)、图 3-59(c)和图 3-59(d)所示。基于实验获得的数据,利用多重回归分析建立起关于 ISC 和 DO

浓度对污泥减量效果和蠕虫的固着状态的多项式模型[方程(3-9)和方程(3-10)]，这个多项式模型以三维曲面图和等高线图的形式表现在图 3-59 中。

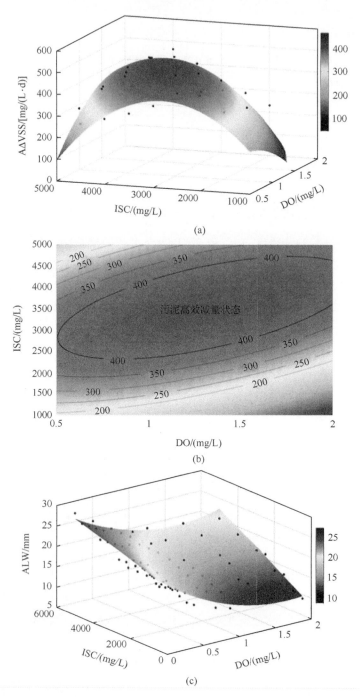

(a)

(b)

(c)

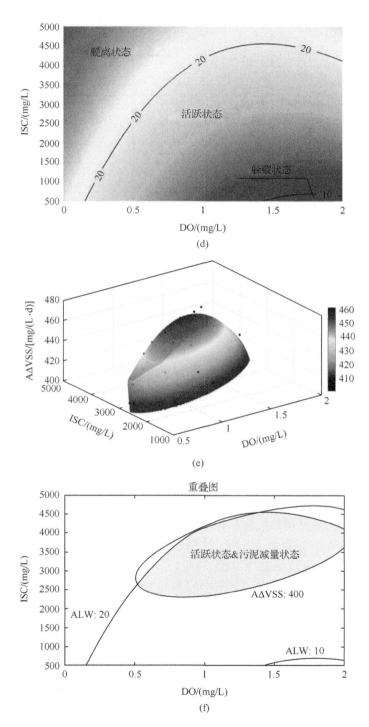

图 3-59　DO 浓度和 ISC 对污泥减量效果以及蠕虫固着状态的协同作用

$$Y(A\Delta SS) = -117 + 226.8x_1 + 0.33x_2 - 0.01x_1x_2 - 84.53x_1^2 - 6.06 \times 10^{-5}x_2^2$$
(3-9)

$$Y(ALW) = 21.21 - 14.31x_1 + 1.72 \times 10^{-3}x_2 + 6.9 \times 10^{-4}x_1x_2 + 3.86x_1^2$$
$$- 4.76 \times 10^{-8}x_2^2$$
(3-10)

式中：x_1——DO 浓度（mg/L）；

　　x_2——ISC（mg/L）。

注意到，两个模型所指示的最优区间并不重合，把两个最优区间重叠在一起，重合的区域内即为既满足最优污泥减量效果又满足最优固着状态的优化区间（10 mm<ALW<20 mm，AΔVSS>400 mg/L）。利用多重回归分析，这最优化区间分别以三维曲面图和覆盖图的形式表现在图 3-59(e)和图 3-59(f)中。根据图 3-59(e)和图 3-59(f)，针对波动的 ISC，可以获得一个适宜的 DO 范围，从而达到反应器运行和污泥减量的最优化。同时满足高污泥减量效果和高蠕虫活性的优化区间为：DO 浓度在 1.0～1.6 mg/L；ISC 在 3000～4000 mg/L。

综上所述，通过单因数分析分别获得最佳扰动强度和最佳污泥停留时间为 12times/d 和 2 d。通过 ISC 和 DO 浓度对污泥减量效果和蠕虫附着状态的协同作用分析，获得：最佳 DO 浓度为 1.0～1.6 mg/L，最佳 ISC 为 3000～4000 mg/L。可通过式(3-9)和式(3-10)以及图 3-59，找出不同 ISC 条件下，反应器获得最佳污泥减量效果和最优蠕虫附着状态所需的 DO 浓度，从而对蠕虫附着型生物床的运行进行调节。

3.3.4　蠕虫附着型生物床的效能研究

在上述优化条件下，通过序批式操作连续单独运行有效容积为 50L 的蠕虫附着型生物床（SSBWR），初步探讨了蠕虫床的污泥减量效果以及其对水质泥质的影响。实验所用污泥来源于实验室污水处理系统的剩余污泥，实验所用蠕虫购自哈尔滨花鸟市场，经鉴定其种类包括霍夫水丝蚓、苏氏尾腮蚓和正颤蚓，其优势种为正颤蚓。SSBWR 运行条件为：DO 控制在 1.0～1.6 mg/L，ISC 维持在 3000～4000 mg/L，反应器温度控制在(22±2)℃，SRT 为 2 d。为了能够更好地说明蠕虫对活性污泥性质的影响，另设一组未投加蠕虫的空白反应器（control reactor，CR）作为对照，CR 的结构和运行条件均和 SSBWR 相同。

1. 蠕虫附着型生物床中颤蚓类蠕虫的生长状况

在本试验过程中，可以观察到每个多孔板上的填料中都分布着大量的颤蚓类蠕虫，只有极少部分从填料上脱落，对试验影响不大。颤蚓类蠕虫体色暗红，活性良好，极少发现颤蚓类蠕虫的白色死体。这说明颤蚓类蠕虫能够在反应器中很好的生存，而且能够实现较均匀的分布。

2. 蠕虫附着型生物床的污泥减量效果

采用污泥比减量速率 R 作为污泥减量效果的评价指标，R 值可通过式(3-11)计算得到。

$$R = (S_i - S_{i+1})/(t \times S_i) \tag{3-11}$$

式中：S_i ——蠕虫附着型生物床减量前的污泥浓度(mg/L)；

　　　S_{i+1} ——经过时间 t (d)减量后的污泥浓度(mg/L)。

SSBWR 和 CR 的污泥比减量速率变化如图 3-60 所示。在反应器运行前 6 d，SSBWR 和 CR 的平均比减量速率分别为(0.28±0.04)mg/(mg・d)和(0.09±0.01)mg/(mg・d)；而在随后的 94 d 里，两者的污泥比减量速率分别在(0.20±0.02)mg/(mg・d)和(0.05±0.01)mg/(mg・d)上下波动。SSBWR 和 CR 在运行前期具有更高的污泥比减量速率。这可能是由于污泥在填料板上的累积造成的。但这种累积是有限的，且在 6 d 后基本达到饱和，因此，第 7～100 d 的污泥比减量速率更能准确反映反应器的污泥减量效果。此时，好氧消化成为 CR 中污泥减量的主要原因；而在 SSBWR 中，污泥减量则主要是蠕虫捕食和污泥好氧消化共同作用的结果。通过对比 CR 和 SSBWR 第 7～100 d 的污泥比减量速率可知，蠕虫的加入可使污泥比减量速率增加(0.15±0.02)mg/(mg・d)，即蠕虫具有良好的污泥减量效果。

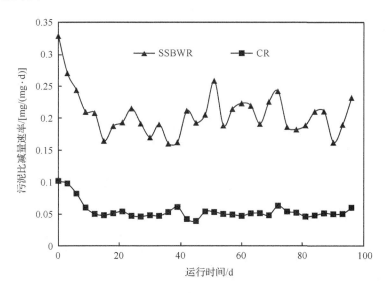

图 3-60　污泥减量的效果

SSBWR 的污泥减量效果也可以通过比较捕食前后反应器中污泥的 MLSS 以及 MLVSS 来表征。污泥的减量效果虽然有一定的波动,但是都基本能达到 20% 以上,减量作用明显且比较稳定。另外,经过颤蚓类蠕虫捕食之后污泥的 MLVSS 有了明显的降低,减量效果基本都在 25% 左右,有时甚至能达到 27% 以上。经过蠕虫 2 d 的捕食,反应器中污泥混合液的 MLSS 和 MLVSS 都有了明显的降低,但是通过对比可以发现 MLVSS 的减少量明显多于 MLSS,这说明了颤蚓类蠕虫对污泥的捕食和消化主要以有机物为主。

3. 污泥性质的变化

1) 污泥沉降性的变化

污泥性质的改变会对污泥的后续处理产生很大影响,如回流、沉淀、浓缩和脱水等。回流污泥的活性、胞外聚合物的浓度会对污水处理系统产生影响;污泥的沉降性能会影响污泥的沉淀和浓缩效果;污泥的过滤性能会影响污泥的脱水效果。

本节研究以 SVI 表征污泥的沉降性能,进料污泥、CR 污泥和 SSBWR 污泥的 SVI 变化情况如图 3-61 所示。在 100 d 的反应器运行期间,进料污泥 SVI 在 49～141mL/g 内波动,SVI 平均值为 (82 ± 28)mL/g;CR 污泥的 SVI 与进料污泥的 SVI 具有相似的变化趋势,CR 污泥 SVI 平均值为 (75 ± 25)mL/g,略小于进料污泥;值得关注的是,SSBWR 污泥的 SVI 在实验过程中波动不大,基本维持在 60mL/g,其平均值为 (58 ± 8)mL/g。CR 污泥和 SSBWR 污泥的平均 SVI 相对于进料污泥分别降低 7.6% 和 28.9%。由此可知,CR 内的好氧消化过程对污泥沉降性能影响不大;但 SSBWR 由于存在蠕虫作用,污泥沉降性能得到显著改善。

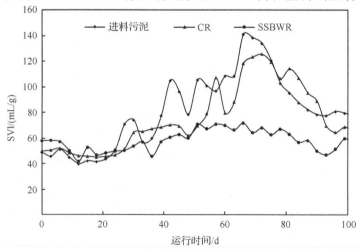

图 3-61　剩余污泥、CR 污泥和 SSBWR 污泥的 SVI 值

Yang 等(2007)发现 EPS 含量与污泥沉降、脱水性能密切相关。EPS 有助于微生物直接相互附着,维持污泥絮体结构的稳定,但过多的 EPS 却不利于活性污泥沉降。为了弄清蠕虫作用后污泥沉降性能改善的原因,本节考察了 EPS 在反应器运行过程中的变化情况(图 3-62)。进料污泥、CR 污泥的 EPS 平均含量分别为(72.31±7.42)mg/gVSS 和(67.20±8.20)mg/gVSS,CR 污泥絮体 EPS 的含量较进料污泥减少 7.07%,这是因为在营养物缺乏的环境中,胞外聚合物能转化成为微生物可利用的碳源。SSBWR 污泥 EPS 含量在蠕虫捕食和微生物内源呼吸共同作用下减少 21.73%,EPS 平均含量为(56.60±7.11)mg/gVSS。

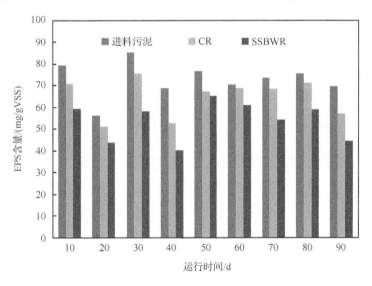

图 3-62　剩余污泥、CR 污泥和 SSBWR 污泥的 EPS 含量

通过对 EPS 的讨论可知,蠕虫作用后污泥絮体的 EPS 含量显著降低,这种变化将利于泥水分离,从而可改善污泥的沉降性能。另外,以下 2 个污泥性质的变化也会改善污泥沉降性能:①蠕虫为了维持自身生长不仅会捕食游离细菌和 EPS,还会消耗污泥絮体中的有机物,这会使混合液中无机组分所占比例变高;②蠕虫作用后的污泥絮体结构变得更加密实。

为了验证以上观点,笔者分别考察了 MLVSS/MLSS 和活性污泥絮体表面结构的变化情况。SSBWR 污泥 MLVSS/MLSS 由 0.92±0.01(进料污泥 MLVSS/MLSS 的平均值)下降到 0.88±0.02(SSBWR 污泥 MLVSS/MLSS 的平均值),而CR 污泥 MLVSS/MLSS 始终在 0.91±0.01 上下波动,表明蠕虫作用会使污泥混合液中无机组分所占比例变高。

分形维数可以表征污泥絮体的密实程度,分形维数越大,表明污泥絮体越密实。进料污泥、CR 污泥和 SSBWR 污泥的分形维数平均值分别为 1.914±0.013、

1.918±0.013 和 1.957±0.012。由此可知,污泥絮体结构变得越来越密实。这和观察扫描电镜图得到的结论是一致的。进料污泥、CR 污泥、SSBWR 污泥的表面电子显微镜观察分别如图 3-63(a)、(b)和(c)所示。从中可以看出,进料污泥絮体主要由丝状菌组成,且絮体结构松散;SSBWR 污泥丝状菌数目减少,且絮体结构变得更加密实、规则。

(a) (b)

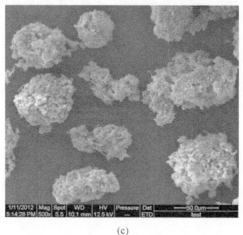

(c)

图 3-63　不同反应器中污泥絮体的表面形态(×500)扫描电镜图
(a)进料污泥;(b)CR 污泥;(c)SSBWR

　　良好的污泥沉降性能对保证污水处理系统的正常运转和出水水质具有重要意义。由于蠕虫的存在可在一定程度上改善污泥沉降性能,因此,倘若将部分蠕虫作用后污泥回流到污水处理系统,可能会起到改善污水处理系统中泥水分离效果的功效。

　　2）污泥脱水性的变化

　　本节采用标准化毛细吸水时间表征污泥的脱水性能。NCST 的大小可反映污泥脱水性能的好坏。进料污泥、CR 污泥和 SSBWR 污泥的 NCST 的变化情况如图 3-64 所示。在反应器运行过程中，SSBWR 污泥 NCST 波动较大，但一直大于进料污泥和 CR 污泥的 NCST；进料污泥、CR 污泥和 SSBWR 污泥的 NCST 平均值分别为 $(0.87\pm0.31)\mathrm{s}\cdot\mathrm{L/g}$、$(1.17\pm0.45)\mathrm{s}\cdot\mathrm{L/g}$ 和 $(3.00\pm0.81)\mathrm{s}\cdot\mathrm{L/g}$，SSBWR 污泥的 NCST 相对于进料污泥增大 2.45 倍。这表明，蠕虫的存在会恶化污泥的脱水性能。考虑到使用 CST 评价污泥脱水性能时误差较大，本节研究还采用了比阻这一评价指标（图 3-65）。进料污泥、CR 污泥和 SSBWR 污泥的比阻具有和 NCST 相似的变化趋势，平均值分别为 $3.13\times10^{10}\mathrm{s}^2/\mathrm{g}$、$3.12\times10^{10}\mathrm{s}^2/\mathrm{g}$ 和 $6.76\times10^{10}\mathrm{s}^2/\mathrm{g}$，SSBWR 污泥比阻相对于进料污泥增大 1.16 倍。表明蠕虫作用会导致污泥脱水性能变差。

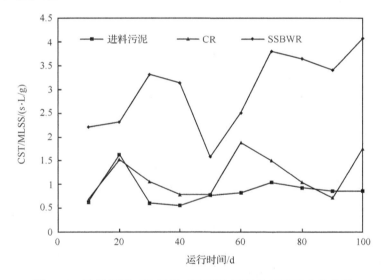

图 3-64　进料污泥、CR 污泥、SSBWR 污泥的 NCST 变化曲线

　　污泥絮体粒径与污泥脱水性能密切相关，絮体粒径越小，污泥的沉降脱水性能越差。因此，本研究考察了污泥絮体粒度分布的变化情况，如图 3-66 所示。

　　进料污泥粒度分布较为分散，但 CR 污泥、SSBWR 污泥粒度分布越来越均匀。本节以 d_{50} 表征污泥絮体的平均粒径。进料污泥、CR 污泥和 SSBWR 污泥的平均粒径分别为 $(128.24\pm2.69)\mu m$、$(121.71\pm1.92)\mu m$ 和 $(115.06\pm0.52)\mu m$。由此可知，CR 污泥经过好氧消化后，污泥絮体平均粒径均减小 5.09%；而 SSBWR 污泥经过好氧消化和蠕虫共同作用后，絮体平均粒径减小 10.28%。由 EPS 的分析

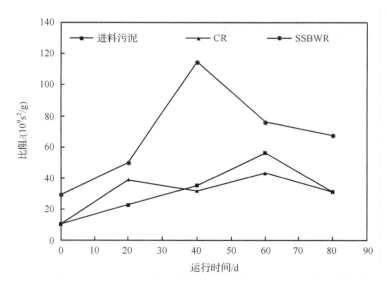

图 3-65 进料污泥、CR 污泥、SSBWR 污泥的比阻变化曲线

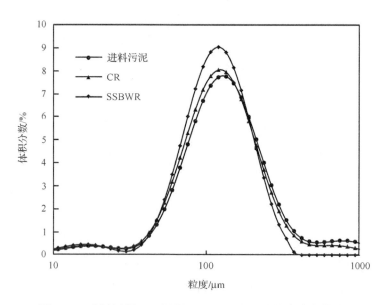

图 3-66 进料污泥、CR 污泥、SSBWR 污泥的粒度分布曲线

可知,好氧消化、蠕虫作用可分别使 CR、SSBWR 污泥絮体 EPS 含量不同程度地减少,导致部分污泥絮体解体,絮体粒径变小。蠕虫对污泥絮体粒径的影响可能更大,因为蠕虫加入引起的 EPS 减少量约为内源呼吸消耗 EPS 量的 2 倍。由图 3-66可知,SSBWR 中处于 84.48~168.56 μm 范围内的污泥絮体所占比例最高。

由以上讨论可知,蠕虫作用可使活性污泥絮体粒径变小、小颗粒絮体所占比例增大。污泥絮体的这些变化都不利于其脱水,导致 SSBWR 污泥的 NCST、比阻增大。

3) 蠕虫捕食对微生物活性的影响

活性污泥在不同基质中的比好氧速率表征活性污泥中不同功能细菌的微生物活性。进料污泥、CR 污泥、SSBWR 污泥在不同营养液中的比好氧速率如图 3-67 所示。在不同营养液中,污泥的比好氧速率具有相同的变化趋势:CR 污泥、进料污泥、SSBWR 污泥的比好氧速率依次减小。污泥降解有机物是按先吸附后降解的步骤进行的。由于蠕虫作用后胞外聚合物 EPS 含量减少,导致 SSBWR 中污泥絮体吸附有机物的总量下降;另外,蠕虫捕食会破坏部分微生物细胞结构,导致微生物细胞具有不同程度的破坏。因此,SSBWR 中各种功能细菌的微生物活性降低,SSBWR 污泥絮体在葡萄糖、氨氮、亚硝氮和内源中的 SOUR 分别降低 7.09%、7.84%、8.29%、6.01%。但蠕虫捕食给微生物活性带来的影响远不如好氧消化。CR 污泥在经过 2 d 的好氧消化后,污泥絮体中的微生物呈极端"饥饿"状态,当 CR 污泥在葡萄糖、$NaNO_2$、$NaNO_3$、内源这些温和的环境条件下生存时,微生物势必会吸附更多的营养物质供自身降解,其比好氧速率必然也会增大,CR 污泥在这四种营养液中的 SOUR 分别增加 11.44%、21.35%、22.65%、27.13%。由此可知,蠕虫捕食会在一定程度上降低微生物活性。

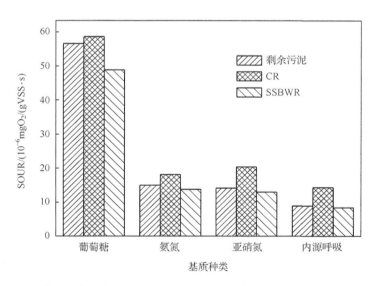

图 3-67　进料污泥、CR 污泥、SSBWR 污泥在不同基质中的 SOUR

4. 水质的变化

利用微型动物的捕食作用会使污泥中的营养物质(氨氮和 COD)发生释放。在连续运行过程中,污泥混合液的水质变化如表 3-10 所示。氨氮是颤蚓的代谢产物之一,其产生量表明了水丝蚓的捕食强度和生命活力。但同时其对水丝蚓也有一定的抑制作用。水丝蚓作为一种大型的后生动物,它的食量很大,排泄量也大,它对污泥的捕食会使氨氮有显著的释放。因此,经过捕食作用后的污泥混合了大量水丝蚓的排泄物,氨氮浓度较高,不宜直接排放,需进行进一步的处理,以降解氨氮。由表 3-10 可知,经过蠕虫的捕食,氨氮浓度分增加 5.5 mg/L,增加量远少于实际蠕虫捕食的释放量,使污水处理系统如 MBR 的氨氮负荷轻微增加 1.8%,对污水处理系统的影响很小。蠕虫附着型生物床可有效控制氨氮的释放。

表 3-10　污泥混合液的水质变化

项目	氨氮浓度/(mg/L)	COD 浓度/(mg/L)	硝酸盐氮浓度/(mg/L)
进入反应器	1.8	45.9	21.1
排出反应器	7.3	73.0	0.8
增加量	5.5	35.1	−20.3
蠕虫实际排放	15.0	80.0	—

生物捕食同时也可以看作是一种生物溶胞技术,水丝蚓的在进食和消化的过程中不可避免地使污泥中有机物质产生释放,这些物质有些是来源于污泥絮体中的胞外聚合物,有些来源于细菌的细胞内含物,这些物质增加了水中的 COD 浓度。由表 3-10 可知,经过蠕虫的捕食,COD 浓度增加 35.1 mg/L,增加量远少于实际蠕虫捕食的释放量,会使污水处理系统如 MBR 的 COD 负荷增加 0.4%,对污水处理系统的影响很小。蠕虫附着型生物床能有效的控制 COD 的释放。

另外,经过蠕虫床作用后,硝态氮浓度减少 20.3 mg/L,硝态氮去除率达 96%以上,说明了蠕虫床中存在反硝化脱氮的过程,可同步实现污泥的减量和氮素的部分脱除。

3.4 蠕虫附着型生物床污泥减量工艺关键 科学问题和内在机制

在研究蠕虫附着型生物床的优化控制参数和蠕虫附着型生物床连续运行的过程中,发现此反应器除具有良好的污泥减量效果外,还有一个突出的特点:在蠕虫捕食的过程中,在反应器内部还进行着同步的硝化反硝化过程。此过程的进行能使氮素得到很好的脱除,还能大大消耗由于蠕虫捕食而释放出的氨氮和溶解性

COD(sCOD),有利于捕食后污泥的回流或进一步处理。为了进一步了解蠕虫附着型生物床中的同步硝化反硝化过程和形成机制,本节研究在优化条件下利用 100 L 的蠕虫附着型生物床中进行了一系列针对性实验。

3.4.1　蠕虫附着型生物床中同步硝化反硝化作用的存在机制

1. DO 条件

成层污泥层的存在为同步硝化反硝化作用提供适宜的 DO 条件。由于蠕虫附着型生物床采用了序批式操作和双曝气系统,在蠕虫的捕食阶段,蠕虫附着型生物床内的扰动较小,在这样的水力条件下,在填料表面会沉积成一层 5～10 mm 厚的污泥层。基于微生物的好氧活动和在污泥层中氧传递的受阻,在污泥层中会出现由于 DO 浓度差异而分成的厌氧区和好氧区。如图 3-68 所示,污泥层上部接近液相的 3～5 mm 厚的区域形成好氧区,污泥层下部远离液相的区域形成厌氧区,这种 DO 的成层结构为同步硝化反硝化作用提供适宜的 DO 条件。

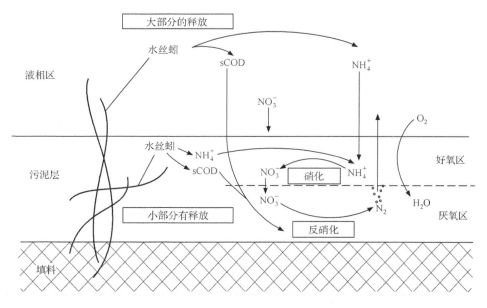

图 3-68　成层污泥层示意图

2. 外部碳源

蠕虫捕食污泥释放的 sCOD 为反硝化作用的进行提供充足的外部碳源,蠕虫的捕食释放出氨氮为同步硝化反硝化作用提供充足的底物。蠕虫床处理的污泥是剩余污泥,污泥混合液中硝酸盐氮很充足但是碳源性物质却很少,在一般缺氧或厌氧条件下,碳源是反硝化作用的控制性因素,反硝化只能依靠内部碳源,作用缓慢。蠕虫的存在,一方面为反硝化作用提供外部碳源,促进了反硝化进行;另一方面蠕虫在污泥层中的活动,一定程度上扰动了污泥层,使细菌的代谢产物能够较好地排出,进一步促进了反硝化进行。

3. 蠕虫附着型生物床中的同步硝化反硝化过程

(1) 蠕虫捕食污泥后,大部分的氨氮和 sCOD 释放到液相中,小部分释放到污泥层中。

(2) 污泥层和液相中的氨氮扩散到污泥层的好氧区,氨氮经过硝化作用被氧化成硝酸盐氮。

(3) 液相中的硝酸盐氮、在污泥层的好氧区形成的硝酸盐氮传递到污泥层的厌氧区,这些硝酸盐氮利用蠕虫捕食污泥后释放的 sCOD 作为碳源进行反硝化作用,产生的氮气或一氧化二氮穿过污泥层排出系统外。

4. 氮素在蠕虫附着型生物床中的脱除

由于同步硝化反硝化作用的存在,污泥中和液相中的氮素营养物质得到了很好的脱除。一方面液相中的硝酸盐氮可通过反硝化作用被去除;另一方面硝化反应消耗的氨氮来源于蠕虫捕食,也就是说来源于污泥,是污泥中的氮素通过蠕虫捕食释放到液相中,这部分氮素通过硝化反应和反硝化反应而被部分脱除,从而实现了从氮元素层面上的污泥减量。

图 3-69 考察了 48 h 的捕食过程中蠕虫附着型生物床中总氮(TN)、氨氮(NH_4^+-N)、硝酸盐氮(NO_3^--N)、亚硝酸盐氮(NO_2^--N)的变化。可以看出在 48 h 内,硝酸盐氮由 39.1 mg/L 降至 0.6 mg/L;氨氮由 0 mg/L 增加到 11.1 mg/L ;总氮降低了 67.5%,由 39.1 mg/L 降至 12.7 mg/L。表明了氮素在反应器中得到了很好的脱除。氮素的脱除主要分为两部分:液相中的硝酸盐;来源于污泥的氮素。首先,通过投加硝化抑制剂获得蠕虫捕食过程中总共释放的氨氮,然后与不投加硝化抑制剂的反应器做对比,如图 3-70 所示。

由此可以知道,在 48 h 的捕食过程中,总共释放的氨氮为 30 mg/L,其中 63% 约 19 mg/L 的氨氮被进一步氧化成硝酸盐氮,并继续被反硝化还原成气态氮素而脱除。也就是说在 48 h 的捕食过程中,水相中的氮素基本被完全脱除,脱除率达 99% 以上,而每升污泥混合液中有 19 mg 的氮素由污泥中被脱除。总体上,每升污泥混合液在 48 h 内可被脱除 58 mg 以上的氮素。

5. sCOD 在蠕虫附着型生物床中的去除

蠕虫捕食会带来营养物质的释放,因而捕食后的污泥需重新回到污水处理系

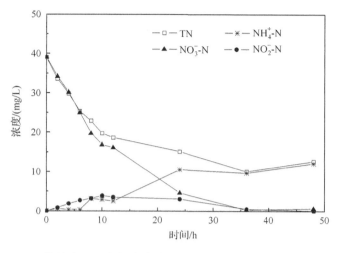

图 3-69　48 h 的捕食过程中蠕虫附着型生物床中总氮(TN)、氨氮(NH$_4^+$-N)、
硝酸盐氮(NO$_3^-$-N)、亚硝酸盐氮(NO$_2^-$-N)的变化

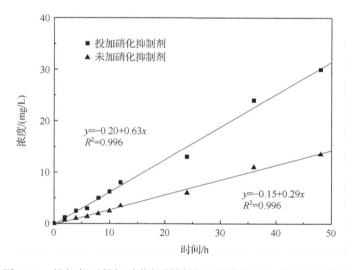

图 3-70　投加与不投加硝化抑制剂的反应器在 48 h 内释放的氨氮

统中进行进一步处理,这样必然会对原有污水处理系统产生影响,一定程度上增加
了污水处理系统的负担。但是这种营养物质释放的缺点在蠕虫附着型生物床中得
到了很好的弥补,同步硝化反硝化作用可使污泥混合液中的氮素得到有效的脱除,
同时此过程还有一个优点,它消耗了由于蠕虫捕食而释放到水相中的 sCOD,减轻
捕食后污泥的后续处理负担。通过投加硝化抑制剂和去除污泥混合液中的硝酸盐
氮的手段,抑制了硝化和反硝化过程的进行,获得了 48 h 的捕食过程中,总共释放
的 sCOD 的量,然后与不抑制硝化反硝化作用的反应器做比较,获得蠕虫附着型生

物床对释放的 sCOD 的去除效果。

由表 3-11 可以看出,捕食释放的 sCOD 具有良好的可生化性和反硝化潜力,是良好的反硝化碳源。另外,可以计算出,在 48 h 内有 108 mg/L 的 sCOD 被反硝化作用所消耗掉,占总释放量的 72.5%。

表 3-11　抑制与非抑制反应器在 48 h 内的水质变化

项目	非抑制反应器		抑制反应器	
	捕食前	捕食后	捕食前	捕食后
$NO_3^- $-N 浓度/(mg/L)	40	0.6	<1	<1
sCOD 浓度/(mg/L)	30	71	30	179
BOD/COD	0.35	0.60	0.35	0.63
反硝化潜力/($mgNO_3^-$-N/mgCOD)	0.10	0.34	0.10	0.54
反硝化率/%	98.5		0	
sCOD 浓度增加/(mg/L)	41		149	
BOD/COD 增加量	0.25		0.28	

6. 蠕虫附着型生物床中的物质平衡分析

经过 48 h 的污泥捕食,氮素会被脱除,释放的 NH_4^+-N 和 sCOD 会被部分去除。总氮的去除率、sCOD 的去除率和 NH_4^+-N 的去除率可由以下三个方程获得:

$$\eta_{TN} = \frac{\displaystyle\int_0^t R_{DN}\,dt}{C_{TN} + \displaystyle\int_0^t A_{produced}\,dt} \times 100\% \tag{3-12}$$

$$\eta_{sCOD} = \frac{\displaystyle\int_0^t \frac{R_{DN}}{DNP}\,dt}{C_{sCOD} + \displaystyle\int_0^t C_{produced}\,dt} \times 100\% \tag{3-13}$$

$$\eta_A = \frac{\displaystyle\int_0^t R_N\,dt}{C_A + \displaystyle\int_0^t A_{produced}\,dt} \times 100\% \tag{3-14}$$

式中:η_{TN}、η_{sCOD}、η_A ——总氮的去除百分率、sCOD 的去除百分率、NH_4^+-N 的去除百分率(%);

$C_{produced}$ 和 $A_{produced}$ ——sCOD 和 NH_4^+-N 的释放率[mg/(L·h)]；

R_N 和 R_{DN} ——实际的硝化和反硝化反应速率[mgN/(L·h)]；

DNP ——碳源的反硝化潜力[$mgNO_3^-$-N/mgsCOD]；

C_{TN}、C_{sCOD}、C_A ——TN、sCOD、NH_4^+-N 在污泥混合液中的初始浓度(mg/L)；

t——反应进行时间(h)。

以初始污泥浓度为 3000 mg/L,初始 TN(即 NO_3^--N,其他氮素形式可以忽略)、sCOD 和 NH_4^+-N 浓度分别为 40 mg/L、30 mg/L 和 0 mg/L 的污泥混合液为例,获得如图 3-71 所示的物质平衡图。由图 3-71 可知,以初始污泥浓度为 3000 mg/L,初始 TN(即 NO_3^--N,其他氮素形式可以忽略)、sCOD 和 NH_4^+-N 浓度分别为 40 mg/L、30 mg/L 和 0 mg/L 的污泥混合液为例,经过 48 h 的捕食,硝酸盐氮基本被完全还原成 N_2 或 N_2O,污泥浓度、NH_4^+-N 和 sCOD 的释放分别减少了 33.6%、63.0% 和 72.5%,如果剩余 NH_4^+-N 能被完全脱除,大约 13.8% 释放的 sCOD 可被继续去除。

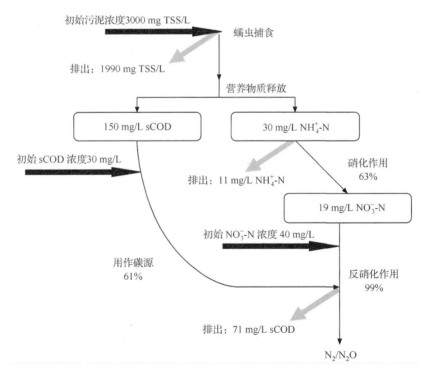

图 3-71　物质平衡图

3.4.2　蠕虫捕食污泥过程中重金属的迁移特征及影响研究

1. 蠕虫捕食污泥减量系统中重金属赋存分析

稳定性重金属以不同的存在形态赋存于污泥中,赋存形态是污泥中重金属的重要特性,与污泥中重金属的稳定性以及生物安全性相关联。已有文献显示,污泥中不同存在形式的重金属的稳定程度差异很大,由于不同存在形式的重金属的稳定程度不同,各种存在形式的重金属会发生相互转化以及向其他相中迁移等过程,蠕虫对其利用的能力也有所不同。筛选污水污泥中含量较高并对蠕虫生长影响较大的重金属,着重研究蠕虫捕食对典型重金属存在特性的影响,探讨捕食前后污泥重金属稳定性的变化,为后续的重金属的分布和蠕虫安全生存的重金属浓度等研究建立基础。

1) 城市污水污泥中重金属分布及毒性分析

将所取剩余污泥过滤取其上清液,作为污水样,先对污水进行消解,再应用 ICP-AES 对重金属的含量进行分析;将所取剩余污泥过滤去杂质后风干,研磨过 100 目筛,对污泥进行消解,再应用 ICP-AES 对重金属的含量进行分析,结果表明,锌、铅、铜、铬、镍、镉是城市污水和污泥中普遍存在、含量较大的重金属,它们的浓度分别为 0.1390 mg/L、0.0609 mg/L、0.0200 mg/L、0.0186 mg/L、0.0179 mg/L、0.0008 mg/L;锌、铅两者的浓度为最多,铜、铬、镍含量相当。城市污泥中,锌、铜、铅、镍、镉的含量分别为 0.5192 mg/g、0.1166 mg/g、0.042 93 mg/g、0.017 13 mg/g、0.016 52 mg/g、0.000 668 mg/g;锌、铜、铅三者含量较高,铬、镍含量相当,而镉几乎没有。根据污水和污泥中各种重金属的相对含量比较可知,铜、锌、铅两者中的含量均较高。

铜是水生动物的一种必需营养元素,但是,当水体中铜的浓度升高时,就会产生毒性。铜对水生动物的毒性效应主要取决于铜的化学本质(电负性、离子电位等)、铜的不同形态及存在形式,环境的理化因素,动物的种类、大小、生长条件以及它们对铜的适应力。水体的硬度、pH、盐度越大,有机物、悬浮物越多,铜的毒性就越小,安全浓度越大;而水温越高、DO 越低,铜的毒性就越大,安全浓度越小。对于生活在淡水中的动物,铜的毒性主要是影响动物的渗透调节作用,降低对钠离子和氯离子的吸收和转运,抑制 Na^+,K^+-ATPase 的活性。

付荣恕等(2008)对 Pb、Cd 对颤蚓类蠕虫的毒害作用进行了研究,通过多次急性毒性试验证实,重金属单一污染对颤蚓类蠕虫产生毒性效应,Pb 对颤蚓类蠕虫的毒性效应大于 Cd;毒性因重金属的浓度不同而不同,浓度越高,毒性越强。

周玉(2008)的研究表明,通过研究 20℃培养条件下 Cu、Pb 单一元素对草履虫种群毒性影响,结果表明:Cu^{2+} 24 h 对草履虫的半致死浓度为 0.0826 mg/L,Pb^{2+}

24 h 对草履虫的半致死浓度为 3.9907 mg/L,说明 Cu 元素对草履虫的毒害作用大于 Pb。

戈峰等(2002)的研究发现,蚯蚓对铜和锌有很强的富集能力。Pb^{2+} 对生物体也有很强的毒性,普遍认为 Pb^{2+} 对神经系统存在毒性,同时对红细胞有影响。

锌是生物体必不可少的一种微量元素,但过量则会抑止生物的生理功能,其至导致死亡。锌在生物体内还能被积累,并通过食物链转移,最终危及健康。据研究,锌可在两种淡水生物(甲壳纲和鱼纲)中产生积累。一般说来,底质沉积物中含锌范围为 45~2221ppm[①],平均 110ppn,是水体中锌含量的 10 000 倍,而水生动植物由于有很强的吸收锌的能力,体内锌的浓度可比水相中锌的浓度高出 1000~100 000 倍。

锌的毒性没有铜离子的强,可能主要是由于不同的毒性机制。铜主要影响 Na^+ 和 Cl^- 的吸收和溢出,相对于由铜离子引起的钠离子和氯离子的减少,由 Zn^{2+} 引起的 Ca^{2+} 对水生生物渗透压的影响要小得多。

综合含量以及毒性方面考虑,铅、铜两种重金属对水生蠕虫毒性作用较强且含量较大;虽然锌的毒性较弱,但由于其在污水和污泥中含量很大,并且在生物体内会有很大的富集作用可能造成潜在威胁。综上考虑确定 Pb、Cu、Zn 为拟研究的典型重金属。

2) 城市污水污泥中典型重金属赋存形态分析

金属元素分为离子交换态、碳酸盐结合态、铁锰氧化物结合态、有机物结合态以及残渣态。金属元素的稳定性可归结为金属元素所处状态发生各种物理、生化反应的难易程度,其中离子交换态最易被吸收,在环境中易于发生各种物理、生化反应,为不稳定态;碳酸盐结合态对环境条件,特别是 pH 最敏感,已有研究表明 pH 的降低,碳酸盐结合态可大幅度重新释放被吸收;铁锰氧化物结合态随环境条件的变化,也可使其中部分重金属重新释放;有机结合态存在的重金属一部分以吸附、络合的形式存在于污泥中,以这两种形式存在的重金属有易于被其他吸收利用的部分,另一部分是与有机物结合形成结构性物质而不易被其他生物吸收利用,但当环境中氧化还原电位发生变化时,可导致少量重金属溶出。残渣态稳定存在于石英和黏土矿物等结晶矿物晶格中的重金属,即为残渣态重金属,其存在形式比较稳定不易发生变化。

由此可以得出,污泥中金属元素所存在状态在环境中以残渣态最为稳定,离子交换态最不稳定,碳酸盐结合态和铁锰氧化物结合态稳定性与环境条件密切相关,而有机结合态是否稳定与金属和有机物的形成结构有关。一般来说,五种存在形式的环境中的稳定性如下所示:离子交换态＜碳酸盐结合态＜铁锰氧化物结合

---

① 1ppm＝10^{-6},下同。

态＜有机结合态＜残渣态。

从图 3-72 可以看出,污泥中的铜以残渣态(37.87％)为形式存在的含量最多;其他四种存在形态的相对含量关系为:有机结合态(22.18％)＞离子交换态(16.22％)＞铁锰氧化物结合态(13.25％)＞碳酸盐结合态(10.49％)。

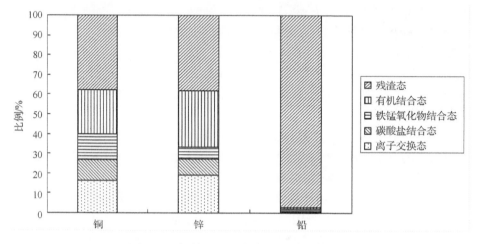

图 3-72　初始污泥中典型重金属赋存形式

污泥中的锌以(38.05％)残渣态为形式存在的含量最多;有机结合态(28.71％)和离子交换态(18.91％)次之;而碳酸盐结合态(8.35％)、铁锰氧化物结合态(5.97％)的含量相对较少。

污泥中的铅主要是以残渣态(96.98％)为主,其他四种存在形式含量很少,仅占总含量3％左右。

对照实验(不加蠕虫,停留时为 72 h 后的污泥)中(图 3-73),铜以残渣态(36.82％)为形式存在的含量最多;其他四种存在形态的相对含量关系:有机结合态(21.62％)＞离子交换态(16.93％)＞铁锰氧化物结合态(14.41％)＞碳酸盐结合态(10.22％)。

污泥中的锌以(39.66％)残渣态为形式存在的含量最多;有机结合态(27.30％)和离子交换态(19.88％)次之;而碳酸盐结合态(7.86％)、铁锰氧化物结合态(5.30％)的含量相对较少。

污泥中的铅主要是以残渣态(96.03％)为主,其他四种存在形式含量很少,仅占总含量4％左右。

通过对试验结果的分析可以看出,当不加蠕虫时,对照污泥中的重金属含量和组成与初始污泥基本一致,即表明在本实验中除蠕虫外,实验系统的基本构成对重金属的迁移转化几乎没有影响;并且在初始污泥中三种典型重金属含量最多的均为残渣态,其次为有机结合态,其中铅的残渣态含量占总含量的 96％以上;对于

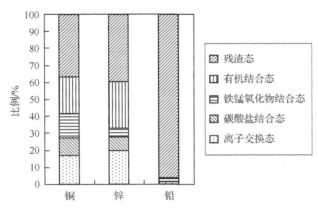

图 3-73　对照污泥中典型重金属赋存形式

铜,其他三种形式的含量较为平均,其相对含量关系为离子交换态>铁锰氧化物结合态>碳酸盐结合态;而对于锌,其相对含量关系为离子交换态> 碳酸盐结合态>铁锰氧化物结合态;除残渣态外,铅的其他四种存在形式的相对含量关系为有机结合态>铁锰氧化物结合态> 碳酸盐结合态> 离子交换态。根据如上分析,在污泥未经蠕虫捕食之前,污泥中的铜、锌、铅均以较稳定的存在形式居多。

3) 蠕虫捕食过程中重金属赋存形态转化规律

污泥减量过程中,重金属由于不会发生挥发、分解等反应,其总量保持不变。蠕虫有较强的摄食悬浮性固体的能力,蠕虫对污泥的摄食和消化必然会引起细菌细胞的破裂,使大量的细胞内含物质发生释放,这会促进重金属在蠕虫捕食的过程中发生金属存在形式的改变。

(1) 铜的赋存形态转化及稳定性

污泥经过蠕虫捕食污泥减量系统作用后,铜的各种存在形式相对含量变化如图 3-74 所示。经蠕虫捕食后,污泥中铜的总浓度在逐渐减少,由于重金属不具有挥发及降解作用,只能在水相、泥相、蠕虫相中三相重新分布,故其中减少的重金属会进入水相以及虫相中。经过蠕虫捕食作用后,铜的各种赋存形式均有不同的转化规律,其中在初始污泥中占铜总浓度 37.87% 的残渣态、22.18% 的离子交换态分别减少为 25.62%,7.21%;以有机结合态赋存的铜由 22.18% 增加到 46.20%,并且到 72 h 时已经取代残渣态成为相对含量最多的赋存形式;而以碳酸盐形式赋存的铜所占比例基本稳定,一直保持在 10% 左右,铁锰氧化物结合态的增加与减少略有波动,但在蠕虫捕食期间,总体呈减少趋势。

对含量最高的有机结合态、残渣态以及最易转化的离子交换态进行详细分析,结果如图 3-75 所示。

由图 3-75 可以看出,以离子交换态赋存的铜,经蠕虫捕食污泥减量系统作用

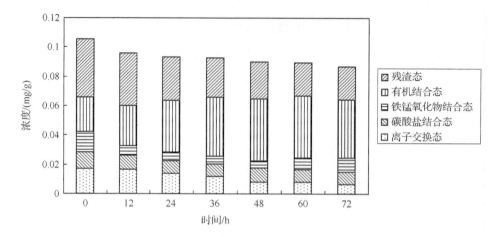

图 3-74　污泥中铜的五种赋存形式浓度变化

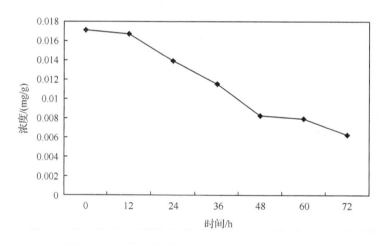

图 3-75　污泥中以离子交换态赋存的铜浓度变化

后,其浓度一直在减少,其减少程度为先迅速后平缓,到 72 h 时其含量已经由 0.0171 mg/g 减少为 0.006 26 mg/g,减少程度近 2/3。原因是离子交换态形式赋存的铜容易被生物直接吸收,迁移性强;同时在本系统中,由于蠕虫躯体具有较大比表面积,具有一定的吸附能力,会吸附一部分以离子交换态形式赋存的重金属,从而使这部分含量有所减少。由于离子交换态的铜,不稳定,易于析出而重新进入环境中,对水生生物有一定的毒害作用,不利于污泥的利用以及进一步处理,蠕虫捕食能够使这部分铜的浓度减少,这对于经过本工艺进行减量处理后污泥的再利用是十分有利的。

由图 3-76 可知,经蠕虫捕食后,以残渣态赋存和以有机结合态赋存的铜浓度呈现此消彼长的变化趋势,但这两者的浓度和保持稳定,以有机物结合态赋存的铜,经蠕虫捕食污泥减量系统作用后,其含量由 0.0244 mg/g 逐渐增加到 0.0400 mg/g,而以残渣态存在的铜含量由 0.0400 mg/g 减少到 0.0222 mg/g。

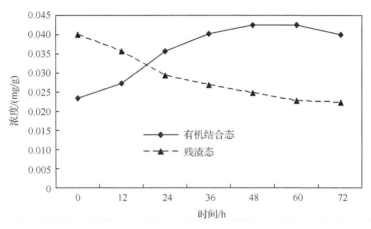

图 3-76　污泥中以有机物结合态、残渣态赋存的铜浓度变化

有机结合态存在的重金属一部分以吸附、络合的形式存在于污泥中,以这两种形式赋存的重金属有易于被其他生物吸收利用的部分;另一部分是与有机物结合形成结构性物质而不易被其他生物吸收利用。由于在蠕虫捕食系统中,以残渣态与有机结合态赋存的铜浓度很大(其和占总浓度 70% 以上),此两者的转化规律较其他三种赋存形式更为重要。

通过对实验分析可知,与有机物结合形成结构性物质的铜是污泥中有机结合态铜的主要构成;以其他形式赋存的铜先吸附在蠕虫表面,再跨膜运输到蠕虫体内而被其吸收。当蠕虫捕食污泥进行生长时会利用其他形式的铜,经过体内代谢会使其与有机物结合从而转化为有机结合态,排出体外,使污泥中以有机结合态赋存的铜含量有所上升。

综上,经过蠕虫的捕食作用,污泥中的铜的赋存形式发生一定变化,其中在环境中不稳定的离子交换态、碳酸盐结合态以及在环境中稳定的残渣态的浓度在减少;铁锰氧化物结合态的浓度总体呈减少趋势;而较稳定的有机结合态的含量在不断地增加;经污泥减量处理后,大部分的铜仍然处于稳定形态,不会对污泥回流、堆肥等后续流程存在影响。但由于铜在污泥相中的总浓度呈降低趋势,可能会进入水相或者蠕虫相中。

(2)锌的赋存形态转化及稳定性

污泥经过蠕虫捕食污泥减量系统作用后,锌的各种赋存形式相对含量的变化如图 3-77 所示。从图中可以看出,经蠕虫捕食后,污泥中锌浓度在逐渐减少,由于重金属不具有挥发及降解作用,只能在水相、泥相、蠕虫相中三相重新分布,故其中减少的重金属会进入水相以及虫相中。经过蠕虫捕食作用后,锌的各种赋存形式均有不同的转化,其中在初始污泥中占锌总浓度 38.04％ 的残渣态减少为 30.93％;以碳酸盐结合态、铁锰氧化物结合态、有机结合态赋存的锌分别由 8.35％、5.97％、28.71％ 增加到 10.82％、6.87％、32.54％,并且到 72 h 时有机结合态已经取代残渣态成为含量最多的赋存形式;而以离子交换态形式赋存的锌所占比例基本稳定,一直保持在 18％ 左右。

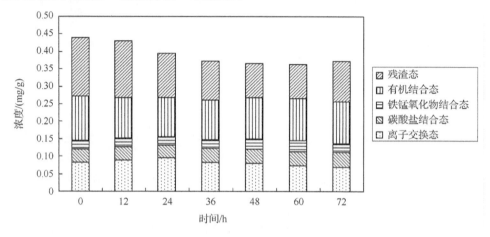

图 3-77 锌的五种赋存形式浓度变化

经蠕虫捕食后,污泥中锌的总浓度在逐渐减少,由于重金属不具有挥发及降解作用,只能在水相、泥相、蠕虫相中三相重新分布,故其中减少的重金属会进入水相以及虫相中。并对含量最高的有机结合态、残渣态以及最易转化的离子交换态进行详细分析,结果如图 3-78 所示,以离子交换态赋存的锌,经蠕虫捕食作用后,其浓度略有下降,由 0.083 mg/g 减少为 0.0703 mg/g。蠕虫对污泥中以离子交换态赋存的锌的有一定的吸附和利用能力,会使其在污泥相中的浓度减少,而在水相、蠕虫相中有所增加。由于离子交换态的锌在环境中不稳定,易于发生析出对水生生物有一定的毒害作用,而蠕虫捕食会使这部分的浓度有所减少,不会对污泥的后续应用造成不良影响。

由图 3-79 可知,以有机物结合态赋存的锌,经蠕虫捕食作用后,其含量在 0～24 h 逐渐下降,24 h 后又有所上升,总体呈下降趋势,但由于污泥中锌的浓度较高,其变化幅度并不大(在 0.12 mg/g 左右波动)。有机结合态赋存的重金属一部分以吸附、络合的形式存在于污泥中,以这两种形式存在的重金属有易于被其他吸收利用的部分;另一部分是与有机物结合形成结构性物质而不易被其他生物吸收利用。以吸附、络合的形式存在于污泥中的锌可能在捕食的初始被蠕虫捕食并部分积累于蠕虫体内,导致有机态的锌降低明显,随着捕食的逐渐减弱以及蠕虫的排泄作用的增强,有机态的锌浓度又有所升高。

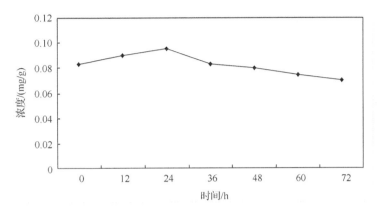

图 3-78　污泥中以离子交换态赋存的锌浓度变化

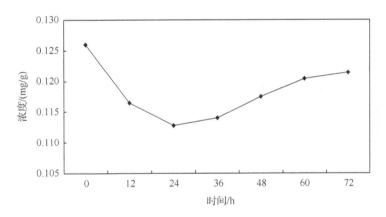

图 3-79　污泥中以有机物结合态赋存的锌含量变化

由图 3-80 可知,以残渣态赋存的锌,经蠕虫捕食作用后,其浓度在不断减少,但减少的幅度比较平缓。但由于残渣态所占比例很大,其浓度变化对总浓度变化有较大的影响,从图中可以看出以残渣态赋存的锌浓度变化与总浓度变化趋势几乎一致。

综上,经过蠕虫的捕食作用,污泥中的锌的赋存形态发生变化,其中在环境中稳定的残渣态、有机结合态以及不稳定的离子交换态的浓度在减少;碳酸盐结合态、铁锰氧化物结合态的浓度发生上下波动,但浓度值基本不变。污泥减量处理前,在环境中可以稳定赋存的有机结合态和残渣态占总浓度的 66%,经蠕虫的捕食作用后,此两者所占比例约为 64%,几乎没有发生变化,不会对污泥回流、堆肥等后续流程产生影响。但由于其在污泥中的总浓度呈降低趋势,可能会进入水相或者蠕虫相中。

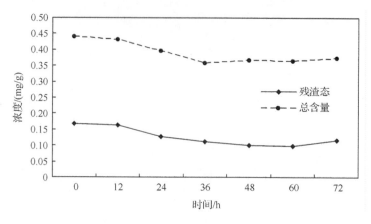

图 3-80　污泥中以残渣态赋存的锌浓度变化

（3）铅的赋存形态转化及稳定性

污泥经过蠕虫捕食污泥减量系统作用后，各种存在形式的相对含量变化如图 3-81 所示。由图 3-82 可以看出，以残渣态赋存的铅，经蠕虫捕食污泥减量系统作用后，其浓度先减少后保持不变。残渣态重金属在正常条件下不易释放，除少部分可以被蠕虫吸附以及进一步跨膜运输到蠕虫体内外，其余能长期稳定在固相中，这部分铅的浓度变化情况与铅在污泥中总浓度变化趋势基本一致。

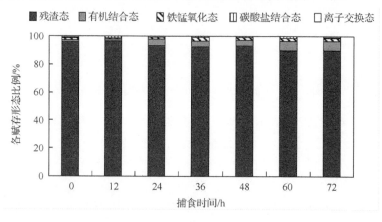

图 3-81　铅的五种赋存形式浓度变化

经蠕虫捕食后，离子交换态、碳酸盐结合态赋存的铅浓度基本不变；以有机物结合态、铁锰氧化物结合态赋存的铅浓度有所增加。由图 3-83 可以看出，以有机物结合态存在的铅有比较明显的增加趋势，其浓度由 0.0049 mg/g 增大到 0.0229 mg/g，与有机物结合形成结构性物质的铅是污泥中有机结合态铅的主要构成；当蠕虫捕食污泥进行生长时会利用其他形式的铅，经过体内代谢会使其与有机物结

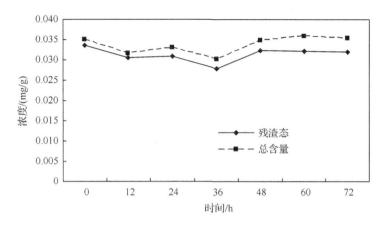

图 3-82 污泥中以残渣态赋存的铅浓度变化

合从而转化为有机结合态,排出体外,使污泥中以有机结合态赋存的铅含量有所上升。

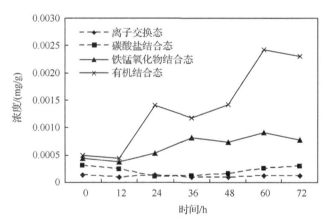

图 3-83 污泥中四种形式赋存的铅含量变化

铁锰氧化物结合态赋存的铅可以间接被生物利用,也具有较强的潜在可迁移性,但这种迁移性与所处的环境条件密切相关。在本节实验条件下铅易于由其他形式向铁锰氧化物结合态转化,故其含量有所上升。

综上,经过蠕虫的捕食作用,污泥中铅的赋存形式发生一定变化,其中在环境中稳定的残渣态的浓度在减少;较稳定的有机结合态、铁锰氧化物结合态的浓度在增加;同时离子交换态、碳酸盐结合态浓度基本不变。虽然经蠕虫捕食后会使在环境中可以稳定赋存的形态浓度有所减少,但是由于可以稳定赋存的有机结合态和残渣态占总浓量的 90% 以上,故对于铅来说,仍然以稳定赋存的形式占主体,不会对污泥回流、堆肥等后续流程造成影响。但由于污泥中铅的总浓度呈降低趋势,可能会进入水相或者蠕虫相中。

根据实际污水污泥中重金属浓度,筛选铜、锌、铅三种污水污泥中含量较高、对蠕虫影响较大重金属作为典型重金属,污泥中三种典型重金属以五种赋存形式赋存的含量中,残渣态为最大,有机结合态次之。在蠕虫捕食过程中,污泥中铜的不稳定的离子交换态、碳酸盐结合态以及稳定的残渣态的浓度在减少,铁锰氧化物结合态的浓度略有波动,而较稳定的有机结合态的含量在不断地增加;锌的稳定的残渣态、有机结合态以及不稳定的离子交换态的浓度在减少,碳酸盐结合态、铁锰氧化物结合态的浓度发生波动,但浓度值基本不变;铅中稳定的残渣态的浓度在减少,较稳定的有机结合态、铁锰氧化物结合态的浓度增加,同时离子交换态、碳酸盐结合态浓度值基本不变。蠕虫捕食对污泥中铜、锌、铅在形态的总体稳定性影响不大,残渣态与有机结合态是较稳定的金属赋存形态,蠕虫捕食后,污泥中以残渣态与有机结合态赋存的铜共占总铜的70%以上,以残渣态和有机结合态赋存的锌共占总锌的66%,以稳定赋存的残渣态和有机结合态赋存的铅共占总锌的90%以上。

2. 蠕虫捕食污泥减量系统中重金属分布特征及对系统效能的影响

由于污泥减量过程中,重金属由于不会发生挥发、分解等反应,在系统中总量保持不变。根据蠕虫捕食污泥的新陈代谢机制,推测蠕虫捕食污泥将使系统中重金属在水相、污泥相和蠕虫相中发生重新分配和迁移,这种分配和迁移可能会对的污水达标排放、污泥后续利用、蠕虫的生存发生影响。因此,本节以蠕虫捕食污泥系统为研究对象,探讨蠕虫捕食过程中重金属在水相、泥相、蠕虫体内的三相间的分布特征,确定重金属在其中分布比例的改变。结合重金属分布的变化,探讨蠕虫正常生存的水相重金属安全阈值,为确定应用蠕虫进行城市污水污泥减量处理的可行性分析,完善工艺流程和促进实际工程应用提供关键的理论基础和技术参数。

1) 蠕虫捕食过程中重金属分布规律

(1) 水相中重金属浓度变化

为了确定由蠕虫的捕食作用引起的,污水中典型重金属的浓度特性变化,在实验前设置了对照实验(不加蠕虫,停留时为72 h后的污泥),首先明确实验系统的基本构成是否会影响水相中重金属的浓度,所设置的对照试验测试结果如图3-84所示。

从图3-84中可以看出,当不加蠕虫时,对照污水中的重金属浓度几乎呈水平线,即表明在本实验中除蠕虫外,实验系统的基本构成对重金属的在水相中的浓度不会造成影响。

利用既定的实验装置以及条件,分别测定在蠕虫捕食对污泥进行减量化处理的过程中,铜、锌、铅三种典型重金属在水相中浓度,其浓度随时间变化趋势如

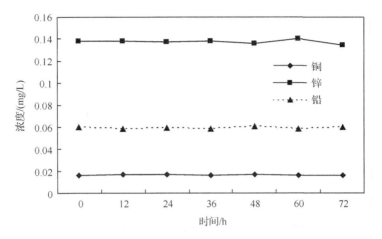

图 3-84　对照组水相中重金属浓度变化

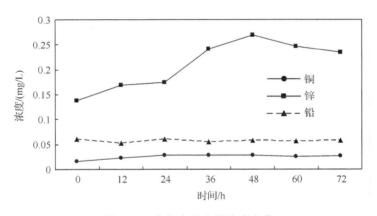

图 3-85　水相中重金属浓度变化

图 3-85 所示。

　　从图 3-85 可以看出,经过蠕虫的捕食作用,系统中水相的重金属浓度呈现不同程度的增加。其中,锌的增加量最为明显,由 0.1379 mg/L 增加到 0.2345 mg/L,增加幅度为 0.0966 mg/L;铜和铅在蠕虫捕食过程中,水相中铜由 0.0162 mg/L 缓慢增加到 0.0264 mg/L,增加量为 0.0102 mg/L;而铅的浓度基本保持在 0.058 mg/L,根据城镇污水处理厂污染物排放标准(GB18918—2003)的相关要求,其排放标准如表 3-12 所示。

　　通过比较可知,在利用蠕虫捕食污泥减量系统进行污泥减量化处理的同时,虽然水相中的重金属浓度会有所上升(尤其是锌的浓度的增加量十分可观),但仍在排放标准的控制范围之内,不会对城市污水处理厂污水达标排放造成影响。

表 3-12　城镇污水处理厂污染物排放标准　　　（单位：mg/L）

项目	标准值
总铅	0.1
总铜	0.5
总锌	1.0

（2）污泥相中重金属浓度变化

利用既定的实验装置以及条件,分别测定在蠕虫捕食对污泥进行减量化处理的过程中,铜、锌、铅三种典型重金属在泥相中浓度,其浓度随时间变化趋势如图 3-86 所示。

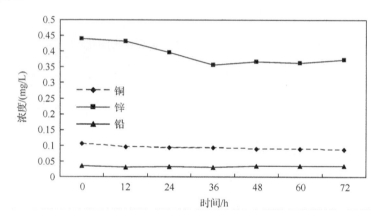

图 3-86　泥相中重金属浓度变化

从图 3-86 中可以看出,蠕虫捕食会使污泥中重金属浓度减少,其中泥相中铜、铅含量下降程度较小,但锌的含量有明显的下降,这也与水相中锌的浓度升高程度很大相吻合。蠕虫捕食会对污泥产生减容减量作用,捕食后污泥由于仍具有一定活性,可作为回流污泥或者进行厌氧消化、堆肥等稳定化、资源化处理。污泥中重金属含量的降低将对上述任何再利用途径产生积极作用。

（3）蠕虫体内重金属含量变化

利用既定的实验装置以及条件,分别测定在蠕虫捕食对污泥进行减量化处理的过程中,铜、锌、铅三种典型重金属在蠕虫相中浓度。其浓度随时间变化趋势如图 3-87 所示。

从图中可以看出,经蠕虫捕食后,蠕虫体内的重金属含量会有不同程度的升高,即蠕虫对铜、锌、铅三种典型重金属产生了不同程度的生物富集作用。

蠕虫对于铅的富集保持较低水平,含量由 0 h 的 0.0048 mg/g 增加到 72 h 时的 0.0110 mg/g,处理后含量为处理前含量的 2.3 倍。分析认为这与污泥中的铅

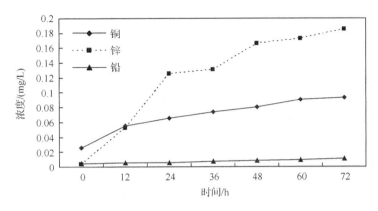

图 3-87 蠕虫相中重金属浓度变化

主要是以残渣态的铅为主(占总含量 90％以上)有关,在蠕虫捕食污泥的过程中,这部分的铅不能被蠕虫直接吸收,而是通过先吸附到蠕虫表面再被跨膜运输到蠕虫体内,这个过程比直接吸收过程缓慢,使其在蠕虫体内富集速率较小。

蠕虫对于铜的富集能力居中,在污泥中,铜的五种赋存形态(离子交换态、碳酸盐结合态、铁锰氧化物结合态、有机结合态和残渣态)的含量比较接近,除残渣态外,有机结合态中很大一部分不能被生物直接吸收。在蠕虫所捕食的污泥中,这部分铜的含量很高,故在蠕虫相中铜的富集速度也较慢,含量由 0 h 的 0.0290 mg/g 增加到 72 h 时的 0.0928 mg/g,处理后含量为处理前含量的 3.6 倍。

锌在蠕虫相中的富集效应很明显,含量由 0 h 的 0.0034 mg/g 增加到 72 h 时的 0.1854 mg/g,处理后含量为处理前含量的 54.5 倍。一方面由于污水污泥中锌的总浓度远高于铜和铅,导致虫体中锌浓度升高的数量级远大于铜和铅;另一方面水溶状态的锌浓度较高,因此更易于迁移到生物体内被其吸收,从而发生生物富集作用。

综上,蠕虫捕食将会使系统中的重金属会发生生物富集作用,其中锌的富集作用最为明显。由于生物体内重金属浓度过高会对生物产生毒性效应,因此金属的生物富集对蠕虫生长的长期影响,以及蠕虫能够负载的最大金属富集量仍需进一步研究。

2) 蠕虫捕食污泥系统中重金属的分布特征

基于前述研究,铜、锌、铅三种典型重金属在蠕虫捕食的过程中三相中的浓度均会发生变化,但重金属的总量保持恒定。通过质量平衡计算,可以初步分析蠕虫捕食前后重金属在水相、泥相、蠕虫相中的质量分布情况,从而确定蠕虫捕食对典型重金属在水相、泥相、蠕虫相三相中含量分布的影响。

(1) 铜的分布特征研究

利用既定的实验装置以及条件,蠕虫捕食对污泥进行减量化处理前、后,铜在

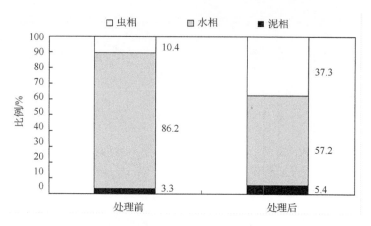

图 3-88 处理前后铜在三相间质量分布

水相、泥相、蠕虫相中质量变化如图 3-88 所示。

蠕虫捕食使系统中泥相的铜向水相和蠕虫相中迁移,初始污泥中的铜质量为最大(占总质量的 86.2%);经蠕虫捕食后,泥相中的铜质量减少为总质量的57.2%;在减少的 29% 中,有 2.1% 进入水相,26.9% 进入到蠕虫相中。由于污泥特有的吸附、吸收以及富集作用,捕食后的污泥中仍含有质量最多的铜。

(2)锌的分布特征研究

蠕虫捕食对污泥进行减量化处理时,锌在水相、泥相、蠕虫相中质量变化如图 3-89所示。

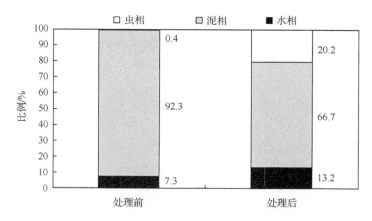

图 3-89 处理前后锌在三相间质量分布

从图 3-89 可以看出,锌的分布规律与铜相似,蠕虫捕食使系统中泥相的锌向水相和蠕虫相发生迁移。初始污泥中的锌比例最大(占总质量的 92.3%);经蠕虫捕食后,泥相中的锌质量减少为总质量的 66.7%;在减少的 25.6% 中,有 5.9% 进入水相,19.8%进入到蠕虫相中。和铜类似,由于污泥特有的吸附、吸收和富集作用,捕食后污泥中仍含有最多的铜。

(3) 铅的分布特征研究

蠕虫捕食对污泥进行减量化处理时,铅在水相、泥相、蠕虫相中质量变化如图 3-90 所示。

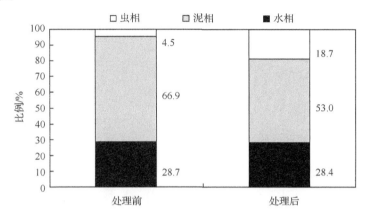

图 3-90　处理前后铅在三相间质量分布

从图 3-90 可以看出,蠕虫捕食使系统中泥相中的铅向蠕虫相迁移,初始污泥中的铅质量为最大(占总质量的 66.9%);经蠕虫捕食后,泥相中的铅质量减少为总质量的 53.0%;水相中质量几乎不变(处理前为 28.7%,处理后为 28.4%);而蠕虫相中,铅的含量增加了 14.2%。

综合铜、锌、铅三种典型重金属的分布情况可以发现,经蠕虫捕食后,污泥相中的这三种重金属的质量均有所减少,并且具有向水相或蠕虫相中迁移的趋势。

3) 蠕虫捕食污泥减量系统中重金属浓度对系统效能的影响

根据前述研究结果,蠕虫捕食将导致水相中重金属发生浓度以及质量变化,由于重金属对蠕虫的影响主要是以水溶形式进入体内,影响正常生长,水相中重金属浓度对蠕虫生存的有重要影响,根据水生生物毒性测定方法,对所选定的铜、锌、铅三种重金属进行急性毒性试验,并讨论其对蠕虫的毒性效应。从重金属毒性效应的角度上,确定蠕虫安全生存的水相浓度阈值,并结合蠕虫捕食污泥过程进行分析,论证重金属在三相中的分布状态改变后,蠕虫在污泥减量系统中能否保持正常生长,保障城市污水污泥减量处理的正常运行。

(1) 铜浓度对霍夫颤蚓类蠕虫的生存影响

经研究发现,当 Cu^{2+} 的浓度超过 0.75 mg/L 时,蠕虫在 24 h 的暴露时间会全部死亡。因此确定本节研究的 Cu^{2+} 浓度范围为 0~0.75 mg/L,蠕虫急性毒性试验结果如图 3-91 所示。从图中可以可出,Cu^{2+} 对颤蚓类蠕虫表现出显著的浓度-

毒性效应和时间-毒性效应关系,即随着暴露时间的增长和 Cu^{2+} 浓度的增加,霍夫颤蚓类蠕虫的死亡率也在逐渐增加。在 Cu^{2+} 浓度小于 0.21 mg/L、暴露时间为 24 h 时,颤蚓类蠕虫的死亡率为 0,可以正常生长;并且当浓度达到 0.68 mg/L 时,在各暴露时间,半数以上的颤蚓类蠕虫都会死亡。并且时间-毒性效应关系可以从半致死量得以验证,Cu^{2+} 在 24 h、48 h、72 h 的半致死量分别为 0.56 mg/L、0.34 mg/L、0.21 mg/L。另外,在城市污水中,Cu^{2+} 初始浓度为 0.0200 mg/L,在此浓度下,蠕虫在 72 h 内均不会死亡。

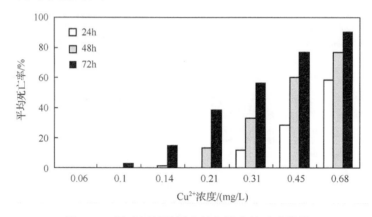

图 3-91　铜对颤蚓类蠕虫的急性毒性试验结果

不同浓度的铜溶液都会使颤蚓类蠕虫头部会肿大,尾部渐渐变白,当把颤蚓类蠕虫投入到浓度较大的铜溶液中时,颤蚓类蠕虫会成团剧烈抽搐,当颤蚓类蠕虫死亡时,会呈细线状(图 3-92,图 3-93)。

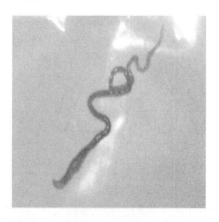

图 3-92　霍夫颤蚓类蠕虫正常成长图

(2)锌浓度对霍夫颤蚓类蠕虫的生存的影响

经研究发现,当 Zn^{2+} 的浓度超过 10.00 mg/L 时,蠕虫在 24 h 的暴露时间会

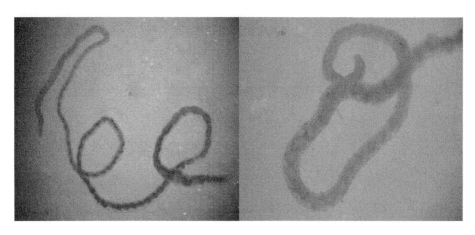

图 3-93 霍夫颤蚓类蠕虫铜中毒图

全部死亡,因此确定本节研究的 Zn^{2+} 浓度范围为 $0\sim10.00$ mg/L,蠕虫急性毒性试验结果如图 3-94 所示。

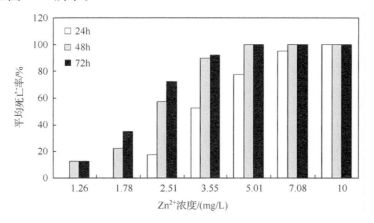

图 3-94 锌对颤蚓类蠕虫的急性毒性试验结果

从图 3-94 中可以看出,Zn^{2+} 对颤蚓类蠕虫表现出显著的浓度-毒性效应和时间-毒性效应关系,即随着暴露时间的增长和 Zn^{2+} 浓度的增加,霍夫颤蚓类蠕虫的死亡率也在逐渐增加。当 Zn^{2+} 浓度达到 5.01 mg/L 时,在 24 h 就有 75%以上的霍夫颤蚓类蠕虫死亡;暴露时间为 72 h 的实验条件下,除 1.26 mg/L、1.78 mg/L 两种浓度外,半数以上的颤蚓类蠕虫都会死亡。并且时间-毒性效应关系可以从半致死量得以验证,Zn^{2+} 在 24 h、48 h、72 h 的半致死量分别为 3.61 mg/L、2.24 mg/L、2.03 mg/L。另外,在城市污水中,Zn^{2+} 初始浓度为 0.1390 mg/L,在此浓度下,蠕虫在 72 内均不会死亡。

当把颤蚓类蠕虫投入到含锌溶液中时,开始时,颤蚓类蠕虫也会成团抽搐,其

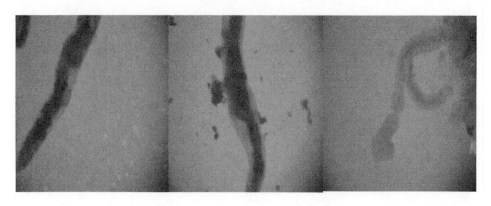

图 3-95　霍夫颤蚓类蠕虫锌中毒图

头部附近会出现出血点并断裂,而尾部会渐渐变黄并断裂,当颤蚓类蠕虫完全死亡时,会断裂为一个个黄色的小节。

(3) 铅浓度对霍夫颤蚓类蠕虫的生存的影响

经研究发现,当 Pb^{2+} 的浓度超过 18.00 mg/L 时,蠕虫在 24 h 的暴露时间会全部死亡,因此确定本节研究的 Pb^{2+} 浓度范围为 0~18.00 mg/L,蠕虫急性毒性试验结果如图 3-96 所示。

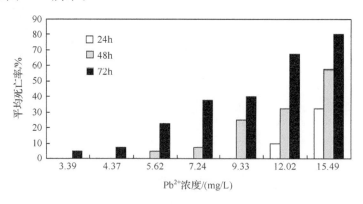

图 3-96　铅对颤蚓类蠕虫的急性毒性试验结果

从图 3-96 可以看出,Pb^{2+} 对颤蚓类蠕虫表现出显著的浓度-毒性效应和时间-毒性效应关系,即随着暴露时间的增长和 Pb^{2+} 浓度的增加,霍夫颤蚓类蠕虫的死亡率也在逐渐增加。在 Pb^{2+} 浓度小于 9.33 mg/L,在各暴露时间的死亡率均在 50% 以下,各试验浓度在 24 h 的死亡率一直低于 30%。并且时间-毒性效应关系可以从半致死量得以验证,Pb^{2+} 在 24 h、48 h、72 h 的半致死量分别为 17.58 mg/L、13.73 mg/L、9.1 mg/L。另外,在城市污水中,Pb^{2+} 浓度为 0.0609 mg/L,在此浓度下,蠕虫在 72 内均不会死亡。

颤蚓类蠕虫 Pb^{2+} 中毒症状比较明显,当浓度为 15.49 mg/L 时,颤蚓类蠕虫几秒钟就开始剧烈弹跳扭动,而 7.24 mg/L 处理要几分钟才开始有扭动反应;随着时间的延长,身体变柔软,环节松弛,整个身体弯曲扭动,并且肿大,身体由红变黄,糜烂至死(图 3-97)。

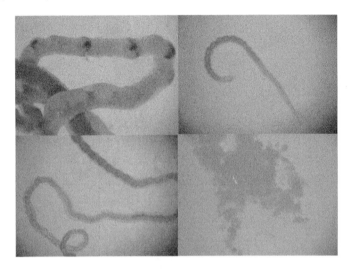

图 3-97　霍夫颤蚓类蠕虫铅中毒图

(4) 典型重金属安全浓度的确定

利用试验所取得的不同暴露时间下铜、锌、铅浓度与死亡率的关系,计算出对应的 24 h、48 h、72 h 的半致死浓度(LC_{50})值。

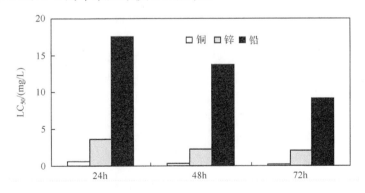

图 3-98　典型重金属不同暴露时间的染毒半致死量

从图 3-98 可以看出,三种典型重金属对蠕虫(霍夫颤蚓类蠕虫)的毒性为 $Cu^{2+}>Zn^{2+}>Pb^{2+}$,三种典型重金属的半致死量均随着暴露时间的增加而减少,无论在何种暴露时间下,均有 $LC_{50}(Cu^{2+})<LC_{50}(Zn^{2+})<LC_{50}(Pb^{2+})$。已有文献表明,铜、铅对蠕虫的毒性较大,而锌的生物富集作用很强;但从本节试验条件下

获得的对所选用的特定蠕虫(霍夫颤蚓类蠕虫)毒性大小的关系可知,生物富集能力强的 Zn 对蠕虫的毒性比以神经毒性为主的铅更大。

安全浓度即在污染物的持续作用下,生物可以正常存活、生长、繁殖的最高毒物浓度。根据所获得的铜、锌、铅在 24 h、48 h 的染毒半致死量,以及公式

$$SC = 48\ hLC_{50} \times 0.3/(24\ hLC_{50}/48\ hLC_{50})^2 \tag{3-15}$$

计算出霍夫颤蚓类蠕虫对于铜、锌、铅的安全浓度,其结果见表 3-13。

表 3-13   典型重金属各种浓度比较   (单位: mg/L)

项目	铜	锌	铅
实际浓度	0.0200	0.1390	0.0609
24hLC$_{50}$	0.56	3.61	17.58
48hLC$_{50}$	0.34	2.24	13.73
72 hLC$_{50}$	0.21	2.03	9.1
安全浓度	0.0265	0.2595	2.515

稳定的蠕虫种群密度对蠕虫捕食污泥减量效果的稳定至关重要。在实际的城市污水中,Cu^{2+} 浓度为 0.0200 mg/L,Zn^{2+} 浓度为 0.1390 mg/L,Pb^{2+} 浓度为 0.1390 mg/L,所获得的蠕虫安全生存的浓度不仅高于实际污水污泥浓度,同时也高于或接近蠕虫捕食污泥实验周期内水相中这三种重金属浓度。可见,在本污泥减量系统中蠕虫可以正常生长,从而保证蠕虫种群密度的稳定,实际的城市污水中赋存的铜、锌、铅不会影响本污泥减量工艺的正常运行。

(5) 蠕虫捕食污泥减量系统效能分析

分别确定在蠕虫捕食的过程中,污泥减量的程度,其减量效果如图 3-99 所示,蠕虫对含有重金属的污泥具有较好的减量效果,其反应周期内的总体污泥减量为 0.7 g/L 以上,根据本节实验室长期研究,此数值处于正常的污泥减量效果范围。随着停留时间的延长,蠕虫捕食的污泥量逐渐下降,减量效能的主要影响因素在于代谢产物、有毒有害物质的积累和可被捕食生物所利用的物质:在进行污泥减量处理的初期,由于蠕虫可利用的物质(污泥)含量很多,对污泥减量有负面影响的代谢产物、有毒有害物质积累很少,此时的污泥减量效果明显;但随着停留时间的增加,蠕虫可以用的物质减少,而代谢产物积累明显,此时的减量效果会逐渐减小。

以蠕虫捕食污泥系统为研究对象,探讨蠕虫捕食过程中重金属在水相、泥相、蠕虫体内的三相间的分布特征,确定重金属在其中分布比例的改变,结合重金属分布的变化,探讨蠕虫正常生存的水相重金属安全阈值。经过蠕虫的捕食作用,系统中水相的重金属浓度呈现不同程度的变化,锌的浓度会由 0.1379 mg/L 增加到 0.2345 mg/L;铜的浓度由 0.0162 mg/L 缓慢增加到 0.0264 mg/L,而铅的浓度几乎不变,保持在 0.058 mg/L。蠕虫捕食污泥会使水相中金属浓度有所上升,但此

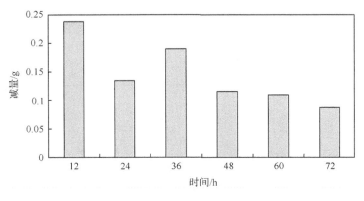

图 3-99　污泥减量效果

浓度仍低于城镇污水处理厂污染物排放标准,不会对城市污水处理厂污水达标排放造成影响。同时,蠕虫捕食会使污泥中重金属含量有所减少,这对于经过减量化处理后污泥的后续再利用是十分有利的。蠕虫捕食使系统中泥相的重金属向水相或蠕虫相迁移,经蠕虫捕食后,泥相中的铜的质量减少了 29% 中,有 2.1% 进入水相,26.9% 进入到蠕虫相中;泥相中的锌质量减少了 25.6% 中,有 5.9% 进入水相,19.8% 进入到蠕虫相中;泥相中的铅减少了 13.9%,水相的铅减少了 0.3%,蠕虫相的铅增加了 14.2%。但由于污泥特有的吸附、吸收和富集作用,捕食后三种典型重金属在污泥中的含量仍然最多。铜、锌、铅三种金属在水中对蠕虫的毒性关系为 $Cu^{2+} > Zn^{2+} > Pb^{2+}$;其保障蠕虫正常生存的安全浓度分别为 0.0265 mg/L、0.2595 mg/L、2.515 mg/L,均大于实际城市污水中浓度及蠕虫捕食过程中的水相金属浓度。应用蠕虫处理城市污水污泥时,三种重金属对蠕虫的生存安全性影响较小,不会影响其正常的存活,从而保证蠕虫捕食污泥减量系统的正常运行。

3.5　污水污泥协同处理组合工艺

3.5.1　SBR+蠕虫附着型生物床组合工艺

1. SBR+蠕虫附着型生物床组合工艺组成及运行

1) 系统组成

SBR+蠕虫附着型生物床组合工艺由两部分构成:第一部分是污水处理系统,由有效容积为 240L 的 SBR 反应器、1 号空气压缩机(用于连续供氧)和曝气装置等构成;第二部分是污泥处理系统,包括有效容积 50L 的附着型蠕虫床、2 号空气压缩机(用于连续供氧用)、3 号空气压缩机(用于间歇搅拌混合)、填料层(用于承载颤蚓类蠕虫)。

2）系统装置图

系统运行：SBR 反应器所排出的污泥经过蠕虫床的作用后直接排出，不把污泥回流到污水处理系统中，装置如图 3-100 所示。

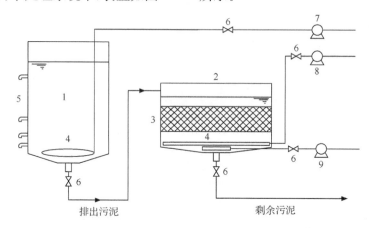

图 3-100　蠕虫附着型生物床的连续运行反应装置图

1-SBR 反应器；2-附着型蠕虫床；3-填料；4-曝气装置；5-排水口；6-阀门；7,8,9-空气压缩机

3）安装附着型蠕虫床

先对颤蚓类蠕虫进行清洗与称量：要把颤蚓类蠕虫中的大部分的污泥和死去的颤蚓类蠕虫洗去，然后用带孔铝箔承载，再在滤纸上吸干大部分水分，在分析天平中称量并分成质量相等的若干份。再把每份称好的虫子接种于填料中，装入蠕虫床中，总共投入的颤蚓类蠕虫量为 800g（湿重）。

4）附着型蠕虫床的运行

调节好反应器运行的条件，2 号空气压缩机用于对蠕虫床进行连续供氧，通过调节阀调节 2 号空气压缩机的连续供气量，使反应器中污泥混合液基本处于均匀状态，在试验过程中要监控好 DO，使其维持在 (1 ± 0.5)mg/L 的范围内；3 号空气压缩机用于搅拌混合，用时间继电器控制 3 号空气压缩机，使扰动程度（用扰动频率表示）控制为 12 次/d（每隔 2 h 曝气 5min），用温控仪控制反应器的温度为 (25 ± 2)℃。

5）连续运行试验

SBR 反应器所排出的污泥经过蠕虫床的作用后直接排出，污泥不回流到污水处理系统中，污泥在蠕虫床中的停留时间为 2 d，考察蠕虫床的污泥减量效果，污泥减量前后污泥性质（比耗氧速率、MLSS/MLVSS、SVI、SV_{30}、脱水性）和水质（COD、氨氮、亚硝酸盐氮、硝酸盐氮、正磷酸盐）变化，运行方式如图 3-101 所示。

2. SBR＋蠕虫附着型生物床组合工艺的污泥减量效果

由图 3-102 可知，在 15 d 的运行时间里，SBR 的污泥浓度维持在 3500 mg/L

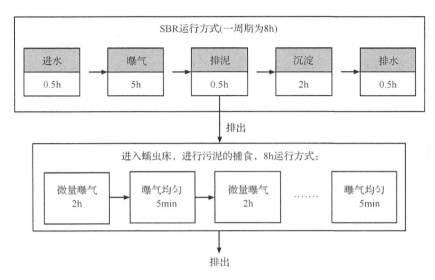

图 3-101　蠕虫附着型生物床的连续运行试验模式图

以下,污泥浓度变化不大,略有增大;蠕虫床中的污泥浓度维持在 2500 mg/L 左右。用污水处理系统的表观污泥产率系数来衡量工艺的污泥减量效果,表观污泥产率如表 3-14 所示。

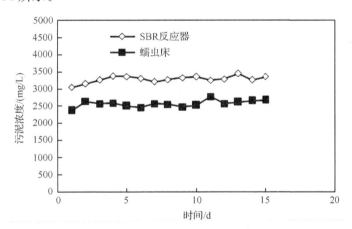

图 3-102　运行 15 d 的污泥浓度变化

表 3-14　表观污泥产率对比

运行方式	平均表观污泥产率系数
SBR 反应器单独运行	0.31
SBR-附着型蠕虫床组合工艺	0.22
减少百分比/%	28.3

由表 3-14 可知,经蠕虫床的作用后,系统的表观污泥产率降低 28.3%,较前期研究 20%~25% 的污泥减量效果稍高,推测这主要是由于,整个系统除了是一个污水处理和污泥生物捕食的组合系统外,同时由于蠕虫床的特殊的运行方式,使其兼具有好氧-沉淀-厌氧(OSA)工艺的特点,从而实现了代谢解偶联。

3. SBR+蠕虫附着型生物床组合工艺的污水处理效能

颤蚓类蠕虫的捕食作用会产生 COD、氨氮和磷的释放,对这些营养物质的释放与回流是否会对污水处理系统的污水处理效能产生影响进行研究。

经过颤蚓类蠕虫捕食后,一定量的 COD 从新释放到水相中,污泥的回流把这些营养物质带回到污水处理系统中去,使污水处理系统的 COD 负荷增加 13.7%。SBR 反应器进出水的 COD 浓度,如图 3-103 所示,图中竖线把图分成左右两部分,左边为前 15 天,此时 SBR 反应器单独运行,而右边为后 15 天,此时 SBR 与蠕虫床联合运行。由表 3-15 中可以看出,组合工艺可以获得良好的 COD 去除效果,平均的 COD 去除率为 90.8% 较单独运行时的 91.2% 降低了 0.4%。这说明了,组合工艺对污水处理系统中 COD 去除影响不大。

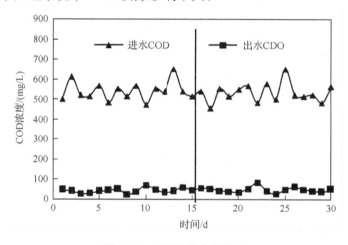

图 3-103　COD 的去除效果

表 3-15　污水处理效果

项目	COD	氨氮	总磷
增加的负荷/%	13.7	16.1	29.4
SBR 反应器单独运行时的去除率/%	91.2	95.4	62.8
SBR-附着型蠕虫床组合工艺的去除率/%	90.8	93.4	62.6

经过颤蚓类蠕虫捕食后,一定量的氨氮从新释放到水相中,污泥的回流把这些

营养物质带回到污水处理系统中去,使污水处理系统的氨氮负荷增加 16.1%。SBR 反应器进出水的氨氮浓度,如图 3-104 所示,前 15 天为 SBR 反应器单独运行时的进出水氨氮浓度,而后 15 天为 SBR 与蠕虫床联合运行。由图中可以看出,组合工艺仍然可以获得良好的氨氮去除效果,平均的氨氮去除率可达 93.4% 较 SBR 单独运行时的 95.4% 稍有降低。这说明组合工艺对污水处理系统中氨氮去除影响不大。

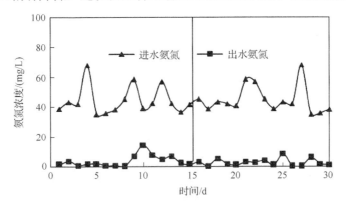

图 3-104　氨氮的去除效果

经过颤蚓类蠕虫捕食后以及细菌的厌氧释磷作用,一定量的磷重新释放到水相中,污泥的回流把这些营养物质带回到污水处理系统中去,使污水处理系统的磷的负荷增加 29.4%。

SBR 反应器进出水的总磷浓度,如图 3-105 所示,前 15 天为 SBR 反应器单独运行时的进出水总磷浓度,而后 15 天为 SBR 与蠕虫床联合运行。由图中可以看出,组合工艺仍然可以获得较好的总磷去除效果,平均的总磷去除率为 62.8% 与 SBR 单独运行时的 62.6% 相仿。这说明组合工艺对污水处理系统中磷去除影响不大。

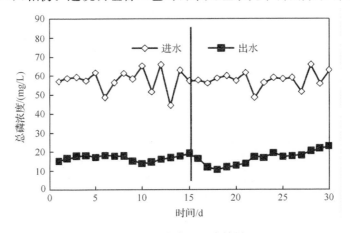

图 3-105　总磷的去除效果

4. SBR＋蠕虫附着型生物床组合工艺对污泥性质的影响

SBR＋附着型蠕虫床组合工艺,是污水处理系统与污泥处理系统的耦合,二者的联合会产生与其各自单独作用所不同的结果,从工艺联合前后污泥的性质对比来揭示组合工艺对污泥产生的特殊的影响。

由图 3-106 可知,组合工艺使污泥的沉降性能变得更好,而且更稳定,组合工艺的平均污泥的 SVI 值为 55,比 SBR 单独运行时的 58 稍好,组合工艺使污泥沉降性能变得更为稳定。

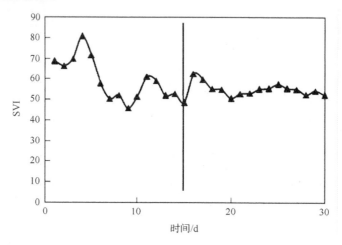

图 3-106　对污泥沉降性能的影响

由图 3-107 可知,组合工艺对污泥胞外聚合物中的糖类影响较大,使糖类物质有大幅度的降低,由 $60\sim80\ \mu g/mg$ 变化到 $20\sim40\ \mu g/mg$,说明颤蚓类蠕虫对糖类物质的捕食具有偏向性。对于蛋白质,组合工艺使蛋白质类物质的变化更为剧烈,变动幅度更大。糖类物质与蛋白质类物质的比例由 1.25：1 变化到 0.58：1。

由图 3-108 可知,联合蠕虫床前后,平均的污泥的耗氧速率分别为 $2.01\times10^{-4}\mathrm{min}^{-1}$ 和 $2.13\times10^{-4}\mathrm{min}^{-1}$,变化并不大,但是从每天的变化上来说,联合了蠕虫床后 SBR 内污泥的比耗氧速率更加稳定。由图 3-109 可知,联合蠕虫床前后,平均的污泥比阻分别为 $2.68\times10^{8}\,\mathrm{s}^{2}/\mathrm{g}$ 和 $1.33\times10^{8}\,\mathrm{s}^{2}/\mathrm{g}$,污泥的比阻降低了一半,明显地提高了污泥的脱水性能,这对减轻后续的处理工序的复杂性有好处。

本节对 SBR-附着型蠕虫床组合工艺进行了介绍,从污泥减量效果、SBR 反应器的污水处理效能以及 SBR 反应器中污泥性质的变化三个方面来考察。在最佳 SRT＝2 d 的条件下连续运行 SBR-附着型蠕虫床组合工艺,考察污泥减量效能,研究表明:SBR 的污泥浓度维持在 3500 mg/L 以下,经蠕虫床的作用后,系统的表观污泥产率降低 28.3％,较前期研究 20％～25％的污泥减量效果稍高。对污水处理

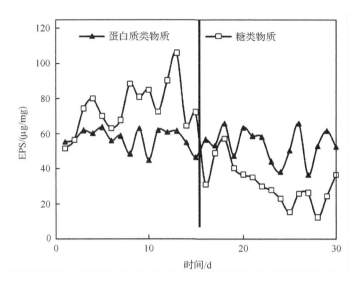

图 3-107　对胞外聚合物的影响

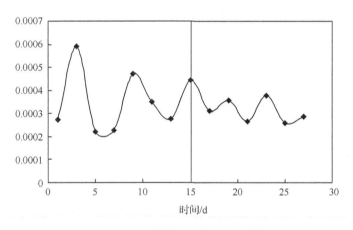

图 3-108　对污泥的比耗氧速率的影响

效能的主要考察 COD、氨氮和磷的去除,组合工艺对 COD 和氨氮都具有良好的处
理效果,均能达到 90% 以上,而且联合前后磷的去除效果相当为 62%。通过对污
泥性质的考察,发现蠕虫床除了有污泥减量的效果外,还有稳定污泥性质的作用,
蠕虫床的作用使污泥性质稳定性提高。组合工艺的影响主要体现胞外聚合物的糖
类物质的量有明显的下降,由 $60 \sim 80 \mu g/mg$ 变化到 $20 \sim 40 \mu g/mg$,此时糖类物质
与蛋脑白质类物质的比例降低,由 $1.25 : 1$ 变化到 $0.58 : 1$,它还能使污泥的过滤
性能变好,降至联合前的一半,为 $1.33 \times 10^8 s^2/g$,使污泥具有良好的过滤性能。

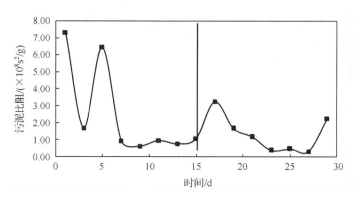

图 3-109　对污泥的比阻的影响

3.5.2　MBR＋蠕虫附着型生物床组合工艺

1. MBR＋蠕虫附着型生物床组合工艺组成及运行

MBR 处理效率高、出水水质好、占地面积小、耐冲击负荷、操作管理简单、易于实现自动控制,是一种新型的污水处理工艺,在水污染控制及污水资源化方面有很大的潜在市场。由于 MBR 生物反应器实现了反应器中活性生物混合液的 HRT 和污泥停留时间的完全分离,所以 MBR 生物处理单元中的生物量可以高达几万,处理效果良好,剩余污泥产生量较少。目前来说,MBR 工艺在我国已经有了中小型的工程实例,随着核心部件膜的进一步研发和对膜污染机理模型的更深层次认识,制约 MBR 工艺发展的不利因素逐渐减弱。

本节研究中的所采用的接种污泥来自于哈尔滨市太平污水处理厂,MBR 反应器容积为 44L,反应器中装有 1 片 PVDF 中空纤维膜组件(天津膜天膜工程技术有限公司生产),膜组件的孔径为 $0.22~\mu m$,有效过滤面积为 $1m^2$,稳定培养一段时间后,MBR 反应器内的污泥浓度达到 $9000 \sim 10~000~mg/L$,开始与附着型蠕虫床连用。

基于污水处理和污泥处理所需要的操作条件的差异,本工艺的设计采用污水处理系统与污泥处理系统分置的工艺设计方案,在各自的系统中以各自最佳条件运行,达到各自最优效果,然后通过污泥混合液在两个系统中的循环实现系统的偶联(表 3-16)。

到目前为止,蠕虫附着型生物床处理的污泥为 SBR 与常规的活性污泥法产生的剩余污泥,有研究表明针对不同污水处理系统产生的污泥,蠕虫的减量效果会有所不同。为了更好地设计组合系统,使 MBR 与蠕虫附着型生物床能够良好地匹配,首先考察蠕虫附着型生物床对 MBR 特有污泥的减量效果。MBR 由于自身工

表 3-16　MBR 操作条件

项目	参数
SRT/d	30
HRT/h	7.06
DO/(mg/L)	2~5
温度/℃	18~23
pH	6~9
膜通量/[L/(h·m)]	8
F/M/[kgCOD/(kg MLSS·d)]	0.14
抽吸时间/停止时间/(min/min)	8/2

艺的特点,培养出的活性污泥在种群构成、污泥絮体结构等方面都有所不同,所以对于附着型蠕虫床来说,污泥处理效果也与前期试验的污泥有所区别。为了组合工艺的优化匹配,本节研究在蠕虫床最优操作条件下就蠕虫床对 MBR 的污泥处理效果进行分析。采用的污水处理系统为实验室规模的 MBR,处理的污水为模拟的城市生活污水,MBR 的 SRT 为 30 d。与 SBR 相比,MBR 区别与其他的污水处理系统具有较高的污泥浓度,本节研究采用的 MBR 污泥浓度为 9000~10 000 mg/L,而蠕虫附着型生物床的最佳初始污泥浓度为 3000~4000 mg/L,因此污泥混合液进入蠕虫附着型生物床前必先经过稀释。

对于污泥减量效果的比较通过每天反应器中减少的污泥质量来判断,利用物料守恒原理,反应器内原有的污泥量和新投加的污泥量之和与生物捕食作用减少的污泥量和反应器内剩余的污泥量之和相等。从计算数据结果来看,蠕虫附着型生物床对 MBR 污泥的减量效率为 300~400 mg/(L·d),蠕虫床对排进反应器中的污泥减量效果明显,污泥去除效率都可以达到 25%~30%。

综合考虑 MBR 的污泥增长量和蠕虫床对其污泥的减量效果,为了达到 75%的污泥减量效果,需要与 MBR 联合使用的蠕虫床的体积为 39L,只相当于与 SBR 反应器联合使用的蠕虫床体积的 50%左右。从组合工艺角度考虑,使用 MBR 生物反应器与附着型蠕虫床组成的组合工艺在保证处理水量的基础上可以尽可能的减少处理构筑物的占地面积,这有利于减少组合工艺的建设运行费用。另外,由于 MBR 的最佳污泥浓度与蠕虫床的最佳污泥浓度不一致,需在两者之间设置一个污泥调节池,调节进入蠕虫床的污泥浓度使其达到最优。

最终确定 MBR＋蠕虫附着型生物床组合工艺主要由 MBR 水处理单元、调节池和蠕虫床三部分组成。

1) MBR 水处理单元

相关参数如下:MBR 为一体式 MBR;采用天津膜天的中空纤维膜;SRT 为

30 d;污泥浓度为 9000～10 000 mg/L。

　　2）调节池

　　MBR 中的泥水混合液间歇式排入调节池中,并调节池中的污泥浓度维持在 3000～4000 mg/L。

　　3）蠕虫床

　　蠕虫床的污泥停留时间约为 2 d;蠕虫床内的污泥浓度为 2500～4000 mg/L。调节池的泥水混合液进入蠕虫床中进行蠕虫捕食使。随后,污泥在蠕虫床沉淀区中沉淀,一定量的沉淀污泥回流到 MBR 中。

　　最终确定 MBR＋蠕虫附着型生物床组合工艺工艺流程如图 3-110 所示。

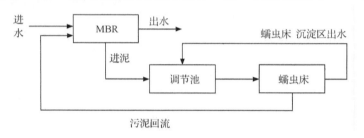

图 3-110　MBR＋蠕虫附着型生物床组合工艺流程图

　　（1）模拟生活污水进入到 MBR 中进行二级处理。

　　（2）MBR 中的泥水混合液间歇式排入调节池中,并调节调节池中的污泥浓度,使调节池中的污泥浓度维持在 3000～4000 mg/L。

　　（3）调节池的泥水混合液稀释后进入蠕虫床中进行污泥减量。

　　（4）经过减量后的污泥在蠕虫床沉淀区中沉淀,沉淀的污泥回流到 MBR 中。

　　在最优化条件下 MBR＋蠕虫附着型生物床污泥减量组合工艺初步运行了 100 d,与对照 MBR 相比较,组合工艺获得了良好的污水处理效果和污泥减量效果,并且使 MBR 的膜污染状况得到大幅度的减轻。

　　2. MBR＋蠕虫附着型生物床污泥减量组合工艺污泥减量效能

　　由图 3-111 可知,对照 MBR 与组合工艺中的污泥浓度先经过一个自我调节阶段,然后达到基本稳定为 9000～10 000 mg/L。

　　在稳定阶段,通过对比对照 MBR 与组合工艺的污泥产率发现,对照 MBR 与组合工艺的污泥产率分别为 0.26 kgVSS/kgCOD$_{removed}$ 和 0.04 kgVSS/kgCOD$_{removed}$,与常规的活性污泥法相比减量 35％和 90％。对照 MBR 的污泥减量效果来源于代谢平衡原理,而组合工艺的污泥减量效果来源于两个方面:①MBR 过程,为 70％;②蠕虫捕食,为 20％。值得注意的是,组合工艺中 MBR 过程的平均污泥产率只为 0.12 kgVSS/kgCOD$_{removed}$,相当于对照 MBR 的 1/2。这可能是由于两个 MBR 的 DO 浓度差异引起的,在组合工艺的 MBR 中 DO 可达 3~4 mg/L,而对照 MBR 中只有 0.8~1.5 mg/L。因此,组合工艺的污泥减量效果可来源于 3 部分:

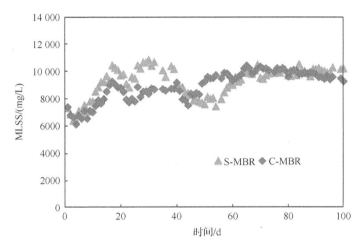

图 3-111　对照 MBR 与组合工艺中的污泥浓度

1) 由于代谢平衡原理导致的低污泥产率

根据代谢平衡原理,微生物首先在满足了维持能需要后,才能将剩余的能量用于生物合成。因此,可通过增加污泥停留时间和降低污泥负荷率 F/M,使能量的供给理论上等于维持能需要,从而达到污泥减量的目的。在 MBR 中,由于膜组件的截留作用,微生物被完全截留在反应器内,实现了污泥停留时间和 HRT 的完全分离。污泥细胞合成所需的能量来自于底物的供给,通过延长污泥停留时间或提高污泥浓度可以使污泥生长与死亡达到代谢平衡,实现污泥总量零增长。因此,MBR 可在高容积负荷、低污泥负荷、长污泥停留时间下运行,在这样的条件下,底物中的营养物质仅仅能够维持细菌的生命活动,细菌的合成代谢效率很低,从而降低了污泥产量,可实现无剩余污泥排放。Wagner(2000)、Rosenwinkel(2000)报道:在稳定运行一年的淹没式 MBR,污泥产率仅为 0.002~0.032 kg/d;Rosenberger(2002)、Kraume(2001)等的研究表明:在污泥浓度为 15~23 g/L、F/M 为 0.07 kgCOD/(kgMLSS·d)的条件下,MBR 污泥产率为 0。MBR 工艺也有明显不足:其活性污泥单薄而不团聚,具有较高的黏性和 SVI 值,脱水及沉淀性差,曝气量的增加和膜污染的频繁发生带来处理成本的提高。上述这些缺点限制了 MBR 作为主要污泥增长控制工艺的应用与实践。

2) 高 DO 带来的污泥产率进一步降低

在组合系统的 MBR 中,DO 可达 3~4 mg/L,是对照 MBR 的 2~3 倍。根据高 DO 的代谢接耦联原理。细胞表面的疏水性、微生物活性和 EPS 的产生都和反应器中的 DO 水平有关,这预示着 DO 对活性污泥的能量代谢有一定影响,进而影响碳在分解代谢和合成代谢中的分布。目前,对高浓度 DO 能减少污泥产量的机理有两种解释:McWhirter(1978)认为高浓度 DO 将会产生更多的活性生物量,因而使得真正的污泥负荷降低,从而导致相对较低的污泥产率;然而,Abbassi 等(2000)认为增加氧的浓度可以提高氧的深度扩散,使污泥絮体内部好氧区域扩大,絮体内水解的生物量都可以被好氧降解,从而使污泥量得以减少;在试验规模的 CAS 反应器中,当 DO 从 1.8 mg/L 增加到 6.0 mg/L 时,剩余污泥产量从 0.28 mgMLSS/mgBOD$_5$ 下降到 0.02 mgMLSS/mgBOD$_5$。

3) 蠕虫捕食带来污泥的消耗

根据生态学的理论,食物链越长,能量在传递过程中被消耗的比例就越大,最终形成总的生物量也就越少。因此,利用颤蚓类蠕虫的高营养级和对污泥较强的捕食消化能力,延长食物链并强化食物链中的捕食作用达到减少剩余污泥产生量的目的。

3. MBR+蠕虫附着型生物床污泥减量组合工艺污水处理效能

本节研究的是污水污泥协同处理系统,污水处理是关键之一。根据上文所述,一方面蠕虫捕食会带来营养物质的释放,污泥的回流会增加 MBR 的污水处理负荷,对污水处理效能产生影响;另一方面蠕虫床具有一定的反硝化脱氮能力,使整个系统具有一定的脱氮功能,在一定程度上弥补了 MBR 在脱氮方面的不足。由图 3-112、图 3-113 和表 3-17 可知,对照 MBR 和组合工艺的总体 COD 处理效果分别为 94.0% 和 93.6%,处理效果良好,蠕虫床的引入并没有对 COD 的总体处理效果产生明显影响。然而,通过分析反应器中 COD 的过程发现,在对照和组合系统

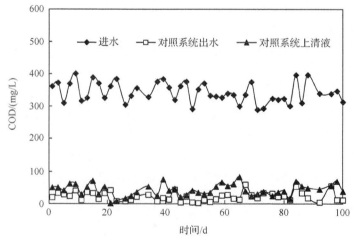

图 3-112　常规 MBR 中 COD 处理效果

中被悬浮污泥所去除的 COD 分别为 81.6％和 85.2％,组合工艺略高 3.6％。此结果表明,在相同的污泥浓度下,蠕虫的捕食能提高 MBR 中悬浮污泥对 COD 的降解能力。同时,蠕虫的捕食会带来一定程度的 COD 释放(50～100 mg/L),当捕食后污泥回流到 MBR 中时会使 MBR 的 COD 负荷轻微提高 2.0％。

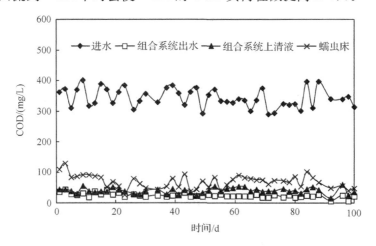

图 3-113　组合工艺 COD 处理效果

表 3-17　蠕虫床反硝化脱氮效能分析

项目	组合系统
蠕虫捕食前后硝酸盐氮浓度的减少量/(mg/L)	20.6
每天反硝化作用脱除的氮素总量/mg	412
脱除的氮素占进入 MBR 的氮素的百分比/％	6.7

　　另外,由图 3-114、图 3-115 和表 3-18 可知,对照 MBR 和组合工艺的总体氨氮处理效果分别为 96.2％和 96.4％,处理效果良好,蠕虫床的引入并没有对氨氮的总体处理效果产生明显影响。然而,通过分析反应器中氨氮的过程发现,在对照和组合系统中被悬浮污泥所去除的氨氮分别为 91.8.％和 89.5％,组合工艺稍低 2.3％。此结果表明,在相同的污泥浓度下,蠕虫的捕食使 MBR 中悬浮污泥对氨氮的去除能力降低,推测可能是由于:①蠕虫捕食使硝化细菌的量减少;②蠕虫的捕食会带来一定程度的氨氮释放(10 mg/L 左右),当捕食后污泥回流到 MBR 中时会使 MBR 的氨氮负荷轻微提高 1.7％;③缠绕在膜丝表面的蠕虫排泄所造成的,经过蠕虫捕食后的污泥回流到 MBR 中,不可避免地把一小部分的蠕虫带入 MBR 中,这些蠕虫在 MBR 中主要以成团的形式缠绕在膜丝上,并在膜丝表面团积起一层松散的污泥层,由于靠近膜表面他们富含氨氮的排泄物未来得及降解就被以出水的形式抽出系统外,从而造成了 MBR 出水氨氮浓度要比 MBR 内部污泥

上清液要高的情况。

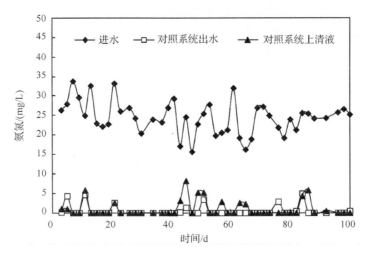

图 3-114　对照 MBR 中氨氮处理效果

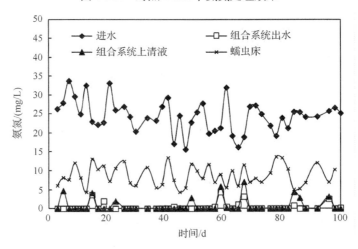

图 3-115　组合工艺氨氮处理效果

表 3-18　污水处理效果比较

项目	组合系统	对照系统
总 COD 去除率/%	93.6	94.0
反应器内污泥对 COD 的去除率/%	85.2	81.6
膜对 COD 截留率/%	8.4	12.4
总 NH_3-N 去除率/%	96.4	96.2
反应器内污泥对 NH_3-N 的去除率/%	89.5	91.8
膜对 NH_3-N 截留率/%	6.9	4.4

　　表 3-18 列出了两套系统中蠕虫床的反硝化脱氮效能,两套系统中脱氮效能差别不大,组合系统的蠕虫床具有较好的脱氮效果。由于在此系统中污泥的硝化效果难以估算,此处所表述的脱氮效能并不包括由于同步的硝化作用而脱除的氮素。根据分析,蠕虫床能为整个系统带来一定的氮素脱除效果,脱除的氮素占进入 MBR 氮素 6% 以上。

　　4. MBR+蠕虫附着型生物床组合工艺对污泥性质的影响

　　研究发现,组合系统对 MBR 中的污泥具有良好的改良改性作用,这些突出反映在 SVI 和比阻上,组合系统 MBR 中污泥平均 SVI 值为 182mL/g,远低于对照系统 MBR 中污泥平均 SVI 值,已经很接近于常规的活性污泥法的范围(120～170mL/g)。另外,组合系统 MBR 中污泥平均比阻为 $5.51×10^7 s^2/g$,约为常规 MBR 系统中污泥平均比阻的一半,过滤性能有了很好的改善,对污泥的后续处理非常有利。同时,这种低 SVI 值,低比阻的污泥有利于减轻膜污染。由表 3-116 还可以看出,蠕虫的捕食使组合系统 MBR 中污泥的有机物比例有轻微的下降(约 0.013),对污泥的活性影响不大。

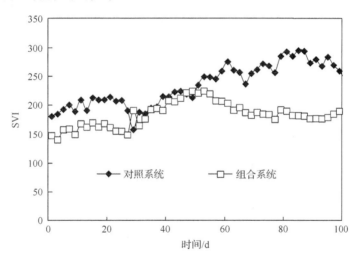

图 3-116　两套系统中 MBR 的污泥 SVI 值比较

　　另外,比较两个 MBR 的 SMP 和 EPS 的情况(表 3-19)可知,对于 SMP 来说,两个系统基本相当,组合系统的 SMP 中蛋白质类物质相对较多,而糖类物质相对较少。对于 EPS 来说,两个系统具有较大差异,组合系统的 EPS 中的糖类物质和蛋白质类物质以及总的 EPS 量分别比常规的 MBR 系统少 2.7 μg/mg、13.4 μg/mg 和 16.1 μg/mg。低 EPS 量有利于降低膜污染,这也进一步证明这种组合系统极大的减轻了膜污染。

表 3-19　两套系统中 MBR 的污泥性质值比较

项目	常规 MBR 系统	组合系统
SVI/(mL/g)	241	182
比阻/(s²/g)	1.03E+08	5.51E+07
MLVSS/MLSS	0.899	0.886
SMP 中的糖类物质/(mg/L)	1.64	1.56
SMP 中的蛋白质类物质/(mg/L)	0.75	0.77
总的 SMP/(mg/L)	2.39	2.33
EPS 中的糖类物质/(μg/mg)	19.8	17.1
EPS 中的蛋白质类物质/(μg/mg)	74.3	60.9
总的 EPS/(μg/mg)	94.1	78.0
EPS 中的糖类物质与蛋白质类物质的比例	0.286	0.289

　　比较常规 MBR 系统与组合系统中 MBR 内污泥的显微照片,可以发现蠕虫的捕食不仅改变了污泥的理化性质,还改变了污泥的表观形态和微生物种群状态。蠕虫的捕食使组合系统中 MBR 内污泥形成直径 200~500 μm 颗粒状,使污泥更紧密。这种大颗粒的污泥絮体不易附着于膜表面,提高了污泥的沉降性能,大大减轻了 MBR 的膜污染。由图 3-117、图 3-118 中还可以看到,组合系统的污泥中的丝状菌数量少,且丝状菌呈从颗粒状污泥内向外发散状,这种丝状菌的分布方式,既有利于污泥颗粒之间的相互连接,从而加速沉降,减轻膜堵塞。另外,通过显微镜观察发现常规 MBR 系统中分布有大量的水熊,而组合系统中则出现大量的累枝虫,表明组合系统的水处理效果更好。

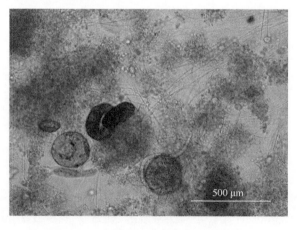

图 3-117　对照 MBR 的污泥显微照片

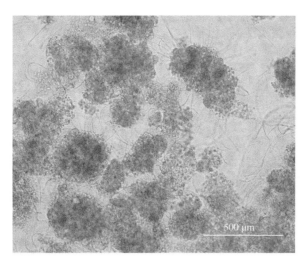

图 3-118　组合系统的污泥显微照片

5. MBR＋蠕虫附着型生物床组合工艺膜污染特性分析

采用恒流操作的方式,使膜通量保持在 8L/(m² · h),在恒定通量下对两套系统(对照系统,MBR-A;组合系统,MBR-B＋SSBWR)连续稳定运行 100 d,通过跨膜压差(TMP)的大小来考察两套系统的膜污染速率。MBR-A 和 MBR-B 的 TMP 在 100 d 内的变化情况如图 3-119 所示。

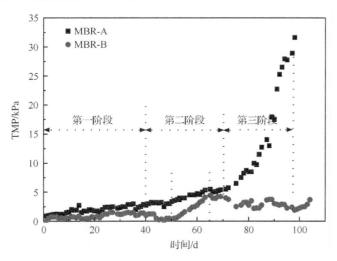

图 3-119　对照 MBR 与组合工艺中的 TMP 变化

从图 3-119 可以明显发现,未连接蠕虫床的 MBR-A 以及连接蠕虫床的 MBR-

B 在连续运行 100 d 中 TMP 的变化过程出现了三个清晰的阶段：

第一阶段（1～40 d）：此阶段是整个运行过程的初期阶段，MBR-A 和 MBR-B 在这一阶段曲线的变化趋势基本一致，并接近重合。二者的 TMP 随运行时间的延长均有较小程度的上升，TMP 从刚开始的 0 增加到第 40 天的 2.2kPa，dTMP/dt 为 0.055。

MBR-A 在此阶段膜过滤阻力有少量增加，这主要是由部分膜孔的堵塞以及膜表面可逆的浓差极化所引起。混合液在透过膜的过程中被截留下部分的活性污泥以及胶体物质，这些物质在膜表面形成比较松散的滤饼层，从而导致了膜组件的初期污染。MBR-B 与 SSBWR 之间进行了污泥回流，但由于此阶段是 MBR-B 与 SSBWR 组合的最初始阶段，MBR-B 内的污泥混合液尚未经 SSBWR 内蠕虫的充分作用，因此，MBR-B 与 MBR-A 在此阶段的的污染机理基本相同，TMP 的变化趋势也大体一致。

第二阶段（40～70 d）：此时间段是系统运行过程的中期阶段。MBR-A 的 TMP 在此阶段呈线性或弱指数形态平稳上升且速度较快，dTMP/dt 为 0.093，与第一阶段相比有了大幅提高；MBR-B 的 TMP 在此阶段随运行时间的延长变化不稳定，出现了先降后升的态势，但 TMP 在此时间段内一直低于 MBR-A。

MBR-A 的过滤阻力在此阶段有了较大幅度的增加，究其原因可能为膜表面凝胶层的形成。膜表面上原本未完全堵塞的膜孔在此阶段被周围混合液中的细小微粒所占据，从而导致膜孔的继续堵塞。此外，膜孔的孔径缩小也导致了吸附架桥现象的发生。虽然在第一阶段中膜表面产生的滤饼层比较松动，造成的污染是可逆的，但是由于反应器的运行参数尤其是曝气强度并未发生变化，导致滤饼层未能发生松动脱落而在膜表面继续附着。此外，污泥中的胞外聚合物和溶解性微生物产物经浓缩后也逐渐黏附在膜表面和滤饼层的外侧，继而导致了凝胶层的形成。膜污染速率在此阶段大幅增加，在图中表现为 dTMP/dt 较大。

与 SSBWR 耦合的 MBR-B 在此阶段的膜污染速率总体也呈现了上升的态势，但是与 MBR-A 相比膜污染程度较轻。通过两个 MBR 的比较可以显然发现，此种现象的产生与 MBR-B 与 SSBWR 之间的污泥回流直接相关。捕食污泥回流到 MBR-B 中导致污泥混合液的性质发生了一系列相应的变化，继而缓解了膜污染。

第三阶段（70～100 d）：此阶段是系统运行的后期阶段，为透膜压力跃升阶段。MBR-A 的 TMP 在此阶段出现了指数形式的快速上升，dTMP/dt 也持续升高，平均值可达 0.83，TMP 在 100d 后更是达到了 30kPa，急需进行化学清洗。相比较而言，MBR-B 的 TMP 保持平稳，数值维持在 2.5kPa 左右，比 MBR-A 要小得多。

MBR-A 在此阶段膜污染程度的大幅加剧，表现为 TMP 的急剧升高。究其原因可能是 MBR-A 膜表面的污染层随运行时间的延长继续加厚，泥层底部的微生物因缺氧死亡被裂解后又释放出了大量的多糖类物质，从而彻底堵塞了膜孔道。

此外,溶解性无机物生成的水垢也积附于膜表面形成水垢层,导致了过滤阻力的进一步急剧增加。与 SSBWR 耦合的 MBR-B 的膜污染程度比单独运行的 MBR-A 的膜污染程度要小得多,这主要是由于 MBR-B 与 SSBWR 在此阶段进行了十分充分的污泥回流,蠕虫也对污泥进行了充分的捕食,继而缓解了膜污染的发展。

为深入观察 MBR-A 以及 MBR-B 的膜表面污染状况,本节研究在系统运行至 100 d 时各剪取 MBR-A 和 MBR-B 的膜丝进行扫描电镜分析,分别如图 3-120(a) 和图 3-120(b)所示。对比图 3-120(a)和图 3-120(b)可以发现,MBR-A 的膜丝表面被致密的层层污染物所覆盖,几乎看不到裸露的膜丝表面;与 SSBWR 联合运行的 MBR-B 的膜丝表面则比较清洁,表面污染物质较少,受污染程度也较轻,还可清晰观察到部分未受污染的膜丝表面。

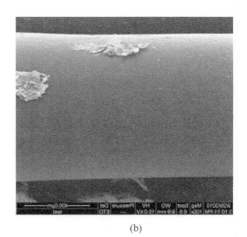

(a)　　　　　　　　　　　　　　　(b)

图 3-120　MBR-A(a)与 MBR-B(b)的膜丝 SEM 照片

从以上结果可以看出,经过 SSBWR 摄食和消化后的污泥回流到 MBR-B 中,大大改善了 MBR-B 中污泥混合液的可滤性,明显延缓了膜污染。

将 MBR-A 与 MBR-B 的膜污染趋势进行对比,根据本节研究可以推测,SSBWR 的联合有可能使得 MBR-B 的污泥混合液中致污染物质的含量有了较为显著的减少,或是使其结构组成发生了一系列的变化,从而导致其对 MBR 的致污染能力显著减弱。

另外,由图 3-121 常规 MBR 系统与组合工艺 MBR 中的膜表面孔隙率分布可知,对照 MBR 与组合工艺的膜表面污染层的厚度分别为 20 μm 和 11 μm,相应的平均孔隙率分别为 0.60 和 0.74,膜表面可形成较薄孔隙率较大的污染层。进一步,通过三维荧光分析,发现在组合工艺中污染层中糖类和蛋白质类膜污染物也得到显著的降低。

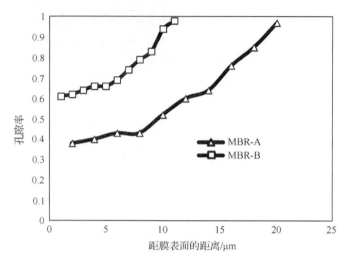

图 3-121　对照 MBR 与组合工艺中的膜表面空隙率分布

表 3-20 总结了 2 个 MBR 在运行了 104 d 膜过滤结束后膜阻力、膜孔堵塞阻力、泥饼层阻力以及膜过滤总阻力的差别。2 个 MBR 的膜孔阻塞和不可逆阻力的差别较小,可以看出滤饼污染是造成膜污染的主要原因,且 MBR-A 与 MBR-B 滤饼阻力差别较大,分别占 MBR-A 与 MBR-B 的过滤阻力的 89％和 43％,较大的滤饼阻力是 MBR-A 膜污染速率高于 MBR-B 的重要原因。

表 3-20　膜污染阻力分析结果

膜	R_m		R_p		R_c		R_t
	$/10^{12}$ m^{-1}	/％	$/10^{12}$ m^{-1}	/％	$/10^{12}$ m^{-1}	/％	10^{12} m^{-1}
MBR-A	1.24	4.29	2.06	7.13	25.6	88.58	28.9
MBR-B	0.634	49.55	0.102	7.94	0.544	42.50	1.28

6. MBR＋蠕虫附着型生物床组合工艺膜污染控制机制

膜污染如今已成为制约 MBR 长期稳定运行的关键性因素,引起膜污染的影响因素有很多,而其直接物质来源即是膜周围的污泥混合液。活性污泥中含有多种组分,例如胞外聚合物(EPS)和溶解性微生物产物(SMP)以及悬浮胶体和微生物等。本节主要研究组合工艺对这些组分的影响,进而探究膜污染控制机制。

1) MBR＋蠕虫附着型生物床组合工艺对 EPS 和 SMP 的影响

国内外众多研究表明,在污泥混合液中的有机和无机污染物中,SMP 和 EPS 的积累对膜污染具有十分重要的影响,将会导致 MBR 运行过程中跨膜压差(TMP)的不断增大和过膜通量的不断降低,从而引发严重的膜污染现象。

SMP 和 EPS 的主要成分均为蛋白质和多糖,主要来源于细胞分泌的荚膜、黏液等代谢产物以及细胞的自溶作用。蠕虫附着型生物床(SSBWR)内接种有大量的蠕虫,蠕虫在对污泥进行摄食和消化的同时会导致污泥中菌胶团的瓦解以及细菌细胞的破裂,使得大量的胞内物质溶出,此外原本在菌胶团内部起黏结作用的胞外聚合物也会被大量释放到污泥混合液中,从而引起污泥混合液中 SMP 和 EPS 组成和浓度发生一系列变化。本节实验是将 MBR-B 与 SSBWR 进行耦合,通过二者之间的回流研究蠕虫捕食作用对污泥混合液中 SMP、EPS 的数量及组成的影响,并设立不与 SSBWR 连接、单独运行的 MBR-A 系统,通过两套系统的长期对比运行来探讨蠕虫作用对膜污染的影响。

(1) 组合系统中 SMP 浓度及组成的变化分析

SMP 是微生物在生命过程中产生的一类重要代谢产物,产生途径有很多,主要来源于微生物对底物的降解、内源代谢以及应对环境变化等过程。SMP 的成分非常复杂,众多研究表明,蛋白质和多糖是其主要的构成组分,这两类成分在 SMP 中的比例受外界众多因素的影响,并直接决定了 SMP 的物化特性。另外,SMP 的存在极易引起 MBR 运行过程中膜孔的堵塞,并导致膜表面致密滤饼层的形成,近年来,对 SMP 特性的研究正日益引起人们的重视。本实验是将 MBR-A 系统以及 MBR-B+SSBWR 组合系统同时运行,长期监测各反应器内 SMP 的变化,通过对比研究蠕虫作用对组合系统中 SMP 的浓度及组成的影响。

MBR-B 与 SSBWR 之间通过污泥回流构成了 MBR-B+SSBWR 组合系统,此系统连续运行了 100 d,图 3-122 所示为 MBR-B 及 SSBWR 污泥上清液中 SMP 的浓度随时间变化的趋势图。

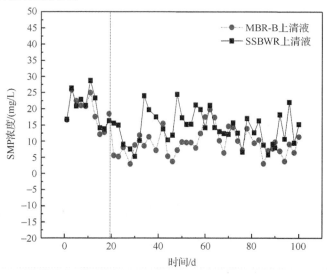

图 3-122 MBR-B 及 SSBWR 中 SMP 浓度变化图

由图可以看出,随着运行时间的延长,两反应器中 SMP 的浓度变化大体可分为两个阶段。第一阶段是 MBR-B 与 SSBWR 进行污泥回流的最初 20 d,两反应器的 SMP 浓度在此阶段的变化趋势大体一致,这可能与二者的接种污泥来源相同有关。随着组合系统的运行,可以发现两反应器的 SMP 变化曲线逐渐出现了分离。虽然两曲线在此阶段均处于波动状态,但 SSBWR 的 SMP 浓度在运行过程中一直高于 MBR-B,尤其在 40~60 d 时间段最为明显,二者最大可相差 17 mg/L。

与组合系统 MBR 对比可以发现,SSBWR 内污泥上清液中的 SMP 含量有了较大幅度的提高,这可能与 SSBWR 内蠕虫的捕食作用有关。Peng 在研究中发现,蠕虫作为一种大型后生动物,对污泥混合液中的较小的菌胶团和单个细菌均具有良好的捕食作用。SSBWR 在本实验中采用长时间微量曝气和间歇强扰动曝气相结合的运行方式,当 SSBWR 处于微量曝气阶段时,一部分污泥逐渐沉积在了填料板上,接种在填料内的大量蠕虫此时则将头部伸入污泥层中来摄取食物以获取生命活动所需能量,污泥层中的较小菌胶团将会因蠕虫的捕食作用而发生破裂,原本储藏在菌胶团内部的大量的溶解性有机物被则被释放了出来。当 SSBWR 处于强扰动状态时,从填料中脱落下来的少量蠕虫则对周围混合液中的单个悬浮细菌进行摄食,继而导致细菌细胞的破裂。正是由于蠕虫对污泥混合液中的较小菌胶团和单个细菌的摄食和消化作用,细菌细胞内部的蛋白质和多糖类物质被大量释放到混合液中形成 SMP,从而导致 MBR-B 内的污泥回流到 SSBWR 内,SMP 含量有了较大幅度的提高。

图 3-123 所示为连续运行 100 d 过程中,SSBWR 内 SMP 的组成(多糖和蛋白质及蛋白质和多糖的比例)随时间的变化分析图。由图可见,随着运行时间的延长,SMP 中蛋白质和多糖的浓度均上下波动,无明显的变化规律,但蛋白质和多糖的比值(p/c)却呈现出一定的变化趋势。可以发现,在系统运行的初始时期,蛋白质与多糖的比值较高,经常大于 1,最高时可达 1.4,此时蛋白质在 SMP 中占主要成分。随着运行时期的延长,p/c 值虽仍呈波动状态,但总体上呈逐渐下降的趋势,42 d 之后数值基本一直小于 1,在 104 天后更是低至 0.4,此时多糖含量几乎是蛋白质的 3 倍。多糖在 SMP 中的比例在此时间段内超过了蛋白质,成为 SSBWR 中 SMP 的主要成分。蠕虫对污泥的摄食和消化作用在导致污泥上清液中 SMP 释放的同时,并使得多糖类物质在 SMP 内所占的比重增加。图 3-124 给出了连续运行 100 d 过程中,MBR-A 和 MBR-B 内上清液中 SMP 的浓度变化图。通过对比可以发现,在系统运行的初始阶段,MBR-A 与 MBR-B 的 SMP 浓度相差不大,变化趋势几近重合。但在系统连续运行 20 天之后,MBR-B 的 SMP 浓度变化曲线大致在 MBR-A 之上,代表着 MBR-B 中 SMP 浓度比 MBR-A 偏大,浓度相差在 2 mg/L 左右。

MBR-A 与 MBR-B 在运行初始阶段 SMP 的浓度基本相同,这主要由于二者

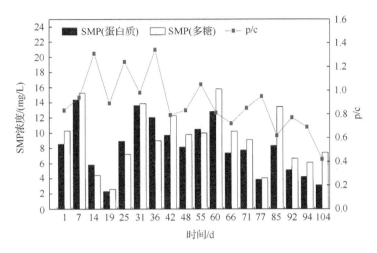

图 3-123　SSBWR 内 SMP 成分变化图

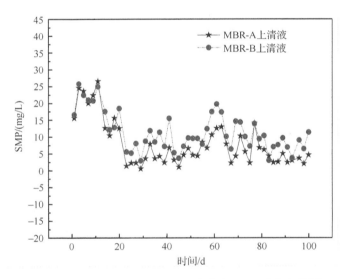

图 3-124　MBR-A 及 MBR-B 上清液中 SMP 浓度变化图

接种了相同的污泥所致。MBR-B 与 SSBWR 之间虽进行了污泥回流，但由于此时 MBR-B 内的污泥尚未经蠕虫充分作用，因此，SMP 浓度基本与单独运行的 MBR-A 相同。而在系统运行的后半阶段，MBR-B 与 SSBWR 之间进行了充分的污泥回流，蠕虫对 SMP 的影响开始逐渐显现出来。Duncan(1999)经研究发现，微生物在受到环境压力(如温度变化、渗透压冲击等外界干扰)时会产生 SMP 以缓解外界压力，SMP 可作为微生物应对外界环境变化的一种缓冲物质。SSBWR 中蠕虫的摄食作用对微生物来说也是一种外界环境压力，在此刺激下，微生物将会通过

SMP 的释放来缓解此种压力。SSBWR 中 SMP 含量较高的污泥回流到 MBR-B 中，从而导致 MBR-B 内的 SMP 较 MBR-A 偏高。

出水水质是反映一个污水处理反应器运行状况和处理效果的最直接指标，这同样也适用 MBR 污水处理工艺。SMP 是微生物在污水生化处理过程中产生的代谢产物，以溶解状态存在于污泥上清液中，其当量尺寸一般较小，较难被微生物再次代谢，也较难被膜高效截留。因此，SMP 成为 MBR 出水中有机污染物的主要成分，同时也是出水 COD 的重要贡献者，研究 MBR 出水中 SMP 的特性对保证出水水质具有重要的意义。

图 3-125 给出了 MBR-A 以及 MBR-B 出水中 SMP 浓度随运行时间的变化情况，其中 MBR-A 独立运行，MBR-B 与 SSBWR 通过污泥回流实现了偶合。从图中可以发现两反应器的出水中 SMP 浓度随时间变化趋势基本一致，数值大小也基本相同，均维持在 (4.8 ± 2.5)mg/L 左右。由此可见，捕食污泥的回流并未影响到 MBR 出水中 SMP 的浓度。

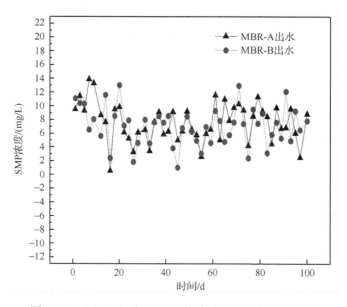

图 3-125　MBR-A 及 MBR-B 出水中 SMP 浓度变化图

MBR 污泥上清液的 SMP 浓度与出水的 SMP 浓度之差可以反映反应器运行过程中被膜所截留的 SMP 的量。该结果表明，MBR-A 和 MBR-B 的膜组件对溶解性有机物均有一定的截留，截留率分别为 57% 和 61%。

（2）组合系统中 EPS 浓度及组成的变化分析

EPS 是细菌和其他微生物在生命活动中产生的具有一定特殊功能的黏性高分子有机物，普遍存在于活性污泥絮体的内部及表面。EPS 的成分复杂，其中多糖和蛋白质为主要成分,占其总质量的 75%～89%。

近年来,众多研究表明 EPS 是膜污染众多因素中最重要的生物因素。Nagao-ka(1996)等通过研究发现污泥的过滤性会随着 EPS 量的增加而变差。Chang (1998)定量分析了膜污染的众多影响因素,发现污泥混合液中 EPS 浓度越大,膜污染就越严重。因此,对 EPS 的特性进行深入研究对有效抑制膜污染具有十分重要的意义。

图 3-126 所示为 MBR-B 与 SSBWR 污泥混合液中 EPS 的浓度随时间的变化图,反映了连续运行 100 d 过程中组合系统内 EPS 含量的变化趋势。

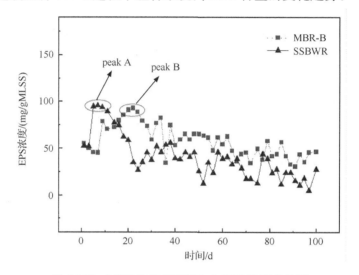

图 3-126　MBR-B 及 SSBWR 内 EPS 浓度变化图

由图可见,在组合系统的长期运行过程中,SSBWR 内 EPS 浓度比 MBR-B 内 EPS 浓度偏低。仔细观察还可发现,两反应器的 EPS 浓度在初始阶段都有一个剧烈的上升期,随着系统运行时间的延长,浓度均又逐渐下降,并渐进趋于平稳。此后两反应器内 EPS 的浓度值虽有一定波动,但数值均稳定在一定范围之内:MBR-B 内污泥混合液的 EPS 浓度稳定在(65±6)mg/gMLSS, SSBWR 的 EPS 浓度稳定在(45±10)mg/gMLSS。

随着 MBR＋SSBWR 组合系统的稳定运行,两反应器在运行的最初阶段均出现了 EPS 浓度的峰值,但 SSBWR 的浓度峰(peak A)较 SSBWR 的浓度峰(peak B)出现时间早。分析可知,此种现象的出现与蠕虫的摄食作用以及 EPS 的特性密切相关。众所周知,EPS 的一个重要特点就是黏附在微生物细胞表面形成絮体,并在细胞和絮体的外层形成保护屏障,从而抵御外界不利环境因素的干扰。在 SSBWR 运行的初始阶段,处于"饥饿"状态的蠕虫为获取生命活动所需的能量,开始大量摄食周围污泥混合液中的单个细菌以及较小的微生物絮体。一方面,混合液中众多单独生长的细菌通过大量分泌 EPS 而相互黏结形成微生物絮体,以抵御蠕虫的摄食,这与前期试验过程中发现的污泥沉降性能变好相一致;另一方面,蠕虫的摄食作用使得混合液中的较小微生物絮体得到破坏和瓦解,原本在絮体内部起黏结作用的 EPS 被大量释放出来。正是由于上述两方面的共同作用,初始阶段污泥混合液中的 EPS 浓度在短时间内急剧增加。而 SSBWR 内的污泥部分回流到 MBR-B 中,因此,MBR-B 内的 EPS 浓度在初始阶段也出现了一个高峰,并且出现时间较 SSBWR 滞后。

此外,Zhang(2003)通过研究发现,EPS 不仅可以被产生自己的自身微生物所降解,还可作为有机基质被其他微生物利用。SSBWR 内 EPS 浓度的大量增加也为微生物的生长提供了食物来源,从而使污泥混合液中的 EPS 不断的被消耗,表现为图中 PES 浓度的逐渐下降。随着反应器运行时间的延长,EPS 的增加和消耗逐渐达到了动态平衡,从而致使反应器中的 EPS 浓度渐进平稳,并稳定在某一特定范围之内。

图 3-127 给出了连续运行 100 d 过程中,SSBWR 内 EPS 组成(蛋白质、多糖以及蛋白质与多糖的比)的变化状况。由图可知,EPS 中的蛋白质含量远高于多糖类物质,这与大多数文献的报道结果一致。此外,随着运行时间的延长,SMP 中蛋白质和多糖的浓度均上下波动,无明显的变化规律,但蛋白质和多糖的比值(p/c)却呈现出总体上升的变化趋势,这与 SMP 的的研究结果正相反。

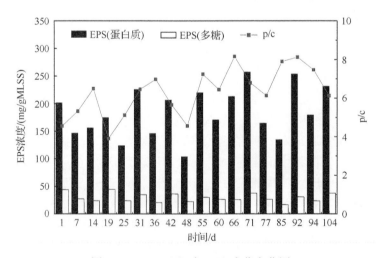

图 3-127 SSBWR 内 EPS 成分变化图

实验中发现,蛋白质在 EPS 的比重随 SSBWR 运行时间的延长逐渐增加,究其原因,这可能与蠕虫的排泄物中含有较多的蛋白质有关。Elissen(2006)在研究寡毛类蠕虫对活性污泥的减量效果时发现,蠕虫在每天消耗 45 mgTSS 过程中会相应产生 12 mgTSS 的排泄物,可占总消耗量的四分之一。而杞桑(1990)曾对蠕虫排泄物中所含的组分进行了深入的研究,实验结果显示蠕虫排泄物中富含各类氨基酸,除苏氨酸外,排泄物中各类氨基酸的相对含量均高于底泥。由此可以推测,SSBWR 内的蠕虫在对污泥的摄食和消化过程中产生了大量富含蛋白质的排泄物,这些排泄物沉积在污泥内部,并以 EPS 的形式被检测出来,使 EPS 中蛋白质的比重增加,不过这尚需进一步的验证。

图 3-128 反映了 MBR-A 与 MBR-B 污泥混合液中 EPS 的浓度随时间的变化趋势,根据两反应器 EPS 浓度的相对大小可将运行过程分为两个时间段。第一阶段内 MBR-A 与 MBR-B 的 EPS 浓度大小基本相同,而在第二阶段,连接蠕虫床的 MBR-B 的 EPS 浓度比单独运行的 MBR-A 的 EPS 浓度要小得多。由此说明,捕食污泥的回流可降低 MBR 内 EPS 的含量,这与 SMP 的变化趋势正相反。

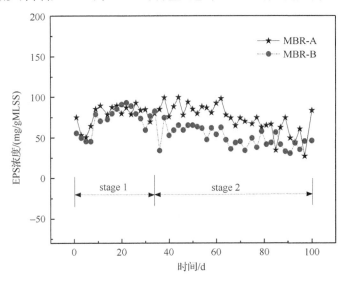

图 3-128　MBR-B 及 SSBWR 内 EPS 浓度变化图

由图可见,MBR-B 在第一阶段内出现了 EPS 浓度的短暂高峰,而 MBR-A 在运行过程中并未出现。运行过程中,两 MBR 的结构和运行条件均完全相同,唯一的不同点即是 MBR-B 与 SSBWR 之间进行了污泥的回流。可以推测,与 SSBWR 的耦合是导致 MBR-B 在第一阶段出现 EPS 浓度峰的最直接原因。

(3) 组合系统中 SMP 与 EPS 含量的对比研究

SMP 和 EPS 是活性污泥混合液中对膜污染有极其重要作用的物质,随着运行时间的延长,MBR-A、MBR-B 以及 SSBWR 内的 SMP 和 EPS 并未在反应器内发生积累,浓度均最终趋向平稳于某一数值。将各反应器内 SMP 和 EPS 的浓度及组成进行了对比,分别如图 3-129、图 3-130 所示。从上述图中可以看出,污泥经

SSBWR 作用后,SMP 浓度增加了 2.6 mg/L,而 EPS 的浓度减少了 11.7 mg/gMLSS。比较 MBR-A 和 MBR-B 发现,经 SSBWR 捕食后的污泥回流到 MBR-B 中使 EPS 浓度减少了 16 mg/gMLSS,而 SMP 的含量仅增加了 0.6 mg/L。由此推测,污泥经蠕虫捕食后回流到 MBR-B 中,使 MBR-B 中 EPS 的含量减少抵消了 SMP 浓度的增加对膜污染的影响,因此与蠕虫床相连的 MBR-B 膜污染较轻。由此可见,捕食污泥回流不但能够减少剩余污泥的产生量,而且能够延缓膜污染。为了进一步确定引起膜污染减轻的关键性因素,将蠕虫作用对 SMP 和 EPS 特性的影响机理进行深入研究。

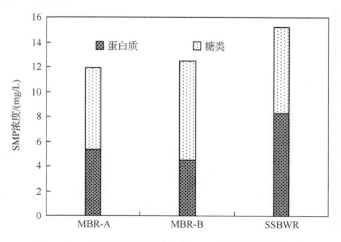

图 3-129　经 SSBWR 作用后 SMP 浓度变化分析图

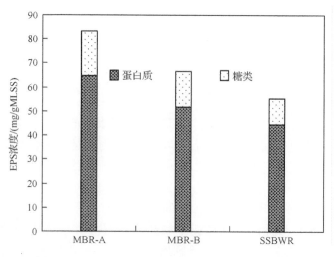

图 3-130　经 SSBWR 作用后 EPS 浓度变化分析图

以单独运行的 MBR-A 作为对照，主要研究了 MBR-B＋SSBWR 耦合系统在连续运行 100 d 的过程中，蠕虫作用对 SMP、EPS 浓度组成以及膜污染的影响。恒定通量下，MBR-A 在连续运行 100 d 后 TMP 达到了 30kPa，经电镜观察膜表面的污染很严重，而连接蠕虫床的 MBR-B 在 100 d 内 TMP 只有少量上升，膜表面也比较清洁，表明与蠕虫床（SSBWR）耦合可以显著降低 MBR 的膜污染速率，延缓膜污染。MBR-B 内的污泥回流到 SSBWR 内，污泥上清液中的 SMP 浓度有少量升高，而 EPS 浓度发生了大幅下降，SSBWR 内 SMP 和 EPS 的 p/c 值随运行时间的延长分别呈下降和上升的趋势，表明蠕虫对污泥絮体的摄食和消化作用可造成污泥混合液中 SMP 的释放和 EPS 的大量减少，并使得蛋白质类物质在 SMP 内所占的比重降低，在 EPS 中的比重升高。与 MBR-A 相比，MBR-B 中 EPS 浓度减少了 16 mg/g MLSS，而 SMP 的含量仅增加了 0.6 mg/L，MBR-B 中 EPS 的含量大幅下降抵消了 SMP 少量上升带来的不利影响，说明与 SSBWR 的耦合可降低 MBR 中膜污染物的总量，有效延缓膜污染。

（4）组合系统中 SMP 及 EPS 的相对分子质量分布特性

本节实验在前期考察了 MBR-A 以及 MBR-B＋SSBWR 组合系统连续运行 100 d 过程中，各反应器（MBR-A、MBR-B 以及 SSBWR）内 SMP 和 EPS 浓度及组成的变化情况。通过前期研究发现，SMP 经 SSBWR 作用后得到一定程度的释放，PK 呈下降趋势；与之相反，SSBWR 的作用使得污泥混合液中 EPS 的浓度发生较为明显的下降，而且蛋白质在 EPS 中所占比重得到增加。由此可见，蠕虫对活性污泥絮体的摄食和消化作用导致污泥混合液中 SMP 和 EPS 的浓度及组成均发生了一系列宏观方面的改变，并相应地引起膜污染现象的变化。本章则在前期实验研究的基础上，继续从微观角度就 MBR-B＋SSBWR 组合系统中蠕虫作用对 SMP 和 EPS 特性的影响机理进行深入探讨，从进一步研究蠕虫作用减轻 MBR 膜污染的机制。

相对分子质量分布的测定主要通过凝胶排阻色谱来实现。凝胶排阻色谱以多孔凝胶（如葡萄糖、琼脂糖、硅胶、聚丙烯酰胺等）作固定相，依据样品相对分子质量的大小达到分离目的。样液在流经色谱柱的过程中，大分子物质不进入凝胶孔洞，沿多孔凝胶胶粒间隙流出，先被洗脱；小分子物质则进入大部分凝胶孔洞，在柱中被强滞停留，后被洗脱。此外，波峰的大小也可反映此种相对分子质量物质的含量，波峰越高，含量也就越高。因此，可以根据样品在出峰过程中停留时间的不同和出峰的大小来区分不同相对分子质量物质的相对含量。

在系统稳定运行之后，分别从 MBR-A、MBR-B 和 SSBWR 的上清液和出水中分别提取 SMP 进行凝胶排阻色谱测定，比较各个相对分子质量段组分的变化，以研究蠕虫作用对系统中 SMP 相对分子质量分布的影响，如图 3-131 所示。

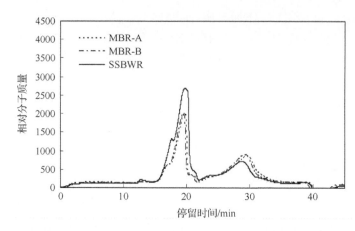

图 3-131　MBR-A,MBR-B 和 SSBWR 上清液中 SMP 的相对分子质量分布

从 MBR-A、MBR-B 以及 SSBWR 上清液中 SMP 的相对分子质量分布图中可以看出,三者 SMP 的相对分子质量均呈双峰式分布。随着停留时间的延长,三个反应器均在相同的停留时间 18min 和 20min 处有两个明显的波峰。其中,停留时间在 18min 的波峰代表着相对分子质量为 20 000 的物质的存在,28min 左右的波峰则对应着相对分子质量为 5000 的物质。此外,波峰的大小代表着相应相对分子质量物质的相对浓度。观察可发现,MBR-A 和 MBR-B 均在相同的停留时间处同时出峰并且波峰大小相同。与两 MBR 相比较,SSBWR 中各峰的出峰时间也与之相同,但是 18 min 处的波峰较 MBR 偏高,28 min 处的波峰则偏低。由此可知,SMP 经蠕虫床捕食后 20 000 的物质增多,而相对分子质量为 5000 的物质减少,MBR-A 和 MBR-B 污泥上清液中有机物(SMP)的相对分子质量分布没有明显差异。

图 3-132 所示为 MBR-A 和 MBR-B 稳定运行后出水中 SMP 的相对分子质量分布情况。对比可发现二者的出峰时间基本相同,在停留时间 22 min 和 33 min 处各有一个明显的出峰,分别代表着相对分子质量为 18 000 和 3000 有机物的存在。但 MBR-B 比 MBR-A 的各峰峰强要高,说明捕食污泥的回流,使得 MBR-B 出水中各相对分子质量段物质含量变高。

与污泥上清液中 SMP 的相对分子质量分布对比,可以明显看出,出水中 SMP 中的相对分子质量分布趋势与上清液中基本一致,由此可见,污泥上清液中的 SMP 是 MBR 出水中 SMP 的直接物质来源。此外,出水中 SMP 各峰的停留时间 (22 min 和 33 min)比上清液中的出峰时间(18 min 和 28 min)略有延迟,因此,出水中 SMP 的各相对分子质量分布均较上清液中的相对分子质量偏小。由此可知,污泥上清液中一部分大分子 SMP 被截留,小分子物质透过膜孔进入出水中,成为出水中有机物的重要成分。

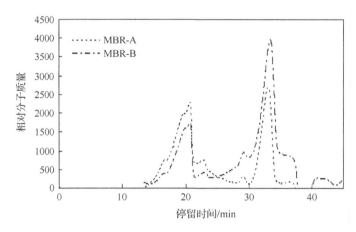

图 3-132　MBR-A,MBR-B 出水中 SMP 的相对分子质量分布

系统稳定运行后,从 MBR-A、MBR-B 以及 SSBWR 污泥混合液中提取 EPS,进行相对分子质量分布的测定,比较各个相对分子质量段组分的变化,以研究蠕虫作用对系统中 EPS 相对分子质量分布特性的影响,如图 3-133 所示。

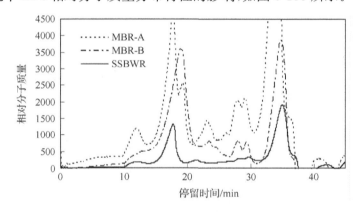

图 3-133　MBR-A,MBR-B 及 SSBWR 污泥混合液中 EPS 的相对分子质量分布

从 MBR-A、MBR-B 以及 SSBWR 污泥混合液中 EPS 的相对分子质量分布图中可以看出,各反应器污泥混合液中的相对分子质量分布情况与 SMP 相比较为复杂,出峰也较多,但总体来看,EPS 的相对分子质量分布也有两个较为显著的波峰,分别在停留时间为 18 min 和 33 min 出现。

比较 SSBWR 和 MBR-B 污泥混合液中 EPS 的相对分子质量分布可发现,SSBWR 的出峰时间与 MBR-B 基本一致,但是各峰的峰强比 MBR-B 的对应峰要小得多。因此,EPS 经蠕虫床捕食后各相对分子质量物质都有不同程度的减少。再将 MBR-A 和 MBR-B 进行对比,MBR-B 的各峰出峰时间均比 MBR-A 有所延迟,代表着各相对分子质量段物质的减少,此外,MBR-B 中的各峰的峰强也比

MBR-A 的对应峰要小得多。由此可见,捕食污泥回流到 MBR-B 中使得 MBR-B 中各相对分子质量 EPS 变少,推测这与 SSBWR 内蠕虫对污泥混合液的摄食和消化作用有关。

比较图 3-132 和图 3-133 可发现,MBR 出水中的 SMP 和污泥混合液中的 EPS 的相对分子质量分布情况也有一定的相似,只是各相对分子质量段物质的含量均要比出水中要小。由此可见,SMP 中的大相对分子质量物质被截留,小分子物质通过膜孔流出,也构成了出水中 SMP 的组成部分。此外,还可发现 EPS 中的大分子物质是膜孔堵塞的主要原因,这与 Wang 等(2009)的研究的结果一致。蠕虫捕食能够降低 EPS 中大分子物质的含量,因此捕食污泥的回流能够减轻膜污染。

(5) 组合系统中膜表面污染物的红外光谱特性

为分析确定组合系统中 SMP、EPS 以及膜表面污染物中的有机成分,本节实验分别提取 MBR-A、MBR-B 和 SSBWR 中的 SMP、EPS 以及膜表面污染物进行红外光谱分析,如图 3-134 所示。图 3-134(a)、(b)、(c)分别为 SMP、EPS 及膜污染物的 FTIR 谱图。在红外光谱图中,具有重要意义的是蛋白质的典型特征峰 $1660cm^{-1}$(酰胺 I 带)和多糖类的典型特征峰 $1100\ cm^{-1}$。从图 3-134(a)中可以看出,MBR-A 和 MBR-B 中的 SMP 没有出现蛋白质类的特征峰,而在 SSBWR 中出现了蛋白质类的特征峰,在所有的 SMP 样品中都含有糖类物质的特征峰。从图 3-134(b)中可以看出,所有的 EPS 样品中都含有蛋白质和糖类物质的特征峰,但峰的强度有所不同,MBR-B 中的蛋白质和糖类物质峰强度小于 MBR-A 中的峰强度。从图 3-134(c)中可以看出,在膜污染物中都含有糖类和蛋白质类物质的特征峰,且 MBR-A 中蛋白质类物质的峰强度大于 MBR-B 中蛋白质类物质的峰强度,两个 MBR 污染物中多糖类物质的峰强度在基本一致。

将 MBR-A 和 MBR-B 中膜污染物谱图分别与各自反应器中 SMP 和 EPS 作对比,可以看出,EPS 的谱图与膜污染谱图有一定的相似性。结合相对分子质量分布分析可以得出,EPS 是膜污染物质的主要来源。此外,由于捕食污泥回流到 MBR-B 中,使膜污染物中的蛋白质含量减少,由此推测,EPS 中的蛋白质含量的减少与膜污染有很大的关系。为了进一步确定蠕虫捕食对 EPS 和 SMP 中蛋白质类物质的影响,本节研究继续对 SMP 和 EPS 进行三维荧光光谱分析。

(6) 组合系统中 SMP 和 EPS 的三维荧光特性

三维荧光光谱(three-dimensional excitation emission matrix fluorescence spectroscopy)技术是一种近 20 年来发展起来的新型化学分析技术,主要根据分子在特定波长的激发光(excitation)照射下发出特征发射光(emission)的原理而研发。三维荧光光谱技术能够获得激发波长(λ_{ex})和发射波长(λ_{em})同时变化时的荧光强度信息,具有高选择性、高灵敏性、所需样品少、不破坏样品结构且无污染等优

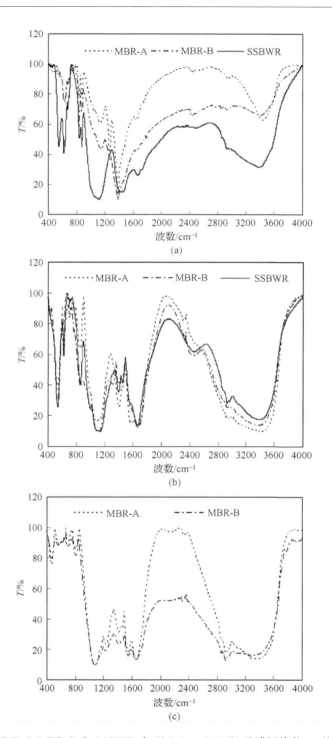

图 3-134　MBR-A、MBR-B 和 SSBWR 中 SMP(a)、EPS(b)及膜污染物(c)的 FTIR 谱图

点,并且能够识别和表征复杂有机物中的物质组成和特征,从而成为研究大分子有机物的一种重要手段。活性污泥的胞外聚合物和溶解性微生物产物中都含有大量芳香环结构和不饱和脂肪链等荧光基团,因此可以被检测出来。目前,三维荧光光谱技术在污泥混合液中的 SMP 和 EPS 的研究方面正逐渐得到越来越多的应用。

  三维荧光光谱是将荧光强度以等高线方式投影在以激发波长和发射波长为纵横坐标的平面上获得的谱图,在谱图中,不同的溶解性有机质具有不同的荧光基团,并且荧光峰的位置和强度也不尽相同。Chen 等(2003)根据文献总结,将三维荧光光谱图分为五个区域(Region Ⅰ-Ⅴ),每个区域对应某一类有机质。一般而言,水体中各类有机质的荧光峰的位置如图 3-135 和表 3-21 所示。

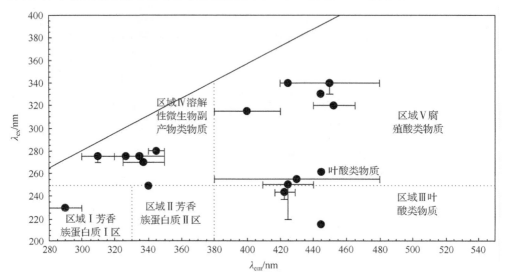

图 3-135　各类有机质在 3DEEM 中的区域位置示意图

表 3-21　3DEEM 谱图中区域划分表

项目	区域Ⅰ	区域Ⅱ	区域Ⅲ	区域Ⅳ	区域Ⅴ
激发波长/nm	200～255	200～275	200～255	250～335	250～380
发射波长/nm	280～335	335～380	380～540	280～380	380～540
所属有机物	酪氨酸类蛋白质	色氨酸类蛋白质	类富里酸物质	类溶解性微生物副产物	类腐殖酸物质

  实验过程中,从各反应器内定期取样,配以 1 cm 石英比色皿,以 Mill-Q 为空白,各水样经 $0.45\mu m$ 滤膜过滤后直接进行三维荧光扫描。三维荧光光谱的测定是在 FP-6500 荧光光谱仪上完成的,此光谱仪采用氙弧灯为激发光源,激发波长

$\lambda_{ex}=220\sim450$ nm，发射扫描波长 $\lambda_{em}=220\sim600$ nm，激发和发射狭缝宽度为5 nm，激发波长扫描间隔为 10 nm，扫描速度为 1200 nm/min，响应时间为自动方式，荧光光谱在扫描完成后自动进行仪器校正。采用 Origin8.0 软件对所得三维矩阵（$\lambda_{ex}\sim\lambda_{em}\sim F_i$）数据进行等高线指纹图的绘制，每条等高线间隔代表 20 个单位荧光强度。此外，三维荧光光谱图中的颜色深浅代表荧光强度的大小，颜色越深，强度越大。

待系统稳定运行后，从各反应器的污泥混合液中提取 SMP 进行三维荧光光谱扫描，MBR-A、MBR-B 以及 SSBWR 污泥上清液中 SMP 的三维荧光光谱分别如图 3-136(a)、(b)、(c)所示。

观察上述三图可以发现，MBR-A、MBR-B 以及 SSBWR 内 SMP 的三维荧光光谱图大体形状基本类似，均含有四个主要的特征峰，各峰的位置及荧光强度如表 3-22 所示。在三维荧光光谱谱图中，每个特征峰均代表着某一类特征有机物的存在。由表 3-22 可知，三图中 A 峰和 B 峰的中心位置（激发波长/发射波长，即 $\lambda_{ex}/\lambda_{em}$）分别位于 $200\sim255/280\sim335$ nm 及 $200\sim275/335\sim380$ nm，结合图 3-136 和表 3-22 可以发现，A 峰和 B 峰均为芳香性类蛋白质荧光，其中 A 峰位于 Region I 区域，为酪氨酸类蛋白质（tyrosine），B 峰位于 Region II 区域，为色氨酸类蛋白质（tryptophan），C 峰的中心位置（$\lambda_{ex}/\lambda_{em}$）位于 $200\sim250/410\sim450$ nm处，属于 Region III 区域，为类富里酸物质（fulvic acid-like），广阔的峰带 D（在 $\lambda_{ex}>260$ nm，$\lambda_{em}>385$ nm 的区域），属于 Region V 区域，与类腐殖酸类物质（humic acid-like）有关。谱图中右下方有一条颜色较深的谱带，是由水的倍频峰产生的，在分析中可以不予考虑。

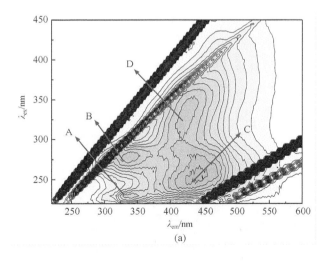

(a)

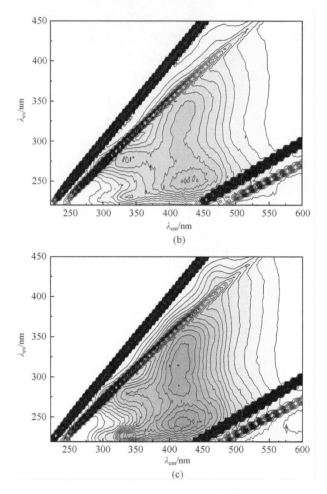

图 3-136　MBR-A(a)、MBR-B(b)及 SSBWR(c)上清液中 SMP 的三维荧光光谱谱图

表 3-22　MBR-A、MBR-B、SSBWR 中 SMP 的荧光峰特性

水样来源	荧光峰 A		荧光峰 B		荧光峰 C		荧光峰 D	
	$\lambda_{ex}/\lambda_{em}$	强度	$\lambda_{ex}/\lambda_{em}$	强度	$\lambda_{ex}/\lambda_{em}$	强度	$\lambda_{ex}/\lambda_{em}$	强度
MBR-A	230/330	179.0	270/340	216.9	250/436	253.4	320/416	209.0
MBR-B	230/334	128.1	265/336	164.4	250/428	203.9	320/422	169.2
SSBWR	230/334	275.9	275/362	225.6	245/416	335.7	290/414	301.1
所属有机物	酪氨酸类蛋白质		色氨酸类蛋白质		类富里酸物质		类腐殖酸物质	

　　从荧光峰中心位置来看，MBR-B 内污泥混合液经 SSBWR 作用后，荧光峰 A 的位置基本未发生变化，说明蠕虫的捕食作用未破坏酪氨酸类蛋白质的结构。但

荧光峰 B 则发生了较大程度的红移,这与羰基、羧基、羟基、烷氧基以及胺基等难降解荧光官能团的增加有关。由此可见,经 SSBWR 作用后 SMP 内部官能团增多,有机结构也变得复杂,这与大相对分子质量物质增多的实验结果相一致。荧光峰 C 和 D 均在 SSBWR 作用后发生了一定程度的蓝移,峰强度有大幅度增加。Coble(1996)的研究指出,荧光峰的蓝移主要由 π 电子体系的变化(如芳香环的减少、共轭键和脂肪链的断裂等现象)引起;此外,有机结构中羰基、羟基和胺基等官能团的消减也可导致荧光峰的蓝移。因此荧光光谱中蓝移现象的产生与复杂芳香环体系的裂解和较大粒径的有机物颗粒破碎成较小碎片有关。由此可见,污泥经 SSBWR 处理后,溶解性微生物产物的结构发生了较大改变,分析认为蠕虫肠道对有机物的矿化作用使得类富里酸和类腐殖酸物质结构中的苯环、共轭键和较长脂肪链遭到破坏,羰基、羧基以及胺基等官能团的数量也随之减少,原本复杂的有机结构得到了简化,这与 MBR-B 中的 SMP 相对分子质量减小的结果不谋而合。

三维荧光光谱中荧光强度可以揭露有机物的含量信息,一般说来,有机物浓度的大小与所对应荧光强度的强弱成正比。从图 3-136(b)和图 3-136(c)中 A 峰和 B 峰的强度可以看出,MBR-B 的 A 峰的强度从 128.1 上升到 275.9,增加了 115%,而 B 峰的强度从 164.4 上升到 225.6,增加了 37%。由此可见,经 SSBWR 作用后,MBR-B 中 SMP 的两种蛋白质浓度均有所增加,且酪氨酸类蛋白质增加量较大。此外,C 峰和 D 峰峰强度也均增加了 70% 左右。SSBWR 内有机物浓度的大幅增加表明,蠕虫对有机物的摄食和消化作用使得 MBR-B 中污泥混合液的悬浮胶体颗粒和大分子有机物质分解为小分子的可溶有机质,从而导致四类溶解性有机物的含量大幅增加。

将图 3-136(a)和图 3-136(b)进行对比可以发现,MBR-B 的荧光峰 B、C 较MBR-A 内对应峰均发生了较小程度的蓝移,C 和 D 峰有少量的红移,因此,MBR-B 的污泥上清液中有机物的结构与 MBR-A 略有不同。从荧光强度的角度来看,MBR-B 内的四个荧光峰(A~D)的峰强度均比 MBR-A 要小,因此,MBR-A 相比,捕食污泥的回流使得 MBR-B 内 SMP 中的四类有机质(色氨酸类蛋白质、酪氨酸类蛋白质、类富里酸以及类腐殖酸类物质)的含量均得到了降低。

图 3-137 比较了 MBR-A、MBR-B 以及 SSBWR 内 SMP 的各主要荧光峰的峰强度。由图可见,污泥混合液中的四类溶解性有机物的浓度顺序均为 SSBWR>MBR-A>MBR-B。

各反应器中 SMP 的浓度顺序依次是 SSBWR>MBR-B>MBR-A,经过分析,本节研究可以发现,二者之间的差异主要是由 MBR-A 与 MBR-B 上清液中多糖的含量不同所导致。三维荧光光谱图上所表现的仅是 SMP 组分中蛋白质(A 峰与 B

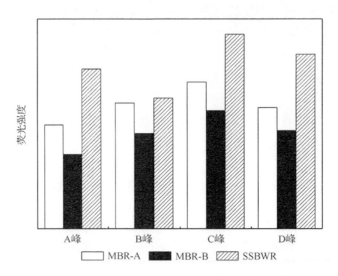

图 3-137　MBR-A、MBR-B、SSBWR 内主要荧光峰强度

峰)与腐殖酸(C 峰与 D 峰)的浓度变化,并未表示出多糖浓度的不同。而国内外诸多研究表明,污泥混合液的溶解性微生物产物(SMP)主要由蛋白质、多糖以及腐殖酸组成,大多数情况下,蛋白质和多糖在 SMP 中占据主要地位。

　　各系统稳定运行后,从 MBR-A 及 MBR-B 的出水中提取水样进行三维荧光扫描,MBR-A 与 MBR-B 的三维荧光指纹图谱分别如图 3-138(a)和图 3-138(b)所示。

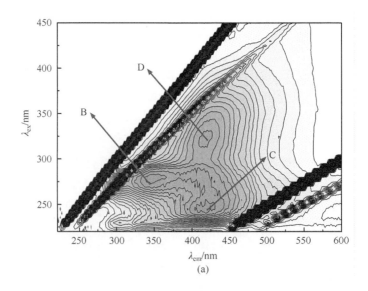

(a)

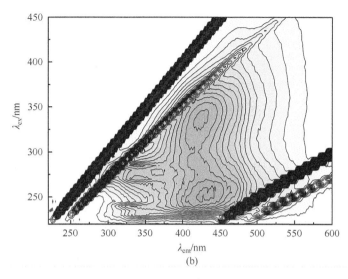

图 3-138　MBR-A(a)、MBR-B(b)出水内 SMP 的三维荧光光谱谱图

比较图 3-138(a)与图 3-138(b),可发现 MBR-A 与 MBR-B 的三维荧光光谱图中均有三个较为明显的指纹,也即有三个主要的特征荧光峰。在三维荧光光谱图中,某一范围的激发波长和发射波长均对应着特定类型的有机物,因此各峰均代表着特定的有机物。MBR-A 与 MBR-B 出水中的 B 峰均位于 $200 \sim 275$ nm/$335 \sim 380$ nm 范围之内,由图 3-138 和表 3-23 可知,B 峰位于 Region Ⅱ 区域,为色氨酸类蛋白质。两图中的 C 峰的中心位置均位于 $200 \sim 250$ nm/$410 \sim 450$ nm 处,属于 Region Ⅲ 区域,为类富里酸物质,而两个 D 峰则属于类腐殖酸类物质,处在 Region Ⅴ 范围之内。图 3-138(a)与图 3-138(b)中 B、C、D 各峰的具体位置($\lambda_{ex}/\lambda_{em}$)、荧光强度及所属有机物如表 3-23 所示。

表 3-23　MBR-A、MBR-B 出水中 SMP 的荧光峰特性

水样来源	荧光峰 B		荧光峰 C		荧光峰 D	
	$\lambda_{ex}/\lambda_{em}$	强度	$\lambda_{ex}/\lambda_{em}$	强度	$\lambda_{ex}/\lambda_{em}$	强度
MBR-A 出水	255/348	355.4	245/418	355.3	320/418	304.4
MBR-B 出水	250/342	234.3	250/342	311.0	340/428	287.1
所属有机物	色氨酸类蛋白质		类富里酸物质		类腐殖酸物质	

虽然 MBR-A 与 MBR-B 出水中各对应荧光峰属于同类有机物,但二者在三维荧光光谱图中的具体位置($\lambda_{ex}/\lambda_{em}$)却不相同。与 MBR-A 相比,MBR-B 的出水中色氨酸类蛋白荧光峰 B 发生了部分蓝移,而类富里酸荧光峰 C 和类腐殖酸荧光峰 D 都均发生了较大程度的红移,这在图中具体表现为 B 峰峰顶向右下方偏移

7 nm，C 峰和 D 峰的峰顶向右上方偏移 25 nm。较大程度红移的产生与荧光基团中羰基、羧基、羟基以及胺基等的增加有关。由此可见，MBR-B 出水中羰基、羧基、胺基等官能团比 MBR-A 的浓度高，因而 MBR-B 出水中难降解有机物的比例升高。

　　此外，三维荧光光谱图中的颜色深浅代表了荧光强度大小，颜色越深，强度越大。图 3-139 对比了两 MBR 的出水中各峰的荧光强度：MBR-B 的各荧光峰均较 MBR-A 要小，尤其是 B 峰，MBR-B 出水中类富里酸和类腐殖酸类物质浓度分别降低了 13％和 12％，色氨酸类蛋白质降低了 40％。与 SSBWR 的回流使得 MBR-B 出水中类富里酸和类腐殖酸类物质浓度分别降低了 13％和 12％，色氨酸类蛋白质更是降低了 40％。

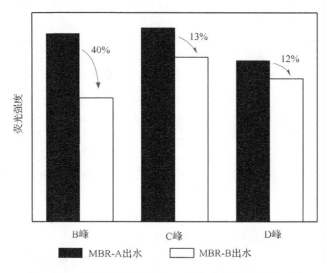

图 3-139　　MBR-A 与 MBR-B 出水中荧光峰浓度对比

　　图 3-140 所示为 MBR-A 与 MBR-B 出水中 SMP 的三维荧光光谱图，此图表示 MBR-B 比 MBR-A 出水中减少的有机物的荧光特性。观察可知，本图中的等高线大多集中在激发波长 220～280 nm 和发射波长 280～380 nm 所形成的区域内，结合表 3-23 可发现，此差谱图所检测出的有机物大多位于蛋白质类区域，并且图中有两个较为明显的荧光峰，分别为 A 峰（酪氨酸类蛋白质）和 B 峰（色氨酸类蛋白质）。此外，在本图中的类富里酸和类腐殖酸类物质区域也可检测出少量荧光，但等高线比较分散且荧光强度不大。由此可见，MBR-A 出水比 MBR-B 出水中含有较多的酪氨酸类和色氨酸类蛋白质以及少量的腐殖酸类物质，这与表 3-23 所示结果基本一致。

　　MBR-A 和 MBR-B＋SSBWR 组合系统连续运行 100 d 后停止运行，此时两 MBR 的膜组件表面均附着有一层污染物。将 MBR-A 与 MBR-B 的膜表面污染物剥下用高纯水配成混合液，经离心后获得上清液，经过滤后进行三维荧光光谱测定。

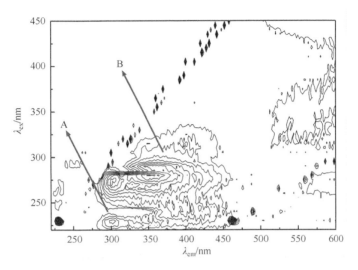

图 3-140　MBR-A 与 MBR-B 出水 SMP 的差谱图

　　图 3-141(a)和(b)所示分别为 MBR-A、MBR-B 连续运行 100 d 后膜表面污染物中 SMP 的三维荧光光谱图。观察可发现,两图中均有三个较为明显的峰,即表示有三个主要的特征荧光峰。各峰(A、B、C)在光谱图中的具体中心位置($\lambda_{ex}/\lambda_{em}$)和荧光强度如表 3-24 所示。两图中的 A 峰和 B 峰分别位于 200~255 nm/280~355 nm 和 200~275 nm/335~380 nm 范围内,由图 3-142 和表 3-24 可知,A 峰和 B 峰均为芳香性蛋白质荧光。其中 A 峰位于 Region Ⅰ 区域,为酪氨酸类蛋白质,B 峰位于 Region Ⅱ 区域,为色氨酸类蛋白质。此外,C 峰的中心位置则位于 200~250 nm/410~450 nm 处,属于 Region Ⅲ 区域,为类富里酸物质。

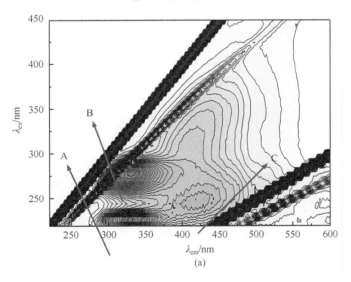

(a)

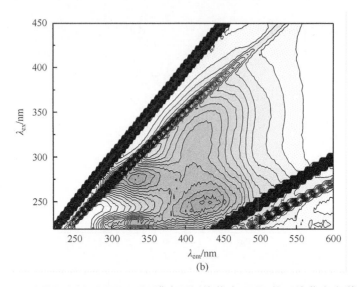

(b)

图 3-141　MBR-A(a)、MBR-B(b)膜表面污染物中 SMP 的三维荧光光谱谱图

表 3-24　MBR-A、MBR-B 膜表面污染物中 SMP 的荧光峰特性

水样来源	荧光峰 A		荧光峰 B		荧光峰 C	
	$\lambda_{ex}/\lambda_{em}$	强度	$\lambda_{ex}/\lambda_{em}$	强度	$\lambda_{ex}/\lambda_{em}$	强度
MBR-A 膜表面污染物	230/328	551.3	270/330	555.3	250/418	342.1
MBR-B 膜表面污染物	230/342	286.8	275/336	297.4	250/432	308.6
所属有机物	酪氨酸类蛋白质		色氨酸类蛋白质		类富里酸物质	

　　虽然两 MBR 的膜污染物中 SMP 的各对应荧光峰均属于同一区域,但其具体位置和荧光强度截然不同。与 MBR-A 相比,MBR-B 的各荧光峰均发生了较为明显的红移(5～14 nm)。红移的产生与羰基、羧基以及胺基等难降解官能团的增加有关,可见 MBR-B 膜污染物中难降解有机物的比例高于 MBR-A。从荧光强度的角度来看,MBR-A 膜污染物中芳香类蛋白质荧光峰 A、B 比类富里酸荧光峰 C 的荧光强度大得多,说明芳香类蛋白质是 MBR-A 膜污染物中 SMP 的主要成分;MBR-B 的膜污染物中各峰的荧光强度大体相同,因此各类有机物在 MBR-B 膜污染物中 SMP 的比例基本相当。结合表 3-24 可知,MBR-B 的膜污染物中 SMP 的各荧光峰的峰强度均比 MBR-A 的要小得多,因而其 SMP 中各有机物的含量均比MBR-A 要小。图 3-142 对比了 MBR-A 和 MBR-B 膜污染物中 SMP 的荧光总量和各峰所占的比例。从图中可以看出 MBR-B 膜污染物中 SMP 的组成发生变化,腐殖酸类物质所占比例升高,芳香类蛋白质比例减少;膜污染物中 SMP 总量也降低了,说明与 SSBWR 的耦合延缓了膜污染。

　　将 MBR-A、MBR-B 膜污染物中 SMP 的三维荧光光谱图与反应器污泥上清

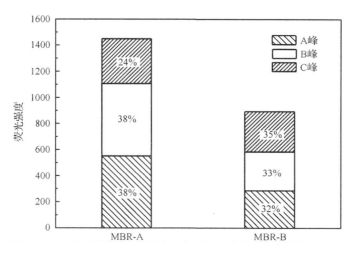

图 3-142　两 MBR 膜表面污染物中 SMP 的荧光总量与各峰分布

液中的三维荧光光谱图进行比较,可发现二者形状大体相同,而且膜污染物中各峰的荧光峰强度均比上清液中的要高。由此可知,MBR 内部污泥混合液中的 SMP 随系统运行在膜表面逐渐积累,从而导致膜污染。根据物质守恒原理,反应器内污泥混合液中的 SMP 与出水中 SMP 之间的差额即体现在膜污染物中,因此,在膜污染物中荧光峰 A 所属物质的大量存在是两 MBR 出水中 A 峰强度较小从而未检测到的主要原因。此外,荧光峰 D 在 MBR 污染物图谱中未出现,而在上清液和出水中被发现,推测可能与类腐殖酸物质空间结构较小从而较易穿透膜组件有关。从荧光强度的角度进行分析可发现,MBR-A 的膜污染物 SMP 与污泥上清液 SMP 中荧光峰 A、B、C 的荧光中心位置基本相同,而 MBR-B 的膜污染物中各荧光峰相比上清液中均发生了明显的红移(5~15 nm),表示 MBR-B 膜污染物中 SMP 的有机组成和结构与出水中的 SMP 存在差异。

　　系统稳定运行后提取 MBR-A 、MBR-B 以及 SSBWR 污泥混合液中的 EPS,分别进行三维荧光扫描,所得三维荧光光谱图如图 3-143(a)、(b)、(c)所示。

　　从图中可以看出,MBR-A、MBR-B 以及 SSBWR 污泥混合液中 EPS 的三维荧光光谱图中均存在两个明显的特征荧光峰,且都位于蛋白质类物质区域。其中 A 峰位于 200~255 nm/280~335 nm 范围内,属于 Region Ⅰ;B 峰位于 200~275 nm/335~380 nm 区域,属于 Region Ⅱ。结合前面分析可知,A 峰为酪氨酸类蛋白质,B 峰为色氨酸类蛋白质。由此可见,EPS 主要由蛋白质类物质构成,这与文献报道结果一致。荧光峰 A 和 B 在光谱图中的中心位置($\lambda_{ex}/\lambda_{em}$)及峰强度如表 3-25 所示。

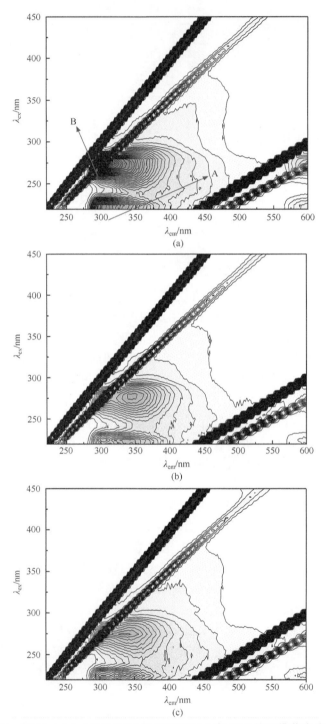

图 3-143　MBR-A(a)、MBR-B(b)及 SSBWR(c)内 EPS 的三维荧光光谱谱图

表 3-25　MBR-A、MBR-B、SSBWR 中 EPS 的荧光峰特性

水样来源	荧光峰 A		荧光峰 B		$I(B)/I(A)$
	$\lambda_{ex}/\lambda_{em}$	强度	$\lambda_{ex}/\lambda_{em}$	强度	
MBR-A	225/340	428.4	280/348	492.7	1.15
MBR-B	225/340	426.1	280/350	489.7	1.14
SSBWR	225/335	241.9	275/342	265.0	1.09

将两 MBR 的 EPS 谱图进行对比可发现，MBR-B 中的污泥经 SSBWR 作用后，A 峰的荧光强度下降了 38%，B 峰则下降了 46%，两峰强度均有所下降但 B 峰的强度下降更多。此外，两峰经 SSBWR 作用后也产生了 5～10 nm 的蓝移，蓝移现象的产生与蛋白质的结构变化有关，如稠环芳烃分解为小分子、共轭基团和芳香环数量的减少以及某些特定官能团（如羰基、羧基和胺基）的消失。由此可见，SSBWR 内蠕虫对污泥的摄食和消化作用，一方面使得 EPS 中酪氨酸和色氨酸类蛋白质的有机结构发生了一系列的改变，复杂的大分子有机物被矿化为小分子物质，结构得到简化；另一方面也使得两类芳香类蛋白质在 EPS 中的含量下降，并且色氨酸类蛋白质的减少更为明显。

表 3-25 中，$I(B)/I(A)$ 代表荧光光谱图中 B 峰强度与 A 峰强度的比值，由于 B 峰和 A 峰分别是色氨酸和酪氨酸的特征峰，因此此值可以反映污泥胞外聚合物中芳香性类蛋白质的结构组成。Sheng 等（2006）在研究中报道生活污水的 $I(B)/I(A)$ 约为 1.6，此比值越小，污水内芳香性类蛋白质中色氨酸所占的比例越高，就越难被生物降解。从表 3-25 中可以发现，MBR-A 与 MBR-B 的 $I(B)/I(A)$ 基本相同，但 SSBWR 的 $I(B)/I(A)$ 值有了一定程度的降低，可以推测，蠕虫更倾向于捕食 EPS 中的酪氨酸类蛋白质，使得污泥混合液中易生物降解的有机质减少，从而降低了污泥混合液的可生化性。

待 MBR-A 和 MBR-B＋SSBWR 耦合系统连续运行 100 d 后停止运行，将 MBR-A 以及 MBR-B 膜组件表面的污染物取下，提取其内的 EPS，经过滤后以高纯水为空白对水样分别进行三维荧光扫描，如图 3-144 所示。

图 3-144 中（a）、（b）分别为 MBR-A 以及 MBR-B 膜表面污染物中 EPS 的三维荧光光谱图。经分析可发现两图中均有两个较为明显的荧光特征峰，分别为 A 峰和 B 峰，两峰的荧光中心位置（$\lambda_{ex}/\lambda_{em}$）及峰强度如表 3-26 所示。根据两峰在三维荧光光谱图中所对应激发波长和发射波长的范围并结合前文分析可知，A、B 两峰均为芳香类蛋白质荧光，其中 A 峰代表酪氨酸类蛋白质，B 峰代表色氨酸类蛋白质。

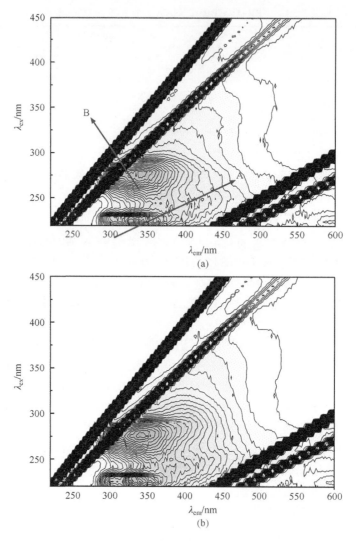

图 3-144　MBR-A(a)、MBR-B(b)膜表面污染物中 EPS 的三维荧光光谱谱图

表 3-26　**MBR-A、MBR-B 膜表面污染物中 EPS 的荧光峰特性**

水样来源	荧光峰 A		荧光峰 B	
	$\lambda_{ex}/\lambda_{em}$	强度	$\lambda_{ex}/\lambda_{em}$	强度
MBR-A 膜污染物	225/338	232.4	280/344	236.5
MBR-B 膜污染物	225/340	208.7	275/346	206.5

　　将 MBR-B 膜表面污染物中的 EPS 与 MBR-A 进行对比,可以发现,MBR-B 中各峰的荧光强度均比 MBR-A 的要低。由此可知,捕食污泥回流到 MBR-B 中,

使 MBR-B 膜污染物 EPS 中的芳香类蛋白质含量减少。

观察可发现，MBR-A 膜表面污染物中 EPS 的三维荧光谱图与反应器内污泥混合液中 EPS 的谱图形状基本一致，均在相同的区域有类似的荧光峰，只是膜污染物中荧光峰的强度比污泥混合液中荧光峰的强度要大。由此可见，污泥混合液中的 EPS 在膜表面的积累是形成膜污染物并引起膜污染的直接原因，这与文献报道一致。

采用凝胶排阻色谱、红外光谱以及三维荧光光谱等手段，从微观角度就 MBR-B＋SSBWR 组合系统中蠕虫捕食作用对 SMP 和 EPS 特性的影响机理进行了深入探讨，为进一步研究蠕虫捕食作用对 MBR 膜污染的控制机制提供了依据。蠕虫捕食后，SMP 中大相对分子质量物质增多，小相对分子质量物质减少，EPS 中各相对分子质量物质都有不同程度的减少；与 MBR-A 相比，捕食污泥的回流使得 MBR-B 中各相对分子质量 EPS 变少，出水 SMP 中各相对分子质量段物质含量变高，污泥上清液 SMP 的相对分子质量分布没有明显差异。经红外光谱分析，MBR-B 污泥混合液和膜污染物中蛋白质类物质的峰强度均小于 MBR-A 中的峰强度，多糖类物质峰强大体相同，结合相对分子质量分布分析可知 EPS 是膜污染物质的主要来源。SMP 的三维荧光光谱光谱中有四个特征荧光峰，分别代表两类芳香类蛋白质、类腐殖酸以及类富里酸物质的存在。SSBWR 的作用未破坏 SMP 中酪氨酸类蛋白质的结构，但色氨酸类蛋白质的峰发生了较大程度的红移，四类有机物含量均有大量增加；与 MBR-A 相比，MBR-B 污泥上清液、出水以及膜污染物中 SMP 的各荧光峰的峰强度均较小，说明 SSBWR 的耦合可降低 MBR 内 SMP 中四类有机物的含量。EPS 的三维荧光光谱谱图中有两个特征荧光峰，分别代表酪氨酸类蛋白质和色氨酸蛋白质。经 SSBWR 作用后 EPS 中两类蛋白质含量减少明显，并且色氨酸类蛋白质的特征峰产生了 5～10 nm 的蓝移。与 MBR-A 相比，捕食污泥回流未影响 MBR-B 污泥混合液中 EPS 的荧光特性，但使 MBR-B 膜污染物 EPS 中的芳香类蛋白质含量得到减少。

2）MBR＋蠕虫附着型生物床组合工艺对污泥絮体细菌组成的影响

国内外众多研究表明，丝状菌的数量是 MBR 膜污染的重要影响因素之一，通过对比不同时间两个 MBR 内部污泥的 SEM 照片，发现 MBR＋蠕虫附着型组合工艺对 MBR 内丝状菌的增值具有强烈的抑制作用。如图 3-145 所示，组合工艺开始时，在对照 MBR 和组合工艺 MBR 中均出现丝状菌大量繁殖的现象。此时当 MBR 中的污泥进入蠕虫床后，经过一段时间的捕食，污泥絮体变得密实而且丝状菌的数量有所降低。随着反应器的运行，捕食后的污泥回流到 MBR 中，逐渐改变 MBR 内污泥絮体中的絮体结构和丝状菌的数量。与此同时，由于不断减少低的 EPS 和丝状菌，MBR 中污泥的黏度由开始时（第一天）的 16.6mPa·s 降至最后的（第 100 天）12.8mPa·s，由于黏度的降低，DO 浓度由开始时的 1.0 mg/L 升高到

4.0 mg/L,这些变化反过来又抑制了丝状菌的生长。到 100 d 后,组合工艺 MBR 中的污泥絮体由丝状菌占优势的具有松散的结构的膨胀污泥转变为由球形细菌占优势具有密实结构的颗粒性污泥。另外,丝状菌具有使污泥固着于膜表面的能力,有利于泥饼层的形成,组合工艺中稀少的丝状菌能极大的改善由于泥饼层堵塞带来的膜污染。

图 3-145　在实验开始(a)和结束时(b)对照 MBR 与组合工艺 MBR 内部的污泥 SEM 照片

3) MBR+蠕虫附着型生物床组合工艺对污泥形态的影响

蠕虫床具有降低污泥中 EPS 含量和丝状菌数目的作用,可有效减轻膜污染。但同时应注意到 EPS 和丝状菌也是污泥絮体得以相互团聚变大的关键性因素,EPS 含量的剧烈减少和丝状菌数目的大幅度减少,会使污泥产生解絮,使污泥粒径变小而加剧膜污染。如表 3-27 所示,在组合工艺 MBR 中,当 EPS 含量由 91.0 $\mu g/mg$ 降至 67.5 $\mu g/mg$ 时,污泥絮体平均粒径 d_{50} 由 245 μm 降至 144 μm。有趣的是,75 d 以后,污泥絮体平均粒径 d_{50} 不再下降,这主要是由于在 75 d 后,组合工艺 MBR 内污泥中的 EPS 含量和丝状菌数目趋于稳定。虽然,有研究表明粒径小的污泥絮体更容易沉积于膜表面而加剧膜污染,但在本实验中,这种不利影响并没有被发现。相反,膜污染却有了非常明显的改善,除了 EPS 含量下降和丝状菌数目减少,污泥絮体球形化颗粒化现象也是延缓膜污染的重要原因。在 100 d 时本节研究测定了两个 MBR 中的污泥絮体的圆度,在对照 MBR 和组合工艺 MBR 中分别为 0.3 和 0.8,反映了由于蠕虫的作用,MBR 中的污泥的形状更接近球形。孟凡刚等的研究表明,污泥絮体的形状越规则,越接近于球形越不容易在膜表面积累,因而,组合工艺 MBR 有利于抑制泥饼层的形成。另外,除了粒径变小外,蠕虫床还可以使 MBR 中的污泥粒径趋于均一化。如图 3-146 所示,在前 75 d 里,污泥的平均粒径由 24 μm 降至 144 μm,粒径均匀性系数 DSI 由 1.98 降至 1.24,表明粒径小型化和均一化同时出现。但是,在 75 d 之后,粒径的小型化趋势变得不明显,而均一化过程一直持续至实验结束,在第 100 d 时,粒径均匀性系数 DSI 降至 1.19 远小于对照 MBR 的 1.91,表明组合工艺 MBR 中的污泥更为均匀。有研究证明,粒径均匀性系数 DSI 与泥饼层的比阻和压缩性能直接相关,粒径越均匀泥饼层的比阻越小,可压缩性越低,所形成的泥饼层的过滤阻力越低,从而有效延缓膜污染。

表 3-27　污泥性质变化表

项目	系统	变化量				
		1 d	25 d	50 d	75 d	100 d
DO /(mg/L)	C-MBR	1.2	1.0	1.3	0.9	1.2
	S-MBR	1.1	1.5	2.1	3.0	4.7
	SSBWR	1.5	1.3	1.4	1.5	1.3
EPS /(μg/mg)	C-MBR	87.7	92.9	88.2	91.1	94.4
	S-MBR	91.0	83.0	75.0	67.5	66.4
	SSBWR	76.4	65.6	59.2	52.3	52.2
蛋白质 /(μg/mg)	C-MBR	70.8	75.2	71.7	74.1	77.3
	S-MBR	73.9	66.5	59.2	55.5	51.3
	SSBWR	62.9	52.0	46.9	42.2	41.9
糖类 /(μg/mg)	C-MBR	16.9	17.7	16.5	17.0	17.1
	S-MBR	17.1	16.5	15.8	15.0	15.1
	SSBWR	13.5	13.6	12.3	10.1	10.3
黏度 /(mPa·s)	C-MBR	16.4	17.2	17.5	18.4	18.8
	S-MBR	16.6	16.4	14.5	13.2	12.8
	SSBWR	—	—	—	—	—
d_{50} /μm	C-MBR	230	245	278	255	260
	S-MBR	245	210	176	144	148
	SSBWR	214	185	154	137	142

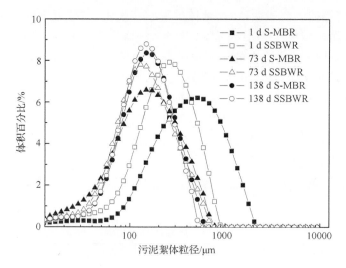

图 3-146　第 1 d、73 d、138 d 时组合工艺 MBR 和蠕虫床中的污泥絮体粒径分布情况

第4章 污泥热解技术

　　污泥的热化学处置是污泥安全处置与资源化技术中受人关注的方向,主要包括污泥焚烧和污泥热解。污泥焚烧技术几经完善,由最初的减量化向无害化、资源化发展,但其仍具有耗能高、有毒有害气体难以处理等问题,限制了它在经济不发达国家和地区的广泛应用。与此相对,污泥的热解技术在处理成本和产物安全性与资源化方面具有显著优点,获得国内外学者的普遍认同,并在多个国家获得关注。

　　污泥的热解技术指的是在无氧或缺氧条件下加热污泥,使有机物产生裂解,形成利用价值较高的气态产物、油类产物及固体残渣。该技术可以取得比污水污泥预处理更为彻底的减量效果,同时,产生比焚烧危害更小的副产物;在适当的条件下,污泥的热解可以避免产生危害副产物,而获得可以资源回用的产物。国际学者已对该技术进行了广泛而深入的研究:Menéndez 等(2002)的研究表明可以使含水率 97% 的污水污泥体积减少 93%,重量减少 82%～85%;Guibelin 等(2002)的研究表明该技术可以把汞以外的重金属固定在固态产物中;Domínguez 等(2003)的研究表明,污泥热解过程中产生的油类产物和气体物质,主要成分为碳氢化合物,热值在 13000～14000 kJ/m³,可以作为燃料加以利用。在过去 30 年里,污水污泥热解技术已基本完成了实验室机理研究,部分已进入工业化生产的阶段,并取得了可喜的突破,欧洲的多个国家已开展污泥高温热解技术的开发与中试,如美国GTRI(佐治亚理工学院工业技术研究所)、EPA、NREL(国家再生能源实验室)、加拿大 Laval 大学、德国 Hambugr 大学、日本日立制作所和川崎重工。

　　本章介绍了基本原理、反应途径、产物组成、主要工艺及技术经济分析等污水污泥热解技术的重要特点之外,重点介绍以微波为热源的污水污泥热解技术,并按热解产物的梯级利用层次,依次阐述和揭示气态及油类能源产物的释放特性,揭示污泥组分、能源产物及热解基元反应的相关关联,为污水污泥通过微波热解实现能源化应用提供理论依据;通过考察污水污泥微波热解固态产物制备微晶玻璃的晶相组成、理化特性及重金属固定效果,确定以微晶玻璃作为污水污泥热解灰最终资源化出路的可行性;通过建立微波热解污水污泥微波-污水污泥-各相产物三元体系的能源转化关系,全面评价微波热解污水污泥技术的能源利用效率及经济技术分析。本章研究对解决城市污水污泥所带来的二次污染问题,实现污泥能源化、资源化利用,具有重要的科学意义。

4.1　污泥热解技术基本原理及特点

4.1.1　污泥热解技术的基本原理

污泥热解是一个复杂的热化学反应过程,其中包括有机大分子键的断裂,小分子聚合和异构化等反应,最后生成多种小分子。通式如下:

污水污泥$\xrightarrow{\text{热解}}$(H_2、CH_4、CO、CO_2 等)气体+(有机酸、焦油等)有机液体+炭黑+炉渣

污水污泥的热解与焚烧相比有以下优点:

(1) 可以将污水污泥中的有机物转化为以燃料气、燃料油和炭黑为主的储存性能源;

(2) 由于是缺氧分解,排气量少,有利于减轻对大气环境的二次污染;

(3) 污水污泥中的硫、重金属等有害成分大部分被固定在炭黑中;

(4) 由于保持还原条件,Cr^{3+} 不会转化为 Cr^{6+};

(5) NO_x 的产生量少。

污水污泥经热解后,分别产生气态产物、油类产物以及固态产物。热解所得燃料气有两个用途:一是把热解气体直接送入二级燃烧室燃烧,为下一轮热解提供热量;二是通过净化,冷凝除烟尘、水、残油等杂质,生产出纯度较高的气体燃料,以备它用。所生产的气体燃料的性质因污水污泥的性质、热解方法以及操作条件而异,气态产物热值一般为 8~12 MJ/m³。污泥热解燃料油是具有不同沸点的各种油的混合物,由乙酸、丙酸、乙醇、焦油等有机碳氢化合物组成,热值一般为 29~35 MJ/L,热解油经精制后可得到热值较高的燃料油。热解的固态产物主要成分为炭黑及一些无机盐类,经过处理后可作为固态燃料、吸附剂使用。

1. 污泥热解的动力学与热力学机理

污水污泥热解是由复杂的反应体系组成,要准确地建立完整的数学模型来模拟此反应体系非常困难,原因在于污泥成分的复杂性、反应过程的复杂性及操作条件的可变性。目前应用较多的模型主要有总体综合反应模型、线性叠加模型和分布活化能模型。总体反应模型,即物质的热解包括若干平行或链式反应,能够反映简单物质的热解机理,其中两步连续反应模型、两个平行反应模型(图 4-1)、三个平行反应模型(图 4-2)和竞争反应模型(图 4-3)等都是总体反应模型,均适用于单一成分。线性叠加模型适用于多组分物质的热解模型,每种组分单独热解,无相互作用,最后再对各组分进行质量加权叠加,得出动力学反应特性,Conesa 等(1997)提出了三组分模型,包括 6 个变量、20 个参数,结果表明消化污泥的活化能在 43~

332 kJ/mol,反应级数介于 2.32～20.19;非消化污泥的活化能为 32～267 kJ/mol,反应级数在 0.46～6.88。分布活化能模型(distributed activation energy model, DAEM)是将热解看作是由无穷多个平行的一级化学反应组成,反应数目足够多,可以采用 Gaussian 分布连续函数描述反应的活化能,此模型是应用的最为成功的一个热解模型。Scott 等(2006)成功地将 DAEM 模型应用于消化污泥和未消化污泥的热解动力学特性分析,假定了 100 个反应,估计和预测了热解反应活化能以及

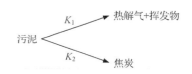

图 4-1 两个平行反应模型

在 100 个剩余质量处的指前因子,发现消化污泥是一种非常复杂的混合物,活化能分布较宽,可达 350 kJ/mol;未消化污泥热解由 8 个反应模拟,活化能达 275 kJ/mol。

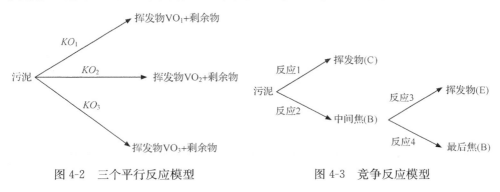

图 4-2 三个平行反应模型　　　　图 4-3 竞争反应模型

Sánchez 等(2009)以热重分析(TG)、质谱(MS)及色谱(GC)等技术手段,详细分析和研究了不同性质污泥热解后的产物。邵敬爱等采用热分析仪、气质联用、电感耦合等离子体发射光谱仪 ICP-OES 等对污泥热解后产生的焦炭、生物油和热解气特性进行了全面的研究,阐述了污泥的热解机理。污泥的热解过程主要可以分为以下几个阶段:污泥的脱水干燥,主要发生在低于 200℃内,污水污泥失去水分,形成脱水污泥;脱水后的污泥在 200～350℃内,发生初次裂解反应,生成少量的 CO_2、CH_4 和 H_2 等不可凝气体;在 350～550℃内中间产物发生二次裂解反应,生成 CO_2、CH_4、H_2、CO、碳氢化合物以及一些重要的中间产物;在 550～900℃,产生的中间产物进一步热解,直至热解完全,生成焦炭、CO 和 H_2 等。浙江大学热能工程研究所的岑可法院士(1999)、同济大学的何品晶教授(1998)及东南大学的金保升教授(2005)也对污泥热解过程产物的释放特性进行了详细的讨论和研究,并深入地探讨了污泥热解的反应机理,得出了在热解过程中可能发生的化学反应。

在建立了污泥热解模型的基础上,可以依据该模型进行污泥热解动力学机理的分析。甘义群(2005)描述了污泥有机物发生热裂解反应过程的动力学机理。他认为固体的热裂解反应、炭的气化以及焚烧反应(气-固反应)的动力学都可以使用

热重法来分析,其热解反应为:

$$A(固体) \longrightarrow B(固体) + C(挥发分)$$

假设在无穷小的时间范围内,将非等温过程简化为等温过程,依据质量作用定律可以将反应速率表示为

$$\frac{\mathrm{d}\alpha}{\mathrm{d}t} = kf(\alpha) \tag{4-1}$$

对于污泥,上述模型可简化为

$$\frac{\mathrm{d}\alpha}{\mathrm{d}t} = k\,(1-\alpha)^n \tag{4-2}$$

式中：α——反应过程中的失重率;

　　　k——反应速率常数;

　　　t——反应时间;

　　　n——反应级数。

由 Ahrrneuis(阿伦尼乌斯)定理可得到

$$\ln k = \ln A - \frac{E}{RT} \tag{4-3}$$

整理该方程可得到

$$k = A\mathrm{e}^{-\frac{E}{RT}} \tag{4-4}$$

式中：A——频率因子($\min^{-1}$);

　　　E——活化能(kJ/mol);

　　　T——反应热力学温度(K)。

将式(4-4)代入式(4-3),则可得到

$$\frac{\mathrm{d}\alpha}{\mathrm{d}t} = A\mathrm{e}^{-\frac{E}{RT}}\,(1-\alpha)^n \tag{4-5}$$

采用式(4-5)所表达的一般形式动力学方程进行拟合,可建立 α 和 t 之间的关系。假设试验过程为恒速升温,计升温速率为 ϕ,则有

$$\phi = \frac{\mathrm{d}T}{\mathrm{d}t} \tag{4-6}$$

将式(4-6)代入式(4-5),则可得到

$$\frac{\mathrm{d}\alpha}{\mathrm{d}T} = \frac{A}{\varphi}\mathrm{e}^{\frac{E}{RT}}\,(1-\alpha)^n \tag{4-7}$$

方程(4-7)即为污泥热解的反应动力学模型。

在以上各公式中,α 的概念十分重要,也是整个热解动力学计算的关键,有必要对 α 的定义和求算过程进行说明。由于研究者建模形式的不同,α 曾被表示试样在某时刻的余重、某时刻的转化率、分解百分数或余重份数、某时刻试样的密度等,并相应的给予了不同的表达定义。相应的反应机理和反应类型函数 $k(\alpha)$ 的形

式因此也不同。

在方程(4-7)描述的模型中,将 α 定义为污泥试样在热重曲线上不同时间的相对失重率或称转化率,转化率对时间的导数即为反应速率,转化率的求算过程如图 4-4 所示。

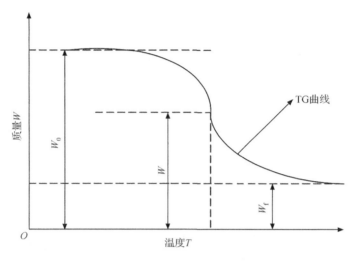

图 4-4　失重率 α 的定义

图 4-4 中的曲线为污泥热解过程中的失重曲线,W_0 为反应前污泥试样的初始量,W 为反应过程中某一时刻(T)物料的质量,W_f 为反应结束时物料的残余量,则 T 时刻的失重率定义为

$$\alpha = \frac{W_0 - W}{W_0 - W_f} \tag{4-8}$$

对于上面所建立的动力学模型式(4-8),两边取自然对数后得到

$$\ln \frac{\mathrm{d}\alpha / \mathrm{d}T}{(1-\alpha)^n} = \ln \frac{A}{\phi} - \frac{E}{RT} \tag{4-9}$$

在式(4-9)中,不同时刻的 α 可通过 TG 曲线得出,方程式左边只剩反应级数 n 未知,方程式右边的 A、E 对于同一反应区域来说,都是定值。因此,以 $1/T$ 作为自变量,$\ln \dfrac{\mathrm{d}\alpha / \mathrm{d}T}{(1-\alpha)^n}$ 作为因变量作图得到一条直线,y 轴的截距为 $\ln A$,斜率即为 $-E/R$,这样通过直线斜率和截距就可得到热解动力学参数 E 和 A。

设 $K = \dfrac{\mathrm{d}\alpha / \mathrm{d}T}{(1-\alpha)^n}$,利用实验数据与不同 n 值的机理函数进行拟合,发现当 n 取 1 时,$\ln K$ 对 $1/T$ 呈现良好的线性关系。由此可认为一级反应可较好地描述污泥这类物质的热解行为。

不同加热速率下污泥热解的 $\ln K$-$1/T$ 曲线如图 4-5 所示,虽然一级反应能很

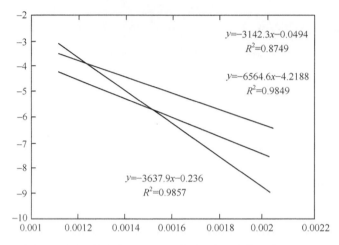

图 4-5 污泥热解的 $\ln K$-$1/T$ 曲线（升温速率 15℃/min）

好地描述污泥热解过程，但对于不同的温度区域，需要用不同的一级反应来描述。

根据图 4-4 和图 4-5，可以利用直线的斜率和截距分别求出不同温度区段相应的热解反应动力学参数，其结果见表 4-1。

表 4-1 污泥热解反应动力学参数表

条件	$T/℃$	活化能和频率因子		E/R
		$E/(kJ/mol)$	A/min^{-1}	
	150～300	26. 125	8. 9248	3142. 29
15℃/min	300～500	54. 578	165 500. 7629	6564. 59
	500～650	30. 245	5. 8076	3637. 84
60℃/min	180～400	125. 225	$7. 1945×10^{16}$	15 061. 94
	400～700	23. 442	0. 1905	2819. 58

对于污泥热解之类的复杂物理化学反应而言，动力学参数的意义比之基元反应相对模糊。表观活化能 E 的数值不如均相的基元反应那么直观明确，很难讲"每摩尔"所需的最小反应能量的含义。因此将求得的反应动力学参数看作描述化学反应的数学参数，具有经验意义而不具有理论意义。然而对污泥热解过程进行动力学分析不单纯是为了求得动力学参数的具体数值，而是用来对热解过程进行分析，并为相应的热解工艺设计提供参考。因此，实验所得的动力学参数无论其理论意义准确与否，毕竟动力学方程从形式上表示了反应速率与温度的依赖关系，而且对于同类反应或转变具有区别比较作用。

当动力学参数和 n 确定后，就可以根据 $\dfrac{d\alpha}{dt} = A e^{-\frac{E}{RT}} (1-\alpha)^n$ 得到各反应阶段

的动力学方程及动力学反应机理函数,如表 4-2 所示。结果表明一级反应机理方程可较好地描述本试验中城市污泥热解行为。对比表 4-2 中反应级数为 1 时的热解机理可知,干燥污泥的热解反应表现为核生长和干扰控制的反应,反应速率由随机核化过程控制,每一个粒子有一个反应核。刘连芳等(2004)认为对于污泥的这种成分复杂的混合物,在挥发分析出过程中出现这种反应机制是合理的。至于试验污泥在 700℃之后,经过焦碳燃烧阶段仍表现部分失重,可能是污泥中的矿物成分在发生非常复杂的断裂、重构反应,同时还伴随着部分结合水的脱出,其反应过程无法用单一的机制来描述。

表 4-2　常用动力学反应机理函数

反应级数	微分形式	积分形式	机理
0	1	α	相边界反应
1/2	$(1-\alpha)^{\frac{1}{2}}$	$2[1-\ln(1-\alpha)^{\frac{1}{2}}]$	圆柱形对称等二维反应界面移动造成的反应
2/3	$(1-\alpha)^{\frac{2}{3}}$	$3[1-\ln(1-\alpha)^{\frac{1}{3}}]$	球形对称等三维反应界面移动造成的反应
1	$(1-\alpha)$	$-\ln(1-\alpha)$	随机成核和随后生长假设每个颗粒上只有一个核心
2	$(1-\alpha)^2$	$(1-\alpha)^{-1}$	化学反应

资料来源:刘连芳,2004。

2. 污泥热解的热化学反应途径

污水污泥热解是一个非常复杂的过程,其真实的反应包括若干不同路径的一次、二次乃至高次反应。污泥热解过程中所发生的具体反应包括大分子的键断裂、异构化和小分子的聚合等反应。在热解过程中,污泥首先发生裂解反应,生成中间挥发产物;这些中间挥发产物在高温下发生二次反应,在二次反应中通常会发生两种反应,一方面,中间产物继续裂解成为小分子气体(如碳氢化合物裂解为 H_2、CO 等),另一方面它们在一定条件下又会聚合成大分子交联有机物,进入固相。这两种反应存在竞争关系,其反应的进行受污泥自身成分的复杂性和差异性及操作条件等因素的影响。

目前,已有许多研究者通过利用傅里叶红外光谱仪(Fourier transform infrared spectrometer,FTIR)、气相色谱(gas chromatography,GC)以及气相色谱-质谱联用仪(gas chromatograph-mass spectrometer,GC-MS)等技术手段,对污泥热解过程中所产生的热解产物进行了分析。一般认为污泥热解过程可分为几个阶段:100～120℃为脱除污泥表面吸附水阶段;120～300℃为脱除污泥颗粒结合水阶段;300～390℃为脂肪化合物的分解阶段,主要热解产物为液态脂肪酸,这一类化合物沸点较低,其物态形式主要为蒸汽;390~500℃主要是蛋白质转化,主要转化反应是基因转移变性、肽键及支链断裂等;500~550℃则为糖类化合物的分解阶段;550~700℃为中间产物继续裂解及聚合阶段,主要产物为小分子碳氢气体及碳焦;在700℃以上主要是含炭物质发生转化,直至反应完全。也有研究者将污泥热解分为两个阶段:150~600℃,大部分的焦油和不可凝气体都在该温度段产生;第二阶段为600~900℃,主要生成不可凝气体。在其转化的全过程中,焦油、不可凝气体及污泥的转化除以各自的沸点为转化内驱动力使其完合转化外,随着温度梯级递增,达到其转化沸点的另一族类物质则重叠交叉开始转化。从热解开始到结束,有机物都处在一个复杂的热裂解过程中,不同的温度区间所进行的反应过程不同,产出物的组成也不同。总之,热解的实质是加热有机大分子使之裂解成小分子析出的过程。但热解过程也绝非机械的由大变小的过程,它包含了许多复杂的物理化学过程。

3. 污泥热解技术经济分析

众多的污泥利用方案的选取,还需要综合考虑运行成本、环境影响及经济承受能力等多种因素。Bridle 等(1998)提出运用生命周期法,即从环境安全、资源回收、投入产出比和收益四个方面评价污水污泥利用方案的实用性与可行性。因不同国家不同地区的发展状况有差别,得出的结果也各不相同,应根据本地实际情况选择可行的污水污泥利用方案。由于污泥中的重金属、氮、磷及致病微生物对土壤、作物、水体具有潜在风险,因此污水污泥的利用应满足严格的环境标准,不能带来二次污染。

从目前国内外研究结果看,焚烧法是污水污泥资源化利用技术中成本最高的,约为其他工艺(污泥堆肥、污泥热解、污泥制备生态砖等)的2~4倍,而其他利用方案的成本差异并不显著。堆肥化如果采用的是静态条垛工艺,则成本最低,但是生产周期比较长、所占用土地多而且对周围环境的影响也比较严重;如果采用发酵仓将带来设备投资和运行费用的增加,而且制备复合肥料还需进行烘干造粒,这样堆肥法的成本优势就被大大削弱了。因此,考察污泥利用方案的成本时应在统一产品质量和环境影响标准的基础上,从运行费用、设备投资、劳动力价格等多方面进行综合评估。

近年来国内外趋向于利用能源化技术来解决污水污泥问题。污泥的热能利用因其高温灭菌作用很彻底,产品可完全抑制微生物的活性,无疑是风险最小的,但运行成本及经济承受能力成为该技术发展的制约因素。以焚烧法和热解法为例,焚烧法是实现污泥减量化、资源化及无害化的有效技术,尤其流化床工艺,具有负荷调节范围宽、燃烧效率高、炉内燃烧强度高、可用燃用低热值燃料等优点。但是由于焚烧是在高温下进行,运行的成本高,产生的污染物如 SO_2、NO_x 及其他有害物质需进一步处理,工艺复杂性较高。而热解作为焚烧替代技术,在低温下操作,气态及油类产物通过燃烧得到净化,回收得到的热量可作为热解工艺的能源供应进行循环利用,也可作为石油的替代燃料或化工原料,利用价值高,对环境的污染很小,运行成本也较焚烧低。焚烧工艺和热解工艺的效益比较结果如表 4-3 所示。

表 4-3 污泥焚烧技术与热解技术的效益比较

项目	直接焚烧技术	热解技术
经济效益	设备、运行与维修成本高, 一般需辅助燃料	设备投资及运行成本仅约为 焚烧处理工艺的 70%
能效	能量利用率 80% 以下	能量利用率 85%~90%
环境效益	不能适应越来越严格的环保标准,需要增加 辅助处理设施(如对氮氧化物、二噁英等处理)	可满足越来越严格的欧洲各国国内及 欧洲排放水平,无需增加辅助设施

2008 年,Kim 等(2007)采用图 4-6 中所示固定床反应器对城市污泥进行热解实验,研究表明在 250~500℃温度范围内,热解温度、有机挥发物和污泥性质是影响焦油和半焦性质的主要因素。他利用热解油的热值与市场石油的热值进行对比,从而折算出污泥热解生物燃料油的经济价值,以美分/kg 核算,从初级污泥、活性污泥和消化污泥热解所获得的燃料油,其经济价值分别为 13.4 美分/kg 干污泥、12.6 美分/kg 干污泥和 9.0 美分/kg 干污泥。在该文献中,热解的能量消耗也被计算出来,其计算公式如下:

$$Q_{total} = Q_{drying} + Q_{target} + Q_{pyrolysis}$$

式中:Q_{total}——热解总耗能;

$\quad\quad Q_{drying}$——干化污泥所需能;

$\quad\quad Q_{target}$——加热污泥至热解温度所需能量;

$\quad\quad Q_{pyrolysis}$——污泥裂解所需吸收的能量。

通过将这几部分热解耗能相加,即为热解总耗能,通过相应的电价折算,即可得出理论上热解所需费用,热解初级污泥、活性污泥和消化污泥所需投资分别为 3.5 美分/kg 干污泥、3.7 美分/kg 干污泥及 3.4 美分/kg 干污泥。

通过将燃料油价值与热解投资相减,即可得到热解污泥的收益值。经计算,热解初级污泥、活性污泥和消化污泥的最大收益分别为 9.9 美分/kg 干污泥、5.6 美分/kg 干污泥和 6.9 美分/kg 干污泥。由上,可以得出热解污泥制备生物燃料油是一种经济可行的方法。

4.1.2 污泥热解技术的各相产物的特点及其应用途径

从资源化角度来考虑污泥的高温热解处理技术,主要可以从污泥高温热解产生的液态产物、气态产物及固体残留物三个方面来研究。

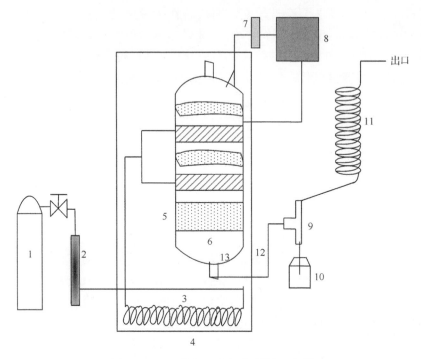

图 4-6　Kim 等的污水污泥热解反应器

1. N_2；2. 流量计；3. 预热线圈；4. 反应室；5. 反应器；6. 加热管；7. 热电偶；
8. 温度控制仪；9. 分离器；10. 接收瓶；11. 冷凝线圈；12. 连接管；13. 盖子

1. 气态产物特点及其应用途径

热解气是污水污泥热解反应的主要产物之一,是由污泥中的大分子有机物受热裂解产生的。热解气主要是由 H_2、CO、CO_2、CH_4、C_2H_4、C_2H_6、N_2 和少量 C_3 以上碳氢化合物组成的混合气体。热解气产量随热解终温升高而增加,单种气体的组成比率因操作条件不同,也不尽相同。当热解终温低时,CO_2 的产率较高,随着热解终温的升高,CO_2 产率降低。CO、H_2 和 C_xH_y 等气体的产生规律则与 CO_2 相反,随着热解终温的升高而升高。Inguanzo 等(2002)发现 C_2H_6 与 C_2H_4 在 450℃时产率达到最大,而 CH_4 的产率则在 600℃时达到最大。李海英等(2006)认为 C_2H_4、C_2H_6 含量在 450℃左右增加的原因是在污泥中重金属离子的催化作用下,污泥大分子脱氢反应加剧,发生了二次裂解。熊思江(2010)对不同含水率的生物污泥进行了中高温的热解实验,结果表明高温能减少固体碳和焦油的生成,促进富氢气体的产生;随着物料含水率的增加,氢气体积分数从 17% 达到 36%,在含水率为 84% 时,H_2 和 CO 的体积含量达到最大值;湿污泥在高温条件下快速热解,一次性完成了污泥的干燥、热解和气化,有利于氢气组分和其他可燃气体的产生,所得气体热值可达 12 MJ/m³ 以上。

热解气态产物的热值在 6～25 MJ/m³ 之间,变化很大,热值的大小与碳氢化合物的含量有关。热解气的产量大约占到热解产物的 1/3,大多情况下作为燃料烧掉,所回收的能量用以补充污泥热解系统所需能量,这样既减少热解的能量消耗,也解决了可燃气体的安全收集和运输问题。

2. 油类产物特点及其应用途径

热解油也是污泥热解的主要产物之一,是污泥中大分子有机物受热裂解产生的蒸汽经过冷凝后得到的产物,具有容易收集、储存和运输等特点,理化性质与原油相似,可作为燃料或化工原料加以利用。李海英等(2006)的研究表明,污泥热解油能直接用于柴油机车,其应用性能与石油低级馏出液相似。热解油产率与污泥自身的性质以及热解条件有关,在 3%～70% 之间。热解油是一种含有多种有机物的复杂混合物,因组分性质的不同,会出现分层现象,Fonts 等(2009)发现热解油分为 3 层,且上层油具有黏度低、热值高、密度小的优点,适合做高附加值燃料油加以利用。

热解油的有机组成也是研究的重点,为了明确热解油中包含的有机物质的种类,多种分析方法都被应用到其中,例如 GC、GC-MS、元素分析仪、FTIR、核磁共振等。污泥热解油中一般含有烷烃、烯烃、有机酸、脂肪酸、芳烃、含氧有机物和含氮有机物。Vieira 等(2009)在 380℃ 利用 GC-MS 分析了间歇式和连续式实验装置中的污泥热解油组成,发现其中含量较高的有机物为甲苯、乙苯、异丙基苯、苯乙烯、α-甲基苯乙烯、二苯丙烷和丁腈,在两种情况下各有机物的含量分别为 7.9% 和 4.7%、11.8% 和 6.5%、4.7% 和 2.4%、14.2% 和 35.8%、8.3% 和 21.9%、7.3% 和 7.0%、9.6% 和 9.2%,其原因为两种实验条件下挥发物在高温区的停留时间不同导致油类产物的主要组分不同。Fonts 等(2009)认为随着热解条件不同热解油的组成也不尽相同,采用 GC-MS 分析发现在不同情况下各类有机物含量均不相同,在 450～650℃ 范围内,不同的给料速率可以引起污泥热解油组分的变化,主要为脂肪族碳氢化合物、芳香族碳氢化合物、含氮芳香族化合物、类固醇和含氧脂肪酸,其他有机物含量很少。

3. 固态产物特点及其应用途径

在污水污泥热解过程中,随着温度升高有机挥发分的大量析出,部分碳和大部分无机物质沉积下来形成固态残留物,即为热解的固态产物。固态产物的结构与成分十分复杂,具有非均质性,且还会随着热解条件的改变而改变。近年来有关热解固体残留物质组分与结构的研究已开展很多,大都侧重于研究热解类型和热解条件(如热解温度、升温速率、压力和停留时间等)对热解固体残留物质的结构及反应性的影响。Sharma 等（2001）对热解固体残留物质进行了结构表征，指出热解过程中固体产物颗粒出现熔融、囊泡、表面腐蚀和无机盐沉积等现象，随着热解温度的升高，固体残留物中的芳香有机物及焦炭含量越来越高，且芳香大分子会进行深度交联。他们还发现固体残留物的表面积、芳香性和其中的无机矿物质在多环芳烃形成的过程中扮演着重要角色。在热解过程中，尤其是在高温条件下，固体残留物颗粒的结构特性有利于多环芳烃的形成。Biagini 等（2002）对不同热解条件下固体残留物质的表面形态和结构进行了研究，指出在高速升温下塑性变形导致了固体颗粒熔融现象的发生。Cetin 等（2000）发现热解条件对固体残留物质的表面形态和结构有明显影响。但是直到最近，一些研究者才通过研究热解过程中固体残留物质表面形态和结构的演化规律，探索热解条件与固体残留物质性质之间的关联性。

固体产物的表观结构也是其关键的特性之一。固体残留物的表面一般存在大量微孔结构，可以将其作为吸附剂加以利用。在 400～600℃ 范围内，随着热解温度的升高，污泥热解固体产物的 BET 比表面积出现了先增加后减小的趋势。在 450℃ 时热解半焦样品的比表面积达到最大值，约为 35.872 m^2/g，但是当温度继续升高时，比表面积有所减小。这是因为随着热解温度的升高，大量的挥发分析出后所产生的孔使半焦样品的比表面积增大。但是当热解温度为 600℃ 左右时，可能由于焦油的析出堵塞了部分微孔，使微孔比例降低，从而比表面积减小。

4.1.3　污泥热解工艺的分类

热解工艺有多种分类方法，按热解温度可分为低温热解和高温热解，按热解反应器结构可分为固定床热解技术、流化床热解技术及旋转窑热解技术等，按热解热源可分为电炉热解、煤气热解及微波热解等，下面将一一对其进行介绍。

1. 低温热解与高温热解

低温热解指的是热解温度在 300～500℃ 范围内的热解反应，该技术以将污泥中的有机成分转化为油类产品为目标。低温热解技术最早的报道可追溯至 1939 年 Shibata 所申请的一项法国专利，该专利首次阐明了污泥的低温热解处理工艺。1982 年，德国哥廷根大学的 Bayer 等（1987）依据该专利率先开展了污泥低温热解制油技术的实验室研究，并开发出了相应的污泥低温热解工艺，如图 4-7 所示。

Bayer 设定了该过程的反应条件：微正压、热解温度为 250～500℃，缺氧或微氧条件，经一定的停留时间后，污泥中的有机物发生裂解，转化为挥发性物质，经冷凝后得到热解油类产物。油类产物主要由烷烃、烯烃、单环芳烃及少量其他类有机化合物组成。Bayer 还将热解油类产物与污泥、石油的烃类图谱进行了比较，得出污泥经热解转化为油类的过程实际上是污泥中的脂肪、蛋白质及其碳水化合物等

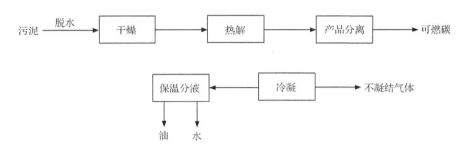

图 4-7　Bayer 等污泥低温热解制油工艺流程图

有机质受热脱除水、二氧化碳及氨反应的综合,与自然界中将固体有机物转变为液态碳氢化合物的过程是相似的。其中,油类产物主要由污泥中的脂肪与蛋白质裂解而成。

1983 年,加拿大率先开展了污泥低温热解的中试实验研究。Campbell 和 Bridle 等(1989)先通过机械方法去除污泥中的大部分水分及无机泥沙,随后烘干污泥,再将干污泥放进一个 450℃的蒸馏器中,该蒸馏器为带加热夹套的卧式反应器。污泥在无氧条件下蒸馏,转化为燃油及焦炭。Campbell 发现在污泥热解的油类产物中含有较长的碳直链,认为这是由于在热解过程中,污泥逸出的有机蒸气在高温区间与热解残炭表面发生了相际催化反应。该实验成功地实现了中试规模污泥低温热解制油,但由于污泥中含有表面活性剂成分,致使热解产物油水分离困难,产油效率较低。

承接上述实验研究,澳大利亚的 Perth 和 Sydney 于 1986 年建立了两座污泥低温热解实验工厂,该工厂采用 Enersludge 工艺对澳大利亚城市污水污泥进行热解,其实施为大规模污泥低温热解制油技术的开发提供了大量的数据和经验。20 世纪 90 年代末,第一座商业化的污泥炼油厂在澳大利亚的 Perth 的 Subiaco 污水处理厂建成,处理规模为每天处理 25 t 干污泥,每吨污泥可产出 200～300 L 与柴油类似的燃料和 0.5 t 烧结炭,如图 4-8 所示。

Enersludge 工艺采用热解与挥发相催化改性两段转化反应器,使可燃油的质量得到提高,达到商品油的水平。污泥的干燥过程所需的能量主要由热解转化的可燃气体提供。热解后的半焦通过流化床燃烧,尾气处理工艺简单,排放的气体达到德国 TALuft(全球最严格的废物焚烧尾气控制标准)标准。Enersludge 工艺过程尾气排放情况如表 4-4 所示。

随着对污泥低温热解技术研究深入,国际上出现了一批新型高效的污泥低温热解技术。日本采用高温、高压直接液化技术对污泥进行热解,燃料油回收率可达到 48%,由于在高温高压并加催化剂条件下操作,工艺复杂,生产成本较高。Velden 等总结了污泥热解产油的优化条件,他们认为为了达到高的产油率,以下过程参数

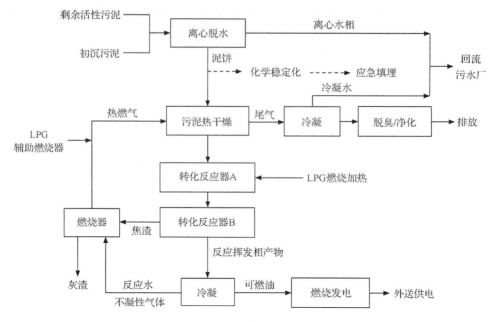

图 4-8　Enersludge 工艺流程图

需要控制：

表 4-4　**Enersludge 过程尾气排放状况** （单位：mg/Nm³）

项目	TSP	SO₂	CO	HF	HCl	Cd	Cu	Cr	Hg	Ni	Pb	Ti	Zn
测定值	12	<36	45	—	19	0.01	0.36	<0.007	0.008	0.11	0.08	0.0001	0.1
TALuft	30	200	50	4	30	0.05	0.5	0.5	0.05	0.5	0.5	0.5	—

（1）快速升温，样品表面热传递快；

（2）热解温度在 773 K 附近，气相温度在 673～773 K；

（3）短停留时间，气相停留时间少于 2 s；

（4）固相快速分离，气相快速冷却，避免二次裂解。

污泥低温热解所产生的油类产物具有较好的经济价值，但低温热解污水污泥仍存在着较多不足之处：①其产生的不可冷凝性气体不仅产率低，气体组成也不理想。何品晶等的研究认为在低温阶段（250℃～350℃）产生的气体中，含碳组分主要是 CO_2（>80%），不可作为生物质能源产品。②低温热解所采用的污水污泥的含水率需在 5% 以下，因此热解前需要进行污泥脱水，这样就要消耗大量能量。导致了这种技术的剩余能量不是很高，能量输出：能量消耗≈1.16；③在产生的油中含有大量的多环芳烃物质，对环境产生威胁。

目前热解技术的研究已经转向高温阶段（如 500℃ 或以上）。在对污泥热解高温阶段的研究中,不可冷凝气体以其资源化潜力受到人们越来越多的重视。污泥高温热解产物中,气体产物主要是由 H_2、CO、O_2、CO_2、CH_4 和 C_xH_y 组成,加热速率、热解终温、气体停留时间等热解条件的改变会对气体产率及构成产生较大影响。Inguanso 等人(2002)认为随着热解温度的升高,CO_2 量会减少,CO 和 H_2 量不断地升高,CH_4 在 600℃左右达到最大,C_2H_4 和 C_2H_6 在 450℃左右达到最大。在不同的加热速率下,各种气体的最大量不同,除了 C_2H_4、CO_2 和 C_2H_6,其他气体的产率都会随着加热速率的增加而升高。许多学者认为热解操作条件,如最终温度、升温速率和停留时间对热解产品及其分布状况有决定性的影响。Menéndez 等(2004)研究认为污水污泥高温分解最终温度的增加引起了固体产物量的下降,气体产物的产量上升,而液体产物产量基本保持恒定。气体停留时间也是影响气态产物产率的关键性因素,这和污水污泥中各类有机质的化学键在不同温度下的断裂难易程度有关。当温度高于 450℃,裂解产生的重油开始二次裂解,转化为轻质油。在 525℃以后,更轻质的油和气态烃生成,在此期间,气态产物在高温区的停留时间越长,固相与气相间发生的化学反应越剧烈,不凝性气体产生量越多,焦炭的产量也随之减少。

2. 固定床与流化床热解工艺

1) 固定床

2000 年,Lutz 等(2000)利用图 4-9 所示的固定床热解反应器对活性污泥、油漆污泥和消化污泥进行低温热解实验。结果表明,活性污泥的产油率达到 31.4%,明显高于其他两种污泥。污泥低温热解油的含碳量为 76%～79%,热值为 35～38 kJ/mol,芳香烃的含量很少且毒性低。活性污泥所产生的热解油中的脂肪酸含量可达 26%以上,油漆污泥与消化污泥热解所产生的油中的脂肪酸含量在 3%左右,脂肪酸可作为工业原料应用。

2009 年,Sanchez 等(2009)采用图 4-10 所示的固定床热解系统进行了污泥热解实验,反应器内径 7 cm,长 40 cm。一次实验热解污泥量约为 30 g,采用 He 为保护气氛,热解温度为 350℃、450℃、550℃和 950℃,升温速率为 30 ℃/min。Sanchez 分析了不同热解温度对油类产物的成分的影响,着重讨论了油类产物中的多环芳烃的组成和结构。

2009 年,Casajus 等(2009)建立的固定床污泥热解反应器如图 4-11 所示,其内径为 50 mm,高为 320 mm。实验污水污泥的用量为 2.5 g/次,所采用的升温速率为 5℃/min、10℃/min 和 20℃/min,热解终温设定为 900℃。该实验台可对污水污泥热解过程挥发出的瞬时有机产物进行实时监测。已通过与热重分析的结果对比,证实了该方法的可靠性。

近年来,国内也开展了污泥热解相关实验的研究。何品晶等(1998)利用回转

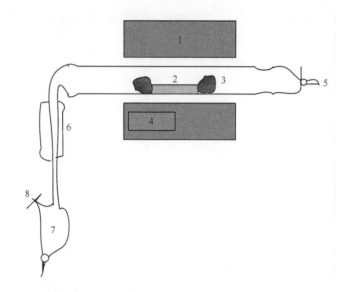

图 4-9　Lutz 等建立的污泥热解固定床反应器

1. 炉膛；2. 样品；3. 玻璃棉；4. 温度控制仪；5. N$_2$；6. 冷凝器；7. 分离器；8. 废气口

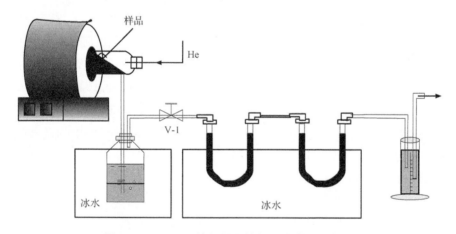

图 4-10　Sanchez 等的污泥热解固定床反应装置

式管式电炉作为污泥热解反应器,加热石英热解管(直径 22 mm,长 300 mm)进行污水污泥的低温热解,采用冷冻恒温槽冷凝、收集热解液体产物,并对热解焦油进行了分离和分析。通过多次间歇实验,获得了最高能量回收率所对应的热解反应条件,并分析了热解能量回收的影响因素和经济性。其研究结果表明,最优低温热解条件为最终温度 270℃,气体停留时间 30 min,热解过程能量回收率主要受污泥含水率影响,含水率的临界值为 78%,热解处李海英等(2006)设计了外热式固定床热解台,见图 4-12。该试验于 250~700℃之间进行城市生活污泥的热解实验

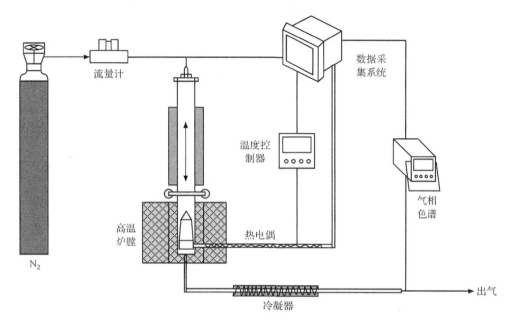

图 4-11 Casajus 等的固定床污泥热解实验台

研究,详细分析了热解最终温度对热解产物组成及产率的影响。结果表明,热解终温的升高可以使固态产物中的有机挥发分减少,焦碳和灰分含量明显增加,固态产物的热值相应减少。对热解气体的分析结果表明,热解最终温度在 $250 \sim 450℃$ 时,气态产物主要为 CO_2,当最终温度升高至 $450 \sim 700℃$ 时,H_2、CO 和 CH_4 等可燃气体含量明显增加,热解气体在热解温度为 $600℃$ 时获得最大热值($15\ 530\ kJ/m^3$)。

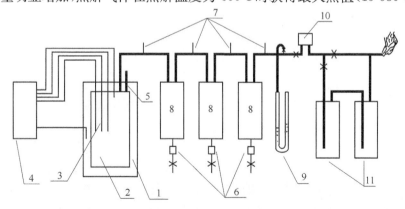

图 4-12 李海英等的固定床污泥热解实验台

1. 固定床热解炉;2. 热解反应器;3. 热电偶;4. 温控器;5. 充氮;6. 热解液收集器;
7. 温度计;8. 冷凝器;9. U 形管压差针;10. 流量表;11. 鹅头洗气瓶

对热解油类产物的性质研究表明,除 N、S 化合物的含量少量超标外,其他理化性能均满足燃料油的要求。

邵敬爱(2008)建立了污泥热解固定床实验台,如图 4-13 所示的,研究了污泥热解的固态残留产物、油类物质和气体产物的形成机理。研究结果表明,热解终温是最关键的热解操作条件,对污泥热解油类产物的产率和热值有着显著影响。不同的污泥样品在约 600℃时均可获得最大产油量,分别为 30%、29% 和 22%。

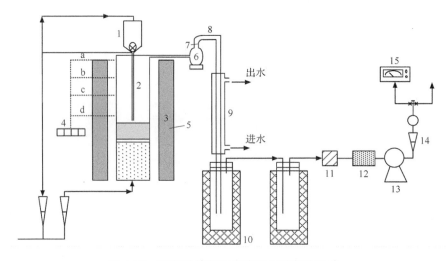

图 4-13　邵敬爱等的固定床污泥热解实验台
1. 螺旋供料器;2. 固定床;3. 电加热炉;4. 热电偶;5. 温度控制仪;6. 旋风分离器;
7. 石英棉过滤器;8. 保温带;9. 水冷管;10. 冰水混和冷凝器;11. 固体颗粒过滤器;
12. 气体干燥装置;13. 抽气泵;14. 流量计;15. 气体分析装置

翟云波等(2008)搭建了如图 4-14 所示的管式电炉污水污泥热解实验台,研究了不同粒径的污泥(≤0.2 mm,0.2~0.5 mm,1~0.5 mm)在 250~700℃中的热解特性,分析了热解最终温度和污水污泥粒径对热解产物各相分布及组成的影响。最大的油类产率出现在 400~500℃,粒径为 0.2~0.5 mm 的污水污泥在 450℃时的油类产率最大,达到 32%。最后的 GC-MS 的分析结果表明,污泥热解油类产物含有 50 余种化学物质,主要为长链有机烃和芳香烃。

2) 流化床热解工艺

流化床的特点是物料处于流态化运动状态,由固体颗粒、流体以及完成流态化的设备构成。与固定床热解反应器相比,流化床具有更为明显的优点,流化床便于热解催化剂的循环操作和连续再生;可以实现固态物料的连续进料与出料;流体和颗粒的相对运动使床层具有更为优良的传热性能,而且易于控制。目前在煤、生物质以及污水污泥的燃烧和热解中,鼓泡流化床和循环流化床已被成功地应用。2001 年,Schmidt 等成功地利用流化床实验台(图 4-15)进行了含油污泥的热解实

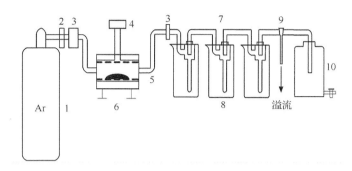

图 4-14　翟云波等的管式电炉污泥热解实验台

1. 氩气；2. 减压阀；3. 流量计；4. 温度控制器；5. 陶瓷管及实验样品；
6. 管式电解炉；7. 冷凝管；8. 冰浴槽；9. 溢流阀；10. 气体收集装置

验。该系统以石英砂为床料，氮气为流化气体，采用螺旋给料机输送物料，给料速率为 1～3 kg/h。实验的研究结果表明流化床是一种具有较高产率的含油污泥热解制油工艺，且热解产物的分布及热解油的成分含量依赖于污水污泥的性质和热解条件。

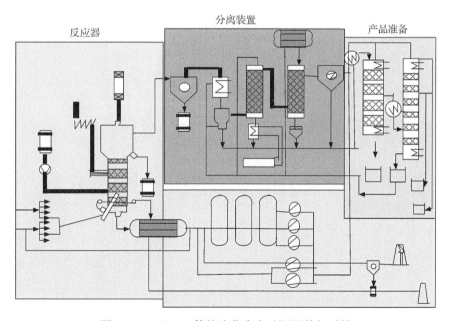

图 4-15　Schmidt 等的流化床含油污泥热解系统

2003 年，Lilly 等(2003)搭建了流化床污泥热解实验台，如图 4-16 所示，并采用该装置对下水道污泥进行了 300～600℃ 的热解实验，实验结果表明，气体停留时间为 1.55 min，当温度为 525℃ 时，可以获得最大的产油率(30%)，该装置产生

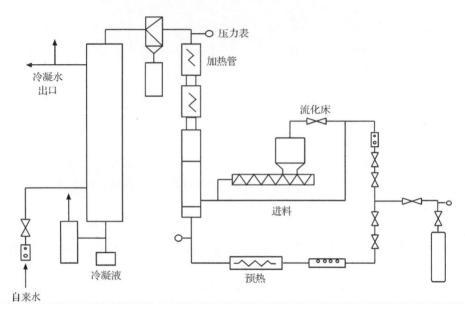

图 4-16　Lilly 等的流化床污泥热解实验台

的热解油的化学组成主要为芳香烃。

　　贾相如和金保升等(2005)搭建了如图 4-17 所示的污泥热解流化床。其中热解反应器直径为 50 mm，高为 2000 mm，包括进风装置、给料装置、反应器、冷凝收集装置、气体净化装置及控制系统。实验分析了 300～600℃时热解温度对热解产

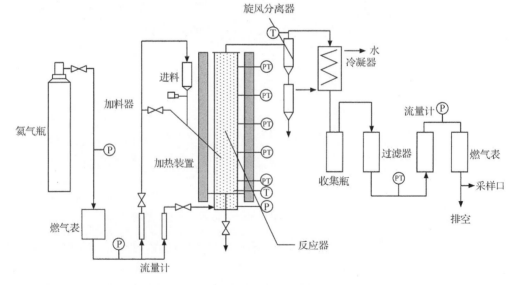

图 4-17　贾相如等的流化床污泥热解制油系统

物分布的影响,结果显示气体产率在 7.32%～21.75%,热解油产率在 500℃时达
到最大值,为 46.31%。

2011 年,中国科学院工程热物理研究所的刘秀如设计了鼓泡式流化床污水污
泥热解实验台,并采用该实验台开展了连续式污水污泥热解实验。这一新型实验
台能够实现原料连续进料操作,可较彻底地冷却液态产物,其最大处理量为 3 kg/h
干污泥。鼓泡式流化床污泥热解实验台的流程图如图 4-18 所示,主要包括电炉、
加料装置、进气系统、气固分离装置、冷凝收集装置、尾气处理装置和测量控制系
统。实验台采用外部电加热系统使提升管内达到设定温度并保持恒定,并利用氮
气瓶经质量流量计控制供给氮气作为床内的流化风。提升管底部加入一定量大颗
粒石英砂,用来预热流化风并起到布风的作用,床料采用河砂,在通入流化风的作
用下呈鼓泡床状态。工艺条件稳定后,干燥的污泥颗粒开始由位于密相区的加料
装置进入提升管,经加热升温,发生热解反应。热解反应产生的固体半焦产物通过
底部排渣管排出并收集。流化气体、热解反应产生的挥发性气体与被携带出来的
细小固体颗粒进入旋风分离器,在离心力作用下进行气固分离。固体小颗粒在旋
风分离器下部收集,挥发性气体进入冷凝系统,冷凝下来的液体产物在收集器中收
集,不可冷凝气经尾气处理水箱过滤净化后,在电炉内充分燃烧,最终排出室外。
热解气体样品取样点设置在尾气洗涤水箱之后,采用气相色谱仪分析热解气体成
分,实验过程中的温度、压差(压力)、给料量、流化风量等参数采用安捷伦系统在线
自动采集。

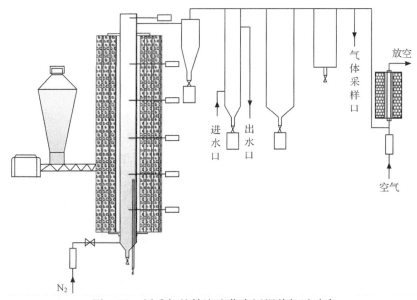

图 4-18　刘秀如的鼓泡流化床污泥热解试验台

3) 旋转窑热解工艺

旋转窑是一种间接加热的高温分解反应器(图 4-19)。其主要设备为一个稍微倾斜的圆筒,在它缓慢旋转的过程中使污泥样品移动通过蒸馏容器到卸料口。蒸馏容器由金属制成,而燃烧室则是由耐火材料砌成。分解反应所产生的气体一部分在蒸馏器外壁与燃烧室内壁之间的空间燃烧,产生的热量用来加热干化污水污泥。

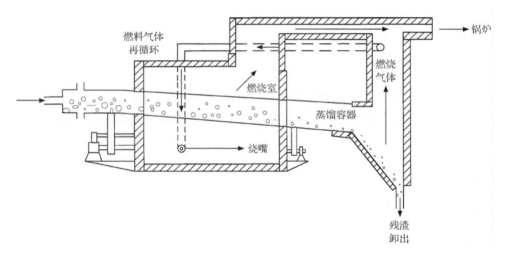

图 4-19 旋转窑式污泥热解反应器

4) 双塔循环式污泥热解工艺

双塔循环式污泥热解工艺是由分别在两个塔中进行的热分解及燃烧两个反应相组合形成的工艺,热解所需要的热量,由热解生成的固体炭或燃料气的燃烧来供给(图 4-20)。惰性的热媒体(砂)在燃烧炉内吸收热量并被流化气鼓动成流态化,经连接管到热分解塔与污水污泥相遇,供给热解所需的热量,再经连接管返回燃烧炉内,被加热后再返回热解炉。受热的污水污泥在热解炉内分解,生成的气体一部分作为热分解炉的流动化气体循环使用,一部分作为燃气产品排出系统。该工艺的特点是:①热分解的气体系统内,无燃烧废气混入,提高了热解气体的热值,热解气最大热值可达 18 900 kJ/Nm³;②污泥热解生成的固体残留物燃烧时所需的空气量较少,因此向外排出废气少;③在流化床内温度均匀,可以避免局部过热;④由于燃烧温度低产生的含氮污染物少。

4.1.4 污泥热解技术影响因素分析

可以影响污泥热解过程的因素很多,既包括污泥本身的性质,如含水率、有机含量、颗粒大小及金属盐含量等,同时包括了实验和工艺条件,如热解温度、升温速

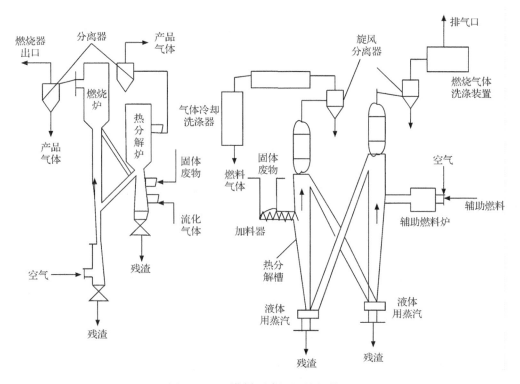

图 4-20　双塔循环式污泥热解装置

率、停留时间、反应气氛、反应器类型、是否使用催化剂等。

1. 操作条件

　　目前普遍认为热解最重要的工艺条件包括以下三点：热解温度、停留时间以及加热速率，通过改变这三项工艺条件可有效地控制热解产品的产率及性质，实现热解产物定向产出。Caballero 等学者(1997)认为污泥热解可分为一次裂解及二次裂解，二次裂解是在一次裂解所产生的大分子挥发性物质在高温区再次裂解的过程。而操作条件，即温度、停留时间和加热速率对一次裂解影响不大，但是它们可以显著的影响二次裂解的进行程度，因此可以通过控制这些条件实现对污泥热解反应的操控。Tian 等认为二次裂解反应是一次裂解产物再次裂解与缩合两种反应相互竞争的过程。一次裂解产物在二次裂解过程中或继续裂解成为小分子气体，如 H_2、CO、CH_4 及 C_xH_y 等，或缩合成为大分子聚合物进入固相，而裂解与缩合间的平衡则随着操作条件的改变而改变。

　　热解反应最重要的影响因素为热解温度。污泥成分复杂，含有多种有机化合物，这些化合物的化学结构各异，其裂解的温度区间也各不相同。Lilly(2003)报道,热解反应在 425℃可获得最大的产油量,其产率达污泥总量的 30%。这是与污泥中各种有机质的化学键在不同温度下的断裂程度相关,在 450℃后,裂解产生的重油,发生了第二次化学键断裂,形成了轻质油,气体停留时间也相应地增加。在 425℃以后,会形成更轻质的油和气态烃,不凝性气体的量提高,固体残留物的量也随着气体量的增加而减少。Inguanzo 等认为高温分解最终温度的升高使固体产物的分数减少,但使气体产物的分数增加。油类产物的分数在最后温度从 450℃上升到 650℃时有微小的增加,但最后温度高于 650℃时,油类产物的分数保持恒定。Inguanzo 对不同热解温度下气体及固态产物的组分也进行了相应研究,认为热解产物的组分也随着热解温度的变化而变化(图 4-22,图 4-23)。污泥在 450～850℃范围温度内高温分解时,固态产物的质量分数从 51%上升到 66%。但是,即便在 850℃高温分解还是不完全,一些挥发性物质还是存在固态产物中,它们的质量分数大约为 4.6%。这表明在高温下有机挥发物可再度进行缩合,形成大分子聚合物,存留于固态产物中,这与煤和一些生物物质的干馏趋势类似。在污泥热解过程中,CO,H_2、CO_2、O_2、N_2 和 $C_x H_y$ 是气态产物的主要成分。在较低的温度(250～350℃)时,CO_2 和 N_2 是主要的气态产物。增加高温分解温度会导致 CO_2 量的下降,CO 和 H_2 产量增加。另一方面,在 600℃左右 CH_4 的产量达到最大值,而 $C_2 H_4$ 和 $C_2 H_6$ 在 450℃时就达到了最大产率。Tian 等对升温过程中油类产物组分的变化也进行了研究,他们发现在 600℃油类产物中烷烃的含量最高,因此也带来了较高的热值,单环芳烃则是在 330℃时出现最大产率,因此330～600℃范围内油类产物性质最佳。

　　气相的停留时间也是污泥热解一个重要的控制条件。随着气体在高温区域中停留时间的增加,气体吸收热量发生再次裂解的机率也随之增加,相反,若气体停留时间短而直接进入低温区,高温气体迅速淬冷,则有机物容易脱水缩合,形成交联大分子聚合物,沉淀于固体相。Miechael Boroson 等(1989)的研究表明,污泥热解时固体颗粒因化学键断裂而分解,在分解的初始阶段,形成的产物可能不是挥发分,化学键还可能进行附加断裂以形成挥发产物,经冷凝后形成热解液。上述的挥发性产物在颗粒的内部或以均匀气相反应或以不均匀气相与固体颗粒及炭进一步反应,这种二次反应可能对热解产物产量及产物分布产生一定的影响,因此,停留时间在污泥热解工艺中是关键的因素。值得注意的是,停留时间对污泥热解的影响程度随着热解温度的变化而变化。在中间温度,挥发物通过在挥发相的裂解进行更深入的分解,快速地生成气体、水及其他小分子油类物质。因此,快速冷却对于抑制挥发相进一步裂解至关重要,也就是说,为了在质和量上优化油类产物,产物停留时间必须最小化。当反应温度升高,裂解速率也会增加,在 650℃以上,即使停留时间非常短,挥发相也倾向于发生再次裂解,从而增加了气体的产率。

　　加热速率对热解反应的影响与停留时间有关,加热速率快则污泥在很短时间

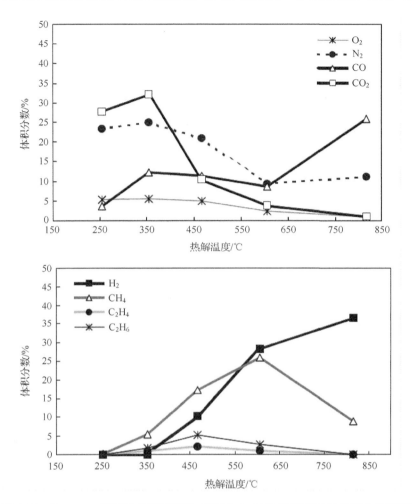

图 4-21　Inguanzo 等研究升温速率为 60℃/min 时热解温度对气体组分的影响

内达到高温,从而大量挥发物逸出,因此挥发物的停留时间也短;加热速率慢则污泥达到热解温度时所需的时间就较长,挥发物逸出速率低,在高温区间的停留时间也长。Inguanzo 报道,加热速率只在最后高温分解温度比较低(如 450℃)的时候有着明显的影响,当最终温度为低温时,加热速率越快,高温分解的效率就越高,这样会使油类和气体产物的量增加,固体残留物的量减少,但在温度高于 650℃时这种影响几乎可以忽略。在低的高温分解温度(450℃)下,加热速率为 60℃/min 时所得的油类产物的产率远远高于 5℃/min 的油类产率,这是由于在此温度下,高加热速率促进了裂解反应的发生,因而有从反应器逸出的更轻的化合物产生,导致了液体产物的增加,而当温度升至 650℃以上时,加热速率的升高并未带来油类产物产量的增加。Inguanzo 推测这可能是由于在该温度下,可生成油的化合物已经

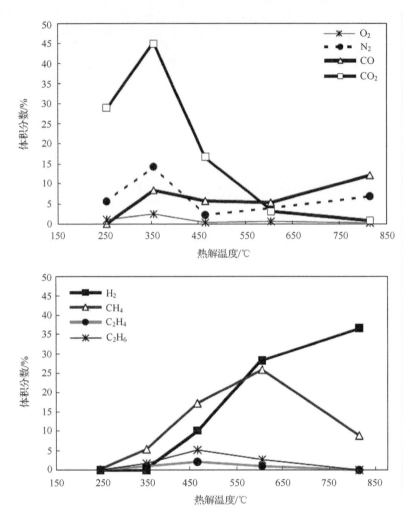

图 4-22　Inguanzo 等研究升温速率为 5℃/min 时热解温度对气体组分的影响

被裂解并释放出反应区域,而在反应区发生的仅为固态残留物二次裂解生成气态产物或气态产物聚合生成固态残留物的反应。事实上,高温下的快速加热会推动固态残留物中碳氢化合物的脱羰作用和脱氢作用的发生,从而使聚合反应在与裂解反应的竞争中占据主导地位。

2. 催化剂

为使污水污泥热解可以在较低温度下进行,学者们提出了催化热裂解的思路,即利用特定催化剂的作用,降低污泥有机组分发生裂解转化反应所需的活化能。大量实验研究表明,达到同样的污泥有机转化率,催化热解需要的温度水平大为降低,例如在 850～900℃ 范围内,使用镍基催化剂,可以实现污水污泥有机组分的完全转化。在污水污泥的热解过程中,添加催化剂具有很多优点,添加有效的催化剂能够缩短热解时间,降低热解所需温度,提高污泥的可热解性,减少固体残留物的量,控制热解产物分布的范围。

在催化剂的参与下,热解除了将污泥中的大分子烃类物质分解之外,还有对燃气组成进行调整的作用。燃气在一定的温度和压力条件下流经固态催化剂,其中的碳氢化合物在催化剂表面上经历分解,同时与水蒸气和 CO_2 发生反应,产生 CO、H_2 和其他轻质烃,并析出炭黑。水蒸气或 CO_2 的来源可以来自燃气本身,也可以从外部加入,其反应为

$$C_nH_m + nH_2O \longrightarrow nCO + (n+m/2)H_2 \tag{4-10}$$

$$C_nH_m + nCO_2 \longrightarrow 2CO + m/2H_2 \tag{4-11}$$

为了提高目标产物(热解油、热解气)的产量和质量,在污泥中添加适当的催化剂是十分必要的,有许多经济无害可回收利用的催化剂被用于污泥的催化热解,目前采用的催化剂多为白云石和镍基催化剂。

1) 白云石类催化剂

白云石是一种镁矿石,一般写成 $MgCO_3 \cdot CaCO_3$ 的形式,其价格低廉,容易获得。白云石用作热裂解催化剂的研究,较为早期的是美国 PNL,法国 Nancy 大学、瑞典皇家工学院(KTH)和瑞典 TPS 公司以及芬兰的 VTT 能源公司。白云石用作热裂解催化剂时焦油转化率可超过 90%～95%,因此气态产物中的焦油含量低于 500～1000 mg/m³。白云石对直链脂肪烃有机物(如烷烃、烯烃等)的催化裂解能力较强,而对有多个芳香环的复杂大分子有机物(多环芳烃,如萘和茚等)的催化裂解能力较弱。白云石机械强度较低,热稳定性较差,但作为一种廉价催化材料仍然有较好的应用价值。

2) 镍基催化剂

镍基催化剂是热解采用最多的材料,有关文献很多,很多研究者将商用镍基催化剂作为烃以及 CH_4 等有机质蒸气重整的材料。在 740℃ 以上的温度,镍基催化剂可使得燃气中 H_2 和 CO 含量显著增加,而烃和 CH_4 的含量大幅度下降。较早将镍基催化剂用于燃气净化和重整的是瑞典 KTH 和美国 PNL,他们的早期工作表明镍基催化剂对热解过程产生的焦油催化裂解效果比白云石要好,可实现焦油和甲烷的完全转化,并使 CO 和 H_2 产量加倍。PNL 在美国能源部的一个甲醇合成气项目中研究了镍基催化剂对热解的催化和重整作用,他们在流化床床内加入镍基催化剂(Ni、NiO、Ni/Mo、$Ni/Mo/Cu$ 及 Y 沸石),并通过部分氧化工艺和下游固定床中的蒸气催化重整工艺实现有机物的完全裂解。实验发现,镍基催化剂有无限长的寿命,其可使气体产量提高 80%,气化效率从 70% 左右提高到 92%。西班牙的 Saragossa 大学的 Aznas 和马德里 Complutense 大学的 Corella 等做了类

似的研究,他们在蒸汽重整时采用镍基催化剂,实现了高达 99%的焦油缩减效果。Corella 同时开发了一种净化系统,该系统采用白云石进行燃气的初级净化,其焦油脱除效率近 95%,随后利用镍基催化剂进行剩余焦油的裂解和燃气重整,使得蒸汽重整催化剂的寿命大为延长。瑞典 TPS 公司在 20 世纪 80 年代中期建立了一种使用氧气的加压气化器,后面连接装有镍基催化剂的焦油裂解器,原理和指标与 PNL 的工作类似。镍基催化剂的重要优点是同时实现了焦油的裂解和包括甲烷在内的轻质烃重整,可充分利用热解产物的热量,有效简化生物质热解制氢工艺,因而提高了热解制氢过程的经济性。

3) 无机矿物质催化剂

污水污泥中所含的无机矿物质在热解过程中对有机物的裂解与重整也具有一定的催化作用。邵敬爱(2008)利用酸洗法脱除矿物质后,讨论了无机矿物质对污水污泥热解进程的重要影响,结果表明灰分的脱除大大促进了生物可降解有机物、腐殖质的分解,同时也在一定程度上促进了生物不可降解有机物的分解,使各失重速率的峰值温度提前。Minow 等(2005)的研究表明不同矿物质对污泥热解反应的影响不同,SiO_2 被认为具有稀释反应物的作用,可抑制热解过程中焦油的二次分解,Fe_2O_3 和 ZnO 可使焦炭产量略有增加(1%~2%),而 Al_2O_3、CaO 和 TiO_2,则使焦炭产量有不同程度的降低(1%~4%),也就是说,通过添加 Fe_2O_3 和 ZnO,可抑制污泥中的有机物质的分解,得到更多的焦炭,而在整个热解温度范围内,Al_2O_3、CaO 和 TiO_2 可以促进有机挥发物质的分解,形成更多的热解气,使焦炭的产量减小。Jingai(2008)的研究表明,添加 Al_2O_3、TiO_2、CaO、Fe_2O_3 和 ZnO 可使污泥热解初始温度 T_0 降低 13~19℃,添加 Al_2O_3 和 TiO_2 可以使热解终止温度(T_f)下降约 50℃,然而加入 CaO、Fe_2O_3 和 ZnO 使热解终止温度分别提高 144℃、235℃和 103℃。以上实验结果表明,这五种金属氧化物都有助于提高污泥的初始分解,促进污泥中生物可降解有机物的热解,但可能会抑制腐殖质的热解,Al_2O_3 和 TiO_2 有利于促进生物不可降解有机物的完全热解,而 CaO、Fe_2O_3 和 ZnO 则可能使生物不可降解有机物的热解延迟。添加无机矿物质对热解反应整体平均活化能影响不大,矿物质添加前后总体活化能均在 21.8~28.8 kJ/mol 范围之内。与脱灰污泥相比,添加 Al_2O_3、CaO、Fe_2O_3、TiO_2 或 ZnO 对热解反应的指前因子 A、焦炭的生成、热解失重和失重速率均产生不同程度的影响。CaO、Fe_2O_3 和 ZnO 主要起到阻碍作用,TiO_2 对热解的促进作用占主导,而 Al_2O_3 对污泥热解的影响不明显。研究无机矿物质的影响对更好地理解和掌握高灰含量污泥的热解特性,以及对污泥资源化利用的预处理都有一定的指导意义。

4.1.5　微波热解简介

微波是一种电磁波,波长 0.001~1 mm,频率范围为 300 MHz~300 GHz,由于微波的频率很高,所以也称作超高频电磁波,目前只有 915 MHz(32.79 cm)和 2450 MHz(1226 cm)被广泛使用。微波具有电磁波的反射、干涉、衍射、偏振以及伴随着电磁波进行能量传输等波动特性,这就决定了微波的产生、传输、放大、辐射等问题都不同于普通的无线电、交流电。在微波领域,通常应用所谓"场"的概念来分析系统内电磁波的结构,并用功率、频率、阻抗、驻波等作为微波测量的基本量。当微波在传输过程中遇到不同材料时,会产生反射、吸收和穿透等现象:一定厚度的导体,如铜、银、铝等金属,能够反射微波;玻璃、陶瓷、聚四氟乙烯、聚丙烯等绝缘体对微波透明,常作为反应器的材料;有耗介质,特别是含水和脂肪的材料,它们不同程度地吸收微波能量并转变为热量。

微波有物理、化学、生物学效应,可以应用于各种目的,但应用最广泛的是微波加热。微波加热有自己独特的优点,采用传统方法加热固体物料,必须使之处于一个加热的环境中,先加热物体表面,然后热量由表面传到内部,获得热平衡的条件,这就需要较长时间,同时也可能向周围环境散发大量热能。而微波加热是全部封闭的状态,以光速渗入物体内部,即时转变为热量,对物体内外部进行"整体"加热,从而节省了长时间加热过程中的热散失,有效地降低了能量消耗。另外,传统加热主要利用传导和对流方式,传统加热所用的容器常常是热的不良导体,只有接近器壁的少量物料才能获得较快的加热速率并达到体系温度,相反,微波可以加热所有的介质而不加热容器,物料可以很快升温。由于"热点"效应,在加热介质中出现多个"微热源",由此产生的快速加热效果是传导和对流方式所不能达到的。但由于加热速率太快和电磁场的空间分布,用微波加热可能会出现局部过热现象。

1. 微波高温加热技术

微波辐射转化为热能的机理主要是偶极子转动机理和离子传导机理。偶极子转动机理是由于微波辐射引起物体内部分子的相互摩擦产生热能,离子传导机理是指可离解离子在电场中产生导电移动,介质对离子的阻碍而产生的热效应。目前微波加热效应广泛引起了人们的关注,一种新型热源——微波辐射加热技术被应用于家庭民用和矿物处理、活性炭再生及有机废弃物热解等工业生产领域,全世界拥有超过 8000 万台家用微波炉在使用着,它为人类的生活提供了巨大的方便。

微波高温加热技术自 1968 年提出来,经过了大量的实验研究和实践检验,目前在一些领域已获得了突破性进展,在一些行业已实现了产业化生产应用。美国、加拿大、德国、日本、澳大利亚等几个工业发达国家,率先实现了微波能高温技术在高技术陶瓷、矿物冶金、粉末冶金和耐火材料等领域产业化应用。

微波辐照高温烧结陶瓷材料是微波高温技术首先开展应用的技术领域,已有多家企业将微波高温烧结应用于陶瓷材料的生产。加拿大 MicroWear 公司最早报道于 1995 年建立了一个氮化硅陶瓷刀具的生产中心,该生产中心的工艺制造全部在 5 台间歇式常压微波烧结炉中进行,每天的 0.5 in① 氮化硅陶瓷刀片生产量超过 2 万片。Indexable Tool 公司在一个特殊设计的反应容器中,装入约 4000 片氮化硅陶瓷坯料,置于微波炉腔中,采用微波高温烧结技术进行生产。在加工过程中,一定量的高纯氮气需要通入反应容器内,因此该生产工艺使用的炉腔不是气密的,属于常压烧结。该工厂使用的微波发生器仅需要 6000 W 的输入功率,就可生产出一致性良好,成品率高的产品,同时由于微波烧结的生产工艺操作简单,仅仅需要 2 个工人就可以操控具有 5 台烧结炉的烧结车间。

粉末冶金制品的烧结是微波烧结的另一个主要应用领域。美国 Dennis Tool 公司采用连续式微波高温烧结设备烧结硬质合金材料,4 h 内就可以烧结完成,在高温区仅仅停留 5 min,大部分时间用于降温。该公司最大的一套连续式微波烧结设备,日产量高达 650 kg,而这台烧结设备的电耗只有 20 kW。2000 年,日本美浓窑业、高砂窑业和日本核融合科学研究所,推出了大型微波高温烧结设备,该设备应用于陶瓷工业的生产,拥有大于 20 kW 的装机容量,其中最大的一台微波高温烧结隧道窑长达 14 m 且可连续进料,该设备的微波输出功率达 80 kW,烧结温度在 1400℃左右。

俄罗斯、澳大利亚和北美的一些国家率先将微波高温烧结技术应用于矿物处理以及某些稀有难熔金属的冶炼。如采用 200 kW 的大型微波高温连续式烧结炉进行钨精矿冶炼,其产量可高达 1 t/h。中国长沙隆泰科技有限公司成功将微波高温加热技术应用到冶金领域,该公司在一个连续竖式的微波加热装置中,在 1500℃下,以 V_2O_5 和碳素材料的混合物为原材料,经过碳热还原合成反应,烧结制备成了氮化钒,整个过程的能耗仅相当于传统电阻式加热的 1/3。近日,我国在 068 基地成功研制出一种低能耗、高热效的新型 30 m 工业级微波高温烧结隧道窑炉,该设备烧结温度可达 1200℃以上,完全实现自动化生产,产品烧结性能稳定均优于传统生产工艺。

微波作为新型热源,近年来也被引入到热解领域中来。Hari 等在对油页岩和磷矿石进行常规裂解和微波裂解的对比研究时发现,微波裂解油含有较多的软沥青质、极性组分低和较少的硫和氮。Miura 等(2004)在对圆柱形大木块进行微波裂解的实验中发现,木块中的温度分布、热量传递和质量传递等与常规加热裂解非常不同。残焦比表面积很大(约 450 m^2/g),焦炭微孔中的炭粒子很少,且木块越大,单位重量裂解所消耗的能量越小。焦油产率约 15%～30%(质量分数),其中左旋葡聚糖含量为 5%～9%。

---

① 1in=2.54 cm,下同。

2. 微波高温加热技术在污泥处理中的应用

　　微波法处理污泥是近几年来污水污泥处理处置技术领域研究的热点,已经有了一定数量的报道。20 世纪 90 年代,Haque(1999)最早将微波作为热源,在 200～300℃的温度下对污水污泥干燥热处理,实验结果表明微波辐射在污水污泥干燥脱水过程中具有独特的优势,微波加热 90 s 污泥样品就能达到 200℃,实现污泥的彻底干燥,过程中没有能量传递过程中的损耗问题,热量在整个反应装置内立体化传递,大大减小了设备的体积。邹路易等发现微波干燥污泥能高效的脱去污泥中的水分、降低污泥含水率、缩小了污泥的体积。傅大放等(1999)采用微波加热技术对污泥进行了干燥处理,并开展了中试研究,处理后的污泥达到了农用标准。乔玮等在微波辐照下以 80～170℃为反应温度,进行了污水污泥的热水解实验,结果表明,微波辐射可以促进污泥有机物的水解反应的进行。Guo 等开展了以微波、超声波和高温杀菌三种预处理技术处理过的污水污泥作为原材料,利用假单胞细菌进行了污泥发酵制取高纯氢气的实验研究,结果表明经高温杀菌和微波辐照处理过的污水污泥获得了较高的氢气产量。Wong 等研发了微波加过氧化氢高级氧化复合污水污泥处理工艺,结果表明该技术可完全溶解污泥中的 COD,同时营养元素也被溶解,采用矿石结晶技术可这些营养物质从残余污泥中提取出来,在实验过程中也发现了微波可同时起到杀菌和灭活的作用。

　　由于微波的快速升温及整体加热效果,国内外学者将微波引入到污水污泥的热解过程。Menéndez 等通过添加微波能吸收物质,帮助污水污泥在微波场内快速升温至高温热解所需温度,促使污泥在 10 min 内升至 900℃并发生高温热解反应;方琳等(2008)将碳化硅和污水污泥微波高温热解后的固态残留产物作为微波能吸收物质加入到污泥样品中,从而促进了污泥在微波辐射条件下的快速升温及高温热解,她同时研究了污泥微波热解的液、气、固三种产物的特性及其再利用价值。

　　微波高温热解污水污泥具有污泥处理效果彻底、重金属有效固定、副产物危害小等优点,被认为是极具发展前景的污水污泥能源化、资源化技术。目前国内外学者对微波热解污水污泥的产物特性进行了初步的研究,但是也存在一些不足的地方:如目前尚未明确微波热解污水污泥反应系统中的影响因素对热解过程中样品的升温特性及产物产率的关系;未能明确气态及油类等能源产物在热解过程中独特的释放规律及形成机理;未能建立重金属高效固定的固体残留物资源化利用途径并对微波热解污水污泥实现其能源化、资源化应用的能量转化过程进行全面评价。

4.2　微波高温热解污水污泥反应系统的研制及产物分析方法

4.2.1　污泥微波热解反应系统设计

由于微波加热的独特性,需要研制特殊的微波热解反应系统来实现污泥样品对微波的加强吸收,微波热解污泥反应系统依据微波能吸收物质添加方式分为混杂式及包裹式。在本节中,分别介绍了混杂式污水污泥微波热解反应系统及污水污泥多梯度微波透射热解反应系统。

1. 混杂式微波热解污泥石英反应器

混杂式微波热解污泥石英反应系统如图 4-23 所示,主要由多模式微波炉、石英反应器、红外测温仪、气体流量计、冷凝器等组成。

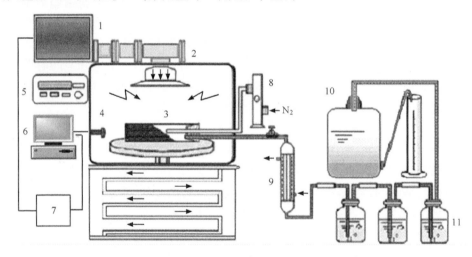

图 4-23　微波高温热解污泥反应系统简图
1. 磁控管;2. 导波管;3. 石英反应器;4. 红外测温仪;5. 功率调节器;6. PC 模糊逻辑算法;
7. 动力控制;8. 气体流量计;9. 冷凝器;10. 气体捕集器;11. 油捕集装置

该系统采用的 NJL2-1 型微波高温炉为多模式微波炉,功率为 0～2000 W 连续可调,用于污泥高温加热装置。依据微波特性,课题组设计了微波热解污水污泥反应器。反应器采用石英材料制成,既满足最大限度透过微波,又由于其透明材质,红外测温仪可以准确的实时测定反应器中样品温度。反应器为圆柱形,底部直径 150 mm,高 30 mm,配有进气口、出气口及进料口,各接口均为磨口,连接时涂硅胶质密封,保证系统能承受一定压力不漏气。污泥热解后的高温气体及挥发性油类产物通过出气管排出,进入冷凝装置,油类通过焦油捕集器捕获,气体通过集气瓶收集。

由于污水污泥属于弱微波能吸收物质,需要向其中添加微波能吸收物质以提高样品在微波场中的吸波能力以达到热解所需温度,一般选用碳化硅(SiC)、活性炭(AC)、石墨(G)以及固体残留物(RC)为微波能吸收物质。其中固体残留物来自以柱状活性炭为微波能吸收物质的污水污泥微波热解固态产物(热解温度 900℃,热解时间 10 min),热解结束将柱状活性炭从固态产物中分离,得到固体残留物,固体残留物经过简单研磨,便可作为微波能物质使用。实验以 200 g 含水率为80%的污水污泥为热解原料,添加适量微波能吸收物质均匀混合,置于石英反应器中热解。

为保证热解实验的惰性环境,热解开始前以 150 mL/min 的氮气吹扫石英反应器中的样品 10 min,实验开始时关闭氮气。在热解反应结束后,继续以 150 mL/min通入氮气 2 min 以排出热解系统中的气体。实验在微波炉外设置三个连续的水浴以冷凝热解过程中释放出的挥发性物质中的液态产物,在三级水浴中设有吸收瓶,盛有 200 mL 二氯甲烷吸收油类产物。不可冷凝的气态产物采用排水法收集,用通过排出的水量计算气态产物体积。

为了时刻观察热解装置中温度的变化,采用陕西索维仪器有限公司生产的SVR-4303 红外测温仪,温度 300～1600℃可测,对于污泥热解过程中温度的变化进行实时测量。但是由于红外测温仪自身的特性,其对温度很难进行精确的测量,原因在于:①红外测温仪所获得的温度是石英反应器表面的平均温度;②在污泥微波分解过程中生成的少量油类产物会在石英反应器器壁部分凝结,影响红外测温仪测温。因此,需要采取间歇式热电偶测量方法矫正红外测温仪,在微波热解过程中关闭电源,将热电偶探头插入样品中,即时测定温度。实验结果取热电偶所测结果与红外测温仪所测结果的平均值。

2. 污泥多梯度微波透射热解反应器

污泥多梯度微波透射热解反应器的原理是以多层不同微波吸收能力的粉末包裹在污水污泥样品的外层,形成梯度透波结构,辅助原料吸波升温,在热解后再进行分离。

该方法具有以下优点:

(1) 通过在原料外包裹强微波能吸收物质,辅助原料快速升温至热处理所需高温。污泥中有机物含量高达 50%左右,吸波能力较弱,无机物的大部分为 SiO_2、Al_2O_3,这些氧化物在室温中微波吸收能力较弱,在反应启动阶段难以吸收大量微波实现快速升温,在温度达到 500℃以上时电学性质改变,介电性能提高,吸收微波能力增强。因此,在原料外包裹强微波能吸收物质可以辅助原料快速升温至500℃高温,此时污泥样品中吸波能力弱的大部分有机物已裂解挥发,而无机物的吸波能力增强,可自行升至 900℃以上的热解高温。

(2) 通过设置梯度透波结构,减小入射波在空气与强吸收物质界面的反射损耗。入射波的反射率与入射界面两端物质的归一化特征阻抗差成正比,吸波物质介电常数越高,微波吸收能力越强的物质其阻抗值越大,而空气的阻抗值为 1。因此,当微波直接由空气进入强吸波物质时,由于强吸波物质介电常数较大,阻抗值也较大,因此入射界面的反射率极大,反射损耗较高。在空气与强微波能吸收物质间加入过渡层,形成梯度透波结构,帮助微波逐层深入,可以有效减小反射损耗,提高能量利用率。

(3) 多层埋粉结构为加热的样品提供保温功能。微波加热具有选择性的特征,只加热对微波能有吸收作用的物质,而对于空气等介电常数低的物质直接透过,这一特性保证了微波能的高效利用,但是也造成了炉腔内空气与样品间的巨大温差。样品在加热至高温时,大量热能通过热辐射、热传导的方式向炉内空气扩散,只有少部分热量转化为污泥热解的反应热,降低了能量利用率。而多层埋粉结构的设置在一定程度上阻止了空气与样品的直接接触,起到了辅助保温的作用。由于多层埋粉结构的保温作用,污泥热解反应器内的温度场分布更为均匀,热解更为彻底。

污泥多梯度微波透射热解反应器正是依据这种多层埋粉透波原理设计的,其结构包括多层夹心的器壁与一空心腔。反应器整体均采用耐高温的刚玉材料,在由内至外的第一道器壁间隙中填充强微波能吸收粉末(活性炭:$Al_2O_3 = 9:1$),在第二道器壁间隙中填充过渡透波粉末(活性炭:$Al_2O_3 = 5:5$)。空心腔为 20×30 mm 的圆柱体,用于放置污泥原料。内部铺设石英棉,放止冷却后污泥热解液体产物黏结器壁。实验装置如图 4-24 所示。将污水污泥放置在污泥多梯度微波透射热解反应器中,在 1200 W 功率微波场中辐照 10 min,完成热解过程。

4.2.2　微波热解污泥产物收集系统

不能冷凝的气体采用排水法收集到玻璃瓶中,在出气口、冷凝口以及集气瓶入口等多处用 5 mL 玻璃注射器定时采集瞬时气体样品。为了保证采样的准确性,采样前需要将注射器浸入油中润滑、密封,采样完成后迅速用橡胶冒封住针口。

为了收集油类产物,需在反应器的出气口处连续放置三个装有二氯甲烷的冷凝吸收装置,为了使气体充分冷凝,吸收装置全部放在冰水混合物中,被冷凝吸收的产物即为热解油与水的混合物。为了计算油类产物的产率和热值分析,必须除去掉溶剂二氯甲烷,由于二氯甲烷的沸点很低,故采用水浴加热的方法将其蒸发。将经过 GC-MS 预处理后的油类样品放入 60℃的水浴中蒸发浓缩大约 2 h,二氯甲烷溶剂几乎全部被去除,剩下的油类产物颜色为黑褐色,有刺鼻的味道,然后用称重法算出所得油的质量,以油类的质量比上污泥干基(原始污泥除去水的部分)的

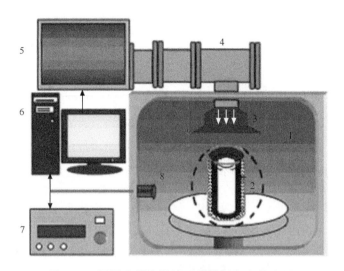

图 4-24　污泥多梯度微波透射热解反应装置图
1. 微波炉腔；2. 污泥多梯度微波透射热解反应器；3. 多向发射器；4. 矩形波导；
5. 磁控管；6. 功率控制器；7. 温度控制器；8. 红外测温仪

质量得到油类产物的产率，最后再对油类产物进行热值分析。但是这样计算的产率与油类产物的实际产率还是存在误差，这是因为水浴蒸发的过程会有部分低沸点热解油损失，从而造成实验误差。不过经过三组产物产量的计算，发现各组产物产率稳定，差别不大。

由于对油类样品进行 GC-MS 分析时，样品中不能有水分，所以必须对样品进行预处理。预处理过程如下：将实验产生的油类产物全部收集到冷凝吸收瓶后，首先将上层水层用倾析法除去，然后向剩下的溶液中放入 5A 分子筛 7 g，将吸收瓶放在水平振荡的摇床上摇动 1 h，最后用无水硫酸钠对其进行干燥过滤，预处理后的样品取 1 mL 用作 GC-MS 进行分析。

4.2.3　微波热解污水污泥产物分析技术

1. 污泥微波热解气态产物分析方法

污泥微波高温热解产生的气态产物经过冷凝后，收集到的不凝性气体，采用气相色谱仪对于样品进行成分分析。气相色谱是一种物理分离方法，利用样品的各个组分在色谱柱中的气相与固相间的分配系数不同，将样品中的多个组分分离。气化后的样品被载气带入色谱柱，组分在气固两相之间进行反复多次的分配，由于固相对各组分的吸附能力不同，使得各组分在色谱柱中的运行速度不同，从而彼此分离，依次离开色谱柱，进入检测器检测气体组分。

采用美国生产的 Agilent 7890A 型气相色谱仪进行污泥微波热解气态产物的

成分分析,可以检测出 CO、H_2、CH_4、C_2H_6、C_2H_4、CO_2、C_2H_2、O_2 等成分。色谱检测的具体条件如下:柱炉 60℃,进样器 60℃,热导池 70℃,检测器 120℃,每次测样前都要用标准混合气体进行标定。

为了更加深入地研究污泥微波高温热解产物资源化利用情况,采用芬兰产的 DX4000 便携式傅里叶红外光谱仪对气态产物进行在线分析。该仪器的技术指标为:Gigar 干涉仪分辨率 8 cm^{-1},扫描速度 10 次/s,样气室工作温度 180℃,实验台出口气体流量控制在 2 L/min 左右。该仪器可以用于监测的气体组分包括 HCl、HF、NH_3、SO_2、SO_3、NO、NO_2、N_2O、CO、CO_2、CH_4、H_2O、TOC、HCN、COS、四氯化碳、氯仿、二氯甲烷、胺、甲醛等。

热解气体热值的测定。目前气体热值的测定方法主要有两种:①燃烧热量计法;②气相色谱法。燃烧热量计法是指被测气体和空气以恒定比通过气体流量计到达燃烧炉,进行燃烧放出的热量,热量经过热交换器传送给吸收介质——空气或者水,被加热的空气温度与已知的参比温度相比确定其热值。气相色谱法主要是利用气相色谱仪准确测定天然气中各组分的浓度,根据各组分的热值及浓度,计算混合气的热值。本节研究采用通过气相色谱法间接测定该污泥微波热解后的气态产物的热值。

2. 污泥微波热解油类产物分析方法

污泥微波高温热解的液态产物的元素分析采用德国产型号为 Vario EL cube 元素分析仪,该仪器是将样品在高温燃烧条件下进行分解,根据样品成分的不同,调节燃烧时间,然后采用杜马法及气体动态分离技术对各有机元素进行动态分离,以高精度 TCD 为检测手段实现各元素的检测。该仪器可以用于测定固体样品及液体样品,对于液体样品可以直接测量。

污泥高温热解得到的液态产物是一种有机混合物,成分比较复杂,由成百上千的不同种类的化学物质组成,鉴于此,采用美国产 6890N 气相色谱仪-5973N 质谱分析仪对污泥热解后的液态产物进行成分分析。质谱分析法是通过对样品离子的质荷比和强度的测定来进行定性和定量分析的一种方法。质谱分析法的过程是首先将样品气化成气态分子或者原子,然后将其电离失去电子,成为带电离子,再将离子按质荷比大小顺序进行排列起来,测量其强度,得到质谱图。6890N 气相色谱仪(FID 检测器)由美国 Agilent 公司生产,以 HP-5 石英毛细管柱作为分离柱,采用流速为 0.9 mL/min 的氮气作为载气,起始炉温在 40℃保持 5 min,随后以 5℃/min 的速度从 40℃升温到 300℃。在 300℃时开始样品注射,并在 1 min 后开启放气阀,离子来源温度为 230℃,而转移线温度为 325℃。数据是在全扫描 m/n33-533 模式下进行收集,溶剂延迟期确定为 6 min。在全扫描 m/n33-533 模式下进行,溶剂延迟期 6 min。实验得到的色谱依据 NIST 质谱数据库确认最高峰值,根据 TIC(总离子色谱)最高峰面积来计算最高点的百分比(武伟男,2007)。

采用 Parr 生产的全自动氧弹量热仪 6300 来检测污泥微波高温热解后液态产物的热值,氧弹热量仪的基本构造主要包括氧弹、内筒、外筒和温度计,该仪器可以更自动、更方面地对样品的热值进行测量。采用 DA-130N 便携式密度计来检测污泥微波高温热解后液态产物的密度,该仪器适用于密度或比重测试,石油产品及饮料的测试。该仪器的测试原理主要依据 U 形管振荡方式,适用于各种液体样品,准确度达±0.001 g/cm³,温度范围为 0～40℃。污泥微波热解的液态产物的黏度分析采用上海森地科学仪器设备有限公司生产的 NDJ-79 旋转式黏度计。该仪器可以用于油脂、油漆、黏合剂等流体的黏性阻力与绝对黏度的测定。热解油的闪点采用 MiniFlash 全自动闪点测试仪分析,该仪器的测定温度范围-25℃～400℃,温度精度达 0.1℃,测试时间为 3～5 min,样品量要求 1 mL 或者 2 mL。该仪器测试速度快,在 3～5 min 就可以完成样品的整个测试过程。热解油的灰分测定是以二氯甲烷为溶剂,将 10 g 的热解油溶解其中,而后将混合溶液以孔径为 1 μm 的滤膜过滤,将滤纸及其上的残渣在空气中干燥 30 min,再转移至烘箱中 150℃下烘干 30 min,冷却后称量,依据初始热解油量计算得到固体颗粒含量。

3. 污泥微波热解固态产物分析方法

污泥中的挥发性固体为干污泥经过高温灼烧后减少的那一部分,其主要成分为有机物,而残留的无机部分称为灰分。

准确称取在(105±2)℃下恒量的干燥污泥,将其放在高于 600℃的电炉上灼烧(烧到不冒烟),再放冷或将温度降到 100℃左右。取出放入(105±2)℃烘箱内烘 0.5 h,随后即刻放入干燥器内冷却恒量 0.5 h,称重得剩余质量。用式(4-12)和式(4-13)计算挥发性固体含量(%)和灰分含量(%):

$$污泥中挥发性固体含量＝(S_1-S_2)/S_1×100\% \qquad (4-12)$$
$$污泥中灰分含量＝S_2/S_1×100\% \qquad (4-13)$$

式中:S_1——干燥污泥质量(g);

　　　S_2——灼烧后灰分的质量(g)。

重金属总量分析采用微波消解仪对样品进行消解,取 0.3 g 样品与 1.5 mL HF 及 8 mL HNO₃ 均匀混合后,在 MARS-5 型微波消解仪中进行,功率选用 1200 W。消解程序为:120℃,4 min;150℃,3 min;180℃,15 min。消解结束,冷却 15 min,取出。继续冷却至室温,定容测量。

重金属赋存形态采用修正的 Tessier 方法分析,过程如图 4-25 所示。

1) TCLP 浸出方法

废物浸出毒性评价方法 TCLP (toxicity characteristic leaching procedure) 可以模拟废物在填埋场填埋后所处的溶液环境。要求选用的试样粒径<9.5 mm,液

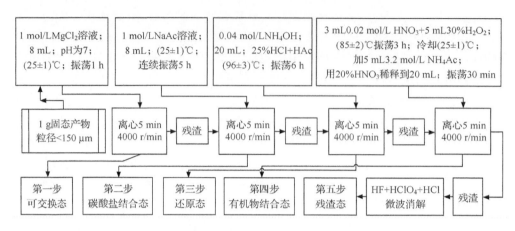

图 4-25 Tessier 重金属形态五步浸出法

固比为 20∶1,使用的浸取剂是醋酸-醋酸钠缓冲溶液,pH＝2.88,振荡方式为翻转式 30 r/min 振荡 18 h,浸出液用 0.6～0.8 μm 抽滤,取澄清滤液进行测试。

2）SPLP 浸出方法

合成沉降浸出程序 SPLP(synthetic precipitation leaching procedure)是一种摇动浸取方法,其目的是模拟受酸沉降污染的土壤对地下水的影响。SPLP 基本浸出过程与 TCLP 方法相同,浸取液采用质量比为 60/40 的硫酸与硝酸配成的酸溶液,形成无缓冲能力的浸出体系。

3）国标浸出方法

国标浸出方法选取固体废弃物浸出毒性水平振荡法(GB5086—1997)。选取固体试样 100 g,置于 2 L 配有密封塞的广口聚乙烯瓶中,加入 1 L 去离子水(液固比 10∶1),盖紧瓶塞后垂直固定于往复式水平振荡机上,调节频率为(110±10)次/min,在室温下振荡 8 h,静置 16 h 后采用 0.45 μm 微孔过滤后测试滤液中重金属浓度。

4）拟自然水体浸出特性试验

采用自制淋溶柱进行拟自然条件浸出试验,进水流量用转子流量计调节,渗滤液用锥形瓶收集,实验装置及基本步骤如图 4-26 所示。浸出装置为容积 4 L 的有机玻璃管,管底衬有充分清洗后的石英砂,以方便淋滤液的流出。管底接有漏斗 1 个,漏斗上部接有一带细密小孔的托盘以及铺布的脱脂棉,以防止固体残留物进入淋滤液中。将过 5 mm 筛的样品 200 g 放入玻璃管内,压实,然后在固体产物的表面填充一层薄薄的石英砂,使布水均匀,向其中加入 2000 mL 浸取液,总浸取时间为 36 h。

静态浸取全过程不额外添加浸取液,每 24 h 取浸取液 60 mL,并以频率为 100 次/min 的速度振荡浸取装置 30 min,以模拟样品在自然水体不断流失过程中引起

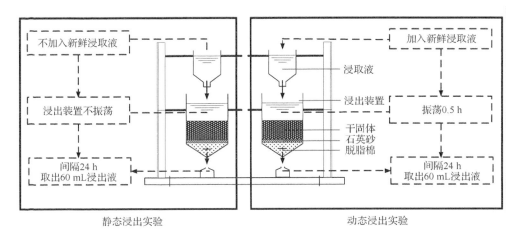

图 4-26 静态及动态浸出试验方法

的水质变化情况。

动态浸取试验每 24 h 取浸取液 60 mL 后,向其中以(50±5)mL/h 淋溶速度加入 60 mL 新鲜浸取液,并以频率为 100 次/min 的速度振荡浸取装置 30 min,以模拟样品在自然水体不断流失、注入过程中带来的水质变化情况。

试验所用浸取液以 3.7 g KCl、1.55 g CaCl$_2$、1.40 g NH$_4$Cl 溶解在 500 mL 的去离子水中所得的溶液为母液,并向每 60 mL 浸取液中加入 0.1 mol/LEDTA 5 ml,采用浓硫酸:浓硝酸为 1:1(质量比)的混合酸溶液调节 pH 至 5。

4.3 污泥微波热解技术制取燃油技术

4.3.1 污泥微波热解技术制取燃油影响因素

微波热解污水污泥的工艺条件分为污泥预处理技术以及微波热解反应条件。其中预处理技术包括脱水、消化、酸化脱灰等污泥预处理措施,通过这些预处理措施可改变污泥含水率、有机挥发分及金属盐的含量。污泥中的水分既可以影响污泥的吸波能力,又是部分热解反应的底物,同时水分子对热能传递也有一定影响。消化技术利用细菌降解污泥有机组分已达到污泥稳定化的目的,是城市污水处理厂重要的污泥预处理手段,通过研究消化作用对微波热解的影响,可确定微波热解技术是否适合处理消化污泥。金属离子对一些热解反应具有催化作用,也影响样品的吸波性能。因此,选择适宜的预处理措施对优化微波热解污泥技术体系至关重要。

传统热解的主要反应条件为热解温度、升温速率及气体停留时间。在微波热解中,这三者与微波能吸收物质种类、添加量及微波输入功率相关。由于污泥不是强吸波物质,需添加吸波物质才能达到热解温度,吸波物质的种类和添加量决定了污泥在微波场内升温速率以及最高温度。输入功率也是一个重要的反应条件,它决定了体系内瞬时可吸收微波能的总量,从而影响了升温速率。只有在适合的输入功率下,配合合适的微波能吸收物质,才能达到理想的热解温度及升温速率。因此,研究微波能吸收物质种类、添加量及输入功率对微波热解升温特性及产物产率的影响具有重要意义。

1. 污泥微波热解技术制取燃油预处理技术

1) 脱水程度对污泥微波热解的影响

在恒定电磁场作用下,污水污泥中的极性分子从随机分布态转为按照电场方向进行取向排列的状态。而在频率为 2.45 GHz 的微波场内,由于电磁场方向以每秒数十亿次的频率发生变化,极性分子的取向运动也不断发生,造成分子之间由于剧烈运动而发生碰撞摩擦,进而产生热量,达到电磁能直接转化为加热样品热能的目标。因此,在微波电磁场内,所热解的污水污泥样品中的极性分子越多,就会有越多的微波能转化为热能。污水污泥中含量最大的极性分子为水分子,具有较强的极性,在室温下,水分子的介电常数可达 81,是良好的吸波介质,但随着热解温度的增高,水分子的介电常数下降,在 100℃时降至 1,且大量的水分子开始从热解体系蒸发并带走蒸发热。另外,水分子也是污水污泥热解反应中的一个重要底物,高温下水分子可以与热不稳定大分子物质发生水解反应,或与一次裂解反应生成的小分子挥发物质及焦炭发生水合反应。因此,污泥含水率对微波高温热解污水污泥反应具有不可忽视的影响作用。

为考察污水污泥脱水处理对其微波热解效能的影响,本节实验考察了不同含水率的污水污泥在微波热解过程中升温过程及产物分布的情况。微波高温热解污水污泥过程中进行准确的温度测量较为困难。微波加热试验中一般采用红外测温仪。在自然界中,一切温度高于热力学零度的物体都在不停地向周围空间发出红外辐射能量。物体的红外辐射能量的大小及其按波长的分布与它的表面温度有着十分密切的关系。因此,通过对物体自身辐射的红外能量的测量,便能准确地测定它的表面温度。红外测温仪将物体表面温度发射的红外线具有的辐射能转变成电信号,根据电信号大小,可以确定物体的表面温度。但是,红外测温仪仅仅测定的是样品的表面温度,而微波加热的特性在于从内部加热。因此,仅仅通过红外测温仪难以准确表征微波高温热解污水污泥过程中样品的实际温度。因此,需要利用电热偶来矫正红外测温仪的测温结果,即在实验过程中,每分钟关闭微波,将热解偶迅速插入样品中,测得样品中心温度。最终实验所得的温度为热电偶与红外测温仪所测得的平均值,即样品表面与中心区域的平均温度。实验所获得的所有温度均为三次试验的平均值,最大标准差为 5%。

不同含水率的污水污泥（在本节实验环节处，微波能吸收物质统一为石墨）在输入功率 1000 W 下微波场内的升温过程曲线如图 4-27 所示。在微波场内加热 4 min后，这三种含水率不同的污水污泥均可升温至 800℃以上，由此可见，以微波为热源可迅速实现污水污泥的高温热解，且含水率对于热解能够达到的终温影响不大。在加热 1 分钟后，含水率 98.3％的污泥样品的温度达到 300℃，而含水率为 82.1％及 78.4％的污泥样品的温度却升至 600℃左右。由以上分析可以看出，污水污泥的含水率对升温速率有较大影响，而对热解终温影响不大。对比三种含水率污水污泥的升温过程可知，经过简单机械脱水，含水率在 80％左右的污水污泥适宜于在微波热解，可在较低的处理成本下获得较快的升温速度和较高的热解终温。

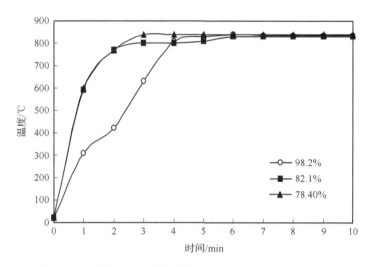

图 4-27　污泥含水率对微波热解污水污泥升温过程的影响

表 4-5　不同含水率污水污泥经微波高温热解污泥固、油、气的三相产率（污泥干基）

含水率/％	产率/％		
	油类产物	固体产物	气态产物
98.3	7.1	47.2	45.7
82.1	7.2	47.6	45.2
78.4	7.1	47.8	45.1

三种不同含水率污水污泥在微波热解后产生的三相产物的产率如表 4-5 所示。从结果中可以看出，含水率对产物在固、液、气的三相的分布影响不大。水分子在污水污泥热解过程中可以作为热解底物参与反应，与一次裂解产生的小分子物质结合进一步生成气体产物。而污水污泥脱水处理仅脱去的是污泥中部分自由

水,这些自由水在污水污泥热解中的水分蒸发阶段业已从热解系统中挥发出去,不会参与接下来的热解反应,真正参加反应的是污水污泥中的结合水,因此脱水处理不会影响产物分布。

2)消化处理对污泥微波热解的影响

城市生活污水经活性污泥法处理,真正意义上氧化分解的 BOD 只占 42%,其余的 58%则会随着菌体沉降进入污水污泥。消化处理可减少污水污泥所含的以蛋白质、脂肪、多糖及其他碳水化合物为代表的生物可降解有机物质,从而使污水污泥的体积减少 30%~50%,同时减少污水污泥中病原微生物及产生异味的物质含量,因此消化处理是实现污水污泥稳定化及减量化的一种有效预处理方法。目前,国内外通常采用的污泥消化主要为厌氧消化及好氧消化两种工艺。本节比较了未消化污泥、厌氧消化污泥、好氧消化污泥三种污水污泥在微波热解过程的升温过程及产物分布情况,以确定污泥消化是否适合作为微波热解的预处理工艺。

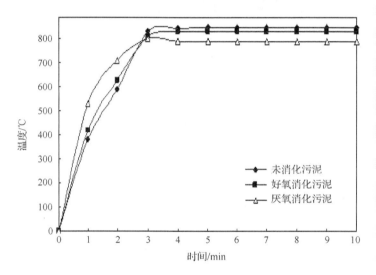

图 4-28　消化对微波场内污水污泥升温性质的影响

实验采用的厌氧消化污泥是利用常规中温厌氧消化 50 d 后获得的,污泥含水率 96.3%,有机质含量为 35.6%。好氧消化污泥是通过传统污泥好氧消化工艺获得的,污泥停留时间为 15 d,污泥含水率 95.7%,有机质含量为 54.7%。三种污泥均添加石墨为微波能吸收物质,添加量为 20%,在 1000 W 输入功率的微波下辐照10 min,升温规律如图 4-28 所示。从图中可以看出,污水污泥在微波热解前是否经过消化处理对热解过程中的升温速率及热解终温有一定影响,但影响不大。厌氧消化的污泥升温速率较快,在热解 1 min 时就达到了 530℃,而未消化污泥和好氧消化污泥则仅仅升至 380℃和 420℃。三种污泥均在 3 min 达到热解温度最大值,其中未消化污泥稍高为 830℃,好氧消化污泥略低 810℃,厌氧消化污泥为

800℃。由此可见,有机质对微波场内污泥样品的升温有一定影响,但随着有机质在热解过程中裂解、挥发,这种影响逐渐减小,污水污泥无论是否经过消化均可在短时间内达到热解所需温度。三种污水污泥样品在微波热解后产生的三相产物产率如表 4-6 所示。从结果中可以看出,由于预处理过程中厌氧(好氧)细菌对污水污泥中有机质的降解,污泥干基中有机质含量下降,造成热解后固体产物的产率升高、油类及气态产物的产率降低。但对比未消化污泥的热解结果,污泥中有机质裂解为油、气产物的转化率提高,这表明,经消化后部分大分子有机物在细菌作用下降解为小分子物质,这些小分子物质在热解过程中更倾向于进一步裂解为不可凝气体挥发,而不是在二次裂解的过程中缩聚成为大分子网络聚合物,进入碳焦或焦油。从以上分析可以看出,无论是否经过消化预处理的污水污泥,均适于进行微波热解,经过消化处理的污泥可在热解过程中得到更为深化的分解。

表 4-6　不同消化处理后污水污泥经微波高温热解污泥固、油、气的三相产率(干基)

消化方式	产率/%		
	油类产物	固体产物	气态产物
未消化	7.1	47.2	45.7
好氧消化	3.2	59.2	37.6
厌氧消化	2.4	68.8	28.8

3) 污泥粒径对微波高温热解污水污泥的升温过程的影响

微波从介质表面进入到介质并在其内部传播时,由于能量不断被吸收并转化为热能,它所携带的能量就随着深入介质表面的距离,以指数形式衰减。因此,样品尺寸对于微波加热过程也具有一定影响。本章中考察了污泥粒径的大小对微波高温热解污水污泥的升温过程的影响,如图 4-29 所示。

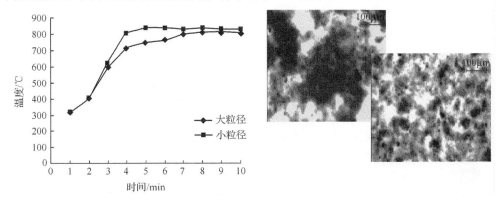

图 4-29　污泥粒径对污泥升温的影响

从实验结果可以看出，在开始加热的 3 min 内，两种不同粒径分布（分别为 20～40 μm、80～100 μm）的污泥升温过程基本一致，温度均可迅速攀升至 600℃，3 min后，小粒径污泥升温速度要明显大于大粒径污泥，在第 4 分钟达到峰值，并在此后保持 800℃ 的热解高温，而大粒径污泥却要在第 8 分钟才升至 800℃。这是由于微波较易穿透小粒径污泥，可直接作用于污泥颗粒中心，并将其热解，最终达到稳定，而大粒径污泥外层的有机质吸收了大量微波能使得微波能大幅度衰减，因此较难到达中心区域，只有在外层有机质吸收足够能量并实现一定程度裂解后，才有大量微波能辐射至中心区域，最终实现有机质充分裂解，达到稳定。可见，污泥粒径的大小对微波热解污泥的升温过程有着显著的影响，小粒径污泥更能实现高效、低能耗的微波热解。

4）污水污泥酸洗脱灰处理的影响

污水中的金属离子无法通过微生物降解掉，在处理过程中或是转化为不溶性金属盐沉降或是被微生物吸收或吸附，最终都会富集于污水污泥中。金属离子一般是作为热解催化剂对污水污泥热解反应产生影响，Anker 等认为钾离子对于热解气态产物中的 CO、CO_2 以及 H_2O 的生成有着促进作用，并且钾离子的存在促进热重曲线向低温段迁移。Menéndez 等认为钙离子的存在促进了污泥热解过程中的二次裂解反应，它的添加带来了气态产物产率的增加和油类产物产率的降低。钙离子还被发现可以催化 H_2 的生成，并有助于吸收热解过程中产生的 CO_2，如式 (4-14) 所示。

$$CaO + CO_2 \rightleftharpoons CaCO_3 \qquad \Delta H_{298K} = -178kJ/mol \qquad (4\text{-}14)$$

图 4-30 是未酸化处理的污泥及分别经过 7％浓度的盐酸溶液及磷酸溶液处理过并用去离子水洗至 pH＝7 的污泥样品在微波场中的升温特性。从图中可以看出，酸化处理影响污泥的升温速度，但不影响污泥在微波场中所能达到的最高温度。未经酸化处理的污水污泥在 3 min 就达到了热解终温 820℃，而经过磷酸溶液处理的污泥在加热 4 min 后达到终温，经过盐酸溶液处理的污泥在加热 6 min 后才达到终温。这表明金属盐的存在影响了污水污泥对微波能的吸收能力。一些金属氧化物（如 Al_2O_3 等）在室温下并不是强吸波物质，但是当其温度升至一定热值时，其介电常数就会呈指数倍增长，吸收的微波能也成指数倍上升，在加热样品中形成局部热点，即热失控现象。这样的热点产生，可促进污水污泥在微波场中的升温速率的提高。因此，金属盐的存在可有效的加快微波热解污水污泥进程。

表 4-7 为是未酸化处理的污泥及分别经过 7％浓度的盐酸溶液及磷酸溶液处理过并用去离子水洗至 pH＝7 的污泥样品经微波热解后产物在固、油、气三相的分布情况。从结果可以看出，经过酸化脱灰处理后的样品固态及气态产物的产率降低，油类产物产率升高，该现象的出现是多种因素共同作用下造成的。酸液处理会带走污水污泥中的金属盐，减少污水污泥中金属离子的含量，而金属离子（如钾

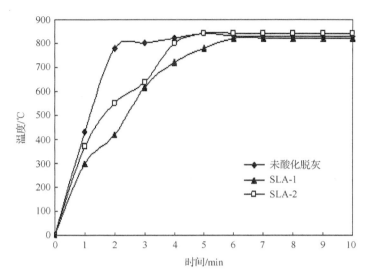

图 4-30　酸化脱灰处理对污水污泥微波热解升温特性的影响

（SLA-1：浓度为 7％的盐酸处理过的污泥；SLA-2 浓度 7％的磷酸处理过的污泥）

表 4-7　酸化脱灰处理对污水污泥微波高温热解污泥产物三相产率的影响干基

酸化处理方式	产率/％		
	油类产物	固体产物	气态产物
未酸化	7.1	47.2	45.7
7％盐酸酸化	7.6	52.8	39.6
7％磷酸酸化	7.9	51.7	39.3

离子、钠离子等)对于热解过程中炭焦的形成有催化作用。Jakab 等在研究钠离子对多糖热解的影响时，发现随着钠离子含量的增加，热解的固体残留物产率也随之增加。Helsen 等认为钾离子可有效降低二次裂解过程中有机分子缩聚形成炭焦反应的活化能。另外，酸液处理还会带走污水污泥中的碳酸盐，并形成 CO_2 在酸处理阶段释放，而碳酸盐在高温环境下深入热解是污泥热解形成 CO_2 一个关键途径，因此酸洗后会造成气态产物降低。Gasco 等在研究酸处理对城市污水污泥热解反应的影响时，发现酸处理后的焦油产率增多，且焦油内芳香族化合物含量明显上升。他们认为这是由于在酸化处理过程内污水污泥中的腐殖酸开始溶解，从而加大了其在热解过程中的可芳香化程度。从以上分析可以看出，酸洗脱灰不利于污水污泥微波热解制取燃料气体，而有助于燃油的产生。

2. 污泥微波热解技术制取燃油关键控制条件

在微波高温热解污水污泥的过程中，微波能吸收物质的种类与添加量决定了在一定微波输入功率下(0～2000 W)污泥样品所能达到的最高温度及升温速率。微波输入功率则决定了在一定时间内样品可吸收的最大微波能。在微波高温热解过程中,微波能吸收物质种类、添加量及微波输入功率决定了污水污泥的升温特性与各相产物产率。

1) 微波能吸收物质种类的影响

目前,研究最为广泛的微波能吸收物质为石墨、活性炭、碳化硅以及碳焦。碳化硅是一种典型的非氧化物半导体材料,具有较高的介电损耗系数,在低温下即可有效的吸收微波而加热。碳焦、活性炭及石墨的 ξ_2 正好适合微波穿透材料本身,又可很好地吸收微波能,是微波强吸收物质。经过热解后的剩余污泥称之为固体残留物,其性质稳定,成分主要以固定碳和矿物质氧化物为主,从结构和元素成分的角度来看,均与活性炭类似。一些相应的研究结果显示固体残留物可以很好的吸收微波能,在微波场中能达到 900℃ 高温。本小节利用石墨、活性炭、碳化硅以及污泥热解固体残留物作为微波能吸收物质,分别进行微波高温热解污水污泥实验,研究不同种类微波能吸收物质添加下,微波热解污泥制取气态产物及油类产物的产率及性质,确定最优微波能吸收物质,并在此基础上讨论微波能吸收物质影响微波热解污水污泥进程的机理,实现微波热解污水污泥优化控制。

污水污泥及添加四种微波能吸收物质的混合物在微波场中的升温规律如图 4-31 所示。从图中可以看出,没有添加微波能吸收物质的污水污泥可升温至 300℃,在此过程中仅发生了污泥中水分的蒸发。当 SiC 作为微波能吸收物质时,可以达到最高升温温度 1130℃,而当石墨作为微波能吸收物质时,最终热解温度最低,仅为 780℃。最大的升温速率 235℃/min 是在以活性炭作为微波能吸收物质时达到的,在石墨作为微波能吸收物质时升温速率最低,仅为 176℃/min。

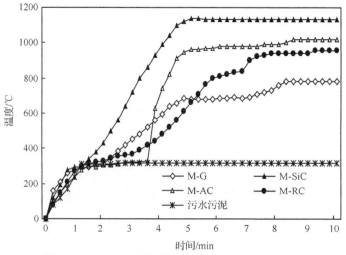

图 4-31　污水污泥及添加四种微波能吸收物质后在微波场中的升温规律

在 1000 W 的微波场中,碳化硅(SiC)可以快速达到而且稳定保持在 1130℃左右。分析认为,SiC 在微波辐照下迅速发生空间电荷极化,产生大量偶极子,在微波高频电磁场中发生每秒数十亿次的频率转动,从而产生了大量的摩擦热,因此含 SiC 的混合污泥可吸收较高的微波能,达到四种混合有微波能吸收物质的污泥样品中最高的热解温度。同时,由于碳化硅颗粒较小,可以均匀混合在样品中,迅速吸收微波能快速升温形成物料中的热源后,带动整个污泥系统的温度提升。含 SiC 的混合污泥在微波场中的升温速率较为稳定,而且在温度 4 min 达到 1000℃高温阶段后,样品的温度较活性炭及固体残留物的混合污泥更为稳定,可见,碳化硅是很好的微波热解污泥的辅助升温材料。含活性炭(AC)的混合污泥在微波场中辐射 4 min 后出现急剧升温现象,而且升温速度极快,在一分钟内即实现了从 300℃到 800℃的跨越,因此,活性炭是四种物质之中升温速率最快,可达 235℃/min。含固体残留物(RC)的污泥在 1 min 时出现升温曲线平台,这主要是由混合样品中剩余有机质的热解造成的,回用混合污泥升温速度介于碳化硅及活性炭之间,其在微波场中所能达到的最高温度接近 900℃,低于活性炭在微波场中所能达到的最高温度,但仍能保证 900℃以上的终温以及污泥微波场中高温阶段的温度稳定性。当石墨(G)作为微波能吸收物质时,最终热解温度最低,仅为 780℃,其升温速率也为最低,仅为 176℃/min。

综合添加以上添加有四种微波能吸收物质的污泥混合样的最高升温温度、升温速率及到达温度最高值后的稳定性,可以判断碳化硅、活性炭以及固体残留物均可作为微波能吸收物质用于微波热解污水污泥制备燃油及燃气。而石墨的最高温度仅为 780℃,未达到高温热解制气的最佳温度要求,其升温速率也较其他物质小,不满足制气所需升温速率高的要求,仅可以用于制油。

从图 4-31 可以看出,在所有的微波热解试验中,温度的演化过程可以分为两个阶段。

阶段一:样品的温度随着热解时间延长而升高,并在 4 min 时达到一个平台期。这个过程可以通过水分子的介电损耗现象加以解释。污泥中的水分包括自由水和结合水,其中结合水又分为在毛细压力下充满于污泥固体裂隙中的毛细水、附着在微细污泥固体颗粒表面的表面黏附水以及在污泥微生物细胞内的内部水。自由水由于与污泥物质间无相互作用力而易于脱除,该部分水占污泥水分的 70% 左右。毛细水与污泥固体间通过毛细压力结合,其占污泥水分的 20% 左右。表面黏附水与污泥固体表面以物理力相作用,内部水通过化学力与污泥细胞成分相结合,这两部分占污泥水分的 10% 左右。当样品温度升至 100℃时,仅自由水分从热解体系中析出,当温度上升至 300℃时,大部分毛细水、表面黏附水与化学结合水也被蒸发,在此蒸发过程中,水分子大量吸热,使样品的温度上升处于停滞。

但是平台期的出现时间及温度似乎取决于微波能吸收物质的选择。以活性炭为微波能吸收物质的样品,其平台期出现于 1.5～3.5 min,平台温度为 340℃,而以 SiC 为微波能吸收物质的样品几乎在 300～400℃没有平台期出现。

阶段二:经过平台期后,样品的温度持续升高,并达到最终温度。最终温度完全由微波能吸收物质决定。不同的微波能吸收物质传导系数与介电常数不同,因此其吸收微波能并将其转化为热能的能力也不相同,决定了最终温度的不同。

2) 微波能吸收物质添加量的影响

作为微波能吸收物质被添加到污水污泥中的极性物质,在微波场中吸收微波能,并通过分子的快速转动产生大量的摩擦热,提高污泥温度,实现污泥高温热解。因此,吸波物质的添加量直接影响了污泥样品内部微热源的分布。本试验考察了固体残留物、碳化硅、活性炭作为微波能吸收物质时其添加量对 200 g 污泥样品在微波场中对升温过程及产物分布的影响,如图 4-32 所示。

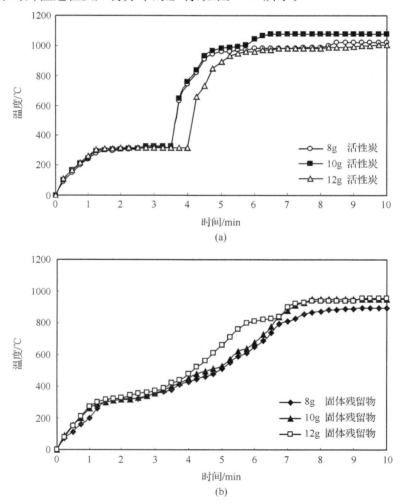

(a)

(b)

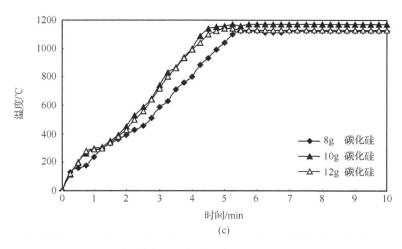

(c)

图 4-32　不同微波能吸收物质添加量的污泥热解升温曲线

添加 8 g 及 12 g 活性炭的污水污泥升温过程较为相似,在前 1 min 内升至310℃,并在 2～4 min 处于该温度的平台期,进行水分子蒸发及小分子有机质挥发;4～5 min 内迅速升温,达到 900℃的高温,之后保持稳定。而添加 10 g 的活性炭则在第 5 分钟达到 1020℃后,开始进行深入裂解,并在 1 min 后温度再次升高至1115℃,维持至反应终止。因此,10 g 为活性炭的最佳添加量,在此添加量下可以进行完全的二次裂解。

10 g 和 12 g 的碳化硅的升温曲线较相近,在第 1 分钟时达到 320℃,经历短暂的 0.5 min 平台期后,温度迅速上升,该上升阶段持续 3 min,在 4.5min 达到反应终温,该反应终温为添加四种吸波物质所能达到的最高温度 1170℃。而 8 g 的碳化硅则升温速率略小,但在第 5 分钟也达到了 1120℃的高温,因此 8 g 碳化硅即可满足微波热解对温度的要求。

添加 8 g 及 10 g 固体残留物的污水污泥升温过程较为相似,均在第 1 分钟左右达到 320℃的平台期,随后升温速率变小,维持至第 3 分钟。经历平台期后污泥样品温度迅速升高,在第 7 分钟达到热解终温。二者所不同的是,10 g 的固体残留物可以达到较高的热解温度 950℃。与 8 g 及 10 g 的添加量不同,添加了 12 g 的固体残留物在第 6 分钟会经历第二个平台期,平台期温度为 810℃左右,该平台期维持约 1 min 随后温度迅速升高至热解终温 960℃。因此,认为 12 g 固体残留物更适合于污水污泥热解,这是由于在 810℃产生的平台期有助于发生在此时的深化热解反应完全。

由上分析可知这三种物质的最适添加量分别为碳化硅 8 g、活性炭 10 g、固体残留物 12 g。表 4-8 给出了按以上添加量分别添加了的这三种微波能吸收物质的微波高温热解以及传统高温热解污泥固、液、气的三相产率,以明确这三种微波能吸收物质对微波高温热解污水污泥各相产物产率分布的影响。

表 4-8　不同微波能吸收物质时微波高温热解污泥产物三相产率(干基)

热解方式	产率/%		
	油类产物	固体产物	气态产物
添加固体残留物 12 g	7.2	35.9	56.9
添加活性炭 10 g	7.6	37.8	54.6
添加碳化硅 8 g	7.3	29.5	63.2
电炉热解(1000℃)	7.0	47.5	45.5

　　从表中可以看出,无论添加何种微波能吸收物质,微波热解的气态产物及油类产物产率均高于电炉热解,该现象是由微波的内部加热特性及非热效应所带来的。微波热解系统中的升温是依靠于微波能吸收物质吸收微波能,并将其转化为热能,在样品内部形成均匀分布的"微热源",因此微波加热更为均匀。另外,污水污泥中的极性分子也会受微波的电磁特性的影响,在微波场内高速转动,从而增进污水污泥分子的热解反应活性,使热解反应更为彻底。

　　添加不同的微波能吸收物质,固、液、气的三相产率的分布也随之改变。当碳化硅作为微波能吸收物质时,气态产物的产率达到最大值 63.2%;当活性炭作为微波能吸收物质时,气态产物的产率最小,为 54.6%。而固态产物的产率结果与之相反,当活性炭作为微波能吸收物质时,固态产物的产率达到最大值 37.8%,当碳化硅作为微波能吸收物质时,固态产物的产率达到最小值 29.5%。而油类产物的产率则变化不大。

　　最终热解温度不同是不同微波能吸收物质改变固、液、气的三相产率分布的根本原因。在污水污泥高温热解过程中包含着两个阶段,即一次裂解及二次裂解。其中二次裂解为一次裂解反应生成的挥发性物质再次裂解及缩聚两种反应的竞争过程,而这种竞争的平衡则取决于最终热解温度。在一次裂解过程中,一次裂解所产生的小分子挥发性物质或再次裂解生成气态产物,或通过缩聚反应生成网络聚合物,最终演变为热解的固态产物——炭焦。这两种反应由于其反应势垒接近,所以是一种竞争的关系,而竞争的平衡取决于最终的热解温度。碳化硅热解系统的最终温度较高,有利于再次裂解反应的进行,而再次裂解反应的进行消耗了缩聚反应的底物,抑制了缩聚反应。因此,碳化硅热解系统的气态产物产率较高,而固态产物产率则相对较低。相反,活性炭与固体残留物系统的最终温度较低,这有利于推动二次裂解过程中缩聚反应的进行,因此该系统的固态产物产率较高,而气态产物产率则相对较低。同时,油类分子在 700℃时则较为稳定,因此这三种微波能吸收物质对油类产物产率的影响较小。

3）微波输入功率对微波热解的影响

微波功率对微波场内加热物质的升温速率与热解终温都有一定影响。在其他反应条件相同的情况下,微波功率越大,样品在瞬时可吸收的微波越多,其转化的热量也越多,样品升温越快速,样品可达到的热解终温也越高。赵希强在研究农作物微波热解的影响因素时,发现微波功率对产物分布与产物组成也密切相关。图 4-33 为以 12 g 固体残留物为微波能吸收物质,热解 200 g 含水率 80％的污水污泥,分别考察 200 W、400 W、600 W、800 W、1000 W 以及 1200 W 输入功率下污水污泥样品的升温特性。

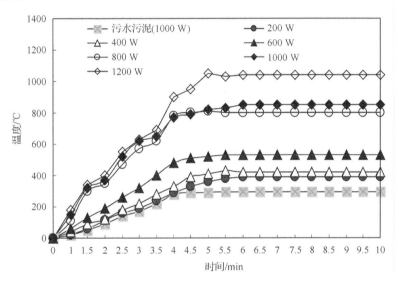

图 4-33　不同微波输入功率下污泥在微波场中的升温曲线

从图中可以看出,200 W、400 W 及 600 W 的升温曲线较为接近,其升温速率相似,在 4.5 min 达到热解最终温度,其中 600 W 的热解最终温度较高为 540℃。800 W 升温速度较前三者快,在第四分钟时温度就已达到 800℃,随后进入平台期,保持此温度至热解结束。1000 W 和 1200 W 的升温曲线相似,前 5 min 升温迅速,在第 5 分钟时进入高温平台期,随后升温速度较为缓慢,分别达到其热解终温 1130℃ 及 1170℃,1000 W 和 1200 W 的平均升温速率分别为 205.5℃/min 及 212.7℃/min。

表 4-9 是不同微波输入功率下固、油、气三相产物的分布情况。从表中可以看出,在 0～400 W 范围内,随着输入功率的上升固体产物的产率下降,气态产物的产率略有升高,但升高速率不大。这表明,随着输入功率的增大,热解终温也随之升高,固态产物中的存留有机质受热分解,大部分转化成为油类产物,少部分转化为气态产物。在 400～800 W 范围内,固体产物产率继续下降,油、气类产率继续

增高,在 600 W 时油类产率达到最大值 29.8 wt.%,最后随着输入功率的上升而下降。当输入功率升至 1000~1200 W,油类产物产率不变,固体产物产率下降,气态产物产率上升。这表明在温度升至一定高度后,油类产物的产率趋于恒定,不受功率影响,此时发生反应的只有固体产物中的少量大分子有机物及矿物质,这些物质吸热分解所产生的物质为气态产物。

表 4-9　不同微波输入功率下微波高温热解污泥固、液、气的三相产率(干基)

输入功率	产率/%		
	油类产物	固体产物	气态产物
200 W	18.3	64.4	17.3
400 W	29.8	50.8	19.4
600 W	27.8	52.0	20.2
800 W	11.7	49.8	38.5
1000 W	7.2	46.9	45.9
1200 W	7.2	40.2	52.6

为了更好地解释微波输入功率、热解最终温度与产物产率之间的关系,课题组建立了一个三区域模型,如图 4-34 所示。在第一区域,即微波输入功率为 0~400 W,热解最终温度的范围在 0~490℃。在此温度区域内,主要的产物为油类产物,其产量随着温度升高而升高,并在 490℃ 时达到最大值。此时,发生的反应主要为污泥中的有机物转化为油类和气态产物。

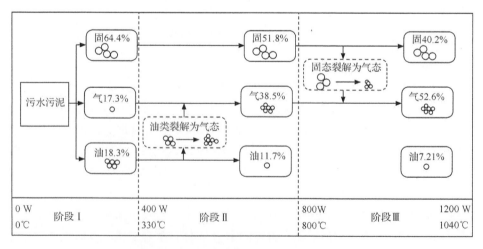

图 4-34　微波输入功率、热解最终温度与产物产率关系图

在第二区域,即微波输入功率为 400~800 W,相应的,温度也由 330℃ 升高至

800℃。此时,随着温度升高,油类产物的产率降低,而气态产物的产率升高。在570℃(功率 600 W)时,油类产率为 29.8%,气态产物的产率为 19.4%,而当温度升高至 800℃时,油类产率降为 11.7%,气态产物的产率升高至 38.5%。由于在此温度下,水分已完全蒸发,此时升温已完全依赖于油类极性分子的介电损耗。在此阶段,所有在一次裂解阶段生成的不稳定油类分子裂解为气态小分子产物,进入气相。

　　在第三区域,即微波输入功率为 1000～1200 W,相应的,温度也由 800℃升高至 1070℃。气态产物的产率由 56.9 %升高至 60.2%,而固态产物的产率则由45.9%降至 52.6%。此时,油类产率则基本保持恒定,在 7.2%左右。较高的热解温度促进了固态产物中炭焦网络键的裂解,这些炭焦经裂解直接生成气态产物而非油类产物。

4.3.2　污泥微波热解油类产物性质及形成机制

　　1. 微波热解污泥技术油类产物理化性质

　　1) 微波热解油类产物外观及均相性

　　图 4-35 为热解温度为 600℃时获得的热解油在脱水前后的性状。污水污泥微波热解后的热解液通过多个盛有二氯甲烷溶液的磨口瓶收集。收集获得的热解液体是二氯甲烷、水及不溶于水的有机质混合物,呈黄色乳状水油两相混合物,混合较为均匀,不分层,具有焦糊臭味。经硫酸钠脱水后,获得的热解油颜色变深成黄褐色,但较已报道的传统污泥热解油颜色浅,呈黏稠状,具有刺鼻的味道。较黏稠的热解油在传统热解中会黏附在热解炉壁,由于热解油呈酸性,其对金属炉壁也会造成严重腐蚀。微波热解中由于反应速率较快,油类产物快速挥发至收集器中,且由于反应器、连接通道均为石英制成并不存在上述问题。微波热解油另一与传统热解油不同的特点在于它的水油均相性。未脱水的传统热解油会发生明显的分相,而微波热解油水溶相与油相则均匀混合。这是由于热解油中的水及水溶性成分形成了连续相,以微液滴的形式悬浮于热解油相中,同时热解油中的一些水油两亲组分也会发挥乳化剂的作用保持热解油这种水油均相性。

　　2) 微波热解油类产物的元素组成

　　在热解终温为 600℃下获取热解油,经元素分析仪测定油类产物有机元素组成见表 4-10。从表中可以看出,碳、氢两种元素的含量最高,可达 84.3%,氧的含量也很高,达 10.2%。对比污水污泥的元素组成可知,碳及氢元素在油类产物中所占的比例较污水污泥中二者所占的比例要大,由此可知碳、氢元素转移进入油类产物中的较多。碳元素主要来源于污水污泥中脂肪族化合物及多糖的热分解,而多糖类化合物又包含大量的氧元素,而氧元素在油中的含量远远低于碳的含量,因

图 4-35　微波热解污水污泥热解油脱水前后形态

此可以判断油类产物应主要源于脂肪族化合物的热解。对于热解油的氢元素成分的研究显示,油类产物中的氢主要来源自脂肪族化合物(达到 90％以上)以及来自芳香族中的氢(低于 2.5％)。油类化合物中的氮元素虽然所占比例较大,但是其含量仍低于污水污泥中的氮含量,这是由于除了蛋白质外,氮主要以铵盐及硝酸盐等无机形式存在,这些无机氮或转化为气态氮(NH_3、HCN)或以矿物质形式留存于固态产物中。硫元素则大部分转移到了油类产物中,这是由于硫元素主要以有机硫存在。

表 4-10　污水污泥微波热解油中元素分析

有机元素	C	H	O	N	S
热解油	71.7	12.6	10.2	4.9	0.6
污水污泥	59.1	11.9	19.8	8.2	1.0

2. 微波热解污泥技术油类产物形成规律

微波热解污水污泥形成的热解油是由多种不同性质的化学物质组成的有机混合物,这些化学物质是在热解反应不同温度下的形成的,通过考察热解反应进程中热解油主要组分的演变过程,可以发现这些化学物质的形成规律,不同温度下形成的热解油的 GC-MS 图谱如图 4-36 所示。

微波热解污水污泥油类产物主要包括烷烃、烯烃以及单环芳香烃。大量直链烷烃和烯烃的出现,可以增加油类物质的热值,并降低油类物质的黏度,改善其流动性和雾化性能。油类物质中高含量的单环芳烃是很多化学工业的主要原料,例如:甲苯可以制造炸药、农药、燃料及合成树脂等化工产品,还可代替具有较强毒性的苯作为有机溶剂使用;苯乙烯是合成树脂、橡胶及离子交换树脂的重要单体。苯酚也是油类产物中重要的组成部分,可用于生产酚醛树脂、水杨酸、合成纤维、合成塑料及多种医药、香料、染剂。图 4-36 是油类产物中主要产物类别随热解温度变化的规律。

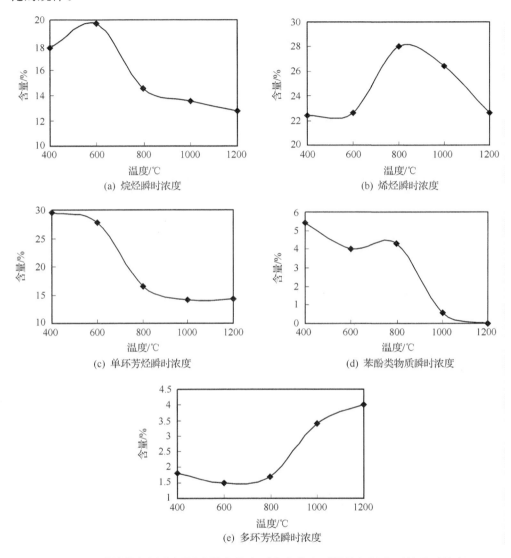

图 4-36　微波热解污水污泥油类产物主要化合物在不同热解温度下的瞬时浓度

从图中可以看出,烷烃在 400℃时就具有较高的产率,当温度达到 600℃产率达到最高,此后随着温度的上升,其产率也随之下降。结合热重分析可知,400℃为脂肪族化合物及蛋白质热解范围,当温度升至 600℃时,多糖也开始裂解,所以烷烃是脂肪、蛋白质及多糖共同热解的结果。当温度升高后烷烃浓度下降,这是由于烷烃在高温下脱氢生成烯烃,并在二次热解中参与了大分子缩聚进入到了固体炭焦中。因此,烷烃主要是在热解过程中的一次热解反应中形成的,以十五烷、十六烷等大分子重链烷烃为主。

烯烃在 400℃时,其瞬时浓度远远高于烷烃达到 22.4%,在 600℃时有所下降,但随后在 800℃达到峰值,此后随着温度上升,产率随之下降。相较于烷烃,微波热解污水污泥更易产生烯烃,这也解释了气态产物中氢气产率较高的现象。在微波场中,质子受到电磁波激发,从大分子上脱落形成 H 自由基,大分子上多余的电子相互结合生成新的双键。烯烃在高温下双键断裂与其他的烯烃结合,生成多环芳香烃,因此在 800℃后,烯烃的产率开始下降。

苯酚类物质在 400℃时浓度最高,随着温度上升浓度下降,在 800℃时浓度再次升至峰值,但苯酚类物质在油类产物中整体的含量较其他芳香族类化合物低,这是由于苯酚的羟基不稳定,在高温下易受 H 自由基攻击,发生脱水反应,生成单环芳烃衍生物。若以制取苯酚类物质为目标,热解温度宜控制在 400℃左右。

单环芳香烃在 600℃时浓度达到最大,在油类产物中可占到 20%左右,这表明在高温热解的环境下有一定芳构化反应发生。高温条件下的脱氢作用是造成芳香烃含量增加的主要因素,在已有文献中报道,重链烷烃、烯烃的纯化合物在二次裂解反应中可通过脱氢作用生成芳香烃。但在温度升至 800℃时,单环芳烃的瞬时浓度下降,这是由于此时已进入深入热解阶段,可生成单环芳烃的重链烷烃、烯烃已基本从热解体系中挥发,而生成的少量单环芳烃又有部分通过缩聚形成多环芳香烃。式(4-15)～式(4-17)为烷烯烃生成单环芳烃,并在高温下缩聚形成多环芳烃的 Diels-Alder 反应[式 4-18]:

烷烯烃脱氢反应： (4-15)

环化反应： (4-16)

芳构化反应： (4-17)

Diels-Alder 反应 (4-18)

多环芳香烃的主要生成温度区间在 1000～1200℃,其生成主要依靠于烯烃、烷烃、单环芳香烃在二次裂解过程中的缩聚反应。随着热解温度的增高及气体停留时间的延长,多环芳烃的产率增大。多环芳烃是热解油中主要的毒性物质,其中的萘、茚、氮蒽等物质具有一定的诱变性。微波热解的多环芳烃产率较已报道的传统热解低,这是由于微波热解升温速率快,挥发物在高温区停留时间短,抑制了多环芳烃的生成。

3. 微波热解污泥技术油类产物形成机制

微波热解污水污泥是一个复杂的包含多种化学反应的过程，其实质是多种有机官能团吸收热能并发生断裂、转移、重组等反应的集合。为明确该过程中所发生的化学反应，需要利用 FTIR 图谱分析不同热解温度下油类产物主要有机官能团的变化，结果如图 4-37 所示。从图中可以看出，在污水污泥中，位于 3300 cm^{-1} 及 2900 cm^{-1} 处有明显的吸收峰产生，这两处吸收峰分别归因于羟基（—OH）的伸缩振动及 C—H 键的伸缩振动。而在油类产物中这两处峰得到了显著增强，这是由于在热解过程中部分水蒸气与污泥中的碳-碳双键发生水合反应，生成了羟基及碳氢键。污水污泥热解制油的基本过程为污泥在较高温度下发生热解，生成自由基碎片，自由基碎片再与热解体系中的活性氢结合，转化为轻质油，未俘获到活性氢的自由基碎片与其他自由基碎片缩合形成重油或固体残留物中的大分子炭焦。因

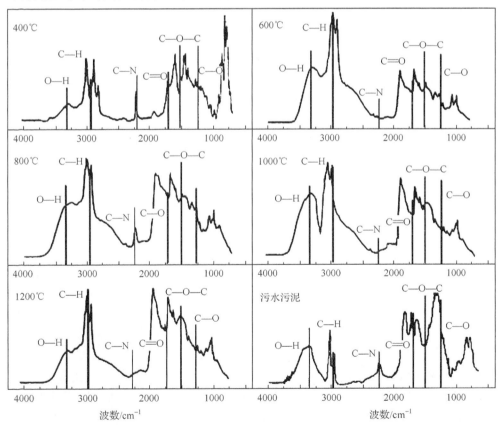

图 4-37　不同热解温度下微波热解污水污泥油类产物的 FTIR 图谱

此,活性氢在体系中的浓度就成为污水污泥热解制油的限制性因素。关于活性氢浓度对热解制油的影响,万立国等(2006)做了详细的研究,其研究结果表明以氢气为热解气氛时,热解油的产率由33%提高到51%。污水污泥中所含的大量水分在微波辐照下,部分质子活化成为活性氢,参与自由基碎片反应,因此,污水污泥微波热解适宜于轻质油的生成。

$1700\ cm^{-1}$、$1500\ cm^{-1}$以及$1250\ cm^{-1}$处的吸收峰归因于$C=O$、$C—O—C$以及$C—O$的伸缩振动。从图中可以看出,这三个峰在污水污泥红外光谱中的峰强较油类物质红外光谱中的峰强大,这是由于油类物质中的含氧基团在微波场中不稳定,易从分子中脱除,形成CO、CO_2或O_2释放进气相。传统污水污泥热解油中氧含量较高,一般在40%~50%,主要存在于油类物质中的酚、酮、有机酸、酚醛等有机含氧物中。这些物质的存在会导致热解油挥发性降低,不稳定性及腐蚀性增高,热值也大幅降低至10~15 MJ/kg。微波热解对含氧基团的破坏有助于提高热解油作为燃料的性能,为其高层次应用提供可能。

另外一个需要注意的吸收峰位于$2250\ cm^{-1}$处,该峰的出现是由于$C—N$的振动。污水污泥光谱中的$C—N$吸收峰强度较油类物质中的$C—N$吸收峰大,这表明热解过程中有部分氮元素转移到了气态产物或固态残留物中。污水污泥中主要的含氮物质为蛋白质,蛋白质在热解温度下发生肽键断裂及氨基酸转化,产生的自由基片段与活性氢作用生成酰胺和氰类物质。从图中可以看出,在油类产物中,含氮化合物的含量随着热解温度上升而增高,这表明随着温度升高上述的蛋白质转化反应也随之增加,当温度达到800℃时,酰胺发生脱水反应向氰类物质转化。

4. 污泥微波热解油理化性质变化规律

油类物质的理化性质直接决定了其应用途径及潜在价值,因此需要对不同热解温度下油类产物的理化性质进行研究,结果如图4-38所示。密度是衡量燃料单位体积热能的关键参数,密度越大燃料单位体积所含热能越多。400℃时生成的油类物质的密度最大,这是由于在此温度下,污水污泥中有机大分子的断裂程度较低,尚未生成小分子碎片,所以产出的油以重油为主。随着热解温度上升,有机分子不断裂解,生成小分子自由基碎片,再与活性氢结合生成小分子有机物,成为轻质油的主要组分,因此油类物质的密度也随之降低。油类物质的热值是指单位质量的油完全燃烧后,冷却至原基准温度时所释放的全部热量,热值又可分为高位热值(HHV)和低位热值(LHV),其差别在于高位热值包含水蒸气的气化潜热,而低位热值仅为燃油的燃烧热。油类的高位热值由直接测量所得,低位热值可依据高位热值及油类物质中 H 的含量进行换算:

$$LHV = HHV - 218.13 \times H\% (wt\%) \tag{4-19}$$

油类的热值与油中烷烃及烯烃的含量密切相关,当烷烃与烯烃的含量高时,油

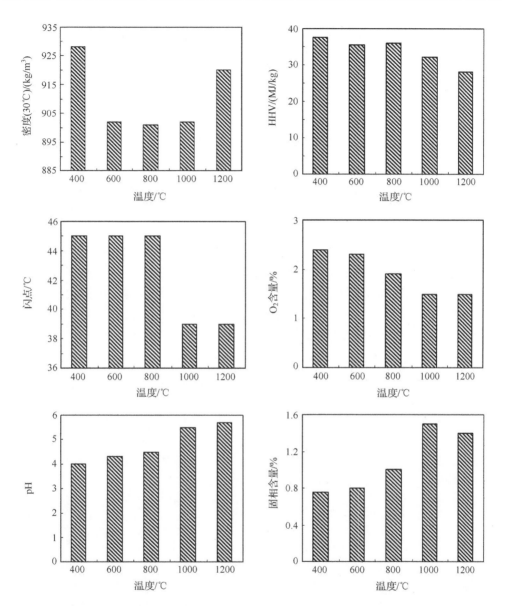

图 4-38　不同热解温度下微波热解污水污泥油类产物的基础理化特性

类热值也随之升高。从图中可以看出，400～800℃时产生的热解油热值较高，400～800℃时产生的热解油热值较低。这是由于在 400～800℃时烷烃及烯烃的产率较高，随着温度升高，烷烃和烯烃缩聚成大分子转化为固态残留物质。

　　氧含量高是污水污泥热解油区别于石化燃料的主要特性。高氧含量降低热解油的热值、带来较高的腐蚀性及不稳定性，为油类物质的应用带来难度。从实验结果可以看出,随着热解温度上升,热解油含氧量随之下降。这是由于含氧基团在高温下不稳定,会随着温度升高会发生断裂,进而生成 CO、CO_2 以及 O_2 等含氧气体释放。此外,油类分子上含氧基团的极性较大,在微波场内吸收电磁波获得的动能也较大,随着电磁场方向转变所发生的取向运动也较其他基团更为剧烈,从而降低了其共价键断裂的活化能,油类脱氧速率加大。

热解油中的固体颗粒主要是焦炭、矿物质等,固体颗粒以多种形式赋存于热解油中,如吸附于电荷相反的离子、吸附于油类物质中有机分子、悬浮于油相中,因此固体颗粒较难从油类产物中分离。固体颗粒的含量影响着热解油的保存及燃烧性质:固体颗粒含量高会增大油类产物的表观黏度,为其雾化燃烧带来困难;固体颗粒含量高会磨损、腐蚀柴油机的喷嘴;固体颗粒的存在会催化油类产物的老化反应,从而增高其黏度,恶化其均相性,最终导致油水两相分离;由于炭颗粒中包裹着金属盐,在热解油燃烧过程中难以燃尽,形成烟气中的颗粒排放物,对人体的健康有很大危害;固体颗粒中的碱金属具有较强的高温腐蚀性,钾、钠等离子在高温下形成低沸点化合物为柴油机、锅炉、燃气机等设备部件带来腐蚀风险。从图 4-38 中可以看出,在 $400 \sim 600℃$ 温度范围内,油类产物中固体颗粒的含量低于 1%。随着温度升高,固体颗粒含量逐渐增高,在 $1000℃$ 时达到最高的 1.5%。这是由于在高温下有机分子聚合程度增大,焦炭逐渐形成,金属盐也开始受热分解进入炭颗粒,形成微颗粒状物质,随着挥发物进入油类产物中。

由于污泥热解油中含有甲酸等多种有机酸,会腐蚀热解反应器、储油容器、管道,燃烧应用时也会对内燃机部件造成损害,因此热解油类产物的 pH 也是较为重要的理化性质。$400 \sim 600℃$ 温度范围内产生的油类产物,pH 较低,在 4.5 左右,当温度升高至 $800 \sim 1000℃$,pH 快速升高。这与含氧基团的断裂与释放有关,由于羧基的不断脱除、释放,升高了热解油的 pH。

5. 微波热解污泥技术油类产物应用途径

为考察热解油作为燃料油的应用前景,表 4-11 列出了各种燃料油指标规格以及热解油所对应的理化性质。从表中可以看出,热解油的理化特性与柴油相近,而较汽油相差较大。因此,热解油具有一定替代柴油成为新型液体燃料的潜力。但是,热解油的黏度、含硫量明显较柴油高,而评价碳氢化石燃料的品质好坏很大程度上取决于其黏度值与燃烧后硫的释放量。目前,已有多种热解油升级的方法,以提高热解油的品质。国际上开展的对提高热解油质量的研究主要集中于催化裂解和催化加氢两个方面。催化裂解是把热解油中的含氧大分子有机物转化为较轻的可包含在汽油馏程中的烃类组分,多余的氧以 H_2O、CO_2 或 CO 的形式去除。该反应可在常压下进行,不需还原性气体,因此受到了广泛的关注。催化加氢是指在高压下($10 \sim 20$ MPa),将热解油在有氢气或供氢溶剂存在下的催化剂上进行加氢处理。两种改性升级技术的共同点在于均是脱除热解油中过多的氧，将难挥发并造成黏度大的大分子有机物转化为小分子，从而改善热解油的性质，提高热解油的质量，使之可以与传统石油燃料相媲美。

表 4-11　汽油、柴油指标规格以及热解油相对应的理化性质

燃油指标	热解油					汽油	柴油
	400℃	600℃	800℃	1000℃	1200℃	(93#)	(0#)
密度/(kg/m³)	0.928	0.903	0.902	0.905	0.924	0.735	0.780
黏度(20℃)/cs	4.5	3.5	3.9	3.7	3.7	0.76	3.0
闪点/℃	45.0	45.3	45.5	39.1	39.4	50	65
含硫量	1.5	1.4	1.5	1.2	1.2	0.08	1.0
含水率	0.72	0.69	0.58	0.52	0.53	—	—
残炭含量	1.2	1.1	1.0	1.5	1.6	0.21	0.35

除用作燃料油外，热解油还可作为原料提取化学制剂。已报道的可由热解油提取的高附加值化学制剂包括左旋葡萄糖酮、羟基乙醛、羟基丙酮及 5-羟甲基糠醛，其中左旋葡萄糖酮、羟基乙醛及羟基丙酮是重要的医药化工中间体，可合成多种药物，5-羟甲基糠醛是一种新型平台化合物，可合成一系列具有很大市场和高附加值的产品。

6. 微波热解污泥油类产物的纯化与升级

如前所述，如果污水污泥微波热解油以全油形式加以利用，其只能作为较低品位的重质柴油使用，而通过对热解油进行蒸馏，并依据其馏程对其进行合理的分离，热解油就可以被纯化、升级，既可用于制备轻质燃料油，也可和石油相应馏分的直馏产品油进行混合使用。

不同成品油的馏分范围如图 4-39 所示，由于各类油品的沸程范围相互交错重叠，同一温度范围内的馏分可能出现在不同种类的油品中。以 150~250℃ 的馏分为例，其成分既可以出现在汽油中，也可以出现在灯油中，同时在柴油、航空煤油中也有该成分的存在。

1) 污水污泥微波热解油轻质馏分分析

轻质馏分指馏程在 50~200℃ 范围内的馏分。依据前述的 GC-MS 分析，结合各有机物挥发温度，可知微波热解油的轻质馏分主要含有小分子链烃和部分挥发性芳香烃(C5-C11)，其中轻质芳香烃主要包括苯、甲苯、二甲苯、苯乙烯、柠檬烯。50~150℃ 范围内的馏分主要为汽油，50~75℃ 馏分内的芳烃主要为苯及具有单取代基的甲苯；100~125℃ 的馏分除了含有甲苯外，还含有大量 1,4-二甲苯、1,2-二甲苯及少量乙苯或苯乙烯。150~200℃ 是柴油与汽油馏分的边缘区域，该温度段

馏分的结构组成对决定其归属十分重要。150～200℃内有热解油极性物存在,可能与己酰胺、己内酰胺或其他酮、酯和羧酸类含氧含氮化合物有关。正是由于含有这些极性物质,150～200℃范围内的馏分若归于轻质汽油馏分中,对其提炼成汽油十分不利,因此该馏分应归于柴油馏分中作为燃料利用更为合适。

从前面分析来看,微波热解污水污泥所获得的热解油的轻质馏分富含苯、甲苯、二甲苯、乙苯和苯乙烯等芳香烃,其他学者在研究污水污泥传统热解油的过程中也得到了相类似的结论。Pakdel 和 Ray(1992)在真空下热解污水污泥,所获得的热解油轻质馏分含有 2.54%的苯、6.95%甲苯、6.12%二甲苯和 14.92%柠檬油,分别占全油份额的 0.68%、1.86%、1.60%和 4.0%。Cunliffe 和 Williams(1993)在固定床内热解油,其轻质馏分包含 1.77%甲苯、1.68%二甲苯、3.13%柠檬油精。因此,轻质馏分可以用来提取 BTX 和柠檬油精等具有较高附加值的化学产品。

2) 污水污泥微波热解油中质馏分分析

污水污泥微波热解油中质馏分主要为长链脂肪烃、单环芳香烃以及少量的多环芳烃,其密度小于普通商品柴油,比其他学者 Marco Rodriguez 等(2001)所报道的热解油中质馏分的密度也要小,这表明污水污泥微波热解油的中质馏分可以作为柴油使用。为减少芳香烃所带来的燃烧残炭,中质馏分可与商业柴油混合使用,或加入十六烷值的改进剂后再加以利用。

3) 污水污泥微波热解油重质馏分分析

热解油的重质馏分主要为长链脂肪烃及多环芳香烃,其最普遍的应用途径是作为炉用燃料油使用。此外,重质馏分另一重要的用途就是作为道路沥青。据李水清报道,热解油重质馏分的针入度较普通道路沥青略高、软化点低、黏度以及甲苯不溶物性(焦成分)也较低,从这些理化性质可以判断,热解油的重质馏分可以和较小针入度的普通沥青混合作为道路基体沥青使用。

4.4 微波污泥热解技术制取燃气技术

在微波高温热解过程中,污水污泥中的大部分有机物质转化为气态产物,90%以上的有机质均转化为气体从系统逸出。在缺氧环境下,污泥中的 C、H、O 三种有机元素主要转化为以 H_2、CO、CH_4 及其他小分子碳氢化合物为代表的燃料气体,N、S 则转化为 HCN、NH_3 及 H_2S。H_2 是燃料电池的最优能源气体,CO、CH_4 及其他小分子碳氢化合物是天然气的主要成分,此外,合成气体(H_2＋CO)在化工产业中也是重要的气体原料。同样值得重视的是,HCN、NH_3 及 H_2S 的存在不仅会带来环境的二次污染,其对管道和仪器的腐蚀也会极大程度上的影响微波高温热解污水污泥气态产物的应用。因此,解析这些气体的释放规律,提出适于燃料气体产生的优化条件,同时建立抑制有害气体的技术措施,对实现微波高温热解污水污泥制备气态能源产物技术的优化与工程应用具有重大意义。

4.4.1　微波污泥热解技术制取燃气影响因素研究

1. 微波能吸收物质种类对燃气产率的影响

图 4-39 给出了添加不同微波能吸收物质时微波高温热解以及传统高温热解(900℃,40 min)污泥固、液、气的三相产率,以对比讨论各项产物的生成、有机质转化率及能耗效率。污泥中有机质的转化率是衡量热解反应效率的重要标志,有机质转化率高,表明该条件下的热解程度高,反应越彻底。有机质转化率和产物产率的计算过程如下:

$$有机质转化率 = (W_1 - W_2)/W_3 \tag{4-20}$$

式中:W_1——热解前干污泥质量(g);

　　　W_2——热解后固体剩余物质量(g);

　　　W_3——干污泥有机质量(g)。

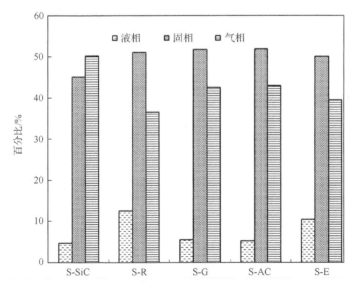

图 4-39　不同热解条件下各相产物产率

各产率以干污泥为底计算所得,热解过程中产生的水蒸气未计入其中;
气体产率是根据差分法计算所得

固相产率越低,说明有机质的转化率越高。由图 4-39 可以看出:添加碳化硅条件下的微波热解固相产率最低为 45.1%,也即该条件下污泥的有机质转化率最高。其他条件下的微波热解固相产率都在 51%~52%,传统热解固相产率与其接近,为50%,这意味着它们的有机质转化率几乎相等。传统高温热解过程,有机质的转化率越高,所需要的反应温度、能耗也就越高。可见,微波高温热解10 min的处理过程就达到高于传统900℃高温热解40 min的有机质转化率,因此微波高温热解的能量利用率要远远优于传统热解。

进一步分析热解过程中气态和液态产物在已转化有机质中所占比例,结果如图4-40所示。其中微波热解,添加碳化硅、石墨和活性炭时的气态产物比例均达到90%左右,添加RC时的气态产物比例最低,仅为74.5%。传统热解的气态产物比例介于以上两种情况之间。

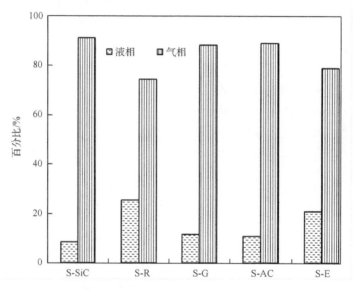

图4-40　不同条件下热解气、液相产物在已转化有机质中所占比例

2. 微波能吸收物质种类对燃气组成成分的影响

在优化反应条件下,考察污泥高温热解气态产物的组成与性质,对评价气态产物资源利用的经济性及安全性具有非常重要的意义。气态产物主要由H_2、CO、CO_2、O_2和C_xH_y组成,其中可以检测到的C_xH_y是CH_4、C_2H_4、C_2H_6和C_2H_2,根据气相色谱有机气体的出峰情况判断,可以知道其中还包括一定量的三碳和四碳的碳氢化合物,受实验条件限制未能对此部分气体进一步展开定性和定量分析。

图4-41和图4-42是添加不同微波能吸收物质种类时,热解气态产物组成成分的变化。由图可知,添加不同微波能吸收物质条件下,热解气体中各组分(除O_2)比例大小规律相同:H_2>CO>CO_2>CH_4>C_2H_4>C_2H_6>C_2H_2。比较不同添加物质时产生的同种气体含量,可以发现添加石墨时可测气体含量最低,仅为33%,且除O_2和C_2H_4外,其他6种气体含量远低于与其他条件下同组分含量。

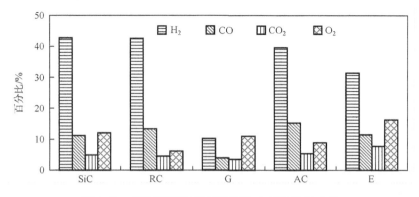

图 4-41　污泥高温热解气体产物中无机气体成分

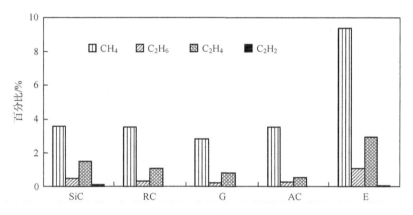

图 4-42　污泥高温热解气体产物中有机气体成分

由于反应前后均向实验装置中通入高纯 N_2，在气相色谱分析过程中没有对 N_2 作额外分析，按照体积可以算出这部分气体体积约占产气总体积的 $17\%\sim28\%$。结合可测气体的体积分数，可以发现添加了活性炭、碳化硅以及固体残留物的样品所产生的不可测气体主要为 N_2，而添加了石墨的样品其不可测气体的体积分数高达 67%，因此可以推断，石墨混合样的不可测热解气除了 N_2 外还含有大量碳氢化合物，如碳原子数为 3 以上的气体。

通过图 4-41 和图 4-42 对比传统高温热解和微波高温热解的气态产物可知，二者的可测气体成分完全一致，不同的是各单组分气体在热解气中的体积分数，微波热解有利于 H_2 和 CO 的生成，传统热解有利于 CO_2 和有机气体的生成。这主要是由于二者的加热机理不同所致。

4.4.2 污泥微波热解气态产物性质及形成机制

1. 微波热解污泥技术气态产物化学组成

为评价气态产物能源利用的可行性,需要对其气态产物组分进行定性及定量分析。利用气相色谱(GC)分析污泥微波高温热解气态产物的组分与含量,结果如表 4-12 所示。从表中可以看出,微波高温热解污水污泥气态产物的主要成分为 H_2、CO 以及 CH_4。这三种气体在气态产物中的浓度比高达 59.61%(体积分数)。此外,小分子碳氢化合物(C_xH_y)也是重要的能源气体产物,其浓度值达 1.4%(体积分数)。虽然可燃气体在气态产物的组分中含量较大,但其在生成过程中伴随着污水污泥中大量水分的蒸发,气态水在未冷凝气体中所占比例较大,因此微波热解过程并没有爆炸、燃烧等安全隐患。

表 4-12　微波高温热解污水污泥气态产物成分

成分	H_2	CO	CO_2	CH_4	C_2H_6	C_2H_4
浓度(体积分数)/%	42.69	13.41	4.67	3.51	0.32	1.07
成分	C_2H_2	O_2	NH_3	HCN	H_2S	
浓度(体积分数)/%	0.01	6.27	0.003	0.001	—	

注:可测气体合计 71.954%

H_2 和 CO 是合成煤气的主要成分,CH_4 是天然气的主要成分,这三种气体均具有重要的能源及工业利用价值。从表中可以看出,H_2 和 CO 为混合气体产物中含量最高的,该现象可以通过式(4-21)~式(4-23)加以解释:

水气反应　　$C + H_2O \rightleftharpoons CO + H_2$　　$\Delta H_{298K} = -132 \text{ kJ/mol}$ 　　(4-21)

甲烷气化　　$CH_4 + H_2O \rightleftharpoons CO + 3H_2$　　$\Delta H_{298K} = 206.1 \text{ kJ/mol}$ 　　(4-22)

碳气化反应　　$C + CO_2 \rightleftharpoons 2CO$　　$\Delta H_{298K} = 173 \text{ kJ/mol}$ 　　(4-23)

另外,污泥含水率较高也是促使污泥热解气体产物中 H_2 含量较高的一个原因,随着 CO 不断生成,水与 CO 反应生成 CO_2 和 H_2,如式(4-24)所示:

水气替换反应　　　$CO + H_2O \rightleftharpoons CO_2 + H_2$　　$\Delta H_{298K} = -41.5 \text{ kJ/mol}$

(4-24)

2. 微波热解污泥技术气态产物热值

依据气态产物组分进行计算可知,微波高温热解污水污泥所产生的气态产物的高位热值为 9.42 MJ/Nm³,低位热值为 8.39 MJ/Nm³,其热值与电炉热解所得的热解气热值相近(表 4-13)。与我国常用燃气热值(表 4-14)比较可以发现,污水污泥高温热解后获得的气态产物其热值介于水煤气和发生炉气之间,有较高的潜在价值,可作为能源加以利用。

表 4-13　不同热解方式下污水污泥高温热解热解气态产物热值

气态产物热值	微波热解	电炉热解	
		15℃/min	100℃/min
高位平均热值/(MJ/Nm³)	9.42	9.64	8.93
低位平均热值/(MJ/Nm³)	8.39	8.57	7.97

表 4-14　我国几种常用燃气热值

燃气种类	炼焦煤汽	炭化炉气	混合煤气	油氧化气	发生炉气	天然气	矿井气	水煤气	油裂解气
低位热值/(MJ/Nm³)	17.59	16.11	13.84	10.92	5.74	36.38	18.81	10.37	16.49

3. 微波热解污泥技术气态产物生成规律与形成机制

为解析微波热解污泥技术气态产物生成机制,可以微波与传统高温热解污水污泥过程中生成的气态产物进行了红外吸收光谱分析,以获得考察在热解过程中气态产物的释放规律,依据特征气态产物生成的温度区间,结合污水污泥热重分析的结果,判别生成该产物的主要反应途径。

1) 氢气生成规律及机制研究

氢气是微波高温热解污水污泥的主要气态产物,其在气态产物中的体积分数最大,最高可达 43%。氢气是最重要的工业气态原料和特种气体,在石油化工、电子工业、冶金工业、食品加工、精细有机合成、航空航天等领域均有着广泛的应用。由于氢气与氧极易结合,使其成为化学工业生产中不可或缺的高效还原剂。同时氢气也是一种新能源,放热效率高,且其燃烧生成 H_2O 而不是温室气体 CO_2,因此氢气是备受期待的清洁能源。

由于 FTIR 检测技术是依据不同物质吸收红外辐射后,引起不同的分子振动-转动能级跃迁而形成的特征性光谱来鉴定物质种类,因此完全对称分子,如 H_2、N_2 及 O_2 等,在吸收红外辐射后,并未产生偶极矩变化及共振现象,因此这些完全对称分子没有红外活性,无法依靠红外光谱进行检测,所以 H_2 的检测仅能依靠气相色谱来完成。为了揭示微波高温热解的特性,同时对 15℃/min 及 100℃/min 升温速率的电炉热解污水污泥的 H_2 释放过程进行了相应分析,结果如图 4-43 所示。

从图中可以看出,H_2 在 150℃时开始生成,在温度达到 450℃时,在气态产物中浓度达到最大,但随后随着温度的升高其浓度反而降低。H_2 的生成最初是由于水分子与 CO、H_2O、CH_4 等已生成的小分子气体之间发生的作用为主:

水-汽转换反应　　　　　$CO+H_2O \longrightarrow CO_2+H_2$　　　　　　　(4-25)
蒸气重整　　　　　　　$CH_4+H_2O \longrightarrow CO+3H_2$　　　　　　　(4-26)

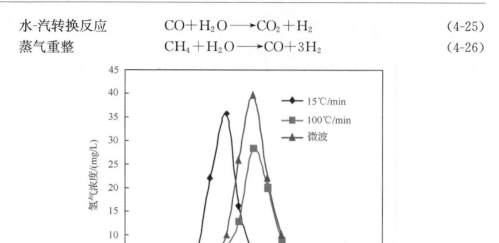

图 4-43　微波热解及不同升温速率下电炉热解污水污泥过程中 H_2 释放特性

随着温度升高,热解反应快速进行,污水污泥中的有机物质裂解成为小分子挥发物,这些挥发物与已蒸发的水分子进一步反应生成 H_2。对应污泥的热重分析可知,随着热解反应进一步深入,当热解温度升至深度裂解阶段(≥410℃),污水污泥中大部分有机物质热解完成,此时发生反应的为污水污泥中的大分子芳香物质、炭焦及无机物质。由于高温下的暴露在表层的炭焦可与水蒸气发生次级水-汽转换反应,H_2 的浓度继续升高,并在 450℃ 达到峰值:

$$C+H_2O \longrightarrow CO+H_2 \tag{4-27}$$
$$CO+H_2O \longrightarrow CO_2+H_2 \tag{4-28}$$

由上面的分析可知,在 450℃ 之前,H_2 的形成与污水污泥中水分子的存在密切相关。随着温度的继续攀升,水分子释放的速率下降,因此 H_2 在气态产物中的浓度也随之下降。Domínguez 等(2008)在研究微波高温热解污水污泥时,认为小分子气态产物产氢是热解过程中氢气产生的主要途径,而热解后最终回收的水得率远低于最初污泥中所测得的水含量也证明了部分水在热解中与其他物质发生反应转化成相关产物。

在高温阶段,芳香物质吸收足够热量后发生缩聚或脱氢作用,也产生了一部分的 H_2。由于微波升温速率较高,且对污水污泥有选择加热性,因此热解体系周围环境的温度远远低于体系内温度。大分子物质析出样品表面,接触冷空气后迅速淬冷,可有效推动缩聚反应的进行,因此微波热解污泥中所发生的缩聚反应要大于电炉热解,随之 H_2 在气态产物中的浓度也要高于电炉热解。

相较于微波热解,电炉热解污水污泥产生的氢气浓度相对较低,当升温速率为 15℃/min 的 H_2 最高浓度为 35.87%(体积分数),而当升温速率升为 100℃/min 时,H_2 的最高浓度仅为 28.52%(体积分数)。这是由于电炉升温速率较微波低,H_2 生成后在反应体系能仍滞留一段时间,在此阶段内,H_2 可与系统内的焦炭、CO 发生反应,生成甲烷和水:

加氢气化反应 $\qquad\qquad\qquad$ $C + 2H_2 \longrightarrow CH_4$ $\qquad\qquad$ (4-29)

甲烷化反应 $\qquad\qquad\qquad$ $CO + 3H_2 \longrightarrow CH_4 + H_2O$ $\qquad$ (4-30)

对比 15℃/min 与 100℃/min 热解速率的 H_2 释放曲线可以发现,15℃/min H_2 起始生成的温度较低,其生成速率在 400℃前较高,随后浓度有所下降。而 100℃/min 的 H_2 起始生成温度较高,这是由于其升温速率较大,部分有机物未反应完全就升温至更高温度,产生了热延迟现象。

煤及生物质是目前研究比较深入的热解制备燃料气体的原料,在煤热解过程中,由于其含水率较低,H_2 生成主要依靠高温阶段芳香体系缩聚脱氢,因此 H_2 起始生成温度在 500℃,相对最大生成速率的热解温度 800℃左右,而 H_2 仅为 15%(体积分数)左右。生物质热解在二次裂解阶段生成 H_2,在一次裂解阶段纤维素经降解生成左旋葡萄糖等单体物质,这些单体物质在二次裂解阶段释放出 H 自由基,H 自由基彼此结合,生成氢气释放。因此生物质热解形成 H_2 的活化能也比较高,造成 H_2 生成温度高,产率低。由以上分析可以发现污水污泥是优良的热解制氢原料。

2)甲烷生成规律及机制研究

CH_4 是污水污泥热解除 H_2、CO 外,另一主要的热解气态产物。由于污水污泥组成成分的复杂性,污水污泥热解过程中 CH_4 的形成是多反应综合作用的结果,因此通过分析 CH_4 的释放规律,识别 CH_4 生成途径包含的基元反应,对深入的理解污水污泥热解的化学作用机制及 CH_4 的生成机制有着重要的意义。CH_4 的释放特性与生成途径一直以来都是热解技术研究中的重要内容,目前在煤热解、生物质热解以及固体废弃物热解的研究中,已在此方面获得了大量数据并建立了相关模型。Porada 等(2004)通过同位素分馏动力学及化学动力学对煤热解过程中生成 CH_4 的基元反应进行了识别。其结果表明,煤热解过程中 CH_4 的生成途径包含了 6 个基元反应,这些反应具有不同的反应速率及活化能,对 CH_4 生成量的贡献也是不同的。Mareilla 等(2005)研究了生物质热解过程中 CH_4 的形成机理,其研究表明生物质热解的 CH_4 生成主要集中于挥发分析出阶段以及炭化阶段,其中以挥发分析出阶段为主。在挥发分析出阶段,甲氧基(—OCH_3)受热脱除,并进一步受到 H 自由基攻击,生成 H_2O 与 CH_4;在炭化阶段,CH_4 主要来源于碳焦在重整石墨化反应中的脱烷基、芳化缩聚。综上,在热解过程中 CH_4 的生成为多个基元反应叠加的结果,且每一个基元反应的反应温度不同,因此 CH_4 逸出的温度范围较为宽泛。

图 4-44 是微波及电炉热解污水污泥过程中 CH_4 的透过率及热解温度随时间的变化。从图中可以看出,15℃/min 的电炉热解在整个谱图中没有明显透过峰出现,仅在 300~600℃有较小且相连的波动,这表明在该升温速率下仅有少量 CH_4 生成。100℃/min 的热解过程出现一处强烈的 CH_4 透过峰,其对应的热解温度为 350~650℃,可见高升温速率有助于 CH_4 的生成,同时也由于 100℃/min 的高速率,CH_4 的释放出现了热滞后现象。相较于电炉热解,微波热解则出现了更多的 CH_4 透过峰。从谱图中可以看出,微波热解的 CH_4 有两个明显的生成阶段,分别位于 2~3 min 与 3~6min。第一阶段包含有两个明显的峰,且峰对应的时间范围

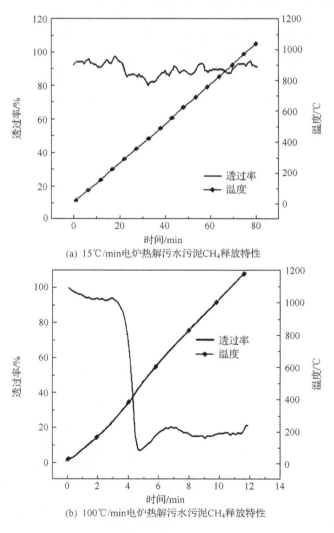

(a) 15℃/min电炉热解污水污泥CH_4释放特性

(b) 100℃/min电炉热解污水污泥CH_4释放特性

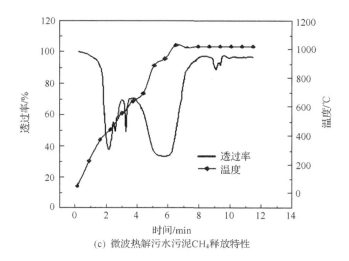

(c) 微波热解污水污泥CH₄释放特性

图 4-44　微波及不同升温速率下电炉热解污水污泥过程 CH₄ 释放特性

较窄;后一阶段也包含两个峰,第一个峰仍然较窄,第二个峰对应的温度范围却明显较其他三个峰宽泛,应为两个基元反应叠加而成。依据 Butala 等建立的热解生成甲烷的基元反应模型,结合 CH₄ 的透过率、热解温度及热重分析,可知在微波热解污水污泥过程中,CH₄ 的生成途径是由五个基元反应组成的。

基元反应一:CH₄ 由带有含氧官能团的侧链裂解生成,其对应的热解温度为 400℃。对应热重分析可知,该温度范围为脂肪族大分子发生热解的区间,因此可以判定该反应主要为脂肪族的含氧官能团侧链。这些带有含氧官能团侧链的键能较弱,在较低温度下即可发生断裂,生成甲烷。李美芬通过对比热解过程中 CH₄ 生成量与氧碳原子比的演化规律,得出 CH₄ 生成量与氧碳原子比呈正比的结果,证实了位于脂肪侧链的乙基 β 位的含氧官能团侧链的裂解是热解过程中甲烷形成的重要反应。

基元反应二:CH₄ 由甲氧基(—OCH₃)的断裂而产生,其主要对应的热解温度为 450℃。此温度对应的为多糖发生热解的温度区间,因此推断发生该反应的为多糖五元环上的甲氧基官能团。在热解过程中,多糖分子上的甲氧基(—OCH₃)受热,脱除 CH₃· 自由基,同时生成 R—O· 自由基,CH₃· 自由基继而进攻另一个甲氧基,生成 CH₄ 与 R—OCH₂· 自由基。该反应属于自由基反应,如式(4-31)与式(4-32)所示:

$$R—OCH_3 \longrightarrow R—O· + CH_3· \tag{4-31}$$

$$CH_3· + R—OCH_3 \longrightarrow CH_4 + R—OCH_2· \tag{4-32}$$

基元反应三:对应热解时间为 570℃,对应热重分析可知,此时反应已进入深入裂解阶段。该反应的热解温度与甲苯热解温度相符,因此判断该温度下 CH₄ 的形成是通过甲苯热裂解而成。在 570℃左右时,甲苯首先裂解形成成苯自由基以及甲基自由基,甲基自由基再与 H 自由基反应生成甲苯,如式(4-33)与式(4-34)所示。

$$Ar—CH_3 \longrightarrow Ar^{\cdot} + CH_3^{\cdot} \tag{4-33}$$

$$CH_3^{\cdot} + H^{\cdot} \longrightarrow CH_4 \tag{4-34}$$

基元反应四:对应热解温度为 800℃左右,此时的 CH_4 生成来源于大分子碳链的环化或芳构化,此过程中不仅有甲烷生成,也有一部分氢自由基产生,进一步推动 CH_4 形成反应的进行。

基元反应五:对应热解温度与基元反应四相近,因此二者叠加形成一个宽泛的透过峰。该反应为大分子高温缩聚形成炭焦的碳骨架网络并脱除 CH_4。微波的选择加热特性造成环境温度大大低于样品温度,使得接触外环境的大分子快速淬冷、交联,有利于 CH_4 的形成。

3) 一氧化碳生成规律及机制研究

一氧化碳是污水污泥热解过程中除 H_2 外产率最高的气体,其高位热值达 12.64 MJ/Nm³ 与氢气相近(12.74 MJ/Nm³),因此 CO 对污泥热解气的高热值具有重要贡献。大量研究表明,非烃气体如 CO、CO_2 以及 H_2O 的产生为污水污泥大分子结构中的含羧基或羟基的侧链发生了断裂、重组的产物,在脱除非烃气体后,这些大分子互相交联生成网状多聚体。而非烃气体的产率与最终炭焦中交联键的数量呈正比关系,即生成的非烃类气体越多,产生的交联键就越多,因此微波热解污泥气的高 CO 含量表明固体产物发生了深度交联。图 4-45 为污泥热解过程中微波与电炉的 CO 释放特性。从图中可以看出,升温速率为 15℃/min 的电炉热解的谱线呈直线,无透过峰出现这表明在该升温速率下,CO 生成较少。升温速

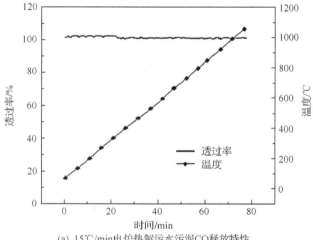

(a) 15℃/min电炉热解污水污泥CO释放特性

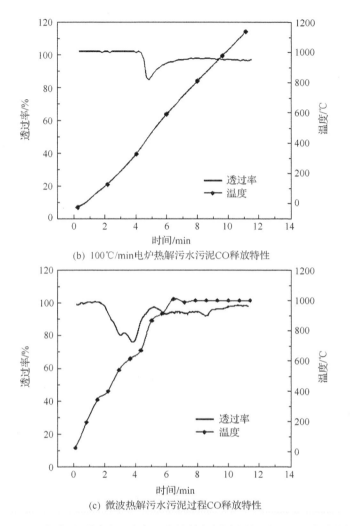

(b) 100℃/min电炉热解污水污泥CO释放特性

(c) 微波热解污水污泥过程CO释放特性

图 4-45　微波及不同升温速率下电炉热解污水污泥过程 CO 释放特性

率为 100℃/min 的电炉热解在 400～600℃ 出现一个明显且温度范围较宽的透过峰。对应热重分析,可以判断 100℃/min 电炉热解的 CO 形成主要在深化热解阶段,由于其对应时间范围较宽,CO 的释放途径应包含多个基元反应。微波热解的 CO 谱图显示,随着温度增高有两个明显 CO 透过峰出现。

对照热重分析可知,微波热解 CO 的形成主要包括两个基元反应。基元反应一,对应的热解温度为 400℃,此时 CO 释放量较少,主要由热不稳定的羧基和醚基在吸收热量后从大分子上脱离下来,并进一步发生重整所形成。基元反应二,对应的热解温度为 600℃ 左右,此反应为 CO 的主要形成反应,主要为半焦的二次分解反应和二芳醚基的脱除。

4）二氧化碳生成规律及机制研究

与 CO 的产率与炭焦中交联数的正比关系不同，CO_2 的产率与污水污泥中含氧官能团含量密切相关。Mae 等认为 CO_2 的生成和 COOH—COOH 以及 COOH—OH 氢键在高温下发生裂解、重组有关。Porada 等的研究表明，CO_2 的生成最少包括四个基元反应，这些反应与污水污泥中酯、醚等含氧官能团以及碳酸盐等无机含氧化合物有关，在反应初期为酯、醚等有机化合物发生断裂，生成 CO_2 以及 H_2O 同时也生成新的酯、醚化合物，这些化合物在热解后期会进一步交联，生成 CO 与 CO_2。在 700℃以上时，污水污泥中的碳酸盐类物质发生分解，生成 CO_2 释放。

图 4-46 为污泥热解过程中微波与不同加热速率电炉的 CO_2 释放特性。从图中可以看出，15℃/min 的 CO_2 透过谱图中，有三个透过峰，其峰温分别在 300℃、750℃以及 1050℃处。100℃/min 的 CO_2 透过谱图与 CH_4 的光谱相似，仅有一个较大的透过峰，最大峰值对应的温度为 500℃。微波热解的 CO_2 释放规律可分为两个阶段，分别对应热重分析中的挥发份热解阶段与深入热解阶段。所包含的四个透过峰的位置与 CH_4 的透过峰相近，但峰面积及峰强均较 CH_4 大，峰面积代表气体产率，峰强可代表气体的瞬时生成速率。由于位置相近，可以判知 CH_4 的生成途径可以伴生 CO_2，而 CO_2 的产率及生成速率高于甲烷，表明除了 CH_4 生成反应外，CO_2 还有自己特有的生成途径。

在低温阶段 CO_2 的形成按 H 转移或离子反应机理进行，主要是由羧基分解产生，该反应机理属于非自由基型。而 CO_2 在低温时的生成曲线包含两个明显的透过峰，这是由于羧基分解反应分为直链型和芳香型两种，如式(4-35)与式(4-36)所示：

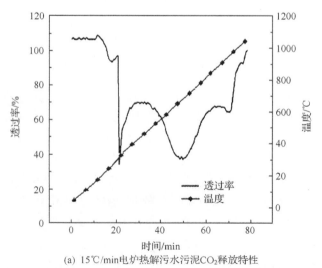

(a) 15℃/min电炉热解污水污泥CO_2释放特性

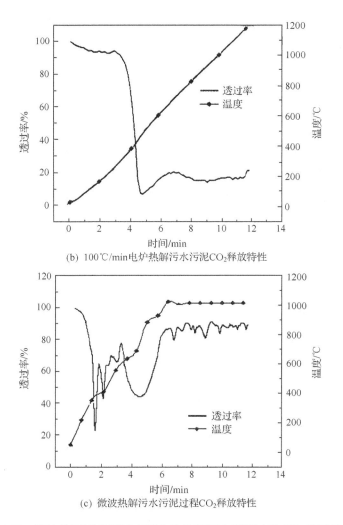

(b) 100℃/min电炉热解污水污泥CO₂释放特性

(c) 微波热解污水污泥过程CO₂释放特性

图 4-46　微波及不同升温速率下电炉热解污水污泥过程 CO_2 释放特性

$$R\text{—}COOH \longrightarrow RH + CO_2 \tag{4-35}$$

$$Ar\text{—}COOH + HOOC\text{—}Ar \longrightarrow Ar\text{—}O\text{—}Ar + H_2O + CO_2 \tag{4-36}$$

式中：Ar 为芳香环。

CO_2 逸出速率在 400℃ 达到最大后，其生成速率随着温度升高而降低，在 632℃ 处形成一个小的肩峰，随后在 700℃ 处又形成一个明显的透过峰。这表明在高温阶段 CO_2 的形成包含两个主要的反应。632℃ 处形成的肩峰归因于污水污泥中含氧杂环的裂解。由于氧原子被结合在环内部，较芳香侧链的裂解势垒高，因此该峰处于高温热解阶段。但污水污泥中含氧杂环的含量较低,因此仅在释放曲线上形成了一个小的肩峰。700℃较大的透过峰是由于污水污泥中碳酸盐的受热分解。在 Kim 等(2007)的试验中,酸洗后的污水污泥没有在高于 700℃的温度下观察到 CO_2 释放,而未经处理的污泥在热解至 700～750℃有明显的 CO_2 生成,因此可以判定该处的透过峰是由于污水污泥矿物质中的碳酸盐受热分解所致。

4.5　微波热解城市污泥固态产物性质分析及吸附剂制备

4.5.1　污水污泥微波热解固态产物特性分析

污泥热解后的固体产物由无机组分以及少量的有机组分构成。微波高温热解及传统方法高温热解污泥固体产物的有机元素组成如表 4-15 所示。从表中可以看出,与传统热解过程相比,微波热解固体产物中有机元素明显减少,碳氢比显著增加,其中有机元素的减少一方面来自于污泥的彻底热解,另一方面来自于添加的微波能吸收物质在固体产物中的残留。因此在表 4-16 中进一步给出不同微波高温热解污泥 5 组平行试验剩余固体产物质量。从表中可以看出,扣除添加的微波能吸收物质的质量,微波热解固体产物单位污泥产生的固体物质质量仍小于传统热解过程的产物,其中以添加碳化硅的污泥样品单位质量所产生的固态产物质量最小,仅为 0.135 g 残留物质/g 湿污泥,因此可以认为这一过程的污泥微波高温热解最彻底。微波高温热解过程所有的添加物质均能带来残留物中碳元素的增加,不同微波热解过程 C/H 较传统热解过程增加 232%以上。热解后固体产物中的高 C 含量,为其成为吸附剂提供可能。

表 4-15　固体产物中的有机元素分析

有机元素含量	干燥污泥	传统热解	微波热解			
			SiC	Fe_2O_3	活性炭	炭化污泥
C	48.3	37.4	25.2	6.9	64.6	26.5
H	4.1	1.8	0.3	0.1	0.7	0.2
N	3.6	0.8	0.4	0.3	0.6	0.6
S	1.5	1	0.8	0.6	0.7	0.8
C/H	0.97	1.73	7	5.75	7.7	11.04
总有机元素	57.5	41	26.7	7.9	66.6	28.1
除 C 外的总有机元素	9.2	3.6	1.5	1.0	2.0	1.6

表 4-16　热解前后固体物质质量

热解方法		热解前质量/g		热解后质量/g	
		污泥质量	微波能吸收物质	固体产物总量	污泥剩余质量
微波热解	SiC	40	10	15.4	5.4
	G	25	8	11.9	3.9
	AC	30	6	10.7	4.7
	RC	35	10	15.4	5.4
传统高温热解		40	—	7.2	7.2

正如在前面所提到的,可知微波功率、微波辐照时间以及吸收微波能物质的用量这三个因素都能影响污泥吸附剂的吸附能力,因此需要采用正交实验来确定微波热解污水污泥制备吸附剂的最优方案。正交实验设计有以下优点:①能在所有的实验方案中均匀地挑选出代表性强的少数实验方案;②通过对这些少数实验方案的实验结果进行统计分析,可以推出较优的方案,而且所得到的较优方案往往不包含在这些少数实验方案中;③对实验结果作进一步的分析,可以得到实验结果之外的更多信息。例如,各实验因素对实验结果影响的重要程度。

正交实验总的来说包括两部分:一是实验设计;二是数据处理。基本步骤可简单归纳如下:

(1) 明确实验目的,确定评价指标。任何一个实验都是为了解决某一个问题,或为了得到某些结论而进行的,所以任何一个正交实验都应该有一个明确的目的,这是正交实验设计的基础。实验指标表示实验结果特性的值,实验取碘吸附值作为评价指标。

(2) 挑选因素,确定水平。影响实验指标的因素很多,但由于实验条件所限,不可能全面考察,所以应对实际问题进行具体分析,并根据实验目的,选出主要因素,略去次要因素,以减少要考察的因素数。根据很多摸索实验,本实验中取三因素三水平。

(3) 选正交表,进行表头设计。根据因素数和水平数来选择合适的正交表(表 4-17)。一般要求,因素数≤正交表列数,因素水平数与正交表对应的水平数一致,在满足上述条件的前提下,选择较小的表。表头设计就是将试验因素安排到

表 4-17　因素水平表

水平	微波功率/kW	微波能吸收物的用量/g	辐照时间/min
1	0.8	6	6
2	1.0	8	8
3	1.2	10	10

所选正交表相应的列中。

（4）明确实验方案，进行实验，得到结果。根据正交表和表头设计确定每号实验方案，然后进行实验，得到以实验指标形式表示的实验结果。

（5）对实验结果进行统计分析。对正交实验结果的分析，采用直观分析法，通过试验结果可以得到因素主次顺序、优方案等有用信息。实验方案及结果见表4-18。

表 4-18　污泥制备吸附剂的正交实验方案及结果

因素	微波功率 /kW	微波能吸收物的用量 /g	辐照时间 /min	碘值 /(mg/g)
实验1	1	1	1	409.61
实验2	1	2	2	448.71
实验3	1	3	3	472.65
实验4	2	1	3	420.73
实验5	2	2	1	523.63
实验6	2	3	2	485.51
实验7	3	1	3	521.69
实验8	3	2	3	461.71
实验9	3	3	1	536.07
均值1	443.657	450.677	452.277	—
均值2	476.623	478.017	468.503	—
均值3	506.490	498.077	505.990	—
级差	62.833	47.400	53.713	

从表4-18中的数据可以看出，各因素对碘值的影响程度依次为：微波功率＞辐照时间＞微波吸收能物质的用量。微波功率对碘值的影响最大。

4.5.2　影响因素对污泥吸附剂吸附能力的影响

1. 微波功率对碘吸附值的影响

以10 min微波辐照时间、微波能吸收物质：含水率80％的污水污泥＝10：35为反应条件，研究微波功率对污泥吸附剂碘值的影响，结果如图4-47所示。从图可知，1200 W是本实验制备吸附剂的最佳功率，由前面的分析可以知道，微波功率直接决定着样品所能达到的最高温度，微波功率越大样品达到的温度越高，但是温度太高，固体残留物的孔隙结构反而不发达，出现烧结现象，吸附能力下降。与添加氯化锌或硫酸活化后制备吸附剂的方法相比，直接热解的最佳制备功率要高些,因为其所需的温度更高,添加活化剂可以脱水造孔,从而降低制备温度。但从加热功率和活化剂添加量的综合经济效益比较可知,直接加热更为经济。

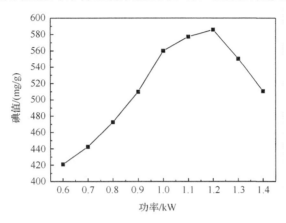

图 4-47　微波功率对碘值的影响

2. 辐照时间对碘吸附值的影响

微波辐照时间对污泥吸附剂碘值的影响,结果如图 4-48 所示。由图可知,微波热解污水污泥制备吸附剂的最佳时间是 10 min。这是因为辐照时间直接决定着污泥的热解程度,在污泥热解中,固态剩余物中的焦炭,在 450～550℃时达 51%～66%,即使在 850℃的温度下,热解仍不能完全结束,以焦炭物形式存在的可挥发性物质在 850℃时仍有 4.6%。随着辐照时间的延长,污泥中的挥发分发生热解,孔隙结构逐渐形成。但微波加热的速率很快,继续延长时间会使本已形成的孔径变大,比表面积变小,孔容收缩,从而降低了其吸附能力。由以上分析可知,与传统电炉加热方式相比,微波加热所需的时间更短。

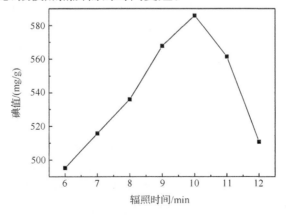

图 4-48　微波辐照时间对碘的影响

3. 微波能吸收物的量对碘吸附值的影响

保持微波功率 1200 W,辐照时间 10 min,研究微波能吸收物质的用量对污泥吸附剂碘值的影响,结果如图 4-49 所示。由图可知,随着微波能吸收物质的用量的增加,污泥吸附剂的碘吸附值增加。这是因为在微波功率和污泥量一定的情况下,微波能吸收物质的用量越多,污泥温度越高,碘值越大。另外,微波能吸收物中含有一部分商品活性炭,也对总碘值产生了一定的贡献。一些学者的研究表明,选取投炭量 0.25%(质量分数)的活性炭作为微波能吸收物质热解碎木屑,可制备出碘值为 503.73 mg/g 的吸附剂。相比之下,热解污泥所需的微波能吸收物质略多,但制得的吸附剂碘值较高,且热解试验后微波能吸收物质可通过分子筛有效回收,因此微波热解污水污泥制备活性炭更具优势。

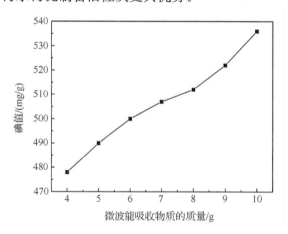

图 4-49　微波能吸收物质的量对碘值的影响

经正交试验和单因素影响分析,确定污泥吸附剂制备的最佳工艺条件为:微波功率 1200 W,辐照时间 10 min,35 g 含水率 80%(质量分数)污水污泥加 10 g 微波能吸收物质,制备出的污泥吸附剂碘值为 585.95 mg/g。

4.5.3　污泥热解灰吸附剂多次回用实验

1. 微波能吸收物质的多次回用实验

为研究微波能吸收物质的多次回用对微波热解污水污泥制备吸附剂的影响,进行了六组对照实验。六组实验中均选用 10 min 微波辐照时间、1200 W 微波功率、微波能吸收物质:含水率 80%的污水污泥=10:35 的反应条件。热解结束后,在氮气保护下降样品冷却至室温,筛分成 20 目、40 目、60 目和大于 60 目四个级次,测定各个级次的质量和碘吸附值,考查其变化规律。选取商品活性炭为微波能吸收物质,第二至六次均选取前一次高温热解的固体残留物作为微波能吸收物质。

1) 混和样品的升温特性

热解一至六次的升温曲线如图 4-50 所示。六条曲线的升温趋势基本一致,只是第一次热解在 1～2 min 温度保持在 550℃ 不变,之后快速上升,其他曲线均无此阶段。六次热解在前 4 min 升温速率很快,5 min 左右达到 800℃,之后升温趋势变得比较平缓。实验结果表明,多次回用的固体残留物作为微波高温分解污水污泥的吸波材料仍具有良好的升温效果。

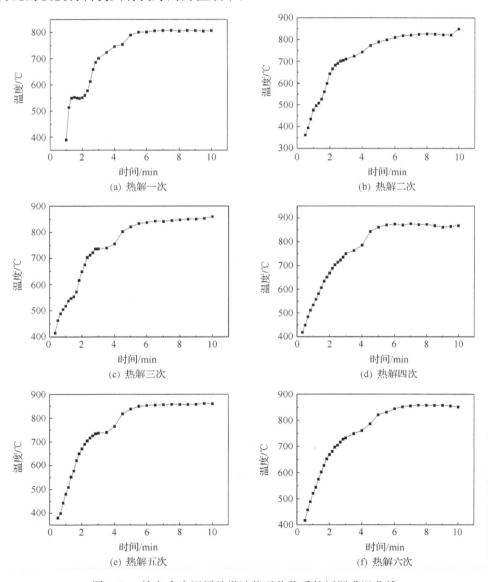

图 4-50　掺杂多次回用的微波能吸收物质的污泥升温曲线

2）污泥质量及碘值变化

掺杂不同回用次数微波能吸收物质的混合样制备的吸附剂粒径及碘值如图 4-51、图 4-52 所示。

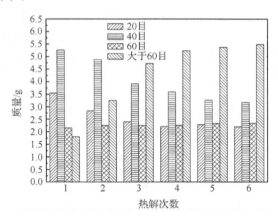

图 4-51　多次回用粒径分布

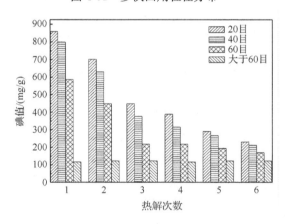

图 4-52　多次回用碘值变化

从图中可以看出，掺杂不同回用次数的微波能吸收物质对所制备的吸附剂样品的粒径具有显著影响：

（1）随着回用次数的增加，20 目的固体产率逐渐减少，从第四次开始变化不大，有时略有上升，可能是随着回用次数的增多出现了一些大块的烧结现象。

（2）随着回用次数的增加，40 目的固体产率逐渐减少。

（3）随着回用次数的增加，60 目的固体产率变化不大。

（4）随着回用次数的增加，大于 60 目的固体产率逐渐增加。

（5）随着回用次数的增加，各级次的粉末化程度（质量分数）分别为 44.7%、31.08%、9.66%、2.53%、2.09%，呈逐渐降低趋势。

从图中可以看出,掺杂不同回用次数的微波能吸收物质对所制备的吸附剂样品的碘值同样也有影响:

(1) 随着回用次数的增加,固体的总碘值逐渐下降。

(2) 随着回用次数的增加,20 目的固体碘值逐渐下降。

(3) 随着回用次数的增加,40 目的固体碘值逐渐下降。

(4) 随着回用次数的增加,60 目的固体碘值逐渐下降,但从第三次开始变化不大。

(5) 随着回用次数的增加,大于 60 目的固体碘值变化不大。

在回用过程中,固态产物出现烧结及粉末化现象,随着回用次数的增加,固体产物的烧结及灰分在总产物中的比例也增加,因此,总产物的吸附能力降低。

假定热解一次微波处理的污泥量为 x,所需加入的微波能吸收物的量为 $0.29x$,微波的输入功率定为 1200 W,加热时间 10 min。每次得到的固体产物取 $0.29x$ 作为下次循环利用的微波能吸收物,剩余的用作吸附剂或抛弃。根据上面的多次回用实验,热解到第五次时碘值小于 300 mg/L,不能再用作吸附,据此可以考虑以下两种循环利用方案。

方案一:共热解四次,把第四次的固体产物全部用作吸附剂。

方案二:共热解五次,把第五次的部分产物作为微波能吸收物质,剩余部分抛弃。

两种方案处理的污泥量、产生的吸附剂量、微波能吸收物量及固体物抛弃量如表 4-19 所示。在循环利用过程中,若选用同样的微波反应设备,方案二处理的污泥量是方案一的 1.25 倍,循环利用的微波能吸收物的量也是方案一的 1.25 倍。方案一产生的固体吸附剂的量是方案二的 1.73~1.97 倍。方案二由于热解次数更多,可产生更多可利用的副产物油和气,但相应的能耗也增多,且产生一定量的废弃物。

表 4-19　循环利用的方案比较

方案	处理污泥量/g	产生吸附剂量/g	微波能吸收物量/g	固体物抛弃量/g
方案一	$4x$	$0.57x{-}0.69x$	$1.16x$	无
方案二	$5x$	$0.29x{-}0.40x$	$1.45x$	$0.07x{-}0.10x$

实际过程中可根据工厂的具体生产条件和需求选择实验方案。如果工厂具备一定的生产规模,能够进行副产物油和气的收集,利用其热值作为潜在的燃料,可考虑第二种方案,该方案增加了污泥的处理量且产生了一定量的吸附剂。如果工厂的生产条件有限,仅需进行污泥的一般处置,可考虑选用第一种方案,既为污水处理厂污泥的处置提供了一条行之有效的解决途径,又产生了较多的廉价吸附剂。污泥多次回用示意图见图 4-53。

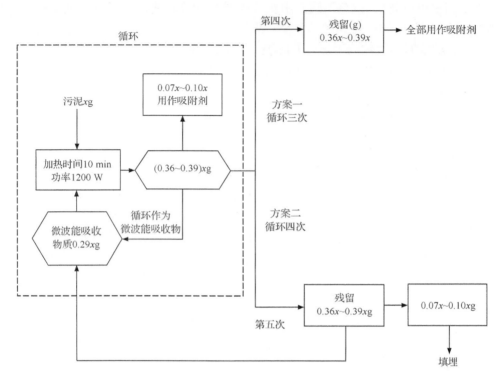

图 4-53　多次回用示意图

2. 商品活性炭的多次回用实验

本部分研究采用两组实验来考证商品活性炭多次回用及固体残留物多次回用对制备的吸附剂的性能影响。第一组实验，取 10 g 商品活性炭放入石英反应器中，在惰性环境下用微波加热，微波的输入功率定为 1200 W，加热过程中记录温升变化，加热 10 min 后，在氮气保护下冷却至室温，筛分，称量并测定碘吸附值。第二至六组实验，将上一组实验得到的固体放入石英反应器中，在惰性环境下用微波加热，微波的输入功率仍定为 1200 W，加热过程中记录温升变化，加热 10 min 后，在氮气保护下冷却至室温，筛分，称重并测定碘吸附值。

1) 商品活性炭的多次回用升温特性

图 4-54 给出了活性炭在 1200 W 微波辐射下热解一至六次的升温曲线。在六次热解中，升温的变化规律基本一致，温度在 5 min 左右达到 800℃以上的高温，之后稍有波动，但变化不大。当活性炭暴露于微波场时，其温度可在几分钟内迅速上升，而后温度上升速率下降，温度维持在高温状态，这可能是由于当活性炭温度越高，其和周围环境的温差就越大，大部分热量扩散至周围环境，这时候就需要越

多的能量维持其高温。研究表明,活性炭的用量和湿度影响其在微波加热过程中所能达到的温度,改变湿度会改变样品的传导性和介电特性,因而改变物料中的电场强度和其中的功率耗散。水的介电损耗因子高,样品之间很小的湿度差异就会导致温度很大的不同,一般来说,微波辐照对干炭的活化要比湿炭快得多,因此适宜选用干燥的活性炭。

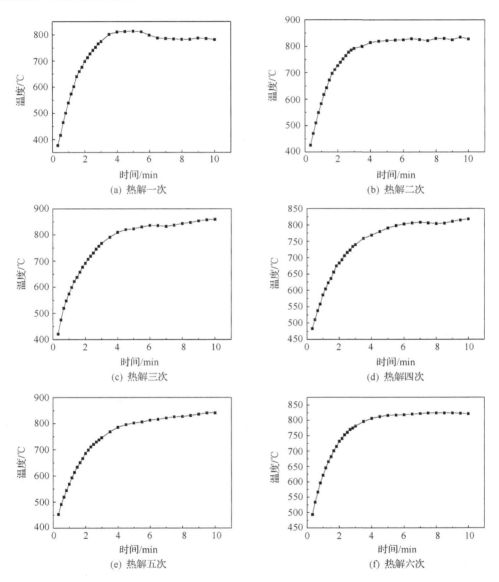

(a) 热解一次　　　　　　　　　　(b) 热解二次

(c) 热解三次　　　　　　　　　　(d) 热解四次

(e) 热解五次　　　　　　　　　　(f) 热解六次

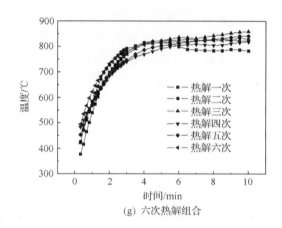

(g) 六次热解组合

图 4-54　活性炭多次热解升温曲线

2) 商品活性炭的多次回用粒径及碘值变化

实验结果如图 4-55 所示,活性炭热解一次后有 12.42%(质量分数)的失重,二至六次质量基本不变。热解一次后碘值从 888 mg/g 增加到 961 g/mg,这是因为未处理活性炭表面比较平整,其上分布着大小不等的孔,但不向里深入,表面也较光滑,细孔内及其周围有许多微小碎片的附着物。活性炭经微波辐照处理后,表面变粗糙,呈凹凸形状,许多闭塞的孔被打开,孔成为狭缝,并向里延伸,同时表面出现结晶体,这对吸附是非常有利的,同时,微波处理使活性炭的孔径向微孔方向偏移,对其吸附作用的提高有促进作用。活性炭加热第二次后碘值减少到 937 g/mg,这可能是由于活性炭自身聚集能量过多促使原有孔隙边上的碳被烧毁,大微孔表面积扩大,而大微孔在液相吸附时作用不大,碘值反而降低,热解三至六次活性炭的碘值仍为 937 g/mg。

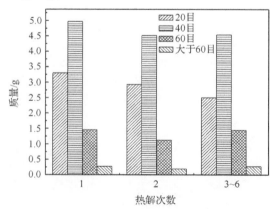

图 4-55　活性炭多次热解粒径分布

4.5.4 污泥热解灰吸附剂处理染料废水的研究

我国是主要染料生产国,产量占世界总产量的1/5。在染料生产过程中,产生的废水具有水量大、有机物浓度高、色度高、无机盐含量高、成分复杂、可生化性差、脱色困难等特点。因此染料生产废水一直是工业污水处理中的重点和难点,也是当前国内外水污染控制领域急需解决的一大难题。所以采用伊红和番红两种染料对污泥吸附剂的吸附能力进行了研究。伊红是酸性染料,呈红色带蓝的小结晶或棕色粉末状,溶于水(15℃时溶解度达44%)和酒精(溶于无水酒精的溶解度为2%)。伊红在动物制片中广泛应用,是很好的细胞质染料,常用作苏木精的衬染剂。番红是碱性染料,能溶于水和酒精。番红是细胞学和动植物组织学常用的染料,能染细胞核、染色体和植物蛋白质,示维管束植物木质化、木栓化和角质化的组织,还能染孢子囊。

分别用伊红和番红的吸光值对其浓度绘制标准曲线,见图 4-56,并求回归方程。

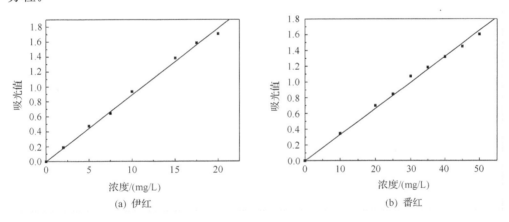

图 4-56 染料的标准曲线

伊红:$A= 0.0892c, R^2 = 0.9958$

番红:$A= 0.0332c, R^2 = 0.9941$

式中:R——相关系数。

回归方程和相关系数显示:在所测定的浓度范围内,染料废水的吸光度和浓度之间有良好的线性关系。

1. 单因素吸附实验

1) pH 的影响

分别采用不同浓度的硝酸和氨水调节溶液的 pH,污泥吸附剂的投加量为

0.2 g/100 mL。不同 pH 条件下的污泥吸附剂对伊红和番红的去除效果如图 4-57 所示。由图可知,吸附剂对伊红和番红染料吸附的最佳 pH 分别为 3 和 8,相应的去除率分别达到 97.31% 和 95.99%,pH 对番红的影响较对伊红的大。

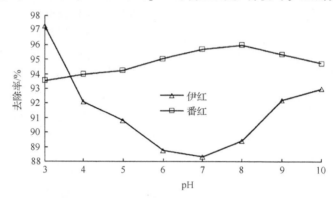

图 4-57　pH 对染料吸附效率的影响

分析认为,伊红为酸性染料,在酸性环境中,OH⁻ 浓度降低,进而与伊红的阴离子显色部分的竞争吸附减少,伊红的吸附去除率增加。随着环境 pH 的增加,OH⁻ 与伊红的阴离子显色部分的竞争吸附增加,导致伊红的去除率下降。番红作为碱性染料,在酸性环境中,H⁺ 浓度的增加导致其与番红阳离子显色部分的竞争吸附增加,进而番红的去除率降低;随着环境 pH 的增加,则 H⁺ 与番红的阴离子显色部分的竞争吸附减少,使得番红的去除率增加。

2) 吸附时间的影响

分别将 pH 调节至对伊红和番红吸附的最佳 pH3 和 pH8,污泥吸附剂的投加量为 0.2 g/100 mL,考察去除率随吸附时间的变化规律,结果如图 4-58 所示。由图可知,吸附的初始阶段两种染料的去除率均随吸附时间的延长而迅速上升,随后去除率的上升趋势变缓,到一定时间后趋于平衡。对伊红和番红染料的吸附分别在 320 min 和 490 min 时基本达到平衡。

3) 吸附剂投加量的影响

分别在对两种染料吸附的最佳 pH 环境,吸附达到平衡的接触时间条件下,考察污泥吸附剂对染料去除率的影响,结果如图 4-59 所示。由图可知,对伊红和番红的去除率均随着吸附剂投加量的增加而增大,符合通常的吸附规律。当吸附剂的用量为 0.2g 时,对两种染料的去除率可达 95% 以上。

4) 温度的影响

不同温度下污泥吸附剂对两种染料的去除效果如图 4-60 所示。由图可知,吸附剂对伊红和番红染料的去除率均随温度的升高而增大,但变化趋势并不明显,其中伊红随温度变化的增幅大于番红。

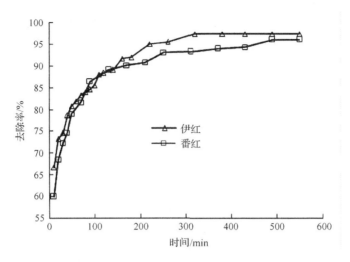

图 4-58 吸附时间对染料吸附效率的影响

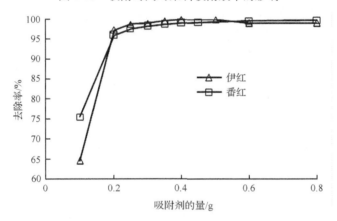

图 4-59 吸附剂用量对染料吸附效率的影响

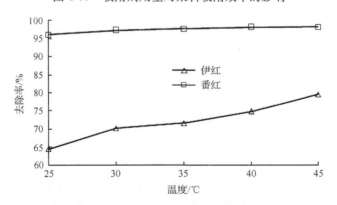

图 4-60 温度对染料吸附效率的影响

分析认为,液相吸附的吸附热较小,所以溶液温度对吸附效果的影响较小,而且吸附过程受到伦敦分散力相互作用、偶极子相互作用、氢键、静电吸引及共价键等多种因素的综合作用,使得染料的去除率会随温度的升高呈上升趋势。同时可以确定,温度对污泥吸附剂吸附染料能力的影响并不显著。

4.5.5 吸附过程动力学与热力学研究

用来描述反应速率的方程有很多种,这里采用 Lagergren 吸附速率表达式对吸附速率数据进行处理。

Lagergren 一级反应速率线性模型为

$$\ln(q_e - q) = \ln q_e - k_1 t \tag{4-37}$$

一级反应速率线性模型为

$$\frac{t}{q} = \frac{1}{k_2 q_e^2} + \frac{1}{q_e} t \tag{4-38}$$

式中:q_e、q——吸附平衡及 t 时的吸附量(mg/g);

k_1——一级吸附速率常数($\min^{-1}$);

k_2——二级吸附速率常数[g/(mg·min)];

t——吸附时间(min)。

分别以伊红和番红的 t/q 对 t 作图,它们的 t/q-t 关系曲线见图 4-61,它们的回归方程即二级吸附速率线性模型为

伊红:$t/q = 0.0399t + 0.4872$,$R^2 = 0.9992$

番红:$t/q = 0.0206t + 0.2277$,$R^2 = 0.9997$

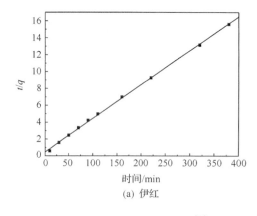

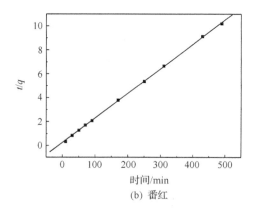

图 4-61 二级吸附速率

由图 4-61 中直线的斜率可算出这两种染料在污泥吸附剂上的平衡吸附量 q_e,再由直线的截距可计算出这两种染料的二级吸附速率常数 k_2。分别记录在表 4-20

中。分别以伊红和番红的以 $\ln(q_e - q)$ 对 t 作图,它们的 $\ln(q_e - q)\text{-}t$ 关系曲线见图 4-62,它们的回归方程即一级吸附速率线性模型为

　　伊红: $\ln(q_e - q) = -0.0067t + 1.9699, R^2 = 0.9674$

　　番红: $\ln(q_e - q) = -0.0062t + 2.5542, R^2 = 0.9356$

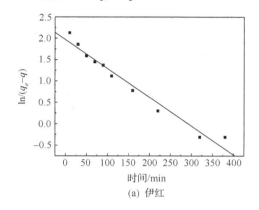 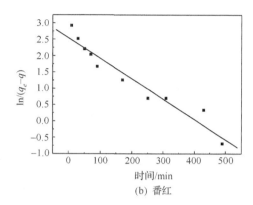

图 4-62　一级吸附速率

　　由图 4-62 中直线的斜率计算出的吸附速率常数 k_1,与 R_2 分别记录在表 4-20 中。从图 4-62 的数据点迹分布情况来看,当这两种染料的吸附速率数据用 Lagergren 一级吸附方程拟合时,相关性较好。由图 4-63 可知,当用二级速率表达式处理吸附速率数据时,其点迹很好地分布在一条直线上,且相关性极好。因此,伊红和番红在该污泥吸附剂上的吸附行为既遵循一级动力学规律又遵循二级动力学规律,但后者拟和的线性相关性更好,所以更适用。

表 4-20　吸附速率常数和相关系数

染料名称	q_e	一级吸附速率		二级吸附速率	
		k_1	R^2	k_2	R^2
伊红	25.063	0.0067	0.9674	0.00327	0.9992
番红	48.544	0.0062	0.9356	0.00186	0.9997

　　污泥吸附剂对染料伊红和番红的吸附量(q)与吸附平衡时染料浓度(c)的关系见图 4-63。水处理中常见的表达吸附平衡关系的数学关系式是 Langmuir 吸附等温式和 Freundlich 吸附等温式。这里用线性化的 Langmuir（L 方程）和 Freundlich（F 方程）吸附等温方程对染料的等温吸附数据进行拟合。

　　L 方程：　$\dfrac{c}{q} = \dfrac{c}{q^0} + \dfrac{1}{bq^0}$ 　　　　　　　　　　　　　　(4-39)

　　F 方程：　$\lg q = \dfrac{1}{n}\lg c + \lg k$ 　　　　　　　　　　　　(4-40)

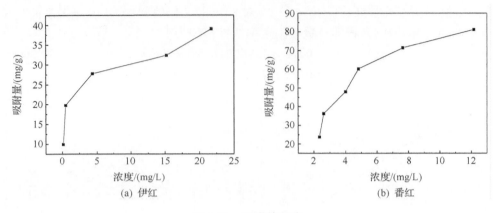

图 4-63　吸附等温线

式中：q——污泥吸附剂对染料的吸附量（mg/g）；

　　　c——吸附平衡时的染料浓度（mg/L）；

　　　k、n、b、q_0——常数，其中 q_0 为污泥吸附剂对染料单层最大吸附量。

染料伊红和番红对 L 方程的拟合结果见图 4-64。其相应的 L 方程为

伊红：$c/q = 0.0261c + 0.0258$，$R^2 = 0.9833$

番红：$c/q = 0.0067c + 0.0609$，$R^2 = 0.7984$

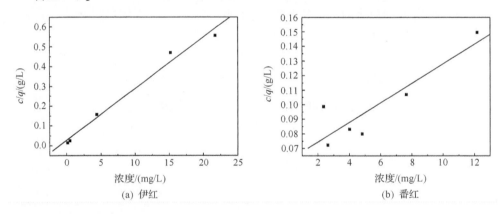

图 4-64　Langmuir 吸附等温线

由 L 方程中直线的斜率可计算出污泥吸附剂对染料单层最大吸附量 q_0，再由直线的截距可计算出常数 b，结果见表 4-21。染料伊红和番红对 F 方程的拟合结果见图 4-65。其相应的 F 方程为

伊红：$\lg q = 0.2377\lg c + 1.2720$，$R^2 = 0.9204$

番红：$\lg q = 0.6820\lg c + 1.2347$，$R^2 = 0.8702$

由 F 方程中直线的斜率可知 $1/n$，再由直线的截距可计算出常数 k，结果见

表 4-21。通过拟合,可知伊红在污泥吸附剂上的吸附既遵循 Langmuir 等温吸附规律,同时也在很大程度上遵循 Freundlich 等温吸附规律,但对 Langmuir 模型拟和的线性相关性较 Freundlich 的好,所以更适用。番红对 Langmuir 模型拟合时,数据点存在曲线分布轨迹,这种拟合的相关性不太理想。但番红对 Freundlich 模型的拟和较好。

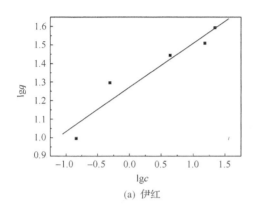
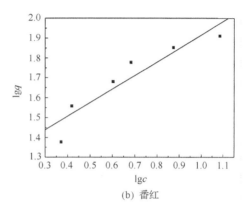

(a) 伊红　　　　　　　　(b) 番红

图 4-65　Frendlich 吸附等温线

表 4-21　污泥吸附剂在 25℃时的等温吸附参数

染料名称	Langmuir 吸附等温线			Frendlich 吸附等温线		
	b	q^0	R^2	n	k	R^2
伊红	1.0116	38.3142	0.9833	4.2070	18.7068	0.9204
番红	0.1100	149.2537	0.7984	1.4663	17.1672	0.8702

选取浓度分别为 50 mg/L 和 100 mg/L 的伊红和番红两种染料,分别在活性炭和污泥吸附剂对其吸附的最佳 pH 条件下做吸附实验。对于伊红染料,活性炭的吸附量为 43.66 mg/g,污泥吸附剂的吸附量为 24.33 mg/g,是活性炭的 55.73%。对于番红染料,活性炭的吸附量为 70.78 mg/g,污泥吸附剂的吸附量为 48 mg/g,是活性炭的 67.82%。杨丽君(2005)制备的污泥吸附剂对 TNT 红水的吸附能力为活性炭的 69.75%,对活性嫩黄染料的吸附能力为活性炭的 80.81%。吴娟制备的污泥吸附剂对含酚废水的吸附能力是活性炭的 25.00%。可见,污泥吸附剂的吸附能力和活性炭相比存在一定的差距,但由于活性炭价格较高,且活性炭的再生问题一直以来都很难用比较经济有效的方法解决,因此,在一定条件下,用污泥吸附剂替代活性炭作为适当污染物的便宜吸附剂,既可以达到一定的处理效果,也可以解决处理印染废水的经济效益问题。

图 4-66 为污泥热解一次、热解五次及商品活性炭的扫描电镜图。由图可以清晰地看到污泥热解一次后表面呈现不规则的多孔结构,表面有明显的大孔,较多的

过渡孔向内部延伸,热解五次后表面孔结构较少,出现了熔融态物质,并且表面附着很多圆形的微小颗粒,而商品活性炭以微孔为主。由图也可看到污泥热解后表面含有一些对吸附不起作用的杂质,导致其吸附能力降低。

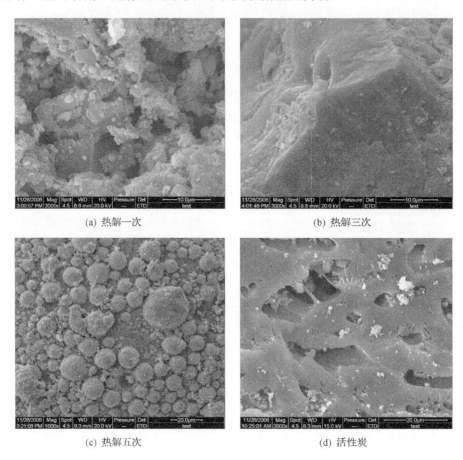

(a) 热解一次　　　　　　　　　　　(b) 热解三次

(c) 热解五次　　　　　　　　　　　(d) 活性炭

图 4-66　污泥热解产物和活性炭的 SEM

　　直接高温热解比经活化后制备的污泥吸附剂孔隙结构更加规则。采用氯化锌活化相对硫酸活化制备的污泥吸附剂的表面平整一些,但残留一些氯化锌,有些进入到孔中,需加大清洗力度才能增大孔的比例,提高其吸附能力;采用硫酸活化制备的污泥吸附剂的表面凹凸不平,主要是因为硫酸腐蚀焦化固体的表面。

　　影响污泥吸附剂吸附性能的主要因素有比表面积大小、孔容和孔径分布。一般比表面积越大、孔容越大,吸附能力越强。表 4-22 为污泥热解一次、热解五次及商品活性炭的比表面积和孔结构的测定结果。由表可知,污泥热解一次的比表面积达到 459 m^2/g,孔容 0.23 mL/g,孔隙结构相对来说比较发达,但相比于商品活性炭还有一定的差距。污泥热解五次后比表面积和孔容大大降低,多次热解使原有较好的孔隙结构发生破坏,吸附能力降低。

表 4-22　污泥吸附剂性能指标

样品	比表面积/(m^2/g)	平均孔径/nm	孔容/(mL/g)
热解一次	459	3.10	0.23
热解五次	85	8.60	0.03
商品炭	650	1.95	0.38

　　吸附作用发生在吸附剂与吸附质的界面上,主要在吸附剂的孔隙中进行。因此,吸附剂的孔径分布状况决定了其对吸附质的选择性吸附能力。不同孔径的孔具有不同的吸附机理,孔是吸附质分子的通道,通过它才能进入到吸附表面。一般将孔径小于 2 nm 的孔定义为微孔,中孔孔径大于 2 nm 而小于 50 nm,大孔孔径大于 50 nm。污泥热解一次和热解五次的平均孔径分别为 3.10 nm 和 8.60 nm,以中孔为主。中孔既是吸附质分子的通道,支配着吸附速度,又在一定相对压力下发生毛细凝结,有些不能进入微孔的分子则在这里被吸附,所以中孔对大分子的吸附有重要的作用。另外,污泥吸附剂中含有一定比例的大孔结构,是由污泥在热解的过程中产生的焦油脱离固体表面产生的,对大分子也有很好的吸附作用,而商品活性炭中吸附作用最大的是微孔,它对活性炭的吸附量起着支配作用。

　　通过 XRD 分析传统加热烘干和微波热解一次和五次污泥吸附剂的结晶状况。由图 4-67 可知,两种加热方式得到的吸附剂均具有一定的微晶结构,但微晶排列不规则,为无定形结构,在这种状态时,很多碳原子最外层电子都是同其他碳原子一样共用电子,形成共价键;但同时也有很多原子没有形成共价键,只是呈孤对电子状态。两种吸附剂均在 2θ 约为 $23°$ 处出现了一个尖锐的晶体峰,与标准 X 射线卡片对比后,证明这是石英晶体的 X 射线衍射峰,说明微波热解没有破坏污泥中的石英晶体结构。

　　污泥吸附剂的多孔结构可以通过以下原理解释:污泥在热解的过程中形成数个微细的结晶体,晶体中有微孔、过渡孔和大孔,使比表面积相应地增加。该结晶体的密度比原污泥的高,因此发生收缩并使微晶体边缘形成裂缝,另外,在此过程析出的气体也增加了孔结构。随着热解次数的增加,晶体中的孔隙结构被破坏,吸附能力下降。

　　污泥吸附剂的表面基团可以通过 FTIR 利用不同有机基团在不同波长处的吸收光谱进行定性的测定,进而确定其吸附染料前后表面官能团的变化,利于一定程度上判断所发生的吸附类型。污泥吸附剂吸附染料前后 FTIR 扫描结果如图 4-68 和图 4-69 所示。由图可知,吸附染料前,吸附剂在 3425 cm^{-1} 的波长附近有一个明显的峰值,这与羟基(—OH)伸缩振动谱带(3700~3200 cm^{-1})紧密相连。在 1750 cm^{-1}

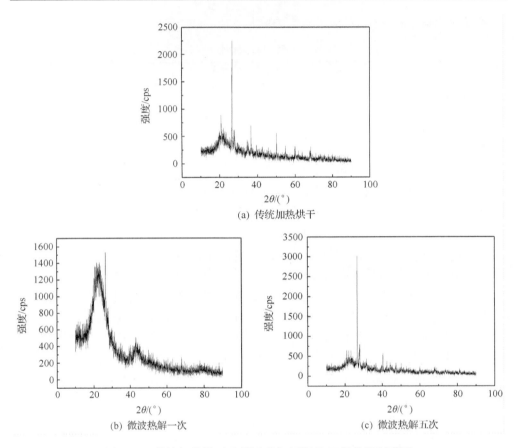

(a) 传统加热烘干

(b) 微波热解一次

(c) 微波热解五次

图 4-67　传统加热烘干及微波热解污泥的 X 射线衍射谱图

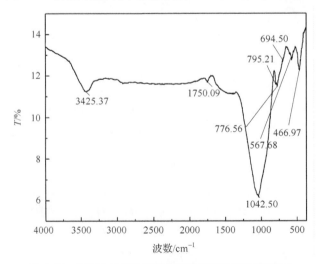

图 4-68　FTIR 分析污泥吸附剂吸附前表面官能团

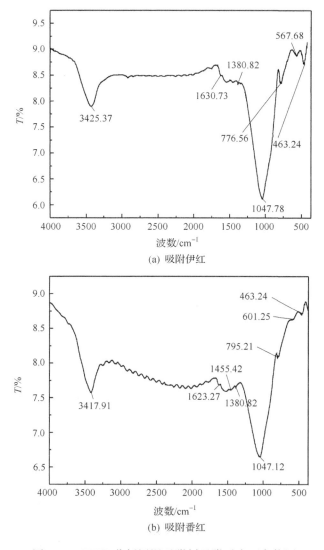

图 4-69　FTIR 分析污泥吸附剂吸附后表面官能团

波长附近的比较平坦的峰值与吸附剂表面 C═O(1750～1630 cm⁻¹) 官能团的存在相关。在波长 1042 cm⁻¹ 出现的宽峰,认为是 C—O 的宽振动谱带(1300～1000 cm⁻¹),根据 Duggan 等的研究,可进一步确定为该峰是由 Si—O—C 或者是 Si—O—Si 结构出现引起的,这主要与污泥吸附剂中较高的 Si 浓度有一定的关系。在 800～400 cm⁻¹ 的波长范围内,出现很多比较弱的峰,这主要是由—OH 的弯曲振动、C—O 的伸缩振动、以及芳烃的变形振动所引起的吸收峰。可见,污泥吸附剂表面官能团浓度较低,但 FTIR 的吸收频段和峰值还可以定性地反应出其表面

—OH、C＝O、C—O、Si—O—C、Si—O—Si 官能团的存在。

　　将吸附伊红和番红前后的表面官能团相比较,可以发现,污泥吸附剂吸附染料后并没有明显的新的特征吸收频段及峰值,只是使原特征吸收频段及峰值产生方向上的位移或者强度的改变。化学吸附需要分子间偶极及变形性等作用,会导致化学吸附表现出一定的选择性,且吸附后表面官能团发生一定的变化。由此可以得出结论,酸性及碱性染料在污泥吸附剂表面发生吸附过程以物理吸附为主。

　　通常认为物理吸附过程没有电子的转移、化学键的转移和破坏以及原子重排,产生吸附过程主要是范德华力发挥了主要作用,因此其吸附、解吸的速度很快,且吸附过程受温度的影响较小。前面温度对固态产物吸收染料的影响研究中同样确定温度对吸附效果影响较小,也进一步证明了这一吸附过程以物理吸附为主。

4.6　微波热解城市污泥固态产物制备微晶玻璃技术

4.6.1　微晶玻璃介绍

　　微晶玻璃(glass-ceramic)又称玻璃陶瓷,是通过加入晶核剂等方法,经过适当的热处理过程,在玻璃中生成晶核并使晶核长大而形成的玻璃与晶体共存的均匀多晶体材料。早期的玻璃制造业中,人们把玻璃相的析晶现象只作为一种生产中出现的缺陷努力加以克服,直到 18 世纪 30 年代,法国化学家鲁米汝尔进行了利用玻璃制备多晶材料的早期尝试,但他并没有完成对晶化过程的控制。直到 200 年后的 20 世纪 50 年代,美国康宁公司(Corning Glass Works)经过大量的研究,终于在玻璃中析出了极小的晶体,并申请了第一个微晶玻璃的专利,定义为"glass-ceramic"。微晶玻璃开辟了一个可以满足各种技术要求的全新领域,并在接下来的 50 多年得到迅速发展。

　　微晶玻璃是玻璃经由控制晶化制得的多晶固体,其中的晶体细小,比一般结晶材料的晶体要小得多,通常不超过 2 μm,晶体数量从 50% 到 90% 不等,结晶相、玻璃相分布的状态随它们的比例而变化。在晶体之间分布着残余的玻璃相,它把数量巨大、粒度细微的晶体结合起来。当玻璃相占的比例大时,玻璃相呈现为连续的基体,晶相均匀地分布其中;当玻璃相数量较少时,玻璃相以薄膜的状态分散在晶体网架之间,呈连续网络状。研究表明微晶玻璃的这种极细晶粒没有孔隙的均匀结构,有利于获得高的机械强度、耐磨性和好的绝缘性能,并且晶粒的粒径越小,强度越高。

　　微晶玻璃由于结构致密,具有低膨胀、耐腐蚀、高强度等特殊性能,而被广泛应用,又因其可用矿石、工业尾矿、冶金矿渣、粉煤灰等作为主要原料生产微晶玻璃,为解决环境污染和资源再生利用提出了一个有意义的途径,且整个微晶玻璃生产过程无污染,产品本身无放射性,故又被称为环保材料或绿色材料。在 2010 年远景规划中,微晶玻璃被规划为国家综合利用行动的战略发展重点和环保治理的重点,被称为跨世纪的综合材料。

1. 微晶玻璃分类

微晶玻璃一问世,就以其组成广泛、品种繁多而著称,这不仅可以为制备微晶玻璃所需的原料组成提供极大的选择范围,而且即使在组成相同的玻璃中,只要所用的晶核剂不同或分相的程度不同以及所用的热处理制度不同,就可以制成在性能上差别很大的微晶玻璃。其具体分类办法如图 4-70 所示。

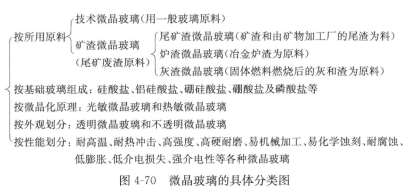

图 4-70　微晶玻璃的具体分类图

2. 微晶玻璃特点及应用

微晶玻璃具有膨胀系数低、机械强度高、电绝缘性能优良、介电损耗小、耐磨、耐腐蚀、热稳定性好等多种优良性能,而被广泛应用。在机械工业领域,微晶玻璃的高机械强度、低的膨胀系数以及良好的可切削性可以满足一般甚至超精密机械的要求。在电力电子领域,微晶玻璃有优良的介电性能和绝缘性能,可以在微波、高压等领域获得应用。在生物医学领域,微晶玻璃的化学惰性、生物活性以及生物相容性使得它在生物医学领域得到了广泛应用。

微晶玻璃具有优异的耐酸耐碱性、耐污染性、无放射性,镜面效果良好,集玻璃、陶瓷、石材的优点于一身。应用其做建筑装饰材料,装饰效果和理化性能均优于玻璃、瓷砖、花岗石和大理石板材,表 4-23 为微晶玻璃各主要性能与大理石、花岗石的比较。

除此而外,目前石材市场存在着自然资源减少、石材加工过程中产生的废石对环境造成污染及花岗石材常具有放射性等问题。而利用工业废弃物为主要原料生产的微晶玻璃饰材,一方面替代天然石材和黏土矿资源,避免了开采所造成的环境破坏,另一方面变废为宝,消除了工业废渣对环境造成的污染,对环境保护有重要意义。矿渣微晶玻璃对废渣中可溶性重金属离子的转化和固化作用,使其放射性低于天然石材。工业废渣免费替代工业原料,价格大幅度下降,经济效益高。这些都很好地解决了天然石材存在的问题,所以微晶玻璃已经逐渐成为一种代替天然石材的高档建筑装饰材料。

表 4-23　烧结微晶玻璃、大理石与花岗石特性比较表

特性/种类	微晶玻璃	大理石	花岗石
密度/(kg/m^3)	2700	2700	2700
抗弯强度/MPa	40～50	16.7	14.7
抗压强度/MPa	118～549	88～226	59～294
弹性模具/$(MPa \cdot 10^{-4})$	5.1	2.7～8.2	4.2～6
莫氏硬度	6.5	3～5	5.5
比热容/$[J/(kg \cdot K)]$	795	795	795
热膨胀系数/$(\times 10^{-7}℃)$	62	80～260	50～150
热传导率/$(W \cdot m/K)$	2	2.2	2.2～2.4
吸水率/%	<0.1	0.30	0.35
耐酸性 1%H_2SO_4	0.08	10.2	1.0
耐碱性 1%NaOH	0.05	0.30	0.10

20 世纪 70 年代日本 NEC 公司采用了与苏联不同的工艺——烧结法和不同的原料体系——以化工原料为主,研制成微晶玻璃(烧结化玻璃)建筑装饰材料,产品色泽艳丽,美观大方,纹理清晰代表了当前这种产品的世界水平。目前日本大约墙面积的 1/3 装有这种微晶玻璃材料,而且正进一步开发微晶玻璃作为建材的新产品。

3. 微晶玻璃研究进展

微晶玻璃的发展非常迅速,自其被成功发现以来,苏联、日本等国的许多科学家都开展了对微晶玻璃基本理论和工艺技术的研究,解决微晶玻璃基础玻璃的配料组成、核化、晶化机理及熔制技术等关键性问题。1925 年 Tamman 的研究表明,结晶过程是先成核后晶体长大,其关键因素是成核速度和晶体长大的速度。1957 年,Stookey 通过对晶核剂的研究,成功地推出了以 TiO_2 为晶核剂的范围很广的玻璃组。

从 1959 年苏联在实验室条件下首次研制成功第一例矿渣微晶玻璃到现在,用来制备微晶玻璃的工业废渣种类逐渐增多。1965 年英国 Kemantaski 发明的用高炉渣植被微晶玻璃(slagceram),1970 年德国 Kitaigorodskii 发明了冶金渣微晶玻璃。到 1998 年,土耳其 Ovecoglu 通过研究掺杂了 3% 和 5% 的 TiO_2 的高炉渣微晶玻璃材料的性能,发现随着晶核剂的增加晶化温度的升高,晶粒尺寸见小,耐磨、

硬冲击强度和抗弯强度也相应的升高。Khater 制得的钢渣微晶玻璃、Cioffi (1994)的粉煤灰微晶玻璃进一步拓宽了微晶玻璃原料的选配领域。南洋理工大学的 Ning(2006)的微晶玻璃可以对废催化剂中的可溶出的重金属元素进行固定,具有很好的除毒效果。国内武汉理工大学的冯小平等(2001)利用武汉青山热电厂的湿排灰研制成而的微晶玻璃,具有较高的机械强度和耐化学腐蚀性。李有光等(1994)进行了铬渣微晶玻璃的研究,发现可溶性 Cr^{6+} 在 1500℃的高温下可完全转化为 Cr^{3+}(Cr_2O_3),使用 4 年后样品中的可溶性铬远低于国标规定的铬渣允许的排放量。

近几年,各个国家也开始对微晶玻璃不同的特定领域开展了深入研究。美国侧重于微晶玻璃显微结构的探究,正试图找出微晶玻璃显微结构对其物化性能的影响。德国致力于对微晶玻璃高性能方面的研究,尤其在纤维增强微晶玻璃方面处于领先,正在探索通过调整微晶玻璃配方的配比和组成来增强微晶玻璃的目标性能。英国则改进现有技术,并进一步加以工程应用,验证了微晶玻璃的应用效果。法国成功利用玄武岩制取微晶玻璃,并在工业应用上初露锋芒,目前为改进玄武岩微晶玻璃的韧性需要而致力于复合材料的开发。日本走在微晶玻璃研究的前沿,正努力在均质材料中制造高熔点微晶玻璃用于特殊领域。而我国对微晶玻璃的研究起步较晚,直到 20 世纪 80 年代微晶玻璃的研究才蓬勃发展起来,并在 20 年左右的时间里对矿渣微晶玻璃的原料选择、热处理制度、晶核剂应用、成型方法、玻璃分相、玻璃成分与微晶玻璃结构和性能的关系都做了大量的研究,各种各样的矿渣,金属尾矿等都被用来研制微晶玻璃。

采用污泥灰为主要原料制备微晶玻璃的报道很少,日本作为一个资源短缺的国家,是最先尝试采用污泥灰代替基础材料来制备微晶玻璃的国家。日本东京 Metropolitan 工业技术中心从 1991 到 1995 年持续四年支持该项基础和试验性工厂研究,并与 1997 年公开发表了其技术的相关成果,其熔化过程采用的是新型的吹氧间歇式熔渣工艺(slag bath O_2 melting method,SBOM)。Park 采用污泥灰为主材料、掺杂少量 CaO 来研究微晶玻璃晶相的工作发现,760℃下核化 1h,分别在 1050℃晶化温度下得到透辉石主晶相,1150℃下得到钙长石主晶相,并且由于透辉石晶相的联锁结构使其理化性能优于钙长石微晶玻璃。Toya 曾于 2006 年使用石英砂和高岭土的提炼废弃物、造纸污泥灰(质量比为 55：45)制备微晶玻璃,原料在 1400℃熔融后水淬得玻璃珠,晶化出现 950℃以上,可分别在晶化温度为 1000℃时得到石英固熔体、1100℃得到方石英为晶相的微晶玻璃,其理化性能均强于普通商业微晶玻璃。2007 年 Toya 使用配比(质量分数)为 36.4％的污泥、43.3％的 $CaCO_3$ 和 20.3％的废玻璃混合制得以钙铝黄长石、硅灰石为主晶相的微晶玻璃。最近的是意大利科学家 Asquini 对于污泥灰制备微晶玻璃的尝试,原料中加入一定比例碎玻璃的目的材料性能优良。以上的报道表明,污泥灰微晶玻璃的研究才刚刚起步,并且开始吸引众多科学家的关注,本书亦立足于该领域研究现状,制定实验的主要内容。

4.6.2　传统制取工艺介绍

有控制的析晶(成核和晶体长大)是制备微晶玻璃的基础和关键,因此在适宜的配料基础上,选择合适的微晶玻璃制备方法,可使玻璃形成具有一定数量和大小的晶相,以赋予微晶玻璃所需的种种特性。虽然微晶玻璃具体的工艺制度各有特点,但基本工艺流程相似,如图 4-71 所示。

基本工艺流程为:配料混合→玻璃化(基础玻璃的制备)→核化+晶化(微晶的制备)。其中玻璃体的形成是熔体降温时一个能量的释放过程,要求在不物理损坏的条件下急冷硬化,而结晶化则是一个有序度不断增加、能量缓慢释放的过程,先形成晶核,然后围绕晶核生成晶体,直到释放全部多余能量而使整个玻璃晶化为止。

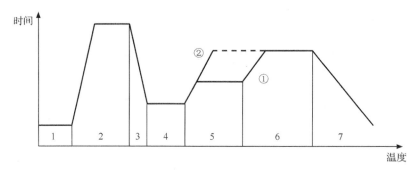

图 4-71　微晶玻璃制备的工艺曲线

1. 原理制备期;2. 熔融+;3. 急冷+;4. 退火(基础玻璃制备);5. 核化;6. 晶化;7. 冷却

1. 熔融制备基础玻璃阶段

配料从室温加热到形成玻璃液,可根据熔制过程中的不同实质可以大约分为五个阶段:①硅酸盐的形成阶段。配料加热后首先发生分解,大部分气态产物逸散,随着温度继续升高形成硅酸盐和 SiO_2 组成的烧结物。②玻璃液形成阶段。烧结物继续加热时开始熔融,原先形成的硅酸盐与 SiO_2 相互扩散与溶解,形成玻璃液。③玻璃液的澄清阶段+。④均化阶段。随后加热受到液体推力的作用将玻璃液中的存在的气泡、条纹、不均匀的化学成分进行澄清和均化。⑤玻璃液的冷却阶段。即玻璃也冷却硬化成致密的玻璃体的阶段。

2. 结晶化热处理阶段

热处理是微晶玻璃产生预定晶相和玻璃相的关键工序,直接关系到微晶玻璃的结构和性能,一般将热处理温度制度分为阶梯式温度制度和等温温度制度 2 种类型(图 4-71 中 5～6 段),其中等温温度制度是为了使单位时间内放出的转化热同玻璃的导热性及比热容相适应的一种制度,具体采用何种热处理制度应通过热分析的数据结果综合分析得出。

目前已有的微晶玻璃制备方法有熔融法、烧结法、溶胶-凝胶法、浮法、强韧化技术等,其中熔融法和烧结法是工艺最成熟、应用最广泛的两种常见方法,两种方法的工艺流程对比图如图 4-72 所示。

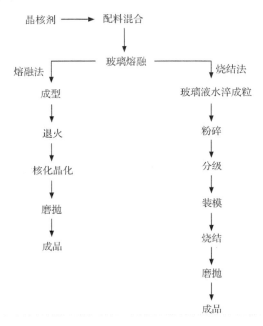

图 4-72 熔融法和烧结法制备微晶玻璃的工艺流程对比图

1) 熔融法

熔融法是通过在玻璃组成中加入晶核剂引导玻璃析晶而生成微晶玻璃制备方法,最早的微晶玻璃是用熔融法制备的,至今熔融法仍然是制备微玻璃的主要方法。图 4-72 左边为其工艺过程:在原料中加入一定量的晶核剂并混合均匀,高温下熔制,均化后急冷硬化成型,经退火,然后在一定的热处理制度下进行成核和晶化以后获得晶粒细小、含量多、结构均匀的微晶玻璃材料。

热处理制度是这种方法的关键,熔融法采用的是上文介绍的两次保温的阶梯温度制度,热处理时使玻璃在晶化上限温度保温适当时间,制出的微晶玻璃可达到接近全部晶化,剩下的玻璃相很少,因此又称为整体析晶法。其次选择合适的晶核剂是该种工艺制度的另一个重点,后文将对此进行详细的介绍。

整体析晶法的最大特点是吹制、压制、压延、离心浇注、重心浇注等各种玻璃成型方法均适用于微晶玻璃。

2) 烧结法

烧结法是通过在玻璃颗粒间的烧结过程中产生表面诱导析晶而生成微晶玻璃的制备工艺。该工艺为日本首创,目前已在国内外广泛应用。其工艺过程为:高温熔制的玻璃液,水淬成细小的玻璃颗粒,然后在锻烧时,经过物质迁移使得颗粒烧结而致密化,通常采用的热处理制度应为等温温度制度。

烧结法的显著特点是玻璃经过淬冷后颗粒细小、表面积增加,利用颗粒或者粉体表面形成晶核,并在表面或界面上诱导晶体的生长而形成微晶玻璃,不必使用晶核剂。

两种主要工艺的优缺点对比如表 4-24 所示。

表 4-24　熔融法和烧结法工艺对比

制备方法	熔融法	烧结法
优点	1. 制品气孔少,致密度高,抗折强度大 2. 工艺成熟、工序连续,机械化生产 3. 可沿用任何一种玻璃的成型方法 4. 玻璃组成范围宽	1. 高比表面积的玻璃颗粒易于析晶 2. 晶相和玻璃相比例、厚度等可以调节 3. 工艺流程虽然烦琐,但是生产过程易于控制
缺点	1. 熔制的温度较高(1400～1600℃),这将增加熔制工艺的难度和能源的消耗 2. 热处理制度难于控制操作	1. 制品具有气孔缺陷,致密度差 2. 玻璃颗粒烧制时难以摊平,影响外观 3. 流程复杂增加了产品被污染的可能性
适用范围	适用于高速度的自动化操作和制备形状复杂、尺寸精确	适用于不使用晶核剂的样品制备

4.6.3　微波热解城市污泥固态产物微晶玻璃制备工艺设计

1. 固态产物微晶玻璃组成设计

影响微晶玻璃性能最主要的因素是主晶相的种类及晶粒粒度。前者主要取决于基础玻璃的组成、基础玻璃成分,包括辅助原料与晶核剂的选择,通过对材料结构的影响而决定材料性能;后者则取决于玻璃的热处理工艺制度,即成核(核化)和晶体长大(晶化)的温度区段及保温时间。

因此,配方的设计直接关系到试验产品的组分、结构、性能以及工艺条件,应当遵循下面的主要原则:

(1) 首先要满足主晶相矿物在相图上成分的要求;

(2) 尽量提高污泥灰利用率,降低生产成本的同时,最大化实现废物利用;

(3) 尽可能使用成本低、易获得的添加物料。

1）主晶相的确定

大量研究表明,固体废物微晶玻璃就其组成而言,属于 CaO-Al$_2$O$_3$-SiO$_2$ 体系和 CaO-MgO-Al$_2$O$_3$-SiO$_2$ 体系。两种体系的系统相图分别如图 4-73 和图 4-74 所示。

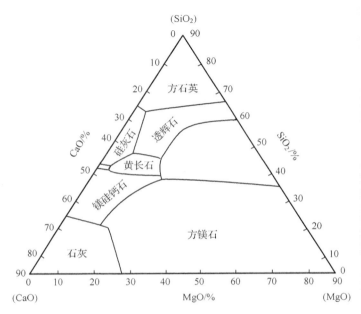

图 4-73　CaO-MgO-SiO$_2$ 三元相图(Al$_2$O$_3$ 含量为 10%)

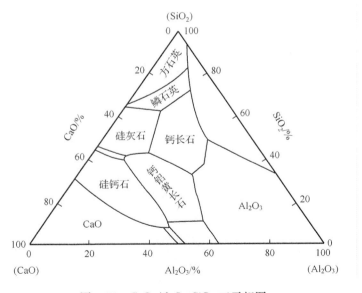

图 4-74　CaO-Al$_2$O$_3$-SiO$_2$ 三元相图

本节的主要原料是城市脱水污泥微波高温热解的固体残留物(污泥灰),其主要化学成分如表 4-25 所示。

表 4-25　热解后的污泥固体残留物的化学成分分析(质量分数,%)

物质	SiO_2	Al_2O_3	MgO	CaO	K_2O	Na_2O	TiO_2	Fe_2O_3	P_2O_5	其他
未加 AC	47.616	18.343	2.504	7.908	2.740	1.333	0.814	8.292	7.158	3.293
添加 AC	44.764	13.063	1.932	8.151	3.154	1.271	0.758	9.655	6.393	10.86

从表 4-25 可以看出,活性炭(AC)的添加对于固体残留物各组分的质量分数的影响不大,污泥完全热解的产物以无机物质为主,SiO_2、Al_2O_3 和 CaO 的含量很高,满足硅酸盐玻璃基本化学成分的要求。并且其中的 MgO 不高,根据相图,并结合其他科研工作者的相关研究结论,将基础玻璃确定为 CaO-Al_2O_3-SiO_2 三元系统。

在 CaO-Al_2O_3-SiO_2 三元系统中,可能形成的晶相有硅灰石(包括 α-$CaSiO_3$ 和 β-$CaSiO_3$)、黄长石、钙长石($CaAl_2Si_2O_8$)、钙硅石等。其中硅灰石为最易形成的晶相,并且具有良好的物理性能,是建筑用微晶玻璃常见晶相,所以本节也将主晶相定为硅灰石。根据叶大年等对相图的分析可以知道,知道主晶相及其周围的物相是制品最终可能的物相。图 4-75 为带有液相等温线标示的 CaO-Al_2O_3-SiO_2 三元

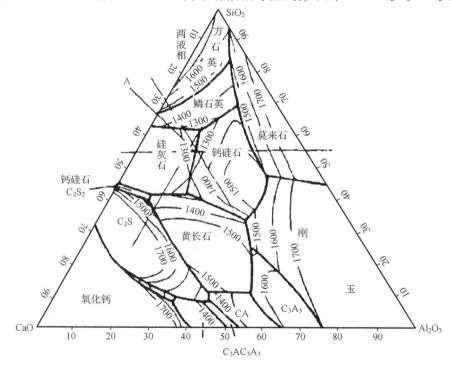

图 4-75　带有液相线的 CaO-Al_2O_3-SiO_2 三元相图

系统相图,可以看到主晶相——硅灰石在 1300℃ 左右的等温线上,向降温一侧,相邻的矿物相区有钙长石等,故硅灰石加钙长石的混合晶相为所研制微晶玻璃的可能主晶相。这种微晶玻璃将在耐腐蚀、耐磨蚀、机械强度、吸水率等方面明显优于传统的建筑装饰材料。

2）配方的调整

根据无规则网络学说观点（查氏借助哥德施密特的离子结晶化学原则）,形成玻璃结构的物质分为三种:①玻璃形成体,如 SiO_2、P_2O_5 等;②网络改良体,如碱金属及其氧化物;③网络中间体,如阳离子氧化物 Al_2O_3 等。在 $CaO-Al_2O_3-SiO_2$ 系统中,各个组分都有其重要作用,可以以此为依据对配方进行调整。

SiO_2 以硅氧四面体的结构单元形成不规则的连续网络,是构成微晶玻璃骨架网络的主要氧化物。SiO_2 会增加玻璃的黏度,过高的 SiO_2 含量会提高玻璃的熔融与成型温度,使玻璃熔制成型困难;同时也是控制 β-硅灰石的析出的主要控制因素之一。SiO_2 含量过低时,生成的矿物和玻璃相之间的热膨胀系数差别很大,形成很大的内应力,降低了玻璃的强度。

CaO 属于网络改良体,能够调节玻璃的黏度,对玻璃的成型起着决定作用。CaO 具有高温时降低黏度,低温时增大黏度的特点,可以在进行高温烧结时促进析晶。同时 CaO 又是形成建筑装饰 $CaO-Al_2O_3-SiO_2$ 系统微晶玻璃的晶体（$Ca-SiO_3$）的主要成分之一,所以含量不能过少,否则不利于 β-硅灰石的析出。

Al_2O_3 中的 Al^{3+} 是以四面体形式存在并与硅氧四面体组成统一的网络,把断网重新连接起来,使玻璃的结构趋于紧密,增强玻璃的抗折强度晶玻璃的硬度。但同时也使玻璃中的离子迁移数减少,抑制玻璃分相与析晶,所以配合料中 Al_2O_3 含量不能太高。

结合实验配比,污泥灰中 SiO_2 含量较少,需要补充以达到形成玻璃的比例。目前选用两种补充 SiO_2 的物质:一种是废玻璃碎片,成分采用文献中给出的成分分析结果;另一种是化工用 SiO_2 来进行补充。根据上面关于 CaO 的分析知道,为得到合适的晶相,应保持 CaO 在较高的比例含量。

3）晶核剂的选择

作为一个受控析晶的热处理过程,微晶玻璃的制备过程中,晶核剂是一个至关重要的因素。晶核剂的选择与基础玻璃的化学成分有关,也与期望析出的晶相种类有关。

目前微晶玻璃中常用的化合物晶核剂有以下两种主要类型:

金属晶核剂:如 Au、Ag、Cu、Pt 等,它们以胶体颗粒大小的分散状态存在于玻璃中,在热处理过程中诱导成核,促进晶化,但是价格相对昂贵。

氧化物晶核剂:如 TiO_2、ZrO_2、P_2O_5、Cr_2O_3 等,一些氧化物是因为配位数高且阳离子场强较大,在热处理过程中从硅酸盐网络中析出,导致结晶或分相。有一些氧化物在高温时容易产生结构缺陷，从而具有高的核化作用，如 TiO_2、SnO_2、MoO_3 和 WO_3 等。这类晶核剂价廉，晶化效果优良，是目前应用最广泛的晶核剂。

污泥灰中含有 7.158% 的 P_2O_5，可直接利用污泥灰中含有的氧化物来作为晶核剂而减少外加晶核剂的用量。另外固体废弃物微晶玻璃中，TiO_2 由于阳离子电荷多，场强大、配位数较高，在热处理过程中容易从硅酸盐网络中分离出来，导致结晶，因此通常被认为是常用的、有效的晶核剂。污泥灰中也含有一定量的 TiO_2，依据晶格匹配、实验条件及已有的文献报道，适宜选用添加量为 6% 的 TiO_2 作为污水污泥制备微晶玻璃的晶核剂。

4）配比的确定

根据上述分析及污泥灰的化学组成分析，参考 CaO-Al_2O_3-SiO_2 三元系统相图，为得到主晶相为硅灰石和钙长石的微晶玻璃，并考虑制备的微晶玻璃的技术性能及满足制备污泥灰微晶玻璃的合适的工艺条件，参考各种资料，确定基础玻璃的配比和理论化学成分计算如表 4-26 和表 4-27 所示。

表 4-26 采用废玻璃补充 Si 元素的原料配比

主要原料配比/%			
污泥灰：52	废玻璃：21	CaO：21	TiO_2：6

基础玻璃化学组成（理论计算）/%							
SiO_2	Al_2O_3	CaO	MgO	R_2O	Fe_2O_3	TiO_2	P_2O_5
39.77	10.01	27.00	1.72	5.72	4.33	6.423	3.72

表 4-27 采用 SiO_2 补充 Si 元素的原料配比

主要原料配比/%			
污泥灰：56	SiO_2：14.5	CaO：23.5	TiO_2：6

基础玻璃化学组成（理论计算）/%							
SiO_2	Al_2O_3	CaO	MgO	R_2O	Fe_2O_3	TiO_2	P_2O_5
41.16	10.27	27.92	1.15	2.29	4.64	6.456	4.01

2. 固态产物微晶玻璃热处理工艺设计

1）基础玻璃的制备

基础玻璃熔制是将配料经高温加热熔融成合乎要求玻璃液过程，是微晶玻璃生产最重要的环节之一。一般认为玻璃熔融可分为五个阶段，即硅酸盐形成、玻璃液形成、澄清、均化和冷却阶段。要求熔制出来的基础玻璃致密、无气泡，镜面效果良好，而且为保证后续阶段出现晶化不均匀现象，要求基础玻璃均匀度好，且不发生析晶。

　　按配方中的化学组成精确计算出所需的污泥灰、氧化物和晶核剂的质量后,在电子天平上准确的称取各种化合物。然后将这些原料研钵进行研磨,一方面使原料颗粒度变小,另一方面使其充分混合、接触,以改善熔制过程。

　　将混合均匀的配料装入自制的 20 mm×40 mm×50 mm 耐火砖槽内,放入陶瓷纤维高温马弗炉中以 10℃/min 升到 1450℃保温 2 h,使熔料充分均化和澄清,并形成均匀的、无气泡符合成型要求的玻璃液。之后在 600℃退火 1 h,固化成基础玻璃。

　　2) 微晶玻璃的制备

　　基础玻璃的化学成分和组成仅仅是保证获得所需晶相和玻璃相的重要条件之一,要使微晶玻璃达到预期的性能,必须设计适宜的热处理制度。热处理直接关系到晶粒的形成、分布、晶粒大小等因素,是微晶玻璃制备成功的基本环节之一。微晶玻璃热处理制度主要包括核化、晶化温度及其保温时间。核化温度及其保温时间对有效地析出大量细小晶核起关键作用;晶化温度及其保温时间对晶体的生长必不可少。

　　污水污泥微波热解固体残留物的差热分析(differential scanning calorimetry,DSC)曲线如图 4-76 所示。

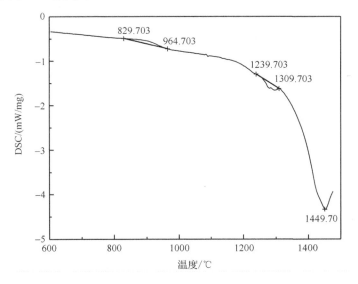

图 4-76　基础玻璃试样的 DSC 曲线图

　　从图 4-76 可以看到,在 850~950℃出现一个放热峰,表明在这处有新的晶体矿物生成,所以确定微晶玻璃的晶化温度为 900℃。同时,根据经验,核化温度一般略低于析晶开始温度 100~250℃,由此确定核化温度为 700℃。图中在 1300℃有一个吸热峰,有晶相发生一定熔化,而当温度到达 1450℃时,DSC 曲线上出现一个十分明显的吸热峰,这表明在该温度下,大部分晶相发生熔化,这也指出了污泥灰基础玻璃可以加热的最高温度即为 1450℃,否则会导致晶相的熔化而发生变形。

根据 DSC 结果分析,污水污泥微波热解固体残留物制备微晶玻璃的熔融工艺应该采取两次保温的阶梯温度制度。将基础玻璃加热至晶核形成温度(700℃),并保温一定时间,在玻璃中出现大量稳定的晶核后,再升温到晶体生长温度(900℃),同样保温一定时间,使玻璃转变为具有一定晶粒尺寸的微晶玻璃。

热处理过程中升温速率和保温时间也是需要严格控制、影响微晶玻璃性能和结构的重要因素。一般来说,研究者都希望尽可能提高升温速率,以减少热处理时间、提高效率。但是快速的升温过程,会导致玻璃样品的炸裂和变形:因为在热处理过程中形成的晶相具有比玻璃相更高的密度,晶化伴随着一个体积收缩过程,从而在玻璃相和晶相中产生应力。但如果升温太慢,然而晶体在长大过程中会"回吸"晶核,减少最终的晶体数量,所以较快的升温,可以保证晶体的数目。根据污泥灰的特性、参考文献结论、经过反复摸索,确定室温到核化温度升温速率为 5℃/min,核化温度到晶化温度升温速率为 3℃/min。

热处理过程中会有两个平台期,其中核化保温的目的是使玻璃内部结构调整重组,产生分相或分界面,有利于诱导并形成大量的晶核。但是过长的核化保温时间会使部分晶体长大,影响微晶玻璃的显微结构,因此设定核化保温时间为 90 min。晶化保温的目的是给晶体足够的成长时间,并且时间越长,晶体粒度越小,使形成的晶相和玻璃相牢固致密地结合,因此设定晶化时间为 120 min。

最后设定实验以 5℃/min 升到核化温度 700℃,保温 90 min,再以 3℃/min 的升温速率升到晶化温度 900℃,保温 120 min。之后随炉冷却,消除内应力。

3. 固态产物微晶玻璃微波加热反应器研制

在整个微晶玻璃制备工艺过程中,玻璃的熔融和热处理所消耗的能量占整个工艺成本的很大比例,进一步降低污泥灰制备微晶玻璃的成本,提高经济效益,寻找适宜的能源,降低无谓的能量损耗是技术研究的关键。

微波加热由内而外,加热均匀,热效率高,只需传统方法的 1/10～1/100 的时间即可完成加热过程,大大降低了烧结过程中的能耗;改变微波输出功率,介质温升可无惰性的随之改变,操作性高。本节尝试采用微波能源替代传统热源制备微晶玻璃,探索微波熔融烧结新技术。

1) 微波熔融制玻璃的升温特性

称取 10 g 的配料(SiO$_2$ 为补充物质),在 2000 W 的功率下进行微波辐射,升温曲线如图 4-77 所示。因为实验中的红外测温仪测量量程为 300～1600℃,所以曲线中起始温度为 300℃。

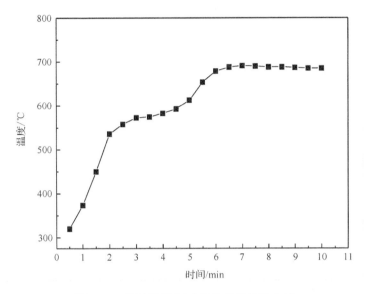

图 4-77　微波熔融制玻璃的升温特性曲线

从图中可以看到,样品在 2 min 内就快速的由室温升高到 536℃,升温速率达到 250℃/min。但是之后温度在 536℃ 到 593℃ 之间出现一个平台期,并维持约 2.5 min。因为实验采用的污泥灰原料是城市脱水污泥在惰性气氛下经微波热解产生的,其中的无机物质多为还原态,所以此时主要发生的是各无机物质的氧化反应,之后温度继续升高,第 7 min 达到最高温度 690℃。考虑样品中可能存在"过热点"而使污泥样品温度不均匀,也有前人研究表明污泥内部温度比外部温度高 100℃,但是最高也只能达到 790℃,远远低于配料熔融成玻璃液的温度,制得的产品从最初的黑色粉末变为黄色粉末(证明发生了氧化反应),但是不能成为致密体。

2) 微波能吸收物质的选择

根据材料对微波的吸收特性,可将材料分为 3 类(图 4-78):导体、隔热体、吸收体。其中导体对微波的作用主要是反射,多为铜、银、铝之类的金属;隔热体又叫绝缘体,微波辐射时很少被吸收而是大部分被透过,类似于"透明"材料;吸收体则可以在微波通过的时候被吸收。通常将被加工的物料称为介质,它具有吸收、穿透和反射的性能,可以不同程度地吸收微波的能量并转变为能量。

从上面的实验可知,微晶玻璃配料的介电常数和损耗系数较小,属于微波弱吸收物质,微波对它们的加热效果不显著,很难达到熔融烧结的温度,需要一些微波能强吸收物质(如炭和某些金属氧化物)的辅助作用。前期微波热解污水污泥的实验中曾选用活性炭、碳化硅(SiC)、三氧化二铁(Fe_2O_3)作为微波能吸收物质,10 g 微波能吸收物质在 2000 W 的微波下辐射的升温曲线如图 4-79 所示。

从曲线中可以看到,三种物质均具有微波吸收性能。其中 SiC 一经微波辐射

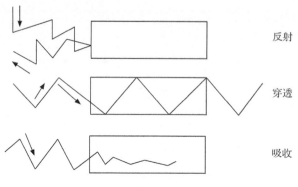

图 4-78　不同材料的微波吸收特性

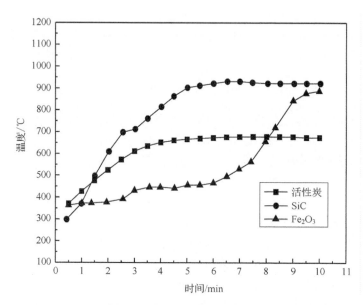

图 4-79　不同微波能吸收物质惰性气氛下升温特性曲线

就马上升温,并且升温速率最大,说明 SiC 在低温下即可有效的吸收微波而加热达到高温。Fe_2O_3 升温过程的前段时间,温度的上升速率很慢,直到第 6 min 以后,温度才开始急剧上升,到第 9 min 的时候曲线开始变得平坦,这与文献中的结论一致。活性炭的升温过程相比相对缓慢,5 min 才升到最高温度 680℃,但是曲线平滑,升温过程稳定。很多研究表明活性炭的 ξ_2 正好适合微波穿透它们本身,又能很好地吸收微波的能量,适宜作为微波能辅助吸收物质。

但是微波热解污水污泥时是在惰性气氛中进行的,而污泥灰烧结制备玻璃的过程属于燃烧合成反应,需要在有氧条件下完成,因此分别称取 10 g 的活性炭、SiC 和 Fe_2O_3 在功率为 2000 W、空气气氛下进行微波辐射,升温曲线如图 4-80

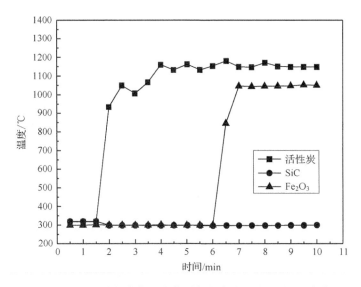

图 4-80　不同微波能吸收物质氧化气氛下升温特性曲线

所示。

与无氧条件下截然相反,SiC 在有氧的微波辐照下一直不能升温,也就是起不到辅助微波加热的作用,文献中也曾指出 SiC 在氧化气氛下的吸波性能远远弱于还原气氛下,因此在后面的实验中将不使用 SiC 作为微波能吸收物质。Fe_2O_3 则仍然属于慢热过程,辐照 6 min 后温度才开始上升,但以极快的升温速率升到 1046℃,并维持该高温。活性炭在微波辐照之后达到着火点而引燃,温度迅速升高,最高可以达到 1180℃,该温度已经基本接近满足污泥灰配料的熔融温度。红外测温仪测到的温度曲线上所出现的波动主要是因为燃烧时火焰不连续的间断燃烧。因为氧化气氛下的燃烧通常立足于着火点,前后发生质的变化,所以在氧化气氛下的升温曲线棱角更加鲜明,升温的过程也更加迅速,最快可以达到 1230℃/min。

3）微波能吸收物质的添加方法

实验的最终目的是产品的产出,因此产品的性能是最为关注的,实验中所采取的微波能吸收物质不是形成硅酸盐玻璃的必要成分,相反会影响玻璃的结构和性能,因此如果使用微波能吸收物质,并达到玻璃熔融所需的温度是实验的重点。与污水污泥微波热解的"掺杂"方法不同,本实验需要分离微波能吸收物质与污泥灰配料,因此尝试将活性炭包裹在配料外层,热处理后再进行分离。该方法与微波加热的特性相联系,融合了微波加热的优点,避免了微波加热的缺点,一举几得。

（1）使用微波能吸收物质辅助加热,微波能可以更加有效地被吸收,使污泥灰配料的微波加热成为可能性。

（2）外面的活性炭层吸收层同时也起到保温层的作用，减少了反应体系与外界的热交换，提高热效率。

（3）玻璃液冷却固化成致密的基础玻璃时，由于表面冷却速度比内部要快得多，导致玻璃中产生内应力，影响微晶玻璃的力学性能。尤其是微波的热惯性小，基础玻璃的温度与微波炉腔内的温度差很大，而包裹的吸收层则可以减缓玻璃的冷却速率，防止玻璃炸裂。

考虑到包裹层会使烧结过程的氧化气氛变弱，因此首先将粉末状配料在1200 W的微波辐射下先进行基本的氧化反应，反应 5 min，之后的实验也采取同样的步骤，不再累述。之后称取 10 g 氧化后的污泥灰配料，加入少许乙醇，压制成10 mm×30 mm 的圆柱体，外面涂 3 mm 厚的活性炭粉末，放在功率为 2000 W 的微波下辐射，其升温曲线与单独污泥灰配料的升温曲线对比图如图 4-81 所示。

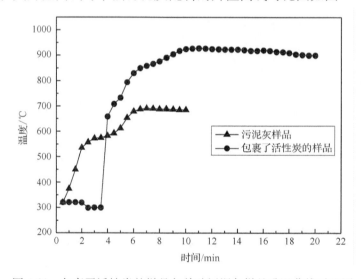

图 4-81　包裹了活性炭的样品与单独污泥灰样品升温曲线对比图

从图中可以看到，外面包裹了活性炭的样品在前 3.5 min 内都没有温度上升的趋势，直到第 4 min 才开始升温，升温速率与未包裹活性炭的相近，在第 10 min 达到 925℃并持续。多组平行实验的数据所显示的升温趋势也基本相似。

经分析认为，吸收了微波的活性炭升温后将温度逐渐向内部的配料传递，因此温度的升高相对于未包裹活性炭的配料出现了延迟。已经进行氧化反应的配料发生氧化的机会也小了很多，因此可以看到，平台期基本不存在，温度一直以较快的升温速率上升。实验结果可见活性炭的添加改善了配料在微波作用下所能升高到的最高温度，但是却没有实质性的改善处理效果，制得的产品仍为粉末态，而且升温点向后推迟，延长了热处理时间。

根据电磁波传输理论，当电磁波在传输过程中遇到由第一种介质和第二种介

质所组成的均匀无限大平面边界时,其反射率见式(4-41):

$$R = \left| \frac{\eta_2 - \eta_1}{\eta_2 + \eta_1} \right| \tag{4-41}$$

式中:η_2、η_1——两种介质的归一化特征阻抗。

空气中的 η 值为 1,而介电常数越高,吸波性能越强的物质则 η 值越大。因此由空气直接进入高介电的吸波物质时,R 值接近 1,反射强烈。因此当微波由空气直接进入高介电的吸波物质层(活性炭层)时,会有很多微波被反射而吸收掉,影响添加的效果。因此考虑在空气和强微波能吸收物质层之间添加一个过渡层,降低空气(过渡)层间的 R 值,减少反射,帮助微波逐层深入,提高微波能效。因此设计如图 4-82 的反应装置。

图 4-82　双层埋粉实验装置

压制成柱状的氧化污泥灰配料放置在实验容器中,外面埋一层 3 mm 厚的强吸收物质,再在外面埋一层 3 mm 厚的弱吸收物质,还需要在容器底部铺设一层耐高温材料。

双层埋粉实验装置反应容器的选择也是试验能否成功的关键因素,反应容器要求使用寿命长、耐侵蚀、耐高温,同时因为是在微波炉中进行烧结,所以对容器最主要的要求是微波"透明"。一般来说,陶瓷、石英、刚玉等材料都是微波透明的,因此实验中分别对陶瓷坩埚、耐火砖、石英反应器和刚玉坩埚进行对比实验。陶瓷坩埚虽然价格最便宜,但是陶瓷坩埚的耐温程度不高,烧结几分钟后就会碎裂。耐火砖虽然可以承受烧结的温度,但是耐火砖相对质软,不耐腐蚀、寿命也短,不适合进行玻璃烧结。石英的熔点高达 1750℃,满足烧结温度对器皿的要求,但是石英反应器的价格很高,很难加以广泛利用。刚玉坩埚由多孔熔融氧化铝组成,质坚而耐熔,并且价格低廉,满足玻璃烧制的需求。

　　为防止玻璃液与实验容器发生粘连,需要在容器底部铺设一层防粘连耐高温材料。选择三氧化二铝粉末(Al_2O_3)和石英棉为铺设材料,均可以起到防止粘连的效果。其中 Al_2O_3 会在高温下发生晶型转变,由不稳定的晶型转变形成稳定的 α- Al_2O_3,而 Al_2O_3 是微波透明的,会随着样品吸收微波能升温而产生温度梯度,吸收热量,因此样品的升温曲线(图 4-83)直至 10 min 才开始上升,多消耗微波能。而以石英棉为铺设材料时则不会出现这种情况,效果良好,但是相对于 Al_2O_3 粉末,其成本相对较高。实验中为减少由于 Al_2O_3 粉末存在而对检测结果的影响,采用石英棉为铺设物质。外层微波能吸收物质的填埋:实验中将添加两层微波能吸收物质(张亮泉等称之为埋粉),外面一层是弱吸收物质,里面一层是强吸收物质,强弱的对比是通过添加一定量的微波能透明物质(Al_2O_3)来实现的,类似于以水为溶剂进行稀释。实验中弱吸收物质的配比为 Fe_2O_3：Al_2O_3＝5：5,活性炭：Al_2O_3＝5：5;强吸收物质的配比为 Fe_2O_3：Al_2O_3＝9：1,活性炭：Al_2O_3＝9：1。每层埋粉厚度均为 3 mm,设计分别以 Fe_2O_3 和活性炭为微波能吸收物质双层埋粉的实验,升温特性曲线对比如图 4-84 所示。

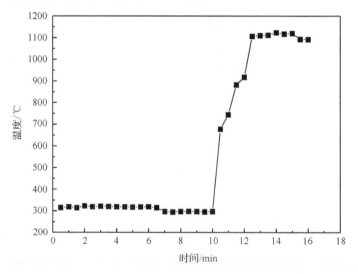

图 4-83　采用 Al_2O_3 为高温铺设材料的升温曲线

　　分别以 Fe_2O_3 和活性炭为吸波物质双吸收层,温度都可以升高到 1000℃ 以上。其中填埋了 Fe_2O_3 的配料经微波辐射立即开始升温,并于 8.5 min 升高到 1046℃,但是升温曲线不光滑,热处理过程不稳定。填埋了活性炭的配料在 3 min 时才开始升温,升温速率最快达到 245℃/min,最高达到 1024℃。相对于 Fe_2O_3,其升温过程更加稳定持久。两组实验的产品均由最初的粉末状固化成致密坚硬体,突破了之前的实验结果。但是 Fe_2O_3 加热后会与产品相黏连,在产品外面形成一层红色的氧化铁层,这是不希望看到的,因此 Fe_2O_3 已不能满足实验对微波

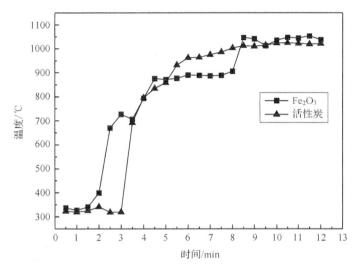

图 4-84　Fe₂O₃ 和活性炭双层埋粉实验特性曲线对比图

能吸收物质的要求,实验证明活性炭作为微波能吸收材料最为合适。将以活性炭为微波能吸收物质制备的产品进行 XRD 分析,结果如图 4-85、图 4-86 所示。

图 4-85　活性炭双层埋粉实验制得产品外观图

　　从添加共 6 mm 厚的活性炭双层埋粉所制得的基础玻璃 XRD 图可以看到,整体上 XRD 曲线出现了一个馒头峰,说明制得的产品中含有玻璃相,并且以玻璃为主,但是还有很多的晶型峰,与 JCPDS 卡片对照并未找到相对应的物质,说明制得的产品不是纯粹的玻璃,仍然不能满足要求。

　　(4)埋粉厚度影响微波烧结制微晶玻璃。再回到电磁场基本理论来研究,当微波进入物料时,物料表面的能量密度是最大的,随着微波向物料的渗透,微波的

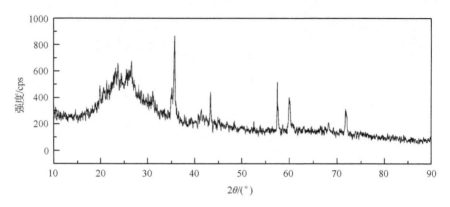

图 4-86　活性炭双层埋粉实验制得产品 XRD 图

能量不断的释放，呈指数衰减，存在一个穿透深度的概念。渗透深度为微波功率从物料表面减至表面值的 1/e（36.8%）时的距离，用 D_E 表示，e 为自然对数底值，见式（4-42）。

$$D_E = \lambda_0 / (\pi \sqrt{\varepsilon_r} \tan\delta) \tag{4-42}$$

式中：λ_0——自由空间波长；

　　　ε_r——介电常数；

　　　$\tan\delta$——介质损耗。

　　渗透深度随波长的增大而变化，换言之，它与频率有关，频率越高，波长越短，其穿透力也越弱。但是本实验中的微波炉是固定的，其频率也是固定的，因此需要从埋粉厚度入手。

　　试验结果证明，采用 6 mm 的双层埋粉，烧结温度可以升高到 1000℃ 以上，并且使粉末状的样品烧结形成致密体，在此基础上进一步优化埋粉厚度。在这里需要注意微波加热的基本原理，就是在微波辐照下，各分子都围绕其中心进行有规则的震动或者旋转，从而摩擦生热，所以微波辐照有利于原子在加热过程中调整分子构架，形成硅氧四面体骨架结构完成烧结过程。所以要降低埋粉的厚度，在保证烧结温度可以达到的基础上，促使污泥灰样品最大程度地吸收微波，帮助污泥灰内的氧化物快速形成玻璃骨架。因此设计几组不同埋粉厚度的实验，其结果和升温曲线分别如表 4-28、图 4-87 所示。

表 4-28　不同埋粉厚度下的烧结结果

埋粉厚度/mm	烧结最高温度/℃	烧结结果
3+3	1024	灰色表面的致密体
2+2	1187	镜面效果的致密体
1+1	1171	镜面效果的致密体，但是有轻微裂缝

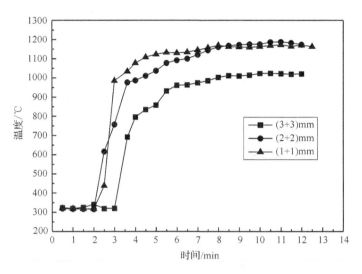

图 4-87　不同埋粉厚度烧结的温度特性曲线

　　从曲线上可以看到,将埋粉厚度降低之后,升温曲线升高到更高的温度,甚至达到 1187℃,虽然这个温度仍然低于传统热源熔融制玻璃的温度(1450℃),但是因为微波对配料的独特作用,该温度下烧结出来的玻璃已经形成均匀的致密体,并且出现镜面效果,外观已经具备了玻璃的基本特征。埋粉厚度为(2+2)mm 和(1+1)mm,所制得的产品均为具有镜面效果的玻璃,但是(1+1)mm 的玻璃出现轻微裂缝,因为埋粉厚度低引发冷却过程迅速,产生热应力所致。为了将进一步确定制得的产品是否符合要求,将最佳埋粉厚度[(2+2)mm]下获得的产品(图 4-88)进行了 XRD 检测,结果如图 4-89 所示。

图 4-88　最佳埋粉厚度下的基础玻璃外观图

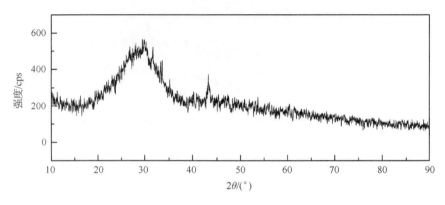

图 4-89 最佳埋粉厚度下基础玻璃的 XRD 图

从图 4-89 中可以明显观察出,产品基本为非晶态,没有明显的主晶相析出,衍射图显示出一个典型的非晶包(也叫馒头峰),除了在 43℃角出现一个未知峰外,都表现出一个典型玻璃的特征。这正好和笔者的实验吻合,在微晶化热处理之前,我们所要求得到的就是非晶态的玻璃相,如果此时存在大量晶相的话,在热处理之后就会出现晶粒粗化,严重地降低玻璃的各项性能,也就不可能得到尺寸细小、结构均匀的微晶相,因此产品符合实验的要求。

4)微波熔融烧结玻璃的过程探究

以(2+2)mm 埋粉为例,配料经微波辐射升高温度,从着火点开始计时,烧结 15 min 的曲线列于图 4-90,分别在起火之后的第 2 min、7 min、13 min 对火焰进行拍照,并且将着火点以后 5 min、10 min、15 min 烧结的样品取出拍照,以分析整个烧结过程,如表 4-29 所示。

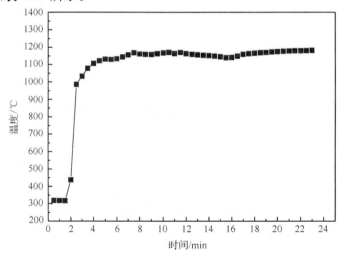

图 4-90 最佳埋粉厚度微波熔融烧结过程曲线图

表 4-29　最佳埋粉厚度微波烧结污泥灰过程中的火焰和产品

时间段(着火后)	时间内火焰形状	产品形状	样品描述
0～5 min			样品成球状,烧结产生的气泡没能及时排出,结构相对松散,活性炭只有少部分发生燃烧
5～10 min			样品已经平摊,形成结构均匀的致密体,也只有少部分活性炭发生燃烧
10～15 min			样品已经平摊,形成结构均匀的致密体,几乎全部活性炭都发生了燃烧

微波烧结开始时,活性炭吸波层开始吸收微波,温度上升,当达到活性炭的着火点之后,表层露于空气中的活性炭开始燃烧,火焰成浓雾状,边缘无稳定形态,这也与使用微波辐照单一活性炭确定其吸波性能时所观察到的火焰形状一致,说明烧结最初发生的是活性炭的燃烧反应。燃烧反应的发生类似于在配料四周加入了天然的燃烧喷嘴,其产生的燃烧波不断向内传递协同污泥灰吸收的微波能共同促进污泥灰升温,样品温度将很快达到着火温度(T_1),此时下层活性炭埋粉因为远离空气,燃烧发生停滞。而配料的反应一旦引发,放出的热量使样品温度进一步升高达到燃烧温度(T_2),因为玻璃形成的各阶段都是吸热反应,温度越高,反应速率越大,之后也促使样品吸收微波辐射的能力也同时增加,这就保证了反应能够保持在一个足够高的温度($T_3 > T_1$)下进行。此时,系统发生了一系列的物理、化学、物理化学现象和反应,各种原料的机械混合物在高温下变成了复杂的熔融物即玻璃液。如果将这个过程称为第二阶段的话,那么活性炭燃烧过程则称为第一阶段。随着反应的进行进入烧结的第三阶段,此时玻璃液已经形成,基本的化学反应也基本完成,因为玻璃是微波透明的,此时吸收微波的能力有所下降,在升温曲线上可以看到一个小波谷。第二阶段稳定的烧结火焰也因为反应的完成而变弱,摊平的

玻璃液使下层埋粉暴露于空气中,活性炭开始燃烧,温度立即回升,此时的火焰不同于玻璃烧结过程中垂直细长由中心而发的火焰,也不同于完全暴露在空气中的活性炭燃烧火焰,而是呈现短小稳定的燃烧状态。

大量的实验数据表明配料在微波辐照下,在 2.5～3 min 内便开始升温着火,之后进入烧结的过程,其中第一阶段持续 3～4 min,此时配料熔融成玻璃液的程度不高,并且有大量的气泡于样品中,坩埚中的活性炭有少部分发生了燃烧反应。第二阶段大约从第 4 min 开始到第 10 min 结束,这个过程温度、火焰均保持稳定状态,配料已经由原来的粉末状变成具有镜面效果的玻璃状态,并且摊平,其中的活性炭也只有表层发生了燃烧反应,此时的玻璃已经成型,满足要求。第三阶段发生在 10 min 之后,样品与第二阶段的样品差别不大,也更加说明第二阶段的样品已经趋于稳定,此时坩埚中的活性炭已经几乎全部发生了燃烧反应。

由于制备玻璃时引入了污泥灰等二次资源,其熔点相对较低,而石英砂熔点较高,所以在熔制过程中液面上会形成一层富 SiO_2 的浮渣层,形成上下层成分偏差。表 4-29 中制得的产品表层淡棕黄色的不均匀层就是由 SiO_2 形成的,如何优化实验条件,减少浮渣层的出现成为以后研究的方向。

4. 固态产物微晶玻璃析晶类型分析

按最佳配方采用微波法熔融制备基础玻璃,以不同的热处理制度对其进行微晶化热处理,得到微晶玻璃样品并分别进行 XRD 实验,以对热处理过程中析出的晶体种类和比例进行定性和半定量分析,结果见图 4-91(a)～(f)。微波法基础玻璃的 XRD 曲线如图 4-92 所示。

从图 4-91(a)～(f)的 XRD 图谱可以看出,经过一定的热处理之后,样品开始出现衍射峰,馒头峰也逐渐消失,所有不同工艺条件下制备的微晶玻璃的主晶相为硅灰石($CaSiO_3$)和钙长石($CaAl_2Si_2O_8$),这与之前预期的主晶相一致,效果也较传统方法制备的微晶玻璃效果好。以 760℃ 为核化温度,900℃ 晶化 120 min 后,玻璃中开始析出硅灰石的晶相,是单斜链状结构的 2 M 型副硅灰石及具有三斜三元环状结构的假硅灰石,这两种构型的硅灰石均不稳定,说明该温度进行的晶化处理并不彻底,不能析出稳定晶相。进一步提高晶化处理温度到 950℃ 时,从 XRD 谱图可以看到玻璃析出了稳定的具有三斜链状结构的 TC 型(即 β- $CaSiO_3$),此时的衍射峰最明显最强,同时也伴随着析出了一定量的钙长石。之后随着晶化温度的提高,玻璃中的钙长石越来越多,经过 1000℃ 的晶化处理,钙长石的衍射峰已见明显增强。而以 780℃ 核化温度为主的三组数据也表明了同样的趋势,说明在晶化温度较高阶段,三价铝逐渐取代四价硅,从而使氧离子带有部分剩余电荷得以与链状骨干外的其他阳离子结合,形成更稳定的架状硅酸盐,完成硅灰石向钙长石的转变。XRD 图谱表明,不同的晶化温度不会改变晶体的种类,只会改变数量。钙长石和硅灰石的物理特性具有一定差异,这两者含量的不同也直接导致了微晶玻璃在力学性能等指标上的差异,实际应用中应该根据具体要求来确定这二者的比例。

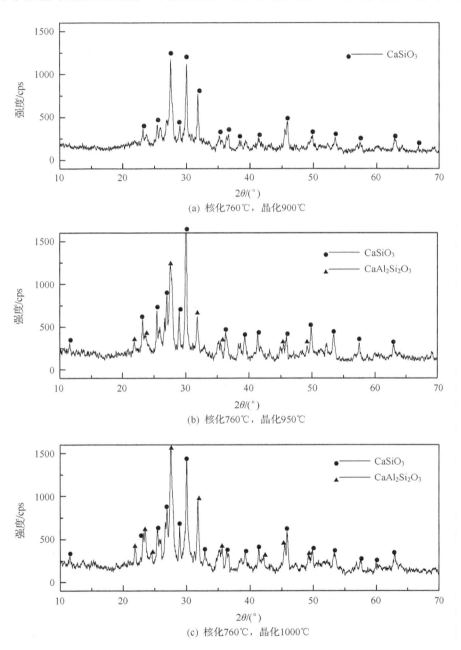

(a) 核化760℃,晶化900℃

(b) 核化760℃,晶化950℃

(c) 核化760℃,晶化1000℃

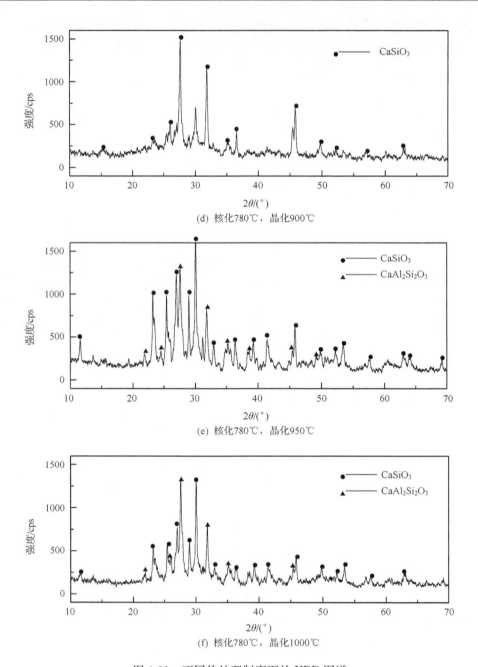

(d) 核化780℃，晶化900℃

(e) 核化780℃，晶化950℃

(f) 核化780℃，晶化1000℃

图 4-91 不同热处理制度下的 XRD 图谱

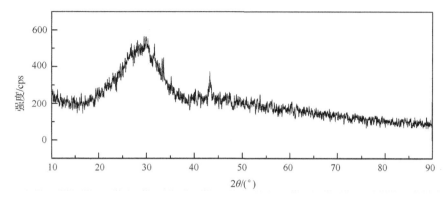

图 4-92　最佳埋粉厚度下基础玻璃的 XRD 图谱

通过不同核化处理温度下制得的微晶玻璃 XRD 谱图的对比,可以发现同一晶化温度,不同核化温度下的 XRD 图区别不大,表明核化温度对于玻璃析晶的种类和数量的影响并不大。

XRD 测试结果表明,900℃的晶化温度不足以帮助基础玻璃析晶,得到致密有序度高的微晶玻璃,而 950、1000℃的晶化温度下析出稳定众多的硅灰石和钙长石晶体,并且随着晶化温度的提高,硅灰石逐渐向钙长石发生转变。

5. 固态产物微晶玻璃微观形态分析

XRD 分析已经清楚的展示了基础玻璃经过热处理之后的结晶种类和数量比例,为了进一步直观的分析玻璃相与晶体之间的结构,对微晶玻璃进行微观结构的分析就显得很重要。图 4-93 为不同热处理条件下的 SEM 图,放大倍数为 2 万倍。

从图 4-93(a)中可以看到,760℃核化 900℃晶化制得的微晶玻璃主体上仍然呈现膏状非晶态结构,说明此时烧结还不完全,晶体还没有完全析出,这也与 XRD 测试结果吻合。当晶化温度提高为 950℃时,见图 4-93(b),晶体的数目增多,遍布视野,晶体为短柱状结构,相互交错,和玻璃相咬合在一起,呈现出 β-硅灰石的典型柱状互锁显微结构,说明此时析出的晶体主要为硅灰石晶体。进一步提高晶化温度到 1000℃[图 4-93(c)]可以发现,晶体结构由互锁杂乱无章的短柱状逐渐调整成有序排列的厚板状晶体,结构明显清晰,这正是钙长石的结构特征,进一步证明了 XRD 对晶体种类分析结果的正确性,观察图 4-93(d)、(e)、(f)也发现了同样的晶体形状改变规律。

分别对比同一晶化温度下不同核化温度样品的 SEM 图,可以发现较高核化温度下制得的微晶玻璃在相通的晶化温度下析晶效果要好一些,但是却并不明显,这也是为什么在 XRD 图中没有显示的原因。而 SEM 图补充性的表明 780℃的核化温度制备的微晶玻璃的性能要优于低温度下(760℃)微晶玻璃的性能。

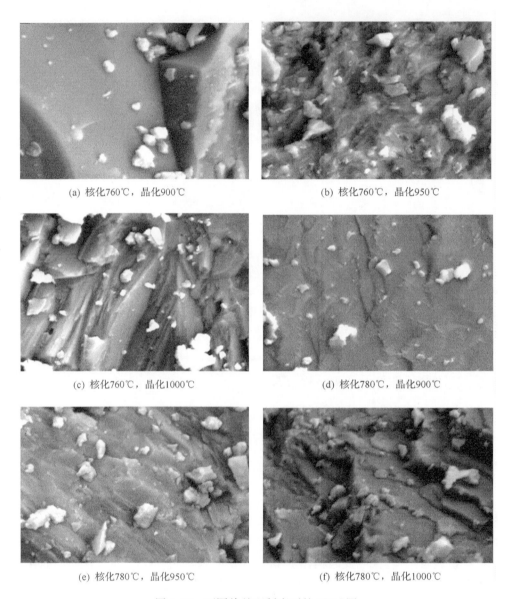

(a) 核化760℃，晶化900℃　　　　(b) 核化760℃，晶化950℃

(c) 核化760℃，晶化1000℃　　　　(d) 核化780℃，晶化900℃

(e) 核化780℃，晶化950℃　　　　(f) 核化780℃，晶化1000℃

图 4-93　不同热处理制度下的 SEM 图

6. 固态产物微晶玻璃的构架分析

相关红外研究表明,无机玻璃的振动光谱主要取决于玻璃的网络形成体,网络修饰体对振动光谱的影响相对来说是次要的。在使用了 X 射线衍射法及 SEM 分别分析了主晶相 β-$CaSiO_3$、$CaAl_2Si_2O_8$ 的晶体析出情况和微晶玻璃具体的微观结构后,对不同组分的样品进行红外吸收光谱分析,希望得到热处理前后及不同热处理制度下微晶玻璃中的残余玻璃相的结构,红外光谱结果如图 4-94、图 4-95 所示。

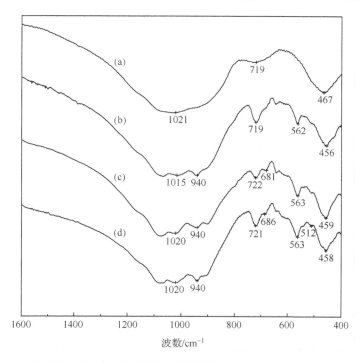

图 4-94　核化 760℃时基础玻璃和不同晶化温度下微晶玻璃 FTIR 对比图

从图可以看出,同一核化温度下,随着晶化温度的升高,样品的吸收带逐渐分裂出多个吸收峰,说明玻璃的[Si—O]键不饱和程度增加,出现了多种网络断键,有利于促进析晶。明显增强的振动吸收峰也开始变窄变尖,表明晶体结构更加紧密,有序程度以及析晶的完整程度逐渐增加。

图 4-94(a)、图 4-95(a)为基础玻璃的红外吸收光谱,图中整个吸收频率范围内只有宽而漫散的吸收谱带,而没有较尖锐的吸收带,表明样品中只有玻璃相中的无机物基团产生了吸收带,且无序度大,几乎没有晶体析出。一般来说,基础玻璃的吸收谱带由 3 部分组成:第 1 部分在 1100~900 cm^{-1} 波数范围内且吸收带强度最大,为[SiO$_4$]四面体外的 Si—O—Si 键的不对称伸缩振动、四面体内 O—Si—O 键的伸缩振动以及 Si—O 键不对称伸缩振动引起的吸收带,在 1020 cm^{-1} 左右最大;第 2 部分在 800~550 cm^{-1} 有一个弱吸收带,此吸收带为组分[Si(Al)O$_4$]四面体中 Si(Al)—O 的伸缩振动或 T 离子的 T—O—T 桥氧的对称伸缩振动(T 为四面体配位的 Si^{4+}、Al^{3+} 或 Fe^{3+})所形成的。第 3 部分是在 500~400 cm^{-1} 波数范围内的一个强吸收带,主要显示的是 Si—O—Si 键的弯曲振动。

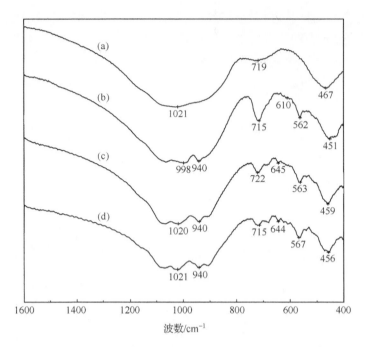

图 4-95　核化 780℃时基础玻璃和不同晶化温度下微晶玻璃 FTIR 对比图

对比图 4-94(b)、图 4-95(b)，可知，经过 900℃的晶化处理后，红外光谱图开始出现变化，在 1100～900 cm^{-1} 和 800～550 cm^{-1} 波数范围出现了吸收峰的分裂。1100～900 cm^{-1} 波数范围内出现了一个明显的波数为 940 cm^{-1} 的吸收峰，这是由 Si—O$_{UB}$ 伸缩振动引起的(与两个硅相连接的氧电价饱和，称为"惰性氧"或称"桥氧"；只与一个硅相连接的氧为"端氧"或称"非桥氧"，O$_{UB}$ 代表非桥氧，O$_B$ 代表桥氧)，说明此时玻璃中出现了较多的非桥氧，活泼性增强。800～550 cm^{-1} 波数范围内 715 cm^{-1} 左右的吸收峰为[AlO$_4$]四面体中 O—Al—O 的伸缩振动的特征吸收峰，表明已有 Al 代替 Si 出现在硅酸盐的骨干中，从而使氧离子带有部分剩余电荷得以与骨干外的其他阳离子结合，形成硅酸盐。但是在图中并未发现八面体配位的[AlO$_6$]的特征吸收峰(760 cm^{-1})，所以可以认为微晶玻璃体系中 Al^{3+} 多数占据四面体配位位置，硅酸盐网络的电荷失衡由 Ca^{2+} 和 Fe^{3+} 平衡。563 cm^{-1} 出现的吸收峰为组分四面体的对称伸缩振动或玻璃析出晶体的特征吸收谱带。从以上分析可知，经过一定温度下的晶化处理，样品中已经开始出现网络断键和替换，为之后的晶体析出、结构重排打下基础。

图 4-94(b)(c)(d)及图 4-95(b)(c)(d)分别为不同晶化温度处理样品的红外吸收谱图，发现经过晶化处理后的样品吸收带越来越精细，呈现出矿物晶体的红外吸收谱带，结合 XRD 和 SEM 分析结果知，此时样品已由玻璃转变为微晶玻璃。

其中 950℃晶化处理时具有最强的 Ca—O 伸缩振动吸收峰(453 cm^{-1}),说明该条件下形成的硅灰石样品最多。而从(c)到(d)逐渐增强的 540 cm^{-1} 的吸收峰是钙长石的特征吸收峰,可见随着晶化处理温度的提高,硅灰石逐渐向钙长石转变,这也与之前的分析相吻合。

图 4-94 和图 4-95 的对比发现,较高核化温度下制得的微晶玻璃红外吸收光谱的吸收带更加分裂、尖锐,说明高的核化温度下制得微晶玻璃的结构更稳定,析晶完整程度更好,但是却不及晶化温度因子对晶体析出的种类和数量的影响,指标权重小。

4.6.4　微波热解城市污泥固态产物微晶玻璃性能测试

将微波法制得的污水污泥微晶玻璃试样与文献中已报道的商品微晶玻璃及天然大理石进行理化性能比较,结果如表 4-30 所示。微波法制备的微晶玻璃各相理化指标与商品微晶玻璃相似,这表明利用微波可以成功将污水污泥热解灰制备成微晶玻璃并加以资源化利用。从微晶玻璃与天然大理石的理化性能的比较结果可以看出,微晶玻璃各项理化性能要优于天然大理石,微晶玻璃更加坚硬、耐磨并具有优良的耐酸、耐碱的化学耐受性,且结构紧密,热膨胀系数小,是天然石材的理想替代产品。

表 4-30　微波制备微晶玻璃、商品微晶玻璃和天然大理石理化性能对比

性能	微波制备			商品微晶玻璃	天然大理石
	900℃晶化	950℃晶化	1000℃晶化		
体积密度/(g/cm³)	2.82	2.62	2.54	2.6	2.7
抗折硬度/MPa	102.0	110.2	105.7	95.0	85.0
耐酸性/%	0.2	0.2	0.0	0.1	10.3
耐碱性/%	0.0	0.0	0.0	0.0	1.2
热膨胀系数/($\times10^{-6}$℃$^{-1}$)	5.2	4.1	4.7	6.8	8.0

微晶玻璃的体积密度是组成该制品的各种晶相及玻璃相密度的加和函数,与微晶玻璃中所包含的晶相的种类及数量密切相关。硅灰石的体积密度为 2.72～2.89 g/cm^3,而钙长石的体积密度为 2.53～2.64 g/cm^3。从表 4-30 中可看出,900℃晶化温度制备的微波污泥灰微晶玻璃为 2.8 g/cm^3 更接近于硅灰石,而950℃与 1000℃晶化温度制备的微晶玻璃密度更接近钙长石,这与 XRD 检测中硅灰石含量较高的结论相符。

微晶玻璃较天然大理石拥有更高的抗折硬度,这主要是因为微晶玻璃具有细密的晶体结构,在遭受外部压力时其中的晶粒可以造成微晶玻璃内部微小裂纹尖端弯曲和钝化,增加破裂功,减缓甚至阻止裂纹穿过晶相与玻璃相的界面。微晶玻

璃的机械性能取决于组成主晶相的固有特性,同时也取决于微观组织结构。钙长石的机械强度要明显优于硅灰石,但从表中可以看出,950℃晶化温度下的微波法制得的以硅灰石与钙长石混合晶体为主晶相的微晶玻璃其抗弯强度高于1000℃晶化温度微波法与传统方法制得的单纯以钙长石为主晶相的微晶玻璃的抗弯强度高。推测这是由于在950℃晶化温度下的微波法制得的微晶玻璃中,硅灰石与钙长石的互相掺入晶体结构间隙造成了阶梯状排列位错。由于这种特殊的位错结构,垂直于样品表面的外加压力沿结晶面或结晶方向发生了滑移,从而减轻了同一方向上的外来压力,提高了样品的弯曲硬度。

化学稳定性是微晶玻璃较为重要的理化特性,它表征了微晶玻璃作为建筑材料应用时对酸雨及恶劣环境下的耐受性。从表4-30可以看出,微波制备及商品微晶玻璃均具有较强的耐碱性。这与微晶玻璃的晶化程度有着密切的关系,晶化程度较高时,残留玻璃相少,从而耐碱性就更强;相反晶化程度低,玻璃相较多,则在浸入碱性溶液中时,玻璃中的二氧化硅与氢氧化钠反应生成硅酸钠,造成微晶玻璃碱腐蚀。较强的耐碱性证明微波法及传统法所制备的微晶玻璃具有良好的析晶特性。微晶玻璃的耐酸性则主要依赖于晶相中钙长石的含量,相较于硅灰石,钙长石具有更加优良的耐酸性。这是由于 Al_2O_3 是 $CaO\text{-}Al_2O_3\text{-}SiO_2$ 三元体系微晶玻璃的网络形成物,微晶玻璃中较高含量的 Al_2O_3 有助于增强微晶玻璃的网状结构,是微晶玻璃具有较强的稳定性。因此,1000℃晶化温度制备的微波污泥灰微晶玻璃与传统方法制备的污泥灰微晶玻璃中由于其主晶相全部由钙长石组成,因此较其他热处理工艺下的微波污泥灰微晶玻璃具有更好的耐酸性。

热膨胀系数是衡量材料热稳定性好坏的重要指标,它决定了材料能否能够用于制备高精密仪器及高温材料等高附加值产品。由表可见,微波法制得的污泥灰微晶玻璃的热膨胀系数远远低于商品微晶玻璃及天然大理石。物体的热膨胀是由内部原子的热振动引起的,根据弗兰克尔原子模型以及准谐振理论,原子间相互作用的位能曲线的不对称性使得温度变化时原子振动中心改变,这种晶体内原子的非简谐振动,在宏观上变现为晶体的膨胀变形。晶体具有各向异性,因此同一晶体不同方向上的由热引起的形体改变不同,不同晶体的混合体可以在相互抵消同一方向上热应力,从而降低热膨胀系数。因此,950℃晶化温度制备的微晶玻璃其热膨胀系数要小于其他热处理制备的样品。

4.6.5　重金属固定化检测

重金属固定效果是污水污泥资源化的关键指标,只有在重金属有效固定的基础上,才能谈及污水污泥的资源化应用。由于微晶玻璃主要应用于建筑行业、化学工业等行业,其在酸碱性的环境中重金属的稳定性至关重要。为了评价污水污泥中的重金属在微晶玻璃制备过程中的固定化效果,本节实验采用美国国家环境保护署的废物浸出毒性标准方法(TCLP)分别进行了污水污泥和微波法制备的污泥灰微晶玻璃的重金属浸出试验,结果见表 4-31。

表 4-31　污泥灰和微晶玻璃中典型重金属浸出试验结果　　　　（浓度：mg/L）

		Cd	Zn	Pb	Cu	As	Cr
微波热解污泥固体产物		0.0071	1.9921	0.0331	0	0	0
微波法	900℃	0.0021	1.2102	0.0054	0	0	0
	950℃	0.0008	1.0459	0.0049	0	0	0
	1000℃	0	0.8008	0.0024	0	0	0
限制浓度		0.3	50	2	50	1.5	1.5

注：限制浓度为中国《危险废物鉴别标准——浸出毒性鉴别》规定的浸出液限制浓度

从表 4-31 可以看出,污泥灰经微波高温热处理制备成微晶玻璃后,重金属的浸出浓度大幅下降,已远低于固体废物重金属浸出标准。微晶玻璃固定重金属的机理是由于固熔于硅酸盐体系中的重金属在基础玻璃析晶的过程中发生了非取代性掺入,即重金属原子进入晶体内部空间与晶体形成新掺杂体系,该体系不改变晶体类型,仅对掺杂原子有一定束缚作用。这种束缚力的大小由掺杂晶体的结合能所决定,结合能越大,束缚力越强,则重金属解离所需克服的能垒越高。钙长石掺杂体系结合能为 189.45～208.62×10^4 kJ/mol,硅灰石掺杂体系的结合能为 2.75～5.75×10^4 kJ/mol,因此以钙长石为主晶相的微晶玻璃其重金属固定效能较好,即950℃与1000℃晶化温度下制备的微波污泥灰微晶玻璃及电炉污泥灰微晶玻璃的重金属固定效果好于900℃下微波制备的样品。

4.6.6　特殊用途的微晶玻璃制备

如前面所述,污水污泥经热解后,其固体残留物中除了制备微晶玻璃所必需的 SiO_2、Al_2O_3、CaO 等氧化物,还含有 Ti、Mn、Ba、Cu、Pb 等微量金属元素,有效利用这些微量金属元素,通过调整配方、制订适宜的加热策略,可以将其制备成特殊用途的微晶玻璃材料,如电子陶瓷、纳米微晶玻璃及微晶玻璃微孔滤料等。这些特殊用途的微晶玻璃由于其独特的理化性能,可以应用到电子、国防、环保等多个领域,具有较高的附加价值,从而可以提高污水污泥微波热解的经济收益。

1. 污水污泥电子陶瓷制备

随着电子系统等的广泛应用,电子设备的高频化、数字化,干扰信号的能量密度增大,使有限空间内的电磁环境更为恶化,由此而带来的电磁污染问题已经步入我们的日常生活,电磁干扰(electromagnetic interference,EMI)随处可见。此外,电子信息时代电子产品越来越趋向高速、宽带、高灵敏度、高密集度和小型化,EMI

的危害更加严重,甚至对人身安全以及信号传输过程中的安全、保密造成了很大的危害。

电子陶瓷其成分主要为铁氧体,是一种磁介质型吸波材料,因其本身具有吸收和衰减电波的电磁能量性质,成为民用和军事方面抗 EMI 的重要研究和应用材料,目前已被广泛用于电源线和信号线上,不但抑制高频干扰和尖峰干扰,同时具有吸收静电放电脉冲的能力。铁氧体材料是以氧化铁为主要成分,与一种或几种其他金属氧化物(如氧化镍、氧化锌、氧化锰、氧化镁、氧化钡、氧化锶等)配制烧结而成,是铁和其他一种或多种适当的金属元素的复合氧化物,性质属于半导体。铁氧体材料主要包括石榴石型、尖晶石型和六角晶系磁铅石型等多晶和单晶铁氧体材料。对于各种类型的微波铁氧体材料,国内外主要是根据不同波段的需求,通过对材料化学成分的离子取代、置换、固熔与掺杂等制备方法的综合调控来实现材料性能的提高和综合优化调控。有研究表明,掺杂钛能使锰锌铁氧体电阻率增大,烧结密度减小,掺杂硅能使颗粒增大、均匀,晶界电阻提高,涡流损耗降低,同时降低锰锌铁氧体的功率损耗。在锰锌铁氧体中同时掺杂钙和硅,可以明显改善晶界化学性质,形成高电阻晶界层,降低涡流损耗,增大电阻率,改善磁性能。掺杂钴和铝能改善锰锌铁氧体的起始磁导率的温度系数,掺杂铌、锡、铽、铈均能改善锰锌铁氧体的温度稳定性。

污泥热解灰中不仅含有构成制备铁氧体吸波材料的主要成分(Fe、Mn、Zn),而且还含有能够改善铁氧体性能的诸多金属元素。以往对铁氧体掺杂体系的研究仅限于一种或几种金属元素,而以污泥热解灰作为铁氧体制备过程中的掺杂体系对铁氧体吸波性能的影响目前没有相关研究的报道。

1) 制备方法的选择

铁氧体制备方法包括溶胶-凝胶法、共沉淀法、微乳液法、水热合成法及微波烧结法等。

溶胶-凝胶法:用含高化学活性组分的化合物作前驱体,在液相下将这些原料均匀混合,并进行水解、缩合化学反应,在溶液中形成稳定的透明溶胶体系,胶粒间缓慢聚合,形成三维空间网络结构的凝胶,凝胶网络间充满了失去流动性的溶剂,形成凝胶。凝胶经过干燥、烧结固化制备出分子乃至纳米亚结构的材料。

共沉淀法:在溶解有各种成分离子的电解质溶液中添加合适的沉淀剂,反应生成组成均匀的沉淀,沉淀热分解得到高纯纳米粉体材料。共沉淀法的优点在于通过溶液中的各种化学反应可以直接得到化学成分均一的纳米粉体材料,同时易于制备粒度小而且分布均匀的纳米粉体材料。

微乳液法:两种互不相溶的溶剂在表面活性剂的作用下形成乳液,在微泡中经成核、聚结、团聚及热处理后得纳米粒子。其特点粒子的单分散和界面性好,Ⅱ～Ⅵ族半导体纳米粒子多用此法制备。微乳液法合成的粉体具有粒径小、颗粒均匀且粒度分布窄、大小可控、适用面广等优点。但采用微乳液法制备粉体需消耗大量的有机溶剂,且工艺复杂,不适合大规模的生产。

水热合成法:是指温度为 100~1000 ℃、压力为 1 MPa~1 GPa 条件下利用水溶液中物质化学反应所进行的合成。在亚临界和超临界水热条件下,由于反应处于分子水平,反应性提高,因而水热反应可以替代某些高温固相反应。

微波烧结法:微波加热具有烧结温度低、保温时间短、节能和无污染等特点,在微波烧结过程中,样品自身吸收微波能量并且转化为热量,从而使陶瓷材料在较短时间内、相对低的温度下烧结致密。

本书重点介绍微波烧结法制备污水污泥微波热解灰电子陶瓷技术,其具体工艺流程见图 4-96。

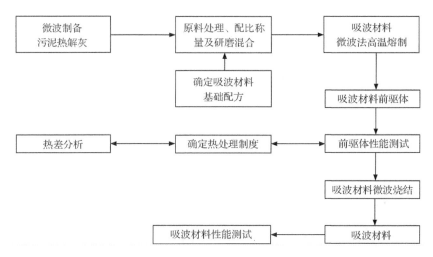

图 4-96　微波烧结法制备污水污泥微波热解灰电子陶瓷工艺流程

2) 吸波材料主体配方的选择

具有良好吸波性能的材料主体物质由氧化铁、氧化锰和氧化锌组成,其生成的产物称为铁氧体。根据铁氧体组成成分 $[(Mn_x Zn_{1-x})Fe_2O_4]$,实验确定吸波物质的主体配方按照物质的量比 Mn:Zn:Fe=1:1:4 比例称量混合。

基础吸波材料制备过程中污泥热解灰掺杂比例(质量分数)分别为 0%、5%、10%、15%、20%、25%、30%、40% 共 8 组配方分别进行烧制,以确定最终形成吸波物质中热解灰的最佳掺杂量。

3) 吸波材料的制备

基础吸波材料制备过程中,固体物质在微波高温加热时呈熔融状态,物质间可以很好地进行融合,同时能够降低后续烧结温度,提高吸波物质的致密度。基础吸波材料烧结采用刚玉坩埚单层埋粉法,埋粉使微波能够增加微波透过率,减少由基础物质对微波的反射。埋粉采用活性炭：$Al_2O_3 = 9：1$ 复合粉剂，埋粉厚度为 2 mm。吸波材料基础配方中，氧化铁自身具备一定的吸波性能，所以在吸波材料的制备过程中所需温度(红外探测)较低。通过反复试验测试，最佳的烧结温度应控制在 520~550℃，烧结时间控制在 10 min。如果微波功率过大导致温度过高，会使原料熔化并呈流态，与坩埚发生黏结。

4）热处理制度的确定

吸波物质热处理制度通过 DSC 确定，DSC 曲线如图 4-97 所示。掺杂量为 0％ 和 25％的吸波物质在 800~1000℃出现吸热峰，峰值分别为 823.7℃ 和 851.2℃，在 1030~1150℃分别出现了两个吸热谷。吸热过程说明有新的晶体形成，晶化温度确定为 900℃，核化温度为 750℃，放热过程中出现了两个明显的放热峰，说明有晶体出现熔化情况。从图 4-97 可以看出，1100℃是基础吸波物质所能承受的最高温度，超过此温度，晶相将熔化而导致形变。

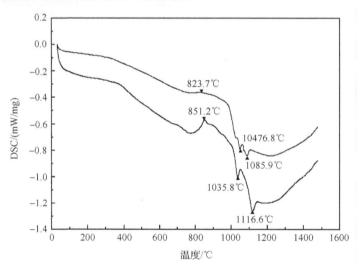

图 4-97　污泥灰电子陶瓷 DSC 曲线

5）吸波物质的微波烧结

铁氧体型吸波物质的微波烧结过程中，采用程序控温，温度变化如图 4-98 所示。微波烧结过程中，第一阶段升温速率较快，在这个阶段烧结物温度较低，较快的升温速率可以减少热处理时间，同时不会使基础吸波物质发生破裂。第二阶段升温最终达到核化温度，采用相对较低的升温速率(5℃/min)，保证基础物质不发生破裂形变，同时会有部分晶核析出。第三阶段是 750℃保温阶段，基础物质内部结构调整阶段，同时可以生成大量晶核。第四阶段采用 3℃/min 升温，第五阶段保温时间为 60 min，保温时间过长会造成晶体过度成长，较大的晶体不利于对电磁波的吸收。

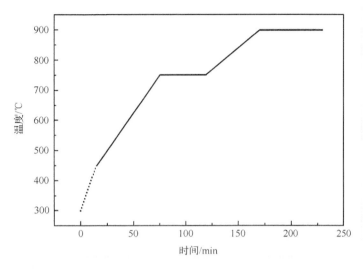

图 4-98　铁氧体型吸波物质的微波烧结升温、保温曲线

6）吸波物质吸波性能测试及分析

吸波材料的吸波性能采用微波暗室法测定，测试过程中入射角度 0°～80°（角度间隔 2°，共 41 组），扫描频率为 2～18 GHz（频率间隔为 0.08 GHz，共 201 组），铁氧体型吸波物质研磨成 3～8 μm 用石蜡混合，压制成环形，吸收剂浓度为 80%。通过监测频率点位的不同入射角度及不同频率测试参数为复介电常数（$\varepsilon=\varepsilon'-j\varepsilon''$）和复磁导率（$\mu=\mu'-j\mu''$）的实部和虚部，并通过吸波材料优化系统计算机辅助计算软件对材料的吸波性能及厚度进行优化计算，得出不同掺杂情况下铁氧体型电磁波吸波材料的最佳吸收频率及最佳入射角度，最优结果如表 4-32 所示。

表 4-32　不同掺杂比例最佳吸波性能

序号	掺杂比例/%	反射率/dB	反射率/%	吸收率/%	入射频率/Hz	入射角度/(°)	材料厚度/mm	吸收剂浓度/%
1	0	−19.259 44	1.185 921 657	98.814 078 34	10	68	3	80
2	5	−14.475 36	3.568 321 691	96.431 678 31	11	68	3	80
3	10	−15.750 92	2.660 161 477	97.339 838 52	11	72	3	80
4	15	−14.079 87	3.908 525 952	96.091 474 05	10	64	3	80
5	20	−19.461 17	1.132 095 333	98.867 904 67	11	68	3	80
6	25	−15.933 9	2.550 409 985	97.449 590 02	13	80	3	80
7	30	−19.625 99	1.089 936 007	98.910 063 99	12	80	3	80
8	40	−3.834 43	41.357 759 17	58.642 240 83	13	80	3	80
9	25	−9.706 389	10.699 441 29	89.300 558 71	14	74	3	80

从表 4-32 中可以看出,当污泥热解灰掺杂率为 5%~30% 时,所制成的电子陶瓷对电磁波能量的吸收率均超过 90%,与纯铁氧体电子陶瓷相近。这表明,污泥热解灰经过热处理可以制备出性能优良的高附加值电子陶瓷,该技术的研发为提高污泥微波热解技术的经济效益提供了新的思路。

2. 污泥热解灰制备污水处理复合滤料技术

曝气生物滤池应用于废水处理中,滤料的选择对于得到较高活性生物量和生物多样性起到的作用非常大。经常用到的传统滤料有石英砂、活性炭、沸石、陶粒及一些塑料制品(合成纤维、聚乙烯小球、波纹板等)。且现有技术制备的污水处理复合滤料在废水生物处理工艺体现出强度不够,一般复合滤料的莫氏硬度为 5~7,在水流的冲刷下,复合滤料破损比较严重,耐酸碱性差,在酸碱性条件浸泡 3 d 后莫氏硬度降低至 4~5,且使用后的滤料再生比较困难,经过多次反冲洗后,也不能保证滤料的彻底再生利用,而且再生过程费时费力、容易将填料冲散、浪费水源,而且制备过程采用的原料成本高,因此研究和开发出一种高强度易再生的滤料成为曝气生物滤池应用的关键技术之一。

为解决以上问题,可利用污泥热解灰所制备的微晶玻璃强度高、耐高温等特点,研发了一种污泥热解灰复合滤料。其制备工艺如下:①混合。采用有机溶剂将污水污泥微波热解灰和基料按 10:(1~3)的质量比充分混合均匀,将混匀后的混合物涂在承载基板上,承载基板上混匀后的混合物厚度为 4~6 mm,承载基板的表面负载量为 0.8~1.4 g/cm²。②烧结。将步骤①制备负载厚度为 4~6 mm 混匀后混合物的承载基板放置到自动翻转控制反应装置中,并将自动翻转控制反应装置在 0.5~1.5 r/min、氮气或氩气保护下在 1000~2000 W 的微波场内,烧结 15~60 min,然后将自动翻转反应装置的温度低至 20~200℃。③核化晶化。将步骤②温度降低至 20~200℃ 的自动翻转控制反应装置在 0.5~1.5 r/min、氮气或氩气保护下采用微波加热核化晶化。基础玻璃在 750~800℃ 核化 45~70 min,然后以 1~5℃/min 的升温至 950~1200℃,并在 950~1200℃ 下晶化 45~60 min,即得到高强度可再生污水处理复合滤料。

利用该技术所制备出的污水处理复合滤料,具有丰富的空隙,其孔隙率≥50%,比表面积≥4×10⁴ cm²/g,拥有良好的过滤性能具有机械强度高,莫氏硬度可达 7~8,耐酸碱性强,在酸碱性条件浸泡 3 d 后,其莫氏硬度为 6.5~7.5。同时该滤料耐高温,在 1200℃ 高温下仍可保持不变形、不熔融,这就为滤料再生提供了除反冲洗外的一种新途径——热处理再生。将污水处理复合滤料在 500~800℃ 加热 15~30 min,使污水处理复合滤料空隙中的污泥和杂质热解,从而实现污水处理复合滤料的再生,因为此实施方式制备的污水处理复合滤料可耐 1200℃ 高温,因此再生过程不会损坏污水处理复合滤料,达到污水处理复合滤料彻底再生利用,且再生方法简单。

4.7 微波热解污泥危害产物形成机制及控制技术研究

4.7.1 微波热解污水污泥气态产物中 H_2S 形成途径及控制技术

污水污泥高温热解的气态产物中主要的污染气体为含氮及含硫化合物,这些化合物在热解气作为燃料气体燃烧时生成 SO_2 及 NO_x,成为导致酸雨的主要诱因。另外,硫与氮在在热解过程中,污泥热解过程中产生的 H 自由基在高温的条件下结合生成 H_2S、NH_3 等有害气体排放出来,不仅会造成大气污染、影响人体健康,还对金属有较强腐蚀性,对钢材有氢脆作用,含量高会降低燃气的热值并影响管道输送能力。作者研究了污水污泥高温热解气相产物中含氮化合物及含硫化合物的赋存形态及含量,以评价污泥热解气作为燃料应用的安全性。

1. 微波热解污水污泥过程中 H_2S 的释放

从图 4-99 中可以看出,H_2S 的释放主要分布于热解过程的挥发分析出阶段及深入热解阶段,且每一个阶段均有一个瞬时高浓度峰。H_2S 的瞬时浓度首先随着温度上升快速增长,在 500℃时达到最高值,随后稍有下降,在 800℃时再次达到峰值,但此时的瞬时浓度(25.1 mg/L)仍低于 500℃时的 27.6 mg/L。当温度继续上升时,H_2S 瞬时浓度下降,这代表着其生成速率也随之下降。

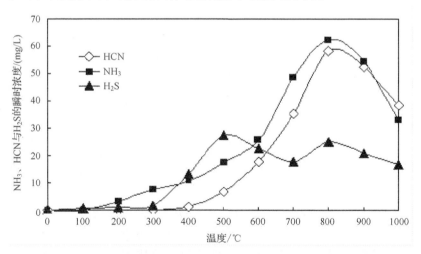

图 4-99 微波热解污水污泥含氮及含硫气态产物释放特性

气体脱硫技术主要包括水洗工艺、聚乙二醇洗涤工艺、变压吸附工艺以及膜分离工艺。由于 NH_3 及 HCN 在水中的溶解度比可燃气体(H_2、CO、CH_4 及小分子碳氢化合物)大,水洗可同时去除 NH_3 及 HCN,同时对含硫化合物 H_2S 也具一定脱除效果。吸收了 NH_3、HCN 及 H_2S 的水通常通过减压或空气吹脱再生。该工艺效率较低,且伴随 NH_3、HCN 及 H_2S 的释放,工业上应用较少。聚乙二醇洗涤和水洗一样,属于物理脱除过程,由于 NH_3 及 HCN 在聚乙二醇溶解度远远高于水,因此较水洗效率高,更为经济和节能。变压吸附法是指在较高压力下对热解气中的含氮气体进行吸附,在较低压力下使吸附的含氮化合物解吸的一个循环往复的物理过程。膜分离工艺是利用不同压力下渗透膜对不同气体组分的选择性能,将可燃气体与有害气体(NH_3、HCN 及 H_2S)进行分离。从以上分析可知,聚乙二醇洗涤法效率较高,吸附剂可再生利用,是较为理想的污水污泥微波热解气含氮气体脱除工艺。

2. H_2S 在微波场内的形成机制

污水污泥中的硫元素以有机和无机两种形式存在,有机硫中硫醇、硫醚、二硫醚以及在芳香环上的二硫醚支链较易受热脱除,500℃ 以下即可分解。连接在苯环之上的芳香类硫较难脱除,噻吩硫是最难脱除最稳定的有机硫。脂肪硫醚受热发生裂解反应,生成的自由基碎片通过内部活化氢转移而获得稳定。少部分脂肪硫醇发生热裂解脱除 H_2S,大部分则通过转移到焦油产物中和焦油中的二硫醚在高温下发生下列反应:

$$2RSH \longrightarrow R_2S + H_2S \tag{4-43}$$

$$RSH + H_2O \longrightarrow ROH + H_2S \tag{4-44}$$

$$RSSR' + 2RH \longrightarrow RSR' + H_2S \tag{4-45}$$

如果反应温度足够高,环硫醇、环硫醚、芳香硫醚亦均可发生分解。在污泥热解过程中,芳香类化合物的支链硫(—SH)及环硫链(—S—)首先破裂,产生早期的挥发硫产物。

当固体残留物作为微波能吸收物质与污水污泥混合后,可以促进微波热解污水污泥过程中 H_2S 的形成,这是因为:① 由于固体残留物来源于污水污泥热解反应的固态残留物,其中含有一定量的固态硫,在热解反应中这部分硫也参与了硫的形成。硫在固体残留物中绝大部分以无机形态存在,受微波辐照后继续深度热解形成 H_2S。② 固体残留物中金属盐对 H_2S 的形成具有一定催化作用。污水污泥经热解后,少量金属离子挥发,大部分金属元素富集于固态产物中,使固态产物中金属盐浓度远高于污水污泥。当这些固态产物即固体残留物添加进污水污泥作为微波能吸收物质时,这些高浓度金属盐在热解过程中催化 H_2S 的形成反应,降低了含硫自由基形成的势垒,加快了 H_2S 形成的反应速率。③ 固体残留物中的碳在高温下还原 SO_2,推动硫元素向形成 H_2S 的途径转移。由于微波的热效应,固体残留物中的碳在污水污泥混合样品中形成热点,在气-固两相中形成较大的温度梯度。气相中已形成的 SO_2 接触固体残留物热点时,其中的碳迅速夺取 SO_2 中的氧。固体残留物中的碳还原 SO_2 的主要过程可用以下方程式表示:

$$SO_2 \longrightarrow SO_2^* \tag{4-46}$$

$$2O^* + C \longrightarrow CO_2 \tag{4-47}$$

$$O^* + C \longrightarrow CO \tag{4-48}$$

$$S^* + H_2 \longrightarrow H_2S \tag{4-49}$$

式中: SO_2^*——吸附态的 SO_2;

　　　O^*——吸附态的 O;

　　　S^*——吸附态的 S。

从上述分析可知,微波热解气含有较高浓度的 H_2、CO 及小分子碳氢化合物,具有较高热值,可作为燃料气体加以利用。但是,热解气中所含的含氮化合物及含硫化合物会在燃烧过程中生成酸性气体 NO_x 及 SO_x,为大气带来二次污染。因此,需要将污水污泥微波热解气进行一定的分离提纯,以保证其能源化应用的安全性。目前,气体的脱硫、脱氮工艺已较为成熟,本节对适用于污水污泥微波热解气的脱硫脱氮工艺加以论述,以期找到经济可行的污水污泥微波热解气分离提纯工艺。

3. 微波热解污泥 H_2S 控制技术

气体脱硫技术主要包括碱性液体湿法工艺、氧化铁吸收工艺、活性炭吸附工艺。其中,碱性液体湿法工艺是指通过利用碱性溶液将 H_2S 转化为单质硫的方法。目前常用的湿法脱硫工艺有 PDS 脱硫技术、HAPS 氧化脱硫技术和萘醌氧化脱硫技术。PDS 为钛菁钴磺酸盐系化合物的混合物,对 H_2S 具有极强的催化活性,可迅速地将 H_2S 氧化为单质硫,该工艺具有工艺简单、成本低、脱硫效果高的优点。HAPS 氧化脱硫技术是以 Na_3PO_4 和 $NaCl$ 及 $NaCO_3$ 所组成的混合物作为 H_2S 的吸附剂,在常温下即可将 H_2S 转化为单质 S,经过絮凝分离,还原态的 HAPS 被空气中的 O_2 氧化,生成氧化态的 HAPS,可对其进行循环使用。萘醌氧化脱硫技术是利用萘醌具有合适的氧化还原电位,溶于水且常温下不升华等特点,将 H_2S 化为单质硫。氧化铁脱硫法是指热解气中的 H_2S 在常温下通过固体氧化铁($Fe_2O_3 \cdot H_2O$)的表面,H_2S 与活性氧化铁接触生成三硫化铁,然后含有硫化物的脱硫剂与空气中的氧接触,当有水存在时,三硫化铁又转化为氧化铁与单体硫。活性炭吸附工艺指的是,含有 H_2S 的热解气通过用碘化钾浸泡过的活性炭去除,H_2S 转化为单质 S 及 H_2O,单质硫被活性炭吸收。该工艺的特点在于活性炭吸附容量大、化学稳定性好,但活性炭需要再生才能再次利用。综上,HAPS 氧化脱硫技术及氧化铁脱硫技术,工艺简单、成本低,且吸附剂可在空气中进行再生,可循环利用,是理想的污水污泥微波热解气脱硫工艺。

4.7.2　微波热解污水污泥含氮气态产物形成途径及控制技术

污泥中的 N 一般可达 $3.3\%\sim7.7\%$（质量分数），超过煤中 2.5%（质量分数）的 N 含量。研究已证实，在污泥热解和焚烧的过程大部分的氮化物以 NH_3、HCN 等气体形式释放，NH_3 和 HCN 除了具有自身较大的危害性外，还容易生成 NO_x。NO_x 具有较强的刺激性和腐蚀性，可形成酸雨和化学烟雾。鉴于煤热解和污泥热解氮的不安全转化，污泥高氮含量可能带来高温热解过程中含氮污染气体的高释放引人关注。

基于污泥高温热解技术快速的发展需求，有必要开展微波高温热解污泥过程中含氮化合物转化行为研究，以明确含氮气体的生成途径，控制危害气体 NH_3 和 HCN 的形成，实现污泥含氮物向无害 N_2 的选择性转化。这关系微波热解污水污泥资源产物安全利用，是该项技术在理论和应用中需要解决的关键。由于微波特殊性能及污水污泥成分的复杂性，国内外开展这一研究非常少，因此本节的研究对推动微波高温热解污水污泥技术的理论发展和技术应用具有重要意义。

关于污泥热解过程中 N 的转化规律，国外也仅仅是从最近几年才开始关注；而国内研究的学者非常少，并且全部是用传统的加热方式热解污泥过程中 N 的转化规律的研究。车得福等研究证实：在污泥热解过程中，NH_3 和 HCN 是主要的 NO_x 的前驱物，污泥中的 N 高达 80% 转化成了 HCN，挥发分的热裂解是 HCN 生成的主要途径。田福军等的研究证实，污泥高温热解产生了 NH_3 和 HCN，在高温下 HCN 转化成 NH_3，而当温度升高到一定程度的时候，NH_3 浓度下降，这是由于温度的升高促进了 NH_3 向 N_2 和 H_2 转化。常丽萍的研究证实，反应的氛围通过影响 H 自由基的获得，进而对 NH_3 和 HCN 的形成产生非常大的影响。当用水蒸气气化时，H_2O 和焦的反应中间产物，大大提高了 H 自由基的可获取性，进而使得 NH_3 显著增加。Pratt 的研究证实，由于污泥中硝酸盐/亚硝酸盐和含氧有机物的热分解，在惰性的高温热解环境下仍然有少量 NO 生成，在 $400℃$ 和 $600℃$，污泥中 0.2% 和 0.6% 的 N 转化生成了 NO。Leppalahti 和 Koljonen（1995）的研究证实，污泥吸附的少量 NH_3 和存在的少量铵盐、存在于污泥蛋白质中并具有氨基结构的含氮物质、污泥中含氮杂环芳香族物质在 $600℃$ 以上的热分解，促进了污泥高温热解气态产物中 NH_3 的生成，$600℃$ 时污泥中 25% 的 N 转化生成了 NH_3。Ledesma 的研究证实，在 $500℃$ 以上由于污泥中挥发分的热解促进了大量 HCN 的生成，在快速升温等不利条件下，$800℃$ 时污泥中最多可有 40% 的 N 转化生成了 HCN。Hansson 等鉴于污泥中的 N 主要以蛋白质形式存在，于是在研究了蛋白质模型化合物热解实验后，指出蛋白质和氨基酸可释放出 NH_3，并表明木材气化中燃料氮在热解阶段释放。Samuelsson 等（2003）研究了在温度为 $700℃$ 和 $800℃$ 下将蛋白质（聚 L-亮氨酸）作为生物质燃料的模型化合物在流化床中热解。研究结果表明,蛋白质中氨基酸的种类严重影响热解气组成。在上述研究的基础上,Leppalahti(1995)从 NH_3 和 HCN 形成与释放影响因素的角度关注污泥中的氮分配。结果表明,受反应温度、加热能源类型、加热速率、气氛条件、灰分累计、停留时间、污泥组分及等因素的影响,污泥中的 N 转化生成 NH_3、HCN 和安全 N_2 的比率会有较大的不同,例如在较短停留时间下,污泥中 N 转化 HCN 的比率会最大下降 30%。Ohtsuka(1997)也对这一问题进行研究,研究认为可以通过控制反应条件(包括催化剂的使用)将污泥中的氮有效转化为 N_2,以避免形成氮氧化物,造成对空气的污染,但不同研究者的研究结果之间存在很大分歧。

1. 污泥中含氮化合物分析

城市污水污泥主要是老化后的菌胶团,里面包含大量死亡的细菌和微生物尸体,并且还有这种菌胶团所吸附的污水中的杂质。所以污泥中的主要成分是有机物,含量由多到少依次为粗蛋白类、木质素类、水溶物类、粗油脂类、半纤维素类和纤维素类,总量占到污泥干重的 60.33%,而蛋白质则占到总有机物的 33.4%,所以污泥中的氮主要还是存在于蛋白质中的。

热解一般采用的是污水处理厂脱水间的脱水污泥,为初沉池和二沉池的混合污泥,无机颗粒含量比较多,成分比较复杂。通过元素分析得到实验室人工培养的 SBR 和 MBR 污泥的氮含量分别为 6.86%(质量分数)和 7.64%(质量分数),而污水处理厂污泥的氮含量为 4.61%(质量分数),比前面两种污泥的氮含量都要小,可能是因为混入了初沉污泥的缘故。但是,这些氮含量还是比煤炭中的氮含量高很多,在热解时还是能产生极大危害。而这些氮的存在形式,可以利用不同形态氮在 1s 轨道上的不同电子结合能来区分,以此辨别污泥中含氮化合物的种类。XPS 分析方法正是利用这个原理对样品表面进行分析的,所以可以同时进行 XPS 分析方法来辅助对污泥样品进行分析,其结果如图 4-100 所示。

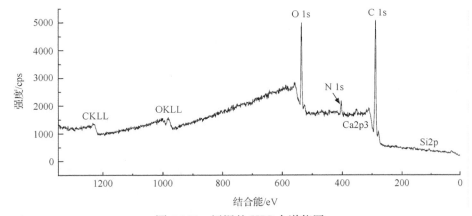

图 4-100　污泥的 XPS 全谱能图

从图 4-100 可以看出，含量最多的元素是 O 和 C，而且 N 的含量也比较明显。污泥元素分析结果中 C、O、N 的质量分数分别是 30.94%、20.56% 和 4.61%，两者结果非常一致。而图中还有两个含量非常明显的元素 Si 和 Ca，高含量的 Si 主要是由于所用污泥为初沉池和二沉池的混合污泥，其中无机颗粒含量较多，这些无机颗粒中的 Si 含量较多。而 Ca 含量较多，主要是因为在最后污泥处理时加入了石灰石调节 pH。

对 N 元素所在能谱位置做详细的能谱扫描，其结果如图 4-101 所示。

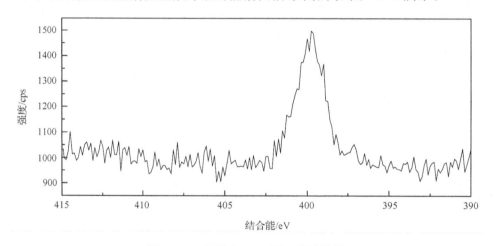

图 4-101　污泥中 N 1s XPS 能谱详图

从图 4-101 可以看出，不同形态 N 的电子结合能集中在 395～405 eV，在 400 eV 左右有一个极大峰，且峰形比较对称，说明污泥中的 N 主要以某一种化合态存在，其他形式的 N 的含量都比较小。

图 4-101 为所有形态氮的能谱图的叠加图，很难判断具体的氮的存在形式，所以要先将该图分解，得到不同电子结合能处的峰形图，根据峰的位置判断氮的存在形式，根据峰高判断其含量的多少，不过该方法不能准确定量。分峰的依据为不同形态氮的电子结合能的不同，吡咯型氮、吡啶型氮、季氮（即铵盐型氮）、氮氧化物型氮、蛋白质氮的电子结合能如表 4-33 所示。

表 4-33　不同形态氮的电子结合能

N 形态	NO_x-N	NH_4^+-N	蛋白质-N	吡咯-N	吡啶-N
结合能/eV	403	401.4	400.4	400.3	398.9

分峰结果如图 4-102 所示，图中（a）峰是 XPS 检测本底值，（b）峰是各个不同形态氮的峰形图，而（c）峰是所有（b）峰的叠加拟合峰，（c）峰与本底峰越吻合，分峰结果越准确。从图 4-102 可以看出，污泥中的 N 的存在形式有铵盐氮、蛋白质氮、

吡咯氮、吡啶氮,当然也有硝酸盐氮,但其含量甚少。含量最多的是蛋白质氮,其他几种氮含量都比较小。

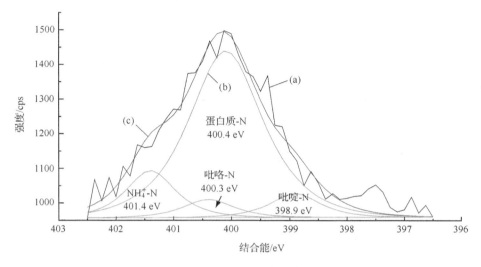

图 4-102　N 1s XPS 峰形分解图

研究所用的污泥来自于 A/O 法处理工艺的剩余污泥,污水中的大量有机物,尤其是蛋白质,而 N 则主要存在于蛋白质中。在好氧活性污泥的降解作用下,其中的有机氮先被转化成氨氮,进而在曝气池中继续被硝化细菌氧化成硝态氮或者亚硝态氮,再回流至厌氧硝化池中,在反硝化菌的作用下发生反硝化作用生成 N_2,达到脱氮效果。由于厌氧硝化池在前,好氧曝气池在后,处理过后的出水都是来自于好氧曝气池中的混合液,其中含有一定量的氨氮和硝态氮,随着活性污泥进入二沉池后一起沉淀,少部分被活性污泥颗粒吸附,沉淀污泥再经过浓缩、压滤脱水等物理处理,形成泥饼外运,这就导致脱水污泥当中有一定量的铵态氮和硝态氮。

污水中原本含有一定量的碱性氮杂环化合物,主要来自于植物或者动物细胞中的核酸等物质,而就算是二级处理工艺也对这些碱性氮杂环化合物无明显的降解作用,它们大部分都被初沉池的无机颗粒或者二沉池的活性污泥颗粒所吸附,最终高度浓缩到污泥中。徐丽等(1987)用 GC-MS 方法分析鉴定北京市高碑店污水处理厂中的各个处理环节中的污泥中碱性氮杂环化合物的种类及含量,发现初沉池污泥中有 28 种碱性氮杂环化合物,二沉池中检测到了 20 种,还从一级厌氧消化池污泥和二级厌氧消化池污泥中分别检测到了 15 种和 20 种,总共检出 35 种碱性氮杂环化合物,主要的有喹啉、异喹啉、啡啶、吖啶和苯并化合物等,其中大部分都是致癌致变有机物。

从上述分析中可以得知污水污泥中氮的主要存在形态,但是此分析结果中有两点不足:①蛋白质氮和吡咯型氮的电子结合能位点几乎重合,无法分辨;②对各种形态氮不能准确定量。蒸汽蒸馏法可以解决以上两个问题,首先蒸汽蒸馏法可以准确测定污泥中所吸附的硝态氮或者亚硝态氮和铵态氮的含量,其次用凯氏定氮法,可以将污泥中的蛋白质消解,进而转化成氨态氮被测定,而吡咯氮则不能被消解,由此将两者分开定量。

用 2 mol/L 的 KCl 溶液将污泥中吸附的铵盐置换出,并通过蒸汽蒸馏法测得污泥中铵盐态氮的含量为 0.21%(质量分数),占总氮的 4.6%。用代氏合金先将污泥中的硝态氮或者亚硝态氮还原成铵氮,再通过蒸汽蒸馏法测得污泥中硝态氮和亚硝态氮的总含量为 0.05%(质量分数),占总氮的 1.1%。通过消化处理的污泥样品,其中的蛋白质先被转换成铵盐,再用蒸汽蒸馏法测得消化样品中的氨氮含量为 4.36%(质量分数),除去吸附的铵盐态氮,得到蛋白质氮的含量为 4.15%(质量分数),占总氮的 90%。而碱性氮杂环中氮的含量则是用总氮含量减去以上几种氮的含量,最后得到杂环中氮含量为 0.2%(质量分数),占总氮的 4.3%。

不同形态氮的含量还可用图 4-103 来表示。

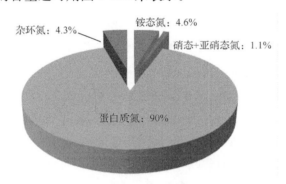

图 4-103　污泥中氮的存在形式及其含量

无机态氮在低温下(100~300℃)极易反应挥发,其中铵态氮直接发生热分解生成 NH_3,而硝态氮和亚硝态氮则热分解生成 NO 等。

有机氮中一般在高温下(300~1000℃)才会发生裂解反应,并且反应机理比较复杂,反应产物也多种多样。蛋白质和碱性氮杂环中的氮在热解过程中都能转化生成 NH_3 和 HCN。而由于蛋白质氮占了总氮含量的 90%,所以,热解气态产物中的含氮化合物主要来自于蛋白质,因此完全可以用蛋白质作为污泥的含氮模型化合物,藉此研究氮元素在热解过程中的转化机理。

从上述分析中得到用蛋白质作为污泥含氮模型化合物的可行性,但是蛋白质也是极其复杂的化合物,不同生物、不同组织中的蛋白质的结构都不一样,因此,单从蛋白质层面上难以选定何种蛋白质作为模型化合物。而蛋白质都是由氨基酸组成的,大自然中构成蛋白质的氨基酸种类一般只有 20 种,而由这些氨基酸构成的蛋白质的种类却能达到成千上万种。要使所选模型化合物的蛋白质能代表污泥中的蛋白质,就应使其与污泥中蛋白质有相似的氨基酸组成和比例。

组成蛋白质的氨基酸共有 20 种,包括 8 种必需氨基酸和 12 种非必需氨基酸。必需氨基酸有赖氨酸、色氨酸、苯丙氨酸、蛋氨酸、苏氨酸、异亮氨酸、亮氨酸和缬氨酸,非必需氨基酸有甘氨酸、丙氨酸、丝氨酸、天冬氨酸、谷氨酸(及其胺)、脯氨酸、精氨酸、组氨酸、酪氨酸和胱氨酸。其中色氨酸在天然蛋白质中含量很低,即使在蛋白质含量较高的肉、蛋、奶等动物蛋白中,其质量分数也不到 1‰,植物蛋白中色氨酸的含量更低,几乎检测不出来。胱氨酸的含量一般也比较低。而天冬酰胺和谷氨酰胺可以分别以天冬氨酸和谷氨酸的形式被检测。所以本节实验中只检测剩下的 16 种氨基酸,用异硫氰酸苯酯(PITC)柱前衍生化反相高效液相色谱法(RP-HPLC)对 16 种氨基酸同时分离检测。

通过对梯度洗脱程序的不断优化,最终实现了 16 种氨基酸的良好分离,获得了各个氨基酸浓度均为 200 nmol/mL 的标准溶液的色谱分离图(图 4-104)。其中不同氨基酸是根据不同氨基酸在相同衍生化操作和相同梯度洗脱程序下出峰时间的不同来定性的。

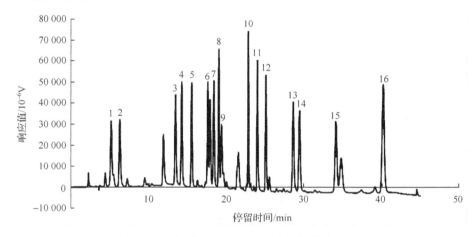

图 4-104　标准氨基酸混合溶液的色谱分离图

1. 天冬氨酸;2. 谷氨酸;3. 丝氨酸;4. 甘氨酸;5. 组氨酸;6. 精氨酸;7. 苏氨酸;
8. 丙氨酸;9. 脯氨酸;10. 酪氨酸;11. 缬氨酸;12. 蛋氨酸;
13. 异亮氨酸;14. 亮氨酸;15. 苯丙氨酸 16. 赖氨酸

从上述结果中可以看到,16 种氨基酸的线性关系良好,可以用于对污泥样品中氨基酸含量的计算。用相同洗脱程序对其他几个梯度浓度的氨基酸混合溶液做同样的色谱分离检测,再以每种氨基酸在不同浓度下的峰面积为纵坐标,以氨基酸的实际物质的量浓度作横坐标,得到各种氨基酸的标准曲线方程,如表 4-34 所示。

表 4-34　16 种氨基酸的标准曲线

序号	氨基酸名称	停留时间/min	回归方程	相关系数
1	天冬氨酸	5.23	$Y=2315X-9660$	0.998
2	谷氨酸	6.34	$Y=1790X+2233$	0.997
3	丝氨酸	13.47	$Y=2527X-10065$	0.992
4	甘氨酸	14.27	$Y=2306X+3142$	0.997
5	组氨酸	15.53	$Y=2310X+607.8$	0.997
6	精氨酸	17.6	$Y=3918X+4414$	0.997
7	苏氨酸	18.4	$Y=2303X+145.5$	0.998
8	丙氨酸	19	$Y=2573X+5604$	0.996
9	脯氨酸	19.4	$Y=1853X+10779$	0.99
10	酪氨酸	22.84	$Y=2384X+9568$	0.998
11	缬氨酸	24.06	$Y=2450X+2746$	0.997
12	蛋氨酸	25.16	$Y=2288X+1010$	0.997
13	异亮氨酸	28.66	$Y=2508X+3021$	0.998
14	亮氨酸	29.47	$Y=2534X-1188$	0.998
15	苯丙氨酸	34.13	$Y=2481X+16472$	0.997
16	赖氨酸	40.13	$Y=4420X+9607$	0.994

　　用相同方法得到 3 种不同污泥中氨基酸的分离检测图,其色谱图分别如图 4-105～图 4-107 所示。

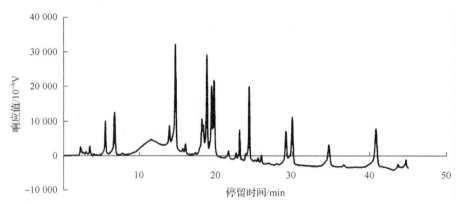

图 4-105　A/O 污泥的氨基酸色谱分离图

　　3 种污泥中的氨基酸都能得到良好分离,并且 16 种氨基酸都有检出。从色谱图中大致分析对比,发现其氨基酸组成相似度很大。通过标准曲线计算各种氨基酸的浓度,并换算为每种氨基酸占总氨基酸含量的百分比,结果如表 4-35 所示。

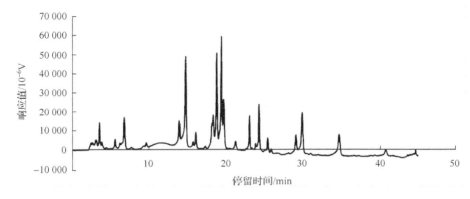

图 4-106　SBR 污泥的氨基酸色谱分离图

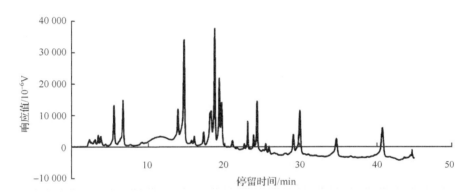

图 4-107　MBR 污泥的氨基酸色谱分离图

表 4-35　不同污泥氨基酸占总氨基酸质量的百分比（％）

序号	氨基酸名称	A/O 法	SBR	MBR
1	天冬氨酸	5.39	1.57	6.09
2	谷氨酸	8.49	7.30	10.66
3	丝氨酸	2.94	3.69	4.32
4	甘氨酸	9.12	9.84	9.84
5	组氨酸	0.41	1.11	0.67
6	精氨酸	6.31	6.96	7.20
7	苏氨酸	11.19	13.57	14.50
8	丙氨酸	6.10	10.66	5.65
9	脯氨酸	14.74	8.78	6.92
10	酪氨酸	3.61	5.50	3.70
11	缬氨酸	5.82	5.61	5.02

序号	氨基酸名称	A/O 法	SBR	MBR
12	蛋氨酸	0.63	2.28	1.09
13	异亮氨酸	4.78	4.48	3.86
14	亮氨酸	8.60	9.87	9.27
15	苯丙氨酸	6.12	7.68	5.93
16	赖氨酸	5.76	1.09	5.27

从计算结果中可以看出，3 种不同污泥的氨基酸在组成上差别不是很大。从氨基酸质量角度看，含量较多的是苏氨酸、脯氨酸、甘氨酸、谷氨酸、亮氨酸、精氨酸和丙氨酸等，含量在 6%～15%（质量分数），而组氨酸、蛋氨酸的含量则都较低，几乎不到 2%（质量分数）。其中三种污泥中的甘氨酸、精氨酸、亮氨酸和苯丙氨酸含量尤其相近，最多只相差不到 1%（质量分数）。但其他氨基酸则有细微差别，SBR污泥中的天冬氨酸和赖氨酸分别只占 1.57%（质量分数）和 1.09%（质量分数），比其他两种污泥中的含量（5%～6%）要少很多。而丙氨酸和蛋氨酸的含量则又比其他两种污泥要高，差不多是其 2 倍。MBR 污泥中的谷氨酸和苏氨酸的含量要明显高于其他两种污泥中的含量，污水处理厂污泥中的脯氨酸和缬氨酸含量又明显高于另外两种污泥。单从污水处理厂污泥中的氨基酸组成看，含量较多的依次为脯氨酸、苏氨酸、甘氨酸、亮氨酸、谷氨酸、精氨酸、苯丙氨酸、丙氨酸、缬氨酸和赖氨酸等，这九种氨基酸的总含量占到总氨基酸的 82.25%（质量分数）。

从上述结果中可以看出，不同污水来源、不同污水处理方法所产生的污泥，氨基酸组成只有细微差别，跟吴克佐等对上海市不同工业废水厂污泥中的氨基酸分析结果一致。因此，可以选用与此氨基酸组成相似的蛋白质作为污泥含氮模型化合物，并且具有一定的代表性。

2. 污泥含氮模型化合物构建及其微波热解特性

热解过程中温度急剧升高，而水的沸点又比较低，所以污泥中的水分在热解初始阶段就大量蒸发，此过程为物理变化过程。随着温度继续增高开始进入化学反应过程，包括有机物在中低温下热解生成挥发分及挥发分在高温下的二次裂解，也有固体残余物在高温下的深度裂解，但主要是各种有机物在高温下的裂解反应。由于污泥的组分极其复杂，加之微波热解升温速率快，不同组分、不同温度下的反应在同一时间发生，相互之间产生影响，反应更加复杂。而污泥中的 N 转化为NO_x 前驱物主要是在化学反应阶段发生的，并且其转化规律还受热解终温、升温速率、停留时间、污泥含水率、污泥中矿物质、气态组分和灰分累积程度等众多因素的影响，不同的研究者因其反应条件的不同，得到的含氮气体产生规律也各不相同,在这种情况下对 N 的转化机理研究更是难上加难。

为了清楚地研究污泥中 N 在热解过程中的转化机理,就必须将复杂反应体系简单化,模型化合物的概念应运而生。利用与污泥中的主要含氮物质组成相似的纯物质构建污泥含氮模型化合物,通过对这些纯物质的热解来探索污泥热解的反应机理,为了保证这种模型化合物的合理性,需要尽量使模型化合物的热解条件与污泥的热解条件相似。热解终温可以通过恒温模式来保证相同,加入相同量的活性炭可以保证升温速率的相似,而反应停留时间则可人为控制其相同。而污泥含水率和内在矿物质的影响,则是由于污泥组分的不同导致其热解条件的不同,一般有两种途径可以保证两者反应条件的相似:第一是将模型化合物复杂化,即在模型化合物中加入污泥中对热解产生重大影响的组分;第二是将污泥简单化,即将污泥中对热解有重大影响的组分去除。如果采用第一种方法,则污泥中的少量组分,如矿物质等,能对热解反应起催化作用,其含量少,种类又多,要想在模型化合物中加入同样含量的矿物质几无可能。所以本节实验采用第二种方法来保证污泥与模型化合物反应条件的相似。采用脱水脱矿污泥与模型化合物的对比来验证模型化合物的合理性。

甘氨酸是结构最简单的氨基酸,其他氨基酸都可看作是在甘氨酸结构中不同位置插入不同取代基而得到的,将其他氨基酸的热解产气规律与其对比,可以得到不同取代基对热解产生的影响,进而将含有类似基团的氨基酸归类(谭涛,2011)。首先在 $300 \sim 900 ℃$ 7 个终温下热解甘氨酸,得到其 NH_3 和 HCN 的产率变化规律:

甘氨酸热解时,NH_3 和 HCN 的产率都随热解终温的升高而增加。但 NH_3 的上升幅度比较大,从 $300 ℃$ 到 $900 ℃$,产率从 0.34% 上升到 28.48%,上升了 28%。相对而言,HCN 的增长幅度比较小,$300 ℃$ 时的 HCN 产率为 3.62%,而到 $900 ℃$ 时的产率为 16.36%,只增加了不到 13%。在低温阶段,HCN 产率比 NH_3 产率高,尤其是在 $300 ℃$。但在高温阶段,也即从 $500 ℃$ 开始,NH_3 产率就比 HCN 产率高,而且差距逐渐增大。到最高温度 $900 ℃$ 时,NH_3 产率比 HCN 产率高了 12 个百分点。

甘氨酸属于 α-氨基酸,而 α-氨基酸在热解时以脱羧和缩合反应为主,并伴随少量的脱氨反应。α-氨基酸经过脱羧后变成胺,经过缩合后变成环缩二氨酸(DKPs),而胺或者 DKP 经过二次裂解后生产亚胺醛,再反应生成腈,最后生成HCN,所以 α-氨基酸在初级裂解时主要产物为 HCN,但也有一定量的 NH_3,这也是甘氨酸在 $300 \sim 400 ℃$ 时的 HCN 产率比 NH_3 产率高的原因。随着反应的进行,大量的反应水分子生成,导致 H 自由基增加,在高温下,前面生成的胺更易在 H自由基的攻击下脱氨生成 NH_3,而需要更高温度才能裂解生成 HCN 的反应则受到限制,所以,在高温下,NH_3 产率比 HCN 产率高。

其他氨基酸在 500～800℃ 四个温度下热解,收集并测定 NH_3 和 HCN 的产率,其中不同氨基酸在不同温度下的 NH_3 产率如表 4-36 所示,HCN 的产率如表 4-37 所示。

表 4-36　不同氨基酸在不同终温下的 NH_3 产率

终温/℃	产率/%							
	谷氨酸	脯氨酸	苏氨酸	甘氨酸	丙氨酸	赖氨酸	精氨酸	亮氨酸
500	7.02	6.28	8.03	14.64	19.88	24.68	9.35	31.59
600	9.50	8.73	10.42	19.09	21.78	29.07	25.33	31.25
700	9.82	12.58	12.37	20.23	23.27	34.12	26.54	59.45
800	5.76	14.08	13.82	24.78	25.39	25.04	31.75	35.90

表 4-37　不同氨基酸在不同终温下的 HCN 产率

终温/℃	产率/%							
	谷氨酸	脯氨酸	苏氨酸	甘氨酸	丙氨酸	赖氨酸	精氨酸	亮氨酸
500	10.64	0.39	12.45	12.35	0.11	2.53	0.36	0.69
600	17.10	0.60	15.04	13.99	0.24	3.02	3.07	2.98
700	20.04	3.54	17.25	14.30	0.37	3.43	5.29	3.95
800	21.63	4.11	18.11	14.75	0.59	4.52	7.86	4.03

从表 4-36 中可以看出,NH_3 产率比甘氨酸小的有谷氨酸和脯氨酸,谷氨酸分子中有两个羧基,所以谷氨酸也可以看作是 γ-氨基酸,很容易发生分子内反应,生成六元环。而脯氨酸分子内部本身就含有五元环,它们的 N 原子被固定在环中,因此,谷氨酸和脯氨酸在热解时,脱氨作用的初始反应就受到限制,因此其 NH_3 产量比较小。又因为谷氨酸所形成的六元环是分子内酰胺,其裂解时一般生成氰化物,而脯氨酸中的五元环裂解只生成胺,胺的进一步热解既可生成 HCN,也容易生成 NH_3,因此脯氨酸比谷氨酸的 NH_3 产率要高,而其 HCN 产率却比谷氨酸要低。天冬氨酸与谷氨酸有类似结构,都是二元酸,只不过热解时它先生成的是五元环,而不是六元环,但其机理却几乎一样,所以可以把天冬氨酸归类到谷氨酸中。组氨酸中也有与脯氨酸类似的含氮杂环,所以组氨酸可以归类到脯氨酸中。

其余氨基酸在热解时首先是发生双分子反应,生成带有不同 R 基团 DKPs,这类反应相比谷氨酸的分子内反应难度要大,所以它们在热解反应初始阶段,脱氨反应比谷氨酸和脯氨酸要多,进而其 NH_3 产率较高。但是由于取代基团的不同,NH_3 产率也各有差异。丙氨酸具有最简单的甲基取代基,导致 NH_3 产率比甘氨酸要高,这说明甲基取代基能使脱氨反应增加,同样的,亮氨酸的 NH_3 产率比丙氨酸更高,说明烷基取代基越大,结构越复杂,越能使 NH_3 产率升高。属于这种类型的氨基酸有丙氨酸、缬氨酸、蛋氨酸、亮氨酸和异亮氨酸,并且它们的 NH_3 产率依次升高。

精氨酸和赖氨酸在烷基取代基上含有多余的氨基或者季铵结构,虽然其烷基结构没有亮氨酸的烷基结构复杂,但其分子中的多余氨基很容易发生脱离,因此,它们的 NH_3 产率介于亮氨酸和丙氨酸之间。

剩余的氨基酸,如苏氨酸、苯丙氨酸、丝氨酸和酪氨酸等,或者含有羟甲基取代基,或者含有苯甲基取代基,或者两者都有,这类氨基酸的 NH_3 产率比甘氨酸要低,说明羟甲基或者苯甲基能使其 NH_3 产率降低。

氨基酸在热解过程中,NH_3 和 HCN 的产生是一种竞争关系,所以 HCN 的产率变化与 NH_3 产率变化几乎相反,谷氨酸的 HCN 产率最高,其次为甘氨酸、丙氨酸、赖氨酸和亮氨酸。

3. 模型化合物的构建与选择

理论含氮模型化合物的基本组分为污泥中几种主要的氨基酸,而其余氨基酸则应通过一定的形式转化为所选用氨基酸的质量。这种转化依据为不同氨基酸在热解过程中 N 的转化规律的相同,而质量转换则是根据 N 元素质量守恒进行的。因此,需要从 N 元素在不同氨基酸中的含量出发,而不同氨基酸中 N 含量的计算结果如表 4-38 所示。

表 4-38　不同污泥氨基酸中氮占总氮质量的百分比(%)

序号	氨基酸名称	A/O 法	SBR	MBR
1	天冬氨酸	4.12	1.20	4.61
2	谷氨酸	5.87	5.05	7.30
3	丝氨酸	2.85	3.57	4.14
4	甘氨酸	12.37	13.33	13.21
5	组氨酸	0.80	2.19	1.31
6	精氨酸	14.75	16.27	16.66
7	苏氨酸	9.56	11.59	12.26
8	丙氨酸	6.98	12.17	6.38
9	脯氨酸	13.05	7.75	6.06
10	酪氨酸	2.03	3.09	2.05
11	缬氨酸	5.05	4.87	4.32
12	蛋氨酸	0.43	1.55	0.74
13	异亮氨酸	3.70	3.47	2.96
14	亮氨酸	6.67	7.66	7.12
15	苯丙氨酸	3.77	4.73	3.62
16	赖氨酸	8.00	1.52	7.27

由于不同氨基酸中 N 的质量分数不一样，所以从 N 质量角度看，含 N 量最多的氨基酸则是精氨酸，三种污泥中精氨酸的氮含量分别为 14.75％、16.27％ 和 16.66％，其次是甘氨酸，分别占 12.37％、13.33％ 和 13.21％。其他含氮量较多的氨基酸还有苏氨酸、脯氨酸、亮氨酸、丙氨酸和谷氨酸等，含量最少的还是组氨酸和蛋氨酸。污水污泥中 N 含量最多的氨基酸是精氨酸、脯氨酸、甘氨酸、苏氨酸、赖氨酸、丙氨酸、亮氨酸、谷氨酸和缬氨酸，其 N 含量依次为 14.75％、13.05％、12.37％、9.56％、8.00％、6.98％、6.67％、5.87％ 和 5.05％，它们的总和占总氮含量的 82.3％。

无论是氨基酸本身质量，还是氨基酸中含 N 质量，以上九种氨基酸的含量都能占到总含量的 82％ 以上，所以含氮模型化合物可以用这九种氨基酸为基础物质来构建。

根据氨基酸的本身化学结构特性以及参考氨基酸的热解特性，可以将氨基酸分为以下几类：

（1）二元酸类，包括天冬氨酸和谷氨酸。此类氨基酸的分子中包含两个羧基，在热解过程中首先易发生脱羧反应，进而形成杂环化合物，再热解后产生较多的 HCN。

（2）碱性氨基酸类，包括精氨酸和赖氨酸。此类氨基酸含有 2 个或 2 个以上的氨基，使分子呈碱性。在热解过程中，氨基极易受到攻击而脱落，导致 NH_3 产量较多。

（3）含氮杂环类，包括脯氨酸和组氨酸。此类氨基酸分子中含有碱性氮杂环。在热解过程中，含氮杂环易生成 HCN，而由于本身分子中的杂环的存在，这类氨基酸的 HCN 产量偏多。

（4）含羟甲基或苯甲基类，苏氨酸、丝氨酸、酪氨酸和苯丙氨酸。这类氨基酸由于极性取代基的作用，HCN 热解产量升高。

（5）含烷基取代基类，包括丙氨酸、亮氨酸、异亮氨酸、缬氨酸和蛋氨酸。热解时受烷基取代基的影响，NH_3 产量比 HCN 产量高。

（6）甘氨酸作为结构最简单的氨基酸，单独分作一类，可作为其他氨基酸与其对比的中间物质。

将含量较多的氨基酸单独作为模型化合物的组分，而其余含量较少的则可依据上面的分类，将其中的 N 含量转化到同类氨基酸中。由此，天冬氨酸转换成谷氨酸，组氨酸转换为脯氨酸，丝氨酸、苯丙氨酸和酪氨酸转换为苏氨酸，缬氨酸、蛋氨酸和异亮氨酸转换为亮氨酸，由此得到以谷氨酸、精氨酸、赖氨酸、脯氨酸、苏氨酸、丙氨酸、亮氨酸和甘氨酸为主体的含氮模型化合物，具体组成比例如表 4-39 所示。

表 4-39　模型化合物质量组成比例

类型	氨基酸	N 含量/%	转换比例/%	N 质量分数/%
A	谷氨酸	5.87	9.99	0.0952
	天冬氨酸	4.12		
B	精氨酸	14.75	14.75	0.3215
	赖氨酸	8	8	0.1915
C	脯氨酸	13.05	13.85	0.1216
	组氨酸	0.8		
D	苏氨酸	9.56	18.21	0.1175
	苯丙氨酸	3.77		
	丝氨酸	2.85		
	酪氨酸	2.03		
E	丙氨酸	6.98	6.98	0.1571
	亮氨酸	6.67	15.85	0.1067
	异亮氨酸	3.7		
	缬氨酸	5.05		
	蛋氨酸	0.43		
F	甘氨酸	12.37	12.37	0.1865

以上各种氨基酸中氮的质量是按总 N 质量为 0.2 g 计算的,最终得到含氮模型化合物的组成成分为谷氨酸、精氨酸、赖氨酸、脯氨酸、苏氨酸、丙氨酸、亮氨酸和甘氨酸,其质量比为 15:6:6:16:21:6:21:9。

大豆分离蛋白也可作为污泥的含氮模型化合物,其蛋白质纯度达到 90% 以上,其氨基酸组成如表 4-40 所示。

表 4-40　污泥和大豆蛋白的氨基酸组成/%

序号	氨基酸名称	A/O 法	SBR	MBR	大豆蛋白
1	天冬氨酸	4.12	1.20	4.61	11.16
2	谷氨酸	5.87	5.05	7.30	20.07
3	丝氨酸	2.85	3.57	4.14	5.20
4	甘氨酸	12.37	13.33	13.21	4.17
5	组氨酸	0.80	2.19	1.31	2.62
6	精氨酸	14.75	16.27	16.66	7.80
7	苏氨酸	9.56	11.59	12.26	3.71
8	丙氨酸	6.98	12.17	6.38	4.31

序号	氨基酸名称	A/O法	SBR	MBR	大豆蛋白
9	脯氨酸	13.05	7.75	6.06	5.78
10	酪氨酸	2.03	3.09	2.05	3.72
11	缬氨酸	5.05	4.87	4.32	4.43
12	蛋氨酸	0.43	1.55	0.74	1.42
13	异亮氨酸	3.70	3.47	2.96	4.73
14	亮氨酸	6.67	7.66	7.12	7.94
15	苯丙氨酸	3.77	4.73	3.62	5.34
16	赖氨酸	8.00	1.52	7.27	6.36

　　除了表 4-40 中的 16 种氨基酸外,大豆分离蛋白中还有 0.66%(质量分数)的色氨酸,其含量非常少,可以忽略不计。也证明了大自然中色氨酸的含量较少,所以污泥中没对其进行检测也是可行的。从表 4-40 中可以看出,该模型化合物中的氨基酸种类和污泥非常相似,都含有以上 16 种氨基酸,并且组成比例上也有很大相似性,只有少数氨基酸含量有一定差别。大豆蛋白质中氨基酸含量较多的有谷氨酸、天冬氨酸、精氨酸、亮氨酸、赖氨酸、脯氨酸和苯丙氨酸等,尤其是谷氨酸和天冬氨酸,其含量分别占到氨基酸总量的 20.07% 和 11.16%,含量次之的亮氨酸 (7.94%),其余氨基酸的含量比较相近,一般在 4%~6%。污泥中含量较多也是这几种氨基酸,但其谷氨酸和天冬氨酸的含量则只占到 5.87% 和 4.12%,比大豆蛋白分别少 14.2% 和 7%,相差比较大。污泥中含量最多的则是精氨酸、脯氨酸和甘氨酸,其含量分别为 14.75%、13.05% 和 12.37%,相比之下,含量梯度比较均匀,而大豆蛋白中这三者的含量只有 7.8%、5.78% 和 4.17%,都比污泥中的含量少 7%。污泥和大豆蛋白中含量最少的氨基酸都是组氨酸和蛋氨酸,但大豆蛋白中这两种氨基酸的含量都比污泥中的含量稍微高一点。另外亮氨酸、异亮氨酸、苯丙氨酸和酪氨酸的含量尤其相近,不过也是大豆蛋白中的含量稍微高一点,而丝氨酸的含量则几乎是污泥中的两倍。相反,污泥中的苏氨酸、丙氨酸、缬氨酸和赖氨酸的含量则比大豆蛋白中的含量要高,特别是苏氨酸和丙氨酸,在污泥中分别占了 9.56% 和 6.98%,在大豆蛋白中只有 3.71% 和 4.31%,分别高出了 5.85% 和 2.67%。而赖氨酸和缬氨酸的含量则比较相近,只相差不到 2%。

　　从以上分析可以看出,这种大豆蛋白与污泥有相似的氨基酸组成,所以可以用其作为污泥的含氮模型化合物。另外,这种大豆蛋白质中也含有一定的矿物质,其中最多的是 Na、K、P,含量分别达到 155.69 mg/g、32.88 mg/g、77.17 mg/g,其次也有少量的 Fe、Zn、Cu、Mg 和 Ca 等,重金属如 Cr、Hg、Pb、As、Pb 等,虽有检出,但含量极少,这种矿物质环境跟脱灰污泥极其相似。所以将大豆蛋白和脱灰污泥分别进行热解实验,并通过对比其含氮气态产物产生规律,验证该模型化合物的可行性。

本节研究采用了两种模型化合物:一种是按照污泥原有氨基酸组成比例,将其中含量较多的几种氨基酸纯试剂进行混合制备而成的,另外还选择了与污泥有相似氨基酸组成的大豆分离蛋白作为模型化合物。模型化合物可行性的验证,是通过其热解产气规律与污泥的对比来进行的。而污泥的热解产气规律影响因素较多,为了保证验证的可比性,需尽量保证模型化合物与污泥具有相同的热解条件。污泥受其含水率和内在矿物质都有较大影响,而模型化合物的含水率和矿物质含量都较少,所以需要将模型化合物在 $500\sim800℃$ 四个热解终温下的 NH_3 和 HCN 产率与脱灰污泥在相同条件下的热解产气规律作对比。其结果如下:

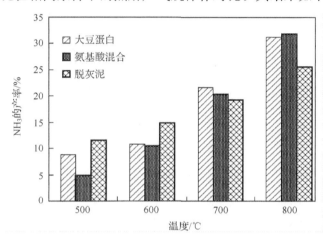

图 4-108　模型化合物与污泥的 NH_3 产率对比

从图 4-108 中可以看出,在 500℃ 和 600℃ 时,两种模型化合物的 NH_3 产率都比脱灰污泥的要低,而在 700℃ 和 800℃ 时,情况则刚好相反。这主要是由于污泥中除了蛋白质氮以外,还有吸附的铵盐,这种铵盐在较低温度下就可以受热挥发产生 NH_3,而蛋白质氮的分解温度较高。所以在低温下脱灰污泥的 NH_3 产率比模型化合物要高。而到高温时,污泥中的蛋白质和其他有机杂环氮都开始分解,但受到其他复杂成分的干扰,如无机颗粒等,导致有机物的热分解程度受到影响,不能完全受热挥发,产生较多的焦炭,致使一部分 N 还残留在焦炭中。而模型化合物纯度很高,受外界干扰较少,所以在高温时热分解较彻底,最终的 NH_3 产率比脱灰污泥要高。

图 4-109 为两种模型化合物的 HCN 产率与脱灰污泥的对比,从图中可以看出,大豆蛋白的 HCN 产率最高,氨基酸混合物的 HCN 产率最低,脱灰污泥的 HCN 产率介于中间,但与大豆蛋白更为接近。从大豆蛋白和脱灰污泥的对比中可以发现,除了 600℃ 比较异常外,其他温度下大豆蛋白都比脱灰污泥的 HCN 产

率要高,其原因与之前的 NH_3 产率在高温时增加的原因一样,主要是由于大豆蛋白的热裂解程度比较高,而污泥中的有机物受到其他杂质的干扰而产生更多焦炭,使一部分 N 残留在固体中,导致 HCN 产率降低。并且 NH_3 与 HCN 产率的差值随着温度的升高而增大,在500℃时只相差1.33%,到800℃时相差2.63%。

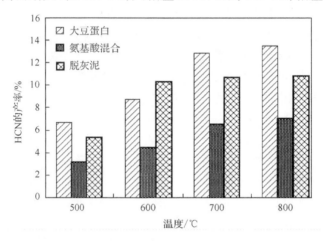

图 4-109　模型化合物与污泥的 HCN 产率对比

综上所述,大豆蛋白热解所获得的 NH_3 及 HCN 产率更接近于脱灰污泥,并且大豆蛋白中的氨基酸与污泥中的氨基酸都是以相同的聚合肽链形式存在的,其热分解途径更为相近,所以选用大豆蛋白作为污泥的含氮模型化合物更为合理。

4. 含氮模型化合物微波热解 NH_3 及 HCN 的生成规律

为进一步验证两种模型化合物热解释放含氮气态产物的规律与脱灰污泥的一致性,将两种模型化合物在500~800℃四个热解终温下分别热解,并测定其 NH_3 和 HCN 产率,其结果如下:

从图4-110中可以看出,这两种模型化合物的 NH_3 产率呈现出相同规律,都随着热解终温的升高而增加。两者的 NH_3 产率除了在500℃时相差较大以外,其余温度下的产率都非常接近。在500℃时氨基酸混合物的 NH_3 产率只有4.88%,而大豆分离蛋白的 NH_3 产率为8.92%,几乎是其2倍,这可能是由于单体氨基酸在热解初始阶段主要以脱羧和缩合反应为主,脱氨反应较少,导致 NH_3 产率较低。而在600℃和800℃时,其产率只相差0.5%左右,700℃时的产率相差1.2%,但相对于此时20%左右的总产率,这点差距也可以忽略不计。这说明单体氨基酸混合后与蛋白质的热解反应在600℃以后有相同路径,可能是单体氨基酸先发生双分子反应生成环状酰胺或者线形酰胺,而蛋白质中的肽链则先断键生成环状或线形酰胺,之后两者的反应则一致。图4-111为两种模型化合物的 HCN 产率的对比。

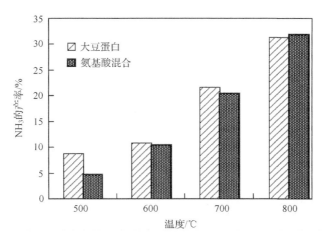

图 4-110 两种模型化合物的 NH₃ 产率对比

从图中可以看出,其 HCN 产率也是随着温度的升高而升高。但是两者的 HCN 产率相差比较大,在各个温度下,大豆蛋白都比氨基酸混合物的 HCN 产率要高,500～800℃时氨基酸混合物的 HCN 产率分别为 3.17%、4.44%、6.53% 和 7.01%,而大豆蛋白的 HCN 产率分别为 6.69%、8.72%、12.83% 和 13.45%,几乎都是其 2 倍。这可能是由于单体氨基酸需要先经过双分子反应生成酰胺,然后才能热解生成 HCN,但并不是所有氨基酸都会发生双分子反应,这就导致部分氨基酸发生简单的脱羧和脱氨反应,所以 HCN 产率比较小。也可能是由于大豆蛋白中的谷氨酸含量比较多,而谷氨酸热解时的 HCN 产率很高。

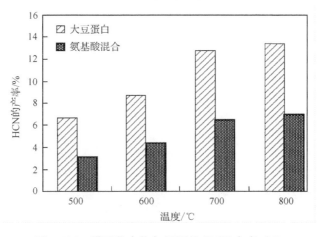

图 4-111 模型化合物与污泥的 HCN 产率对比

对生物质中 N 在热解时的转化机理,国内外做了大量的研究。Leichtnam 等(2000)热解尼龙-66 时发现,聚酰胺热解的第一步是烷基酰胺基团的断裂形成酰胺,然后在低温下产生羧酸和胺,进而生成 NH_3,在高温下酰胺脱水形成腈,最终生成 HCN。Samuelsson 等(2003)在热解 2,5-DKP 和 2-吡啶酮时发现,DKP 能在所有温度下形成 HCN、HNCO 和 NH_3,随着温度的升高,HNCO 产率下降,而 HCN 产率升高。Ratcliff 等热解单体氨基酸,发现氨基酸主要以两种反应模式——脱氨和缩合开始热解,其中缩合反应也会形成 DKP。而 Hansson(2003)对聚合氨基酸的热解中发现聚合多肽在热解时也是首先去聚合分解形成 DKP。

Parnaudeau 等(2007)通过 Pyrolysis-GC/MS 检测中间产物来确定污泥中有机物的组成,发现热解产物中的含氮化合物以氰化甲烷和吡咯为主,它们都是由多肽和蛋白质衍生而来,而含脯氨酸、氨基乙酸、谷氨酸的蛋白质热解时能产生吡咯和它的衍生物。产物中的乙酰胺则是由含氨基乙酸的蛋白质热解产生的,吲哚和甲基吲哚是有含色氨酸的多肽的热解产物,吡啶及其衍生物可归因于含丙氨酸的蛋白质和多肽,苯乙腈由含苯基丙氨酸的多肽热解而来,最后,天冬酰胺的存在能产生吡咯烷。

借助 GC-MS 分析手段,通过检测热解中间气态产物,可以分析污泥热解过程中蛋白质的分解途径。为了探索 NH_3 和 HCN 的产生途径,首先对热解产物组分进行分析,而固体残留物中的氮被固定在焦炭中,很难释放。大豆蛋白热解液态产物和气态产物 GC-MS 的检测结果见图 4-112。

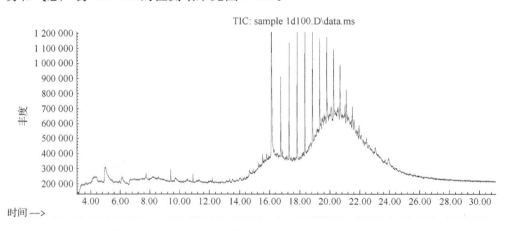

图 4-112　600℃时大豆蛋白热解油的组分 GC-MS 分析

表 4-41　600℃时大豆蛋白热解油的组分

停留时间/min	物质	停留时间/min	物质
4.970	(结构式：Cl—CH₂—S—C≡N)	18.835	$C_{27}H_{56}$
6.124	(苯酚 —OH)	19.322	$C_{28}H_{58}$
16.124	(双酚A结构：HO—C₆H₄—C(CH₃)₂—C₆H₄—OH)	19.783	$C_{28}H_{58}$
16.725	$C_{23}H_{48}$	20.239	$C_{31}H_{64}$
17.279	$C_{24}H_{50}$	20.670	$C_{44}H_{90}$
17.813	$C_{25}H_{52}$	21.010	芳香酚
18.341	$C_{26}H_{54}$	21.612	$C_{44}H_{90}$

从表 4-41 可以看到热解油中的主要成分为脂肪族类化合物,从 $C_{23} \sim C_{44}$ 的饱和链烃,其他质谱峰都非常小,只是苯酚和其他更复杂的芳香酚类化合物,它们来自于生物质中的脂肪、纤维素和糖类等。含氮成分非常少,只在 4.97 min 处检测到一种氯取代硫氰,其他少量的大分子含氮物质,如脂肪胺、烷基腈、嘧啶、吡啶、吲哚等,它们在谱图中并没有明显的特征峰。生物质中的氮主要存在于蛋白质中,这就说明蛋白质在热解过程中形成的油类产物非常少,氮主要通过气态产物的形式被释放。

从 300℃开始,大豆蛋白和污泥就开始大量产生挥发分,由于初级中间产物只在低温下存在,所以抽取低温下的热解气体进行 GC-MS 分析,结果如下:

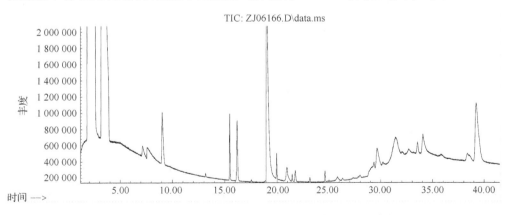

图 4-113　350℃时大豆蛋白热解气态产物 GC-MS 分析

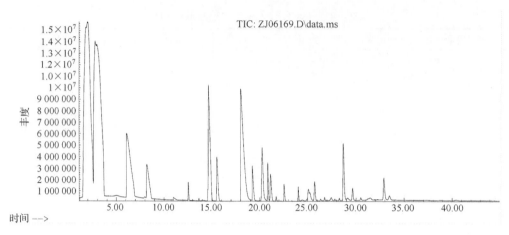

图 4-114　　350℃时干燥污泥热解气态产物 GC-MS 分析

从表 4-42 中可以看出,蛋白质和污泥的热解气体中非含氮组分主要有大量的 CO、CH_4、C_2H_4、C_2H_6,以及分子更大的烯烃和烷烃 C_xH_y,也有少量的丙酮、丁酮、乙醛和苯类。而且在蛋白质热解气中存在的组分,在污泥热解气中都存在,而后者还有一些更复杂的气体,如呋喃、2-甲基呋喃、噻吩、还包括氯代和溴代烷烃,另外污泥中还检测到了蛋白质中没有的大分子烷烃,包括己烷、庚烷和辛烷,这主要是由于污泥中的脂肪含量比较高,这些脂肪大分子在热解过程中发生断裂生成直链烷烃。

表 4-42　350℃时大豆蛋白和污泥的非含氮气体组分

物质结构式或分子式	大豆蛋白	污泥
CH_4	√	√
CO	√	√
$HC\equiv CH$	√	√
$H_2C=CH_2$	√	√
C_2H_6	√	√
$S=C=O$	√	√
CH_3Cl	—	√
〔烯烃结构式〕	√	√
〔烷烃结构式〕	√	√
〔醛结构式 O〕	√	√

物质结构式或分子式	大豆蛋白	污泥
	√	√
	√	√
	√	√
	√	√
	—	√
	√	√
	√	√
	√	√
	√	√
	—	√
	√	√
	—	√
	—	√
	—	√
	√	√
	—	√
	—	√

从表 4-43 中的含氮物质的组成可以看出,蛋白质热解气和污泥热解气的成分几乎相同,都检测到了 HCN 和 N_2O 的存在,NH_3 和水分子的谱峰重合,不易区分。其中烷基氰的含量最多,包括乙腈、丙腈、丁腈,甚至还有戊腈和己腈,它们在离子流色谱图中都有很高很明显的特征峰。另外还有少量线形酰胺和环酰胺,有2,5-氮杂环戊酮、2,5-二甲基环缩二氨酸等,但它们的量都很少。至于含氮杂环,两种气体中都检测到了吡咯、吡啶、2-甲基吡啶等。但是苯乙腈只在蛋白质热解气中检测到了,而污泥中没有,可能是由于污泥中苯丙氨酸含量较少的原因。

表 4-43　350℃ 时大豆蛋白和污泥的含氮气体组分

物质结构式或分子式	大豆蛋白	污泥
N_2O	√	√
HCN	√	√
 （乙腈结构式）	√	√
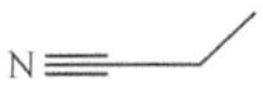 （丙腈结构式）	√	√
 （异丁腈结构式）	√	√
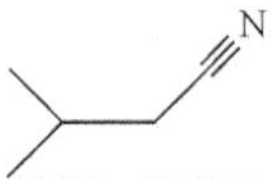 （异戊腈结构式）	√	√
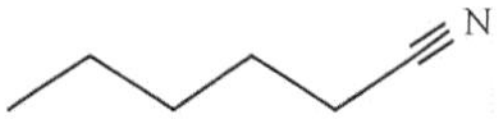 （己腈结构式）	√	√
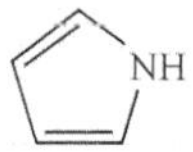 （吡咯结构式）	√	√
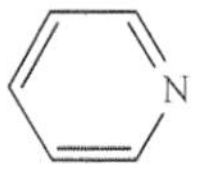 （吡啶结构式）	√	√
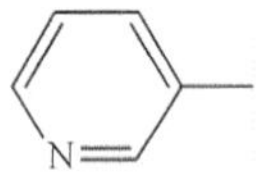 （3-甲基吡啶结构式）	√	√
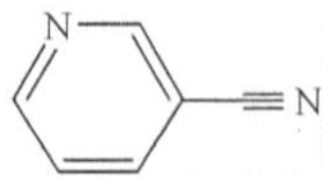 （烟腈结构式）	√	√
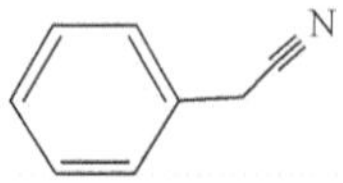 （苯乙腈结构式）	√	—
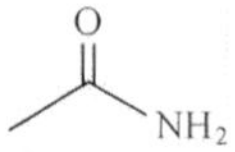 （乙酰胺结构式）	√	√

物质结构式或分子式	大豆蛋白	污泥
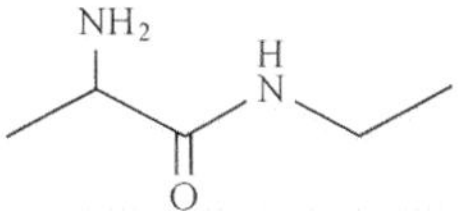 （结构式）	√	√
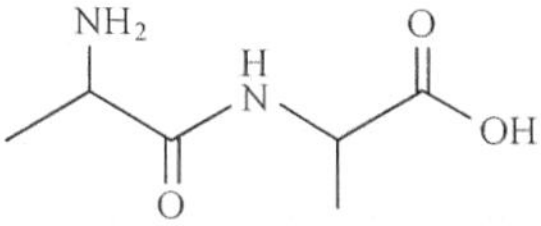 （结构式）	√	√
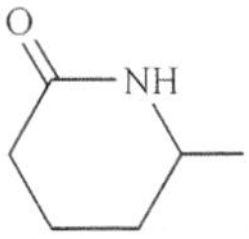 （结构式）	√	√
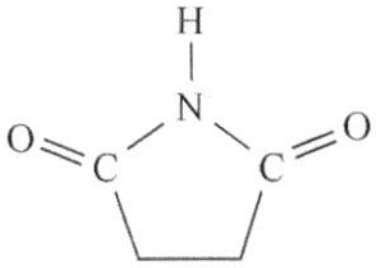 （结构式）	√	√
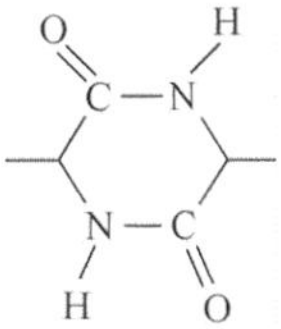 （结构式）	√	√

污泥热解气和大豆蛋白热解气的组分大部分都相同,尤其是含氮物质,都含有大量烷基腈,以及少量的线形酰胺、环酰胺和其他含氮杂环,但是污泥热解气中比大豆蛋白热解气多了一些大分子烷烃,如庚烷和辛烷,并且其组分更多更复杂。这说明用蛋白质作为污泥的含氮模型化合物既简单又合理。

5. 含氮模型化合物微波热解 NH₃ 和 HCN 的产生途径

为明确污水污泥微波热解过程 NH₃ 和 HCN 的生成途径,本节采用大豆蛋白作为污泥的含氮模型化合物,对其在不同阶段释放的气态产物进行 GC-MS 全分析,以确定在热解过程中生成的重要含氮中间产物,进而推断 NH₃ 和 HCN 的生成途径。

图 4-115 和图 4-116 是大豆蛋白在不同热解温度下的瞬时气态产物,从图中可以明显看出,随着温度的升高,各种中间产物的量都减小,一方面是由于随着反应的进行,反应底物(蛋白质)逐渐减少,另一方面是由于温度逐渐升高,这些中间产物逐渐发生裂解被反应掉。另外,除了在 350℃ 时检测到了 DKP、2,5-氮杂环戊酮和苯乙腈外,其他高温下均没检测到,这说明这些中间产物在高温高于 350℃ 后

就会发生分解。因此,以上产物是蛋白质热解初始裂解产物,小分子物质都是经过中间产物的一系列反应产生的。

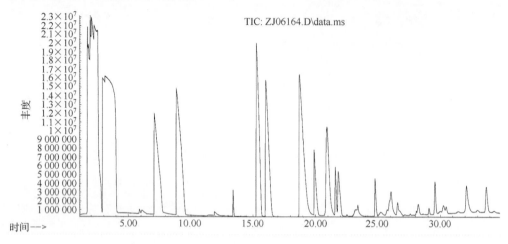

图 4-115　500℃大豆蛋白热解气态产物的 GC-MS 分析

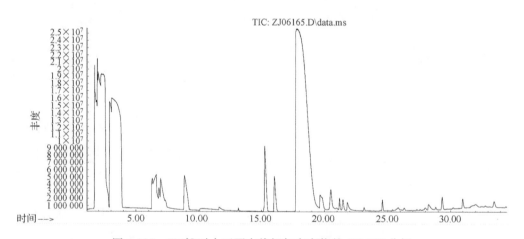

图 4-116　700℃时大豆蛋白热解气态产物的 GC-MS 分析

在热解气态产物中检测到了 DKP、2,5-氮杂环戊酮等,以及部分酰胺碎片图 4-117。

从以上中间产物可以推断蛋白质热解时解首先是肽键断裂生成酰胺,包括环酰胺和线形酰胺。

线形酰胺的裂解反应如下:

$$R-\overset{\overset{\displaystyle O}{\|}}{C}-NH_2 \longrightarrow R-C\equiv N + H_2O \qquad (4\text{-}50)$$

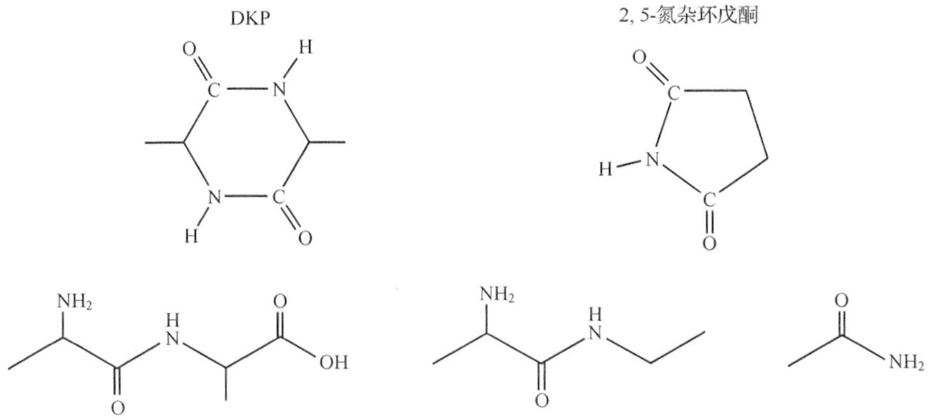

DKP　　　　　　　　　　　　　　　　　　　2, 5-氮杂环戊酮

图 4-117　热解气态产物中的酰胺

环酰胺的裂解方式则比较多：

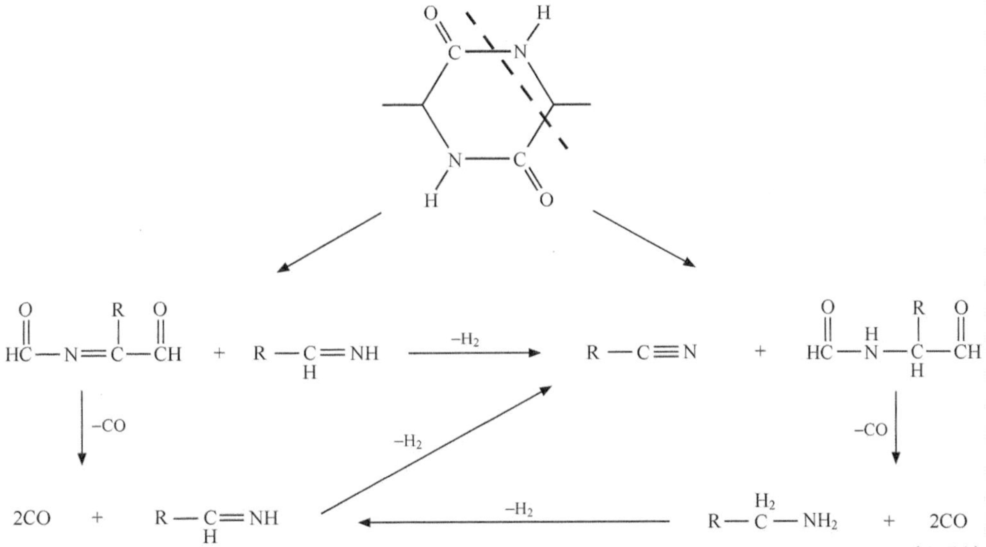

$$\tag{4-51}$$

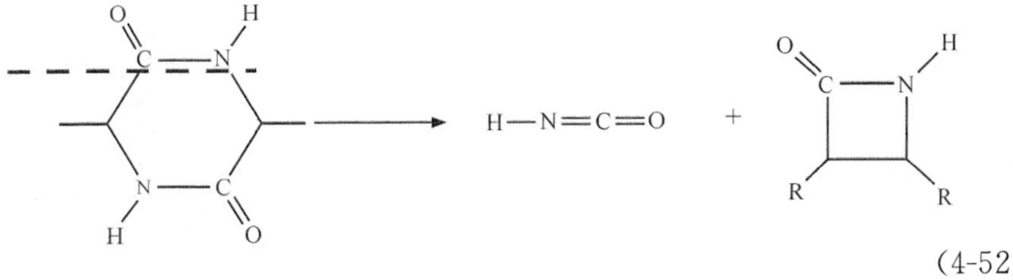

$$\tag{4-52}$$

$$ (4\text{-}53) $$

图 4-118　环酰胺的不同裂解方式

在热解气态产物中检测到的大量乙腈、丙腈和丁腈,甚至戊腈,以及少量的脂肪胺,证明了以上反应途径以式(4-50)和式(4-52)为主,而少量 HNCO 的存在证明途径式(4-51)也有发生,但不是主要反应。从图 4-118 可以看到,环酰胺 DKP 经过裂解后,能产生脂肪胺、亚胺和烷基氰,而脂肪胺能脱氢生成亚胺,亚胺进一步脱氢生成烷基氰。所以 DKP 的热解终产物为烷基氰,并伴随着 H_2 和 CO 的产生。烷基氰在高温下发生脱除反应生成 HCN 和烯烃:

$$ R-C\equiv N \longrightarrow HCN + \underset{R}{\overset{H}{\underset{\displaystyle |}{\overset{\displaystyle |}{C}}}}=CH_2 \qquad (4\text{-}54) $$

这也是反应产物中烯烃(乙烯、丙烯、丁烯等)的来源之一。如果 R 基团为苯基,那么该产物即为苯乙腈,发生上述反应过程为:

$$ \qquad\qquad \longrightarrow HCN + \qquad\qquad\qquad (4\text{-}55) $$

在反应产物中检测到了大量的苯乙腈和甲苯,苯乙腈是由含苯并氨酸的蛋白质裂解而来,而甲苯的生成则证明了上述反应的存在。

在热解气态产物中还检测到了少量的含氮杂环化合物,如吡咯、吡啶及其衍生物(图 4-119)。

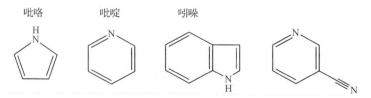

吡咯　　吡啶　　吲哚

图 4-119　含氮杂环化合物

吡咯可能是由含脯氨酸的蛋白质热解而来,吡啶可能是由含丙氨酸的蛋白质热解而来,吲哚是由含色氨酸的蛋白质热解而来。这些杂环化合物的含量都很少,它们在裂解时也是首先开环生成胺,只不过它们比环酰胺需要更高的温度。

生成的脂肪胺很难直接发生脱氨基作用,而更容易脱氢生成亚胺。但是当有水或者其他供氢基团存在时,会导致大量的 H 自由基产生,与前面在高温下生成的胺或者亚胺,甚至氰根都会被再次氢化生成 NH_3。而由于蛋白质中的赖氨酸和精氨酸含有多余的氨基,或者肽链两端的氨基,这些暴露的氨基会被氢化而直接生成 NH_3,这也是在低温下 NH_3 的产生途径。但是由于高温下水分早已逸出,只有少量的反应生成水,H 自由基的量也很少,这种途径产生的 NH_3 量也就非常少。所以 NH_3 的产生主要是在低温阶段生成的。在高温下,大部分生物质氮都转化生成了 HCN。

$$R—C \!\!=\!\! NH + H \longrightarrow R— \overset{H_2}{C}—NH_2 \qquad (4\text{-}56)$$
$$\underset{H}{}$$

$$R—\overset{H_2}{C}—NH_2 + H \longrightarrow NH_3 + 烷烃 \qquad (4\text{-}57)$$

跟大豆蛋白质相比,污泥中还有吸附的铵盐和其他含氮杂环。铵盐在很低的温度下即能挥发产生 NH_3,而其含氮杂环需要在高温下才能裂解。

所以,可以推断出蛋白质的裂解途径如图 4-120 所示。

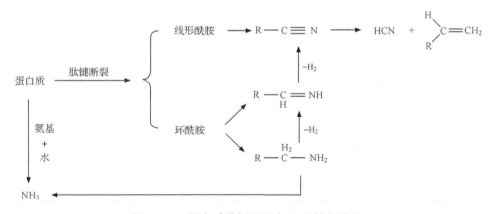

图 4-120　蛋白质热解过程中 N 的转化途径

考虑污水污泥中除蛋白质外还含有无机氮(铵盐、硝酸盐等)以及含氮杂环、含氮方向化合物,可以建立如图 4-121 所示的污泥热解生成 NH_3 和 HCN 的阶梯图。

6. 微波热解污泥含氮气体控制技术

1) 污泥组分、性质对微波高温热解含氮气态产物生成的影响
本节主要研究了三种含水率(50.5%、65.3%和78.4%)的污泥经微波高温热

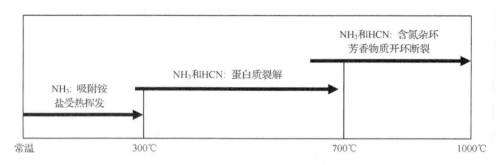

图 4-121　污泥热解生成 NH$_3$ 和 HCN 的过程图

解时 NH$_3$ 和 HCN 的生成规律。微波能吸收物质选用活性炭，掺杂比为泥：炭＝25：6，处理量为 100g 污泥混合样/次，结果如图 4-122 所示。从图中可知，含水率为 78.4％的污泥 NH$_3$ 产率较大，含水率为 65.3％的污泥 NH$_3$ 产率次之，含水率为 50.5％的污泥 NH$_3$ 产率最小。此外，不同含水率的污泥，所得到的 NH$_3$ 的产率也不相同。在 500～600℃时，三种含水率的 NH$_3$ 产率非常接近；当温度大于700℃时，产率之间的差值开始增大，特别是在 800℃时比较明显，78.4％含水率污泥的 NH$_3$ 产率为 38.7％，而 50.5％含水率污泥的 NH$_3$ 产率此时仅为 33.5％，比前者低了 5％。

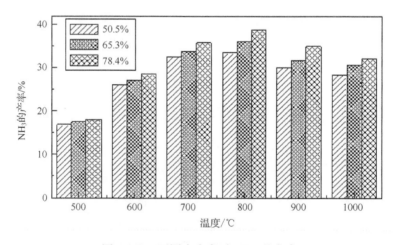

图 4-122　不同含水率时 NH$_3$ 的产率

此外，赵娅鸿等在研究水蒸气对煤热解过程中 N 转化规律的影响时发现，水蒸气的通入会显著地增加 NH$_3$ 的产率。他们认为，水蒸气的通入引起氛围中 H 自由基的增加，而 H 自由基会与煤中含氮杂环断裂后的活性基团结合，进而生成NH$_3$。这和污泥的热解类似，由于温度在短时间内达到高温，污泥中的水没来得及全部排出，在高温下会和焦炭进行反应，增加了 H 自由基浓度，H 自由基与污泥中蛋白质中的氨基酸残基或者进攻含氮杂环的 N 位使环开裂生成 NH_3。

图 4-123 表示微波热解不同含水率污泥时,污泥中的 N 在不同温度下转化为 HCN 的产率变化规律。从图中可知,三种含水率的污泥热解转化为 HCN 的产率的变化规律相似,即从 HCN 的产率随温度的升高而一直增加,在 800℃之前,HCN 的产率增加得较快;而在 800℃之后,增加得较为缓慢。在不同温度下,78.4%含水率的污泥的 HCN 产率一直较大,65.3%含水率污的污泥的 HCN 产率次之,50.5%含水率的污泥的 HCN 产率最小。因此,对于不同含水率的污泥,含水率越高,则升温速率也越大,进而 HCN 的产率也越高。

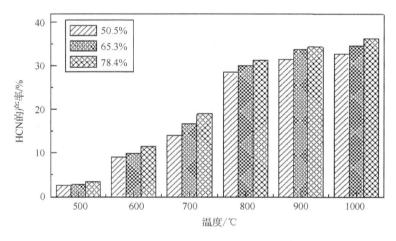

图 4-123 不同含水率时 HCN 的产率

总之,通过以上的研究分析可以知道:污泥含水率越高,NH_3 和 HCN 的产率均越大。但是,在研究的含水率范围内,发现三种含水率污泥热解时在同一温度下 NH_3 和 HCN 产率之间的差据并不大;可能是由于含水率对污泥的影响只在一个范围内有非常明显的影响,而实验的污泥含水率过高,超过了这一范围,也有可能含水率对污泥微波热解影响本来就不大。

2) 微波能吸收物质对微波高温热解污水污泥含氮气态产物生成的影响

图 4-124 是污泥掺入不同吸波物质后,NH_3 在不同温度下的产率图。由图可以看出,NH_3 的产率变化规律基本相同,在 800℃之前产率较高,800℃之后产率降低。800℃之前,掺入活性炭和 SiC 时 NH_3 的产率较为接近,在各温度下两者的产率差小于 1%,但当 800℃之后,活性炭系统产生的 NH_3 产率逐渐高于 SiC 系统。

从图 4-124 还可看出,掺入回用物质的污泥的 NH_3 产率在各温度段下均比其他三种添加物的产率低,特别是 900℃时非常明显,掺入回用物质时 NH_3 的产率只有 28.2%,比掺入活性炭时低 7%,比掺入 SiC 时低 4.6%,比石墨低 2%。

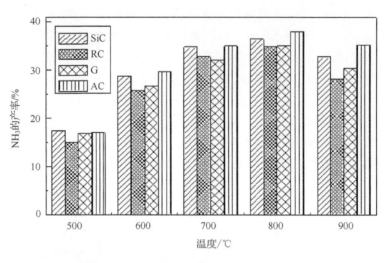

图 4-124　不同吸波物质时 NH₃ 的产率

P. Singh的研究发现污泥热解时约有 90% 的金属留在残焦中,由此可以推测回用物质中的残留金属可能抑制了 NH₃ 的生成。

　　图 4-125 是污泥掺入不同吸波物质后,HCN 在不同温度下的产率图。由图可以看出,掺入各吸波物质后 HCN 的产率变化规律与 NH₃ 基本相同,都是在 800℃之前产率迅速增加,800℃之后产率增速变缓。污泥在各个温度下热解时 HCN 的产率掺入活性炭时最大,掺入 SiC 次之,掺入石墨最低。从图中也可看出,在500～600℃时掺入回用物质时的 HCN 产率掺入其他吸波物质的样品低,可当温度达到700℃以上时,掺入回用物质时的样品 HCN 产率高于其他样品,在 900℃时候比较明显,此时掺入回用物质的 HCN 产率为 36.2%,而掺入活性炭和石墨时的 HCN产率分别只有 32% 和 32.8%。可见回用物质中的残留金属对 HCN 的形成也有比较大的影响,能够促进 HCN 的生成。

　　图 4-126 掺入不同吸波物质后,NH₃ 和 HCN 在不同温度下总产率的变化规律图,从图中可以看出,在 800℃之前,总产率随着温度的升高,但在 800℃后总量均略有下降。在所有温度段下,掺入活性炭时 NH₃ 和 HCN 的总产率一直处于最大,掺入石墨时的总产率一直最小,而掺入回用物质比较特殊,温度低于 700℃时,总产率较低,而当温度大于 700℃时,由于回用物质中金属离子的作用,总产率升高。

　　由上述分析可以知道,在所研究的四种吸波物质中,SiC 和活性炭有利于NH₃ 和 HCN 的生成,石墨不利于 NH₃ 和 HCN 的生成,回用物质则和热解终温有关。前文已对四种吸波物质的产气规律做过研究,发现污泥掺入碳化硅最有利于气体的产生,但回用物质能源气体产生率与之相近,为降低热解成本,选用回用物质作最佳热解方案。所以,本节接下来的对比实验,均选择用回用物质作为微波

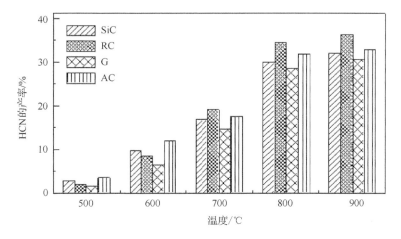

图 4-125　不同吸波物质下 HCN 的产率

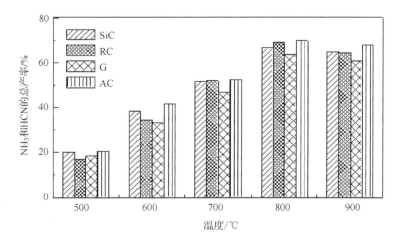

图 4-126　不同吸波物质下 NH_3 和 HCN 的总产率

吸收物质进行研究。

3）热解终温对微波高温热解污水污泥含氮气态产物生成的影响

为了更好地研究污泥微波热解过程中 HCN 和 NH_3 的产生规律，需要对不同的热解终温下 NH_3 和 HCN 的产生规律进行研究。实验分别将温度控制在 300～1000℃共 8 个不同的终温进行污泥的热解，然后测定 NH_3 和 HCN 的产率。

图 4-127 是微波热解污泥在不同终温下 NH_3 产率的变化图，由图中可以看出，NH_3 的产率随着热解终温的升高是先增加后降低。在 300℃和 400℃时，NH_3 产率均较低，分别为 3.8％和 5.4％，但这之后，产率增加则非常迅速，在 800℃时达到 36.51％，达到最大值，从 800℃过后，产率开始降低，到 1000℃时，降低

了 6%。

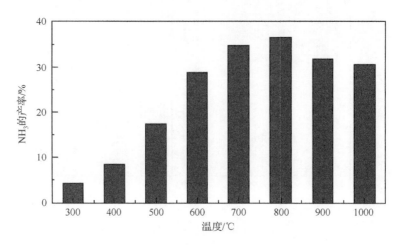

图 4-127　不同终温时 NH$_3$ 的产率

　　根据前面对污泥微波热解时 NH$_3$ 的产生规律分析可知,对于 300℃和 400℃时二者的 NH$_3$ 产率相差并不大,主要是因为热解温度较低,只有较少的蛋白质较低程度的裂解,产生了少量 NH$_3$,此时 NH$_3$ 的产率主要来自于污泥中吸附铵盐的受热挥发。对于 500～700℃,NH$_3$ 产率的急速增加,主要是由于温度达到了大部分蛋白质初级裂解的温度,大部分的蛋白质发生初级裂解产生 NH$_3$,同时生成酰胺和残焦,此时 N 在焦油和残焦中含量均较高。对于 700～800℃,NH$_3$ 产率的增加相对变缓,主要是由于污泥中蛋白质基本彻底热解完成,此时主要是初次裂解的部分产物在温度达到 800℃时的进一步裂解,产生少量 NH$_3$;还有一部分是由于污泥中含有的含氮杂环芳香物质开始热裂解,也产生少量 NH$_3$。但值得注意的是,对于 800℃到 1000℃,NH$_3$ 的产率反而下降,这是由于 NH$_3$ 在高温下转化成为其他含氮产物。

　　图 4-128 是微波热解污泥在不同终温下 HCN 产率的变化图,由图中可以看出,HCN 的产率随着热解终温的升高一直增加。在 300～500℃时,HCN 的产率均较低,均低于 3%,而且在 300℃时没有检测到 HCN 的产生;当温度升至 500℃之后,HCN 的产率迅速增加,从 500℃的 2.8% 迅速增加到了 800℃的 30.1%;从800℃到 1000℃,HCN 的产率增长速率变缓,到 1000℃时仅达到 32.1%,增加了 2%。

　　根据前面对污泥微波热解时 HCN 的产生规律分析可知,500℃之前产生的少量 HCN,主要是少量蛋白质初级裂解后产生的少量线形酰胺的裂解。对于 500～800℃,HCN 产率的急速增加,主要是由于温度达到了大部分蛋白质裂解的温度,蛋白质发生初级裂解产生了 HCN,而且随终温的升高,大部分初级产物(如环酰

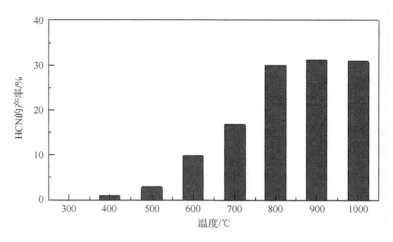

图 4-128　不同终温时 HCN 的产率

胺)还会进一步热解产生 HCN。特别是 800℃时,HCN 的累计产率比 700℃时 HCN 累计产率高了 12%,这一方面是因为初次裂解产生的大部分产物(如环酰胺)在 800℃时能进一步裂解,产生较多 HCN;另一方面是由于污泥中含有的少量含氮杂环物质也开始热裂解,生成 HCN。当温度升至 800℃以上时,HCN 产率继续增加,这是由于较高的温度有利于污泥中的含氮杂环芳香物质开环热解产生 HCN,使得 HCN 在与 NH_3 的生成竞争反应中占优,这也是 800℃后 NH_3 产率下降的原因之一,另外更高的温度使得热解过程中产生的活性自由基团更多,含氮物质热解得更彻底。

图 4-129 是 HCN 和 NH_3 的总产率在不同温度下的规律变化图。从图中可以看出,在 300~800℃范围内,HCN 和 NH_3 的总产率随着温度的升高而迅速增加,在 800℃时达到最大值 66.5%。值的注意的是,在 800℃过后,HCN 和 NH_3 的总产率缓慢下降,到 1000℃时 HCN 和 NH_3 的总产率下降到 61.5%。从前面的研究可以看出,温度越高,污泥中 N 的转化到气相中的比率越高,但是 HCN 和 NH_3 的产率却在减少,可以推断出还有其他形式的含氮气体生成,如 N_2。许多学者也在研究传统热解时煤中 N 在高温下的热解规律时发现 N_2 在高温下的生成量增加。

4) 矿物质对微波热解污泥含氮气态产物释放的影响

近年来,许多国内外学者在研究煤或者生物质热解氮的转化规律时,均发现矿物质对热解过程中的氮的转化规律影响非常大。Li 等(2008)对慢速热解时矿物质的作用进行研究,结果表明,发现煤酸洗脱灰后的煤样 N_2 的产量从 48%降为 13%,大大降低了 N_2 的释放。降文萍(2004)发现低阶煤脱除矿物质后,热解时生成的 HCN 和焦油中的氮增加,NH_3 和 N_2 却减少了。NelsonPF 等(1998)对德国

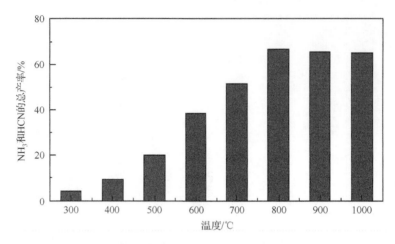

图 4-129　　温度对 NH_3 和 HCN 的总产率

低阶煤的热解研究中发现,相应的酸洗脱灰煤热解时释放的 NH_3 大大减少,且起始释放温度提高;NH_3 释放量的降低并不伴随着 HCN 释放量相应的增加。Ohtsaka 等(1997)认为脱灰煤中添加的铁盐或煤本身矿物质中的含铁化合物,能催化煤中部分氮在热解过程中转化为 N_2,且产生的 N_2 主要来源于焦氮。

　　依据已有的文献可以知道,Fe 离子是影响热解过程含氮气体生成的关键矿物质离子,同时污水污泥中也含有较高浓度的铁离子,因此,课题组设计了以下两组实验:酸洗脱灰后的污泥热解时 NH_3 和 HCN 的形成规律;酸洗脱灰后再通过化学沉淀法加载 Fe 的污泥热解时 NH_3 和 HCN 的形成规律。

　　图 4-130 所示为干燥的原污泥、加 Fe 污泥、酸洗脱灰污泥微波热解时 NH_3 产率的变化规律。从图中可以看出,脱灰、加 Fe 处理对 NH_3 的生成规律影响不大,也是随着温度的升高而增大,并在 800℃时达到最大值,之后产率降低。值得注意的是,脱灰污泥和加 Fe 污泥热解时 NH_3 产率在 800℃之后有一个显著的区别,脱灰污泥热解时 NH_3 产率降低非常缓慢,从 800℃的 31.5％到 1000℃的 30.4％,仅仅降低了 1％,而加 Fe 污泥的 NH_3 产率却降低了 7％,且在 800℃之前,加 Fe 污泥的 NH_3 产率一直高于脱灰污泥。这说明加入的 Fe,在 800℃之前,对于 NH_3 的产率有促进作用,在 800℃之后,却使得 NH_3 产率降低。这可能是由于在 800℃后,Fe 催化 NH_3 发生反应生成 N_2。

　　从图 4-130 中还可看出,在 500～600℃时,原泥和加 Fe 污泥的 NH_3 产率非常接近,但均高于脱灰污泥的 NH_3 产率,说明此时 Fe 作为催化剂促进了 NH_3 的生成。原泥的 NH_3 产率较加 Fe 污泥稍高,这可能是由于原泥中内在的 Fe 比外加的 Fe 分散度更高,所以 NH_3 的产率值也高一些。但从 700℃开始,二者的产率差值逐渐增大,说明随着温度的升高,原泥中的其他矿物质对 NH_3 的产生也开始有了

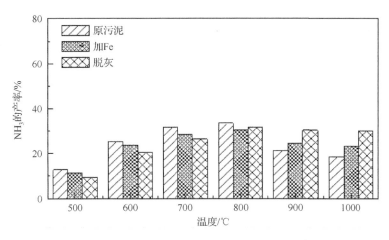

图 4-130　三种不同污泥热解时 NH_3 的产率

一定的促进作用,与 Fe 协同促进 NH_3 的生成。而且 800℃后加 Fe 污泥 NH_3 产率的下降幅度与原泥相比较小,也可以说明污泥中的矿物质对 NH_3 的产生有着较大的影响。比较加 Fe 污泥和原泥热解时 NH_3 的产率规律可以发现,它们的规律比较相似,这说明污泥热解时,污泥中的 Fe 对 NH_3 的形成起主要的作用,污泥中的其他矿物质对 NH_3 的形成起次要作用。

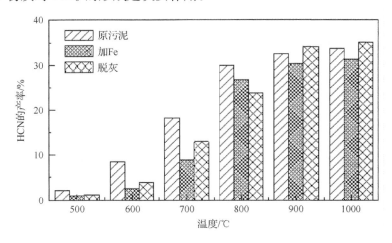

图 4-131　三种不同污泥热解时 HCN 的产率

　　图 4-131 所示为原污泥、脱灰和加 Fe 污泥微波热解时 HCN 产率的变化规律。从图中可以看出,三种污泥微波热解时 HCN 的产率随均随热解终温的升高而增大。500~700℃时,脱灰污泥和加 Fe 污泥的 HCN 产率较为接近,均远低于原污泥的 HCN 产率,尤其在 700℃,原泥的 HCN 产率比加 Fe 污泥的高 9%,这说明在此温度下原污泥中的其他矿物质促进了 HCN 的产生,并且其促进作用大大

强于 Fe 的抑制作用。在 900℃ 高温时,脱灰污泥的 HCN 产率最高达到 34.2%,原泥的 HCN 产率为 32.5%,而加 Fe 污泥的 HCN 产率最低为 30.1%,比脱灰污泥少了近 4%,说明在此温度下,Fe 的存在有效抑制了 HCN 的生成,或是促进了 HCN 向其他气体的转化。车得福等对煤的传统热解研究认为,HCN 在高温下会转化成 NH_3,而也有学者认为是转化成了 N_2。

图 4-132 为微波热解原污泥、脱灰污泥和加 Fe 污泥时,污泥中的 N 在不同温度下转化为 NH_3 和 HCN 的总产率变化曲线。从图中可以看出,三种污泥热解时 NH_3 和 HCN 的总产率变化规律相似,都是在 800℃ 前随着温度升高近乎线形增加,在 800℃ 之后的总产率略有下降。此外,从图中可以非常明显地看出,脱灰污泥的 NH_3 和 HCN 总产率在各个温度下均比原污泥和加 Fe 污泥的高。而原污泥和加 Fe 污泥的 NH_3 和 HCN 总产率在各个温度段下相差不大,差值小于 1%,这说明 Fe 是污水污泥微波热解过程中影响 NH_3 和 HCN 生成的最关键的矿物质。

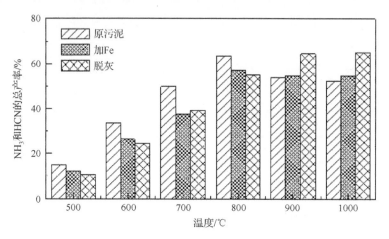

图 4-132　三种不同污泥热解时 NH_3 和 HCN 的总产率

4.7.3　微波热解污水污泥油类产物中二噁英形成机理及控制技术

二噁英是污水污泥热处理过程中一类对人体健康影响较大的危害产物。污泥中含有 C、H、O 和 Cl 等元素,这些元素在高温下极易合成二噁英类,对周围的空气和土壤造成严重的二次污染。以焚烧技术为例,据日本环境省调查,焚烧设施一直都是日本环境中二噁英类的主要排放源,几乎每年占总排放量的比例都在 50%。据日本政府二噁英类问题顾问委员会负责人平冈教授介绍,由于日本土地资源匮乏,热处理一直是固体废弃物的主要处理措施,而正是这些处理措施造成日本空气中二噁英类浓度比美国和一些欧洲国家高约 2 倍。1997 年,大阪府能势町在对当地焚烧设施烟气的检测中测出的二噁英类毒性当量浓度高达 150ng TEQ/Nm^3,随后在焚烧设施周围的土壤中也检测出了二噁英类物质。日本茨城县从

1971 年以来长期使用焚烧炉处理固体废物,环境中二噁英类的含量是环境省规定量的 125 倍,附近居民癌症发病率明显升高。美国《纽约时报》于 1997 年 4 月 27 日也着重报道了焚烧固体废弃物排放的二噁英类化合物对居民健康产生的损害已成为一个严重的社会问题。居住在早期建设的固体废弃物焚烧设施附近的居民死于癌症的人数占死亡总数的 40%～50%,而远离这些固体废弃物焚烧设施的地区,死于癌症者只占死亡总数的 20%。

　　而热解技术由于对固体废物的高温处理是在缺氧条件下进行,研究表明,在热处理过程中的 PCDD/Fs 的从头合成和前驱体异相催化反应中,氧的含量是一个关键因素,同时热解过程能够通过分解和挥发将毒性有机物从物料中去除,因此能够有效抑制二噁英(PCDD/Fs)的合成。

　　污水污泥在热处理过程中,已知的二噁英类生成途径有:① 污泥中本身含有微量的二噁英类,由于二噁英类具有热稳定性,尽管大部分在高温燃烧时得以分解,但仍会有一部分在燃烧以后残留。② 在燃烧过程中由含氯前体物生成二噁英类,前体物包括聚氯乙烯、氯代苯、五氯苯酚等,在燃烧中前体物分子通过重排、自由基缩合、脱氯或其他分子反应等过程会生成二噁英类,这部分二噁英类在高温燃烧条件下大部分也会被分解,只有少量残留。③ 当因燃烧不充分而在烟气中产生过多的未燃尽物质,并遇适量的触媒物质(主要为重金属,特别是铜等)及 300～500℃ 的温度环境,则在高温燃烧中已经分解的二噁英类将会重新生成,这是二噁英类合成的主要原因。但是,由于二噁英类合成过程的复杂性,其合成机理至今尚未清晰阐明,仍在争论中。关于热处理过程中二噁英类的合成机理,目前得到普遍认可的主要有前驱物异相催化和从头合成两种反应。在这两种合成机理中,温度和氧含量是重要的影响因素与合成条件。二噁英类的合成温度区间为 200～450℃ 和 500～800℃,最佳温度范围为 250～450℃。二噁英类在 200℃ 以上的温度形成,在 800℃ 以上则完全不生成。因此,为减少二噁英类的形成,燃烧温度应当维持在 900℃ 以上,锅炉出口温度应保持在 250℃ 以下,除尘器应保持在 230℃ 以下,尽量减少在二噁英类合成的温度范围的停留时间。这样二噁英类的前驱物很难通过表面多相催化反应和从头合成反应合成。PCDD 和 PCDF 的分子中都含有氧原子,没有氧的存在就不会合成二噁英类。

4.7.4　微波热解污水污泥固定产物重金属迁移转化途径及固定机理

　　污泥的毒害性主要是由有机物和重金属引起的。其中重金属不能为微生物所降解,一旦进入土壤,就可能长期存在,并通过扩散作用污染地下水环境,一些重要的重金属通过微生物作用,由无机态转化为有机态,毒性增强。若污泥不经处理就直接填埋或农用,不但浪费了污泥中大量的有机物,重金属也会严重污染土壤和地下水。

对于污泥中重金属的研究甚多,主要集中在重金属的去除和重金属的稳定化两个方面。对于重金属的去除研究并不成熟,且成本太高;重金属稳定化的研究主要集中在堆肥、焚烧、气化和热解等几个方面。污泥的高温热解具有处理迅速、占地较少、处理后污泥性质稳定并且能进行能源回收等优点,能达到使污泥减量化、无害化和资源化的目的。因此,目前污水污泥的高温分解成为研究的焦点。热解又分为传统热解和新兴的微波热解,与传统的高温热解相比较,污水污泥微波高温热解由于微波的选择加热特性,样品周围环境较冷,促进了污水污泥固体残留产物的快速玻璃化,玻璃化后的固体残留物孔隙率较低,包含在其中的重金属不易被浸出。

1. 微波热解污水污泥重金属的分布及赋存形态研究

从表 4-44 和图 4-133 可以看出,Zn 是污泥中具有较强迁移性和生物有效性的一种金属,不稳定态占总量的 60% 左右,Pb 主要以可还原态和残渣态形式存在,Cd 还原态的含量较高,可交换态、碳酸盐结合态、有机物结合态和残渣态的含量都很低,也具有较强的迁移性,污泥中的 Cu 表现出极强的稳定性,主要以残渣态和还原态形式存在。污泥中重金属的形态分布与污水的性质、污水处理工艺的选择、工艺运转情况以及重金属的特性等有关。污泥中不同的金属元素,以及同一金属元素在不同类型的污泥中,其主要存在形态都有所不同。

表 4-44　污泥中重金属形态含量　　　　　　（单位：mg/kg）

重金属	可交换态	碳酸盐结合态	还原态	有机物结合态	残渣态
Zn	120.8	105.6	126.1	55.5	291.9
Cd	1.0	1.9	5.3	1.0	2.6
Cu	0.3	0.1	0.8	0.4	2.1
Pb	0.8	0.5	2.1	0.2	1.6

微波及电炉热解污水污泥固体残留物中的重金属浓度如表 4-45 所示,微波及电炉热解污水污泥固体残留物中的 Cu、Pb、Zn 的浓度大大超过了原始干污泥中的含量,说明污泥经高温热解处理后使重金属富集于固体残留物中。Cd 的变化比较复杂,添加回用物质和炭化硅进行微波热解产生的固体残留物中 Cd 的含量高于干污泥中的含量,发生富集;添加活性炭、石墨进行微波热解产生的固体残留物中 Cd 的含量低于干污泥中的含量,尤其是添加石墨时固体残留物中 Cd 的含量低于检测限。

虽然重金属元素 Cu、Pb、Zn 都残留在固体残留物中,但不同类型的重金属在固体残留物中的残留率仍有区别。以上 4 种重金属元素都是典型的亲硫元素,一般来说,亲硫元素在固体残留物中的富集程度随元素沸点升高而逐渐增加,这些亲

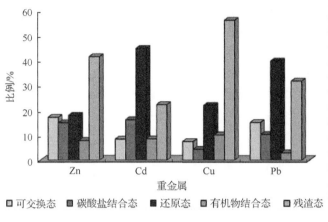

图 4-133　污泥中重金属形态分布

硫元素的沸点顺序为 Cd(765℃)＜Zn(909℃)＜Pb(1744℃)＜Cu(2595℃)，因此固体残留物中重金属的富集程度顺序为 Cu＞Pb＞Zn＞Cd。这与 Zorpas 在研究中证明的 900℃燃烧过程中部分重金属浓缩现象相一致。Lutza 等的研究证明，污泥热解过程中，90％以上的 Cd、Co、Cr、Cu、Fe、Ni、Pb、Zn 会保持在残留物中。Bridle 等(1990)也对重金属在残留物中的积累给出了定量分析。

表 4-45　固体残留物中重金属浓度　　　　　　　（单位：mg/kg）

重金属	Cd	Cu	Pb	Zn
Ac	1.42	1422.08	97.04	1765.84
RC	5.31	300.07	68.11	1347.54
G	0	575.21	250.96	2353.22
SiC	12.64	372.42	133.72	824.74
电炉	1.46	368.77	92.7	704.55

由表 4-45 可知，微波热解残留固体中重金属的含量高于电炉灰分中的含量，不同掺杂条件下微波热解固体残留物中重金属的含量也不同，添加石墨进行微波热解固体残留物中 Pb 和 Zn 的含量较高，分别为 250.96 mg/kg 和 2353.22 mg/kg。添加活性炭时固体残留物中 Cu 的含量为 1422.08 mg/kg，是几种固体残留物中含量最高的。而 Cd 在添加炭化硅的固体残留物中浓度最高，含量微 12.64 mg/kg。总体而言，微波热解有利于重金属残留在固体中，减轻烟气中重金属污染，尤其是添加石墨时。

可以看出，热解虽然减轻了烟气治理的压力，但重金属元素绝大多数富集在固体残留物中，在固体残留物资源化利用过程中，应充分注意这些重金属元素对环境的潜在危害；同时有必要开展固体残留物资源化产品的安全性评价。

　　固体残留物中重金属形态分布如图 4-134 所示。可交换态重金属主要是通过扩散作用和外层络合等形式吸附在固体表面上,其对环境变化敏感、易于迁移转化,通过离子交换即可将它们从样品中迅速交换出来。由图 4-134 可知,可交换态重金属在微波热解固体残留物中基本不存在,这也说明微波热解固体残留物中重金属不会通过与水相互作用进入环境中。四种重金属在干污泥中可交换态的含量占总量的 10%～20%。

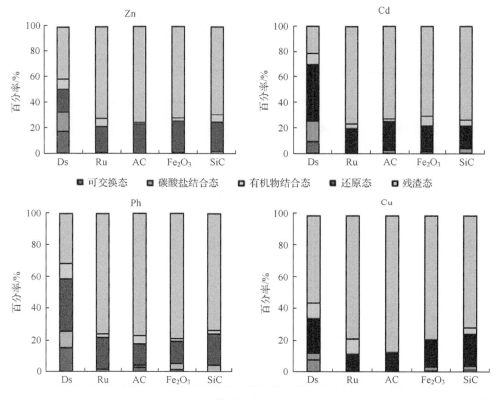

图 4-134　固体残留物重金属形态分布

　　以碳酸盐结合态存在的重金属元素受环境条件特别是 pH 影响比较敏感,当pH 下降时易于重新释放出来而进入环境中。结果表明微波热解固体残留物中碳酸盐结合态的重金属所占比例很小,不超过 2%,主要是因为固体残留物中只有少量的碳酸盐矿物出现。

　　还原态重金属元素一般以矿物的外裹物合细分散颗粒存在,重金属大多以较强的结合力吸附在样品的铁锰氧化物上,属于强离子键结合的较稳定化学性,该相态重金属的最大特点是在还原条件下容易释放。图 4-134 显示,微波热解固体残留物中的重金属以该类形态存在的比例在 10%～24%。固体残留物中存在高活性的铁锰氧化物,其比表面积大,容易吸附或共沉淀阴离子,加之微波高温热解污泥过程中的高温熔融使重金属离子间发生螯合等反应,增强了其稳定性。通常情况下,铁锰氧化物结合态的重金属被认为是较稳定的,对环境的毒性较小。

重金属有机物结合态中,重金属主要是以有机物的形式存在于样品中。对于微波高温热解城市污泥的固体残留物而言,其产生的过程经历了 1000℃ 以上的高温熔融,有机物质几乎被完全去除,故分析结果显示有机态的重金属存在于微波热解固体残留物中的含量很低。

残渣态是重金属元素的一种重要结合形式,它们大多赋存在样品的原生、次生硅酸盐和其他一些稳定矿物中,其矿物种类有石英、长石、伊利石、高岭石等等。该部分重金属在环境中可以认为是惰性的,在自然条件下能长期稳定存在。实验结果表明,城市污泥微波高温热解的固体残留物中重金属以残渣态为主要化学形态,针对选择的四种典型重金属,其残渣态都超过了 70%。

在重金属的五种形态中,前三种形态被称为不稳定态。经比较发现,污泥经微波高温热解后,四种重金属不稳定态的含量降低 10%～50%。不同掺杂条件下,城市污泥微波高温热解对重金属形态的改变程度不一样,对所考虑的四种重金属而言,各残留物对他们的固定效果顺序为:石墨＞活性碳＞回用物质＞碳化硅。表 4-46～表 4-49 给出了干污泥及四种固体残留物中四种重金属五种形态的含量。

表 4-46 重金属 Zn 各形态含量 单位:mg/kg

类型	可交换态	碳酸盐结合态	还原态	有机物结合态	残渣态
干污泥	0.69	0.60	0.72	0.32	1.67
RC	0.06	0.02	2.27	0.76	8.16
AC	0.02	0.01	2.16	0.09	7.08
G	0.06	0.06	2.33	0.27	6.88
SiC	0.01	0.07	0.90	0.27	2.76

表 4-47 重金属 Cd 各形态含量 单位:mg/kg

类型	可交换态	碳酸盐结合态	还原态	有机物结合态	残渣态
干污泥	0.0021	0.005	0.0133	0.0025	0.0066
RC	0	0.0004	0.0079	0.0016	0.0336
AC	0	0.0001	0.0019	0.0002	0.0060
G	0	0.0004	0.0009	0.0004	0.0034
SiC	0	0.0035	0.0190	0.0051	0.0785

表 4-48　　重金属 Cu 各形态含量　　　　　　　　单位：mg/kg

类型	可交换态	碳酸盐结合态	还原态	有机物结合态	残渣态
干污泥	0.5362	0.3174	1.5743	0.7254	4.0214
RC	0.0499	0.0214	0.8197	0.7714	6.2568
AC	0.0058	0.0023	0.7008	0.0069	5.0475
G	0.0293	0.1108	0.7072	0.0453	3.4197
SiC	0.0258	0.0388	0.3679	0.0719	1.2995

表 4-49　　重金属 Pb 各形态含量　　　　　　　　单位：mg/kg

类型	可交换态	碳酸盐结合态	还原态	有机物结合态	残渣态
干污泥	0.2025	0.1385	0.4378	0.1344	0.4248
RC	0	0.0077	0.1113	0.0133	0.4206
AC	0.0147	0.0066	0.0688	0.0238	0.3938
G	0.0136	0.0336	0.1268	0.0116	0.7073
SiC	0	0.0199	0.0556	0.0065	0.2113

2. 微波热解污水污泥固体产物重金属浸出效果研究

固态产物的浸出毒性是判别其是否有害的重要依据，是对固态产物资源化利用提供技术依据的关键环节，也是制定固态产物管理法规的技术支持系统。目前，不同国家所采用的浸出方法各不相同。为客观评价微波热解污泥固态产物中重金属对环境及资源化利用的影响，本节分别采用美国环境保护署的废物浸出毒性标准方法（TCLP）、合成沉降浸出程序（SPLP 法）及中国固态废物浸出毒性标准浸出方法（GB5086.2—1997）对不同热源热解污泥固态产物中重金属进行浸出试验。

1）TCLP 方法重金属浸出特性

TCLP 浸出是采用一定 pH 的醋酸溶液为浸出液的浸出方法，其对热解污泥固态产物中的重金属浸出浓度及浸出率如表 4-50 所示。

表 4-50　　TCLP 方法下热解固态产物中重金属浸出浓度

热解方法		Cd/(mg/L)	Pb/(mg/L)	Zn/(mg/L)	Cu/(mg/L)
微	SiC	0.007	0.0048	0.219	0.0155
波	G	nd	0.0088	0.437	0.0238
热	AC	nd	0.0176	0.490	0.0009
解	RC	nd	0.0135	0.368	0.0020
传统高温热解		0.022	0.0829	1.920	0.1627
干燥污泥		0.026	0.1690	4.149	0.4878
TCLP 浸出标准		1.00	5.00	—	—

注：nd 表示未检出

　　TCLP 浸出标准要求 Zn、Cu 的浸出浓度未有检出,从表 4-50 可以看出,不同固态产物及干燥污泥中 Cd、Pb 的浸出浓度均能满足 TCLP 的浸出标准,Zn、Cu 却均有浸出,其中传统热解及微波热解污泥固态产物中重金属的浸出浓度均低于普通干燥污泥中重金属浸出浓度,这表明高温热解可以有效减少污泥固体中重金属的浸出浓度。微波高温热解污泥固态产物中重金属的浸出浓度均低于传统高温热解污泥固态产物中重金属的浸出浓度,其中 Cd、Pb、Zn 和 Cu 在微波高温热解污泥固态产物中的浸出浓度较传统高温热解污泥固态产物分别降低了 92.04%、86.52%、80.29% 和 93.51%,较普通干燥污泥降低了 93.27%、93.39%、90.87% 和 97.84%。微波高温热解污泥固态产物中重金属的浸出率顺序为 Zn>Cd>Pb>Cu,即微波高温热解污泥过程对固态产物中 Cu 的固定最为有效。可见,不同的微波高温热解污泥过程均可有效减少固态产物中重金属的浸出浓度,减少固态产物填埋或再利用过程带来的环境污染。

　　比较不同微波高温热解污泥固态产物中重金属浸出率可以发现,Cd 在添加石墨、活性炭、回用物质的微波高温热解污泥固态产物中的未检出;Pb、Zn 和 Cu 分别在添加 SiC、回用物质和活性炭的微波高温热解污泥固态产物中浸出率最低,由此可见不同的微波能吸收物质会对金属的浸出率产生影响,其对重金属的固定效果为:添加回用物质>添加活性炭≈添加石墨 >添加碳化硅。

　　2) SPLP 方法重金属浸出特性

　　进一步采用 SPLP 方法对添加活性炭、炭化污泥的微波高温热解污泥固态产物中的重金属浸出状况进行研究,结果分别如表 4-51 所示。

表 4-51　SPLP 方法下热解固态产物中重金属浸出浓度

热解方法		Cd/(mg/L)	Pb/(mg/L)	Zn/(mg/L)	Cu/(mg/L)
微波	AC	0.0004	0.0113	0.0228	nd
热解	RC	nd	nd	0.0048	nd
传统高温热解		0.0014	0.0192	0.1208	0.0107

注: nd 表示未检出

　　SPLP 是采用模拟酸雨沉降浸提剂的浸出方法,其除浸提剂外的其他试验过程与 TCLP 方法相同。比较 SPLP 与 TCLP 方法对不同热解固态产物中重金属的浸出可以看出:SPLP 方法下的重金属浸出浓度均低于 TCLP 方法,而且同一金属在不同固态产物中浸出浓度的大小排序也不相同,这与浸提剂的改变直接相关。

　　具体分析表 4-51 给出的重金属浸出浓度可以发现,在 SPLP 方法中,Cd 在添加活性炭的微波高温热解污泥固态产物中出现 0.0004 mg/L 的浸出;Pb 在添加回用物质的微波高温热解污泥固态产物中未检出浸出;Cu 在添加活性炭、回用物质的微波高温热解污泥固态产物中均未检出浸出;而且 Cd、Pb 和 Zn 在添加活性炭、回用物质的微波高温热解污泥固态产物中的平均浸出浓度较传统热解分别降低了 92.69%、85.27% 和 94.28%。

与 TCLP 浸出过程相比，SPLP 过程所得的结果对固态产物中的重金属浸出状况有所改变；但在 SPLP 的浸出条件下，微波高温热解污泥固态产物的浸出浓度较传统热解过程仍有明显减少。

比较添加活性炭及炭化污泥的微波高温热解污泥固态产物中重金属浸出率可以发现，在 SPLP 方法中，添加回用物质的 Zn 的浸出率较添加活性炭的降低了 74.24%，Cd、Pb 和 Cu 均未浸出。即在 SPLP 的浸出条件下添加回用物质的微波高温热解污泥过程较添加活性炭的微波热解污泥过程更利于重金属在固态产物中的固定。

由 SPLP 浸出状况可以看出微波高温热解污泥固态产物中重金属的浸出顺序为：Pb>Cd>Zn>Cu。而与传统高温热解过程相比，微波辐射高温热解污泥对固态产物中重金属固定效果提高的顺序为 Cu>Zn>Cd>Pb，即微波高温热解污泥过程仍对固态产物中 Cu 的固定最为有效。

3）国标方法重金属浸出特性

采用国标方法（GB5086.2—1997）对添加活性炭、回用物质的微波高温热解污泥及传统高温热解污泥固态产物中的重金属浸出状况进行分析，结果分别如表 4-52 所示。

表 4-52　国标方法下热解固态产物中重金属浸出浓度

热解方法		Cd/(mg/L)	Pb/(mg/L)	Zn/(mg/L)	Cu/(mg/L)
微波	AC	nd	nd	0.0024	0.0021
热解	RC	nd	nd	0.0038	0.0089
传统高温热解		0.0012	0.056	0.0250	0.0118

注：nd 表示未检出

从表 4-52 可以看出，在国标方法中，重金属的浸出状况与 TCLP 及 SPLP 条件下的重金属浸出状况均不相同，其中添加活性炭及回用物质的微波高温热解污泥固态产物 Cd、Pb 均未检出浸出，Zn、Cu 有一定浓度的浸出，但 Zn、Cu 的平均浸出浓度较传统热解过程分别降低了 93.77%、76.47%。

国标方法中的重金属浸出浓度小于 TCLP 方法的浸出浓度，除 Cu 外，其他重金属在国标方法中的浸出浓度也小于 SPLP 方法的浸出浓度。

微波高温热解污泥固态产物中重金属的浸出顺序为 Zn>Cu>Pb=Cd，而与传统高温热解过程相比，微波高温热解污泥固态产物中 Zn、Cu 的平均浸出率较传统高温热解固态产物分别降低了 92.98%、60.10%。

4.8　微波热解污水污泥的能量平衡及经济分析

4.8.1　微波热解污水污泥的能量平衡

微波热解污水污泥制取生物质燃料包括制备生物质燃料气体与燃油两种途径。当目标产物为燃气时,优化条件为 80% 含水率的污水污泥添加 12 g 固体残留物为微波能吸收物质在 1000 W 输入功率下加热至 1000℃；当目标产物为燃油时,优化条件为 80% 含水率的污水污泥添加固体残留物为微波能吸收物质在 600 W 输入功率下加热至 400℃。这两种工艺的输入能量不同,产出的产物产率不同,所获得的能量输出也随之不同。为了确定最经济的微波热解污水污泥制取生物燃料的工艺,本小节以 1 kg 含水量为 80% 污水污泥为计量单位,分别对这两种途径的能耗、回收的固、油、气产物的能量及热损失情况进行分析。

为了研究微波热解污水污泥的产物能量回收效果,首先要确定热解过程的能量平衡体系,找出各种输入输出能量,建立整个体系能量平衡模型,对其进行能量平衡评价。图 4-135 是微波热解污水污泥热解工艺的能量平衡图。

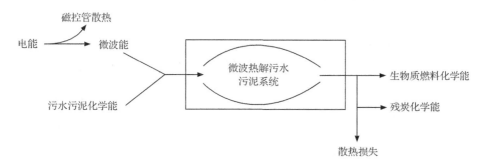

图 4-135　微波热解污水污泥热解工艺的能量平衡图

1. 污泥微波热解能量消耗

污水污泥热解是一个由多种复杂反应组成的体系,该体系的主反应是大分子吸热分解的过程,因此该体系需要有外界能量输入。微波热解与传统电或煤气热解不同。由于微波热解的选择加热及物质内部加热特性,在热解过程中不需加热炉壁及炉内空气,散热损失大幅降低；但在电能转化为微波能时,磁控管发热会损失一部分能量。此外,微波热解及传统热解过程中还会产生各种共性热损失,如热解固、气、液产品的显热,惰性气氛带走的热量及产品冷却过程中的热损失等。

对整个微波热解体系来说,输入能量包括：①污水污泥化学能 Q_S；②电能 Q_E。因此,系统的总输入能量为二者之和：

$$Q_R = Q_S + Q_E \tag{4-58}$$

微波热解污泥不同的热解终温所获得的主要产物不同，300~500℃为制取燃油适宜温度，1100~1300℃为制取燃气的适宜温度区间。当微波热解设备以最终温度为控制手段时，加热过程中输入功率不稳定，难以计算电能消耗。本节研究采取输入功率控制手段，依据第 3 章的结论，热解 200 g 含水率 80% 的污水污泥，采用 600 W 以石墨为微波能吸收物质制取燃油，热解 10 min；采用 1000 W 以固体残留物为微波能吸收物质制取燃气，热解时间 10 min。污水污泥的化学能以其低位热值 11.8 MJ/kg 干污泥计算，则产气与产油的系统能耗分别如式（4-59）及式（4-60）所示：

$$Q_R = 11.8 + 600 \times 60 \times 10 \times 5 \times 5 = 20.8 \text{ MJ/kg 干污泥} \tag{4-59}$$

$$Q_R = 11.8 \times 20\% + 1000 \times 60 \times 10 \times 5 \times 5$$
$$= 26.8 \text{ MJ/kg 干污泥} \tag{4-60}$$

从式（4-59,4-60）中可以看出，在微波热解污水污泥的系统输入能量中，污泥化学能所占比例较高，分别为总能的 88.7% 与 76.6%，每千克含水率 80% 污水污泥热解所需输入电能分别为 1.5 MJ 及 3.6 MJ。电热解污水污泥制备燃油的系统总能耗为 32.4 MJ/kg 干污泥（热解终温 500℃），其中污泥化学能所占比例为 75.6%。该数据由热解已干化污泥实验而得，此中不包含污水污泥干化所需能量，而每千克干污泥干化需蒸发水量为 3.65 kg，则每千克干污泥干化能耗为 11.7 MJ（每吨水蒸发能耗 3.2×10³ MJ，不计干化锅炉热损失）。微波热解不需干化，热解污泥的最优含水率为 80%，大量水分子的存在不仅促进污泥升温，而且还有部分水分子参与污泥热解反应，其中的碳氢元素进入污泥热解产物中，提高产物热值。因此，微波热解较电热解节省能耗大幅降低。

2. 污泥微波热解能量回收

微波热解污水污泥所获得的气态产物及油类产物均含有较多碳、氢元素，碳燃烧时所释放的热量为 33 915 kJ/kg，氢燃烧时所释放的热量为 14 319 kJ/kg。这两种元素在燃烧时产生大量的热，为气态产物及油类产物带来较高的热值。正如前面几章所分析，气态产物的热值与水煤气热值相近，油类产物的热值也与柴油等石化燃料相近。在分析能量回收时，还应将固态产物中所包含的化学能计算进来，这是由于固态产物中包含着部分未热解的焦炭，也具有一定热值。600 W 及 1000 W 下所获得的各相产物产率及所包含的热值如表 4-53 所示，表中的固、油、气的能值计算所用的热值均为低位热值（LHV）。

表 4-53　600 W 及 1000 W 微波热解污水污泥产物的产率及能值

输入功率 /W	产物产率/%			产物热值			总产能量 /MJ
	固	油	气	固/(MJ/kg)	油/(MJ/kg)	气/(MJ/Nm³)	
600	50.2	29.3	20.5	11.2	28.1	8.6	17.3
1000	46.6	7.1	46.3	10.6	37.5	12.6	23.1

从表中可以看出,1000 W 制备燃气所回收的能量大于 600 W 制备燃油的回收能量,这是由于气态产物中所含的化学能较多,形成的气体体积较大。从前面的分析可以知道,随着温度上升,固体产率下降,是由于其中的有机物裂解挥发,因此固体产物的热值也随之下降;气态产物产率随着温度上升而增高,其中氢气、甲烷等小分子高热值气体含量增加,因此气态产物的热值也随着温度增加而增加;油类产物产率下降,且随着温度上升,污水污泥中的更多的碳氢元素进入油类物质中,所以油类热值有所增高。值得注意的是,三种产物回收的总能值高于污水污泥的化学能(11.8 MJ/kg 干污泥),这可能源于两种原因:第一,微波能的介入,水的氢-氧键断裂,氢元素进入热解产物中,提升了产物热值;第二,污水污泥中碳酸根、硫酸根等无机离子在热解过程中释放碳、硫等可燃离子进入热解产物,提升了热值。

3. 污泥微波热解能量回收率及能耗比

能源的回收率是常用的衡量能量利用率的技术指标。依据图 4-135 的微波热解污水污泥热解工艺的能量平衡图,以输入总能量为基础做能量平衡评价,则能量回收率可用式(4-61)进行计算:

$$\eta = \frac{E_g}{E_a} \tag{4-61}$$

式中：E_a——污水污泥化学能与外界输入能(即用于转化微波能的电能)之和;

E_g——热解各相产物中所回收的能量之和。

由于污水污泥为固体废弃物,其中所蕴含的化学能为废能利用,因此在计算能量得率时,不应将其计算入内。微波热解污水污泥工艺的能量得率可用式(4-62)计算:

$$\zeta = \frac{E_g}{E_p} \tag{4-62}$$

式中：E_p——外界输入能,即用于转化微波能的电能;

E_g——热解各相产物中所回收的能量之和。

在各相产物中,燃气与燃油适宜作为燃料应用,因此有必要仅对燃气与燃油中所回收能量的能量得率进行计算:

$$\zeta_1 = \frac{E_{g_1}}{E_p} \tag{4-63}$$

式中：E_p——外界输入能，即用于转化微波能的电能；

　　　E_{g_1}——热解气态及油类产物中所回收的能量之和。

依据式（4-62）与式（4-63），计算得出微波热解污水污泥 600 W 制备燃油及 1000 W 制备燃气的能源回收率及能量得率，结果如表 4-54 所示。

表 4-54　微波热解污水污泥的能量回收率及能耗比

输入功率/W	能量回收率（η）	能量得率（ζ）	气、油能量得率（ζ_1）
600	0.84	1.9	1.4
1000	0.86	1.5	1.2

从表 4-54 可以看出，尽管微波较电热解的耗能大幅下降，但能量回收率仍然低于 90%，这是由于完成一个完整的热解反应过程除反应所需热量外，在系统散热及产物显热环节仍有部分热量散失。通过能量得率可以看出，无论制备燃气还是制备燃油均会产生净能量回收，微波制取燃油较燃气可获得更多的回收能量。回收能中包含着固体产物中的化学能，固体在制油过程中产率及热值均较高，也可作为动力燃料与其他燃料混烧获得热能。

微波热解污水污泥制备燃料气体由于输入能量较高，其净收入能量低于制备燃油，但这一点可以通过加入可再生催化剂，提高热解所产燃气热值来弥补。美国国家可再生能源实验室（NREL）提出了采用 Ni 基催化剂催化热解气态产物及油类产物中的大分子碳氢化合物重整反应，以提高燃气热值：

碳氢化合物重整反应　　　　$C_xH_y + H_2O \longrightarrow xCO + \dfrac{y}{2}H_2$　　　　（4-64）

燃气的热值与其所含的氢气含量有关：

$$LHV = 126\varphi_{CO} + 108\varphi_{H_2} + 359\varphi_{CH_4} + 665\varphi_{C_nH_m} \qquad (4\text{-}65)$$

式中：LHV——产气的低位热值（kJ/m³）；

　　　φ——各气体组分的体积分数（%），其中 $\varphi_{C_nH_m}$ 为不饱和碳氢化合物 C_2 及 C_3 在气体中的体积分数。

结合式（4-65）与式（4-66）可知，当碳氢化合物的碳原子数≥4 时，碳氢化合物重整反应即可有效提高气态产物的热值。同时，氢气由于其自身热值高、燃烧产物清洁等特点已成为是 21 世纪最受瞩目的新型能源，污水污泥微波热解催化制氢将成为污水污泥能源化应用的重要发展方向。

4.8.2　微波热解污水污泥经济技术浅析

本章对微波热解污水污泥制备燃料及微晶玻璃工艺进行了实验室水平的研究，并对其在热解过程中所产生的各种产物的形成机理进行了探讨，为了进一步明确微波热解污泥工艺的经济可行性,计算了该工艺实验室水平的投入、产出效益,以期为微波热解污泥工艺化应用提供经济依据。

从上节的结论可知,当热解温度为 540℃,即微波功率为 600 W 时,能源转化率最高可达 1.9,因此本节的经济分析主要考察了 600 W 时的微波热解污水污泥制备燃料及微晶玻璃工艺的投入及产出。按微波功率转化率为 80% 计算,则输入功率 800 W 可以满足输出功率的要求;微波辐照 6 min 后,固体残留物保持恒重,视为热解反应已结束,将该点设为计算微波热解电耗的时间点,则微波热解每千克含水率 80% 的污水污泥制取燃料阶段的电力费用(C_{EP})为

$$C_{EP} = 0.8 \text{ kW} \times 6 \text{ min} \times 5/60 \times 0.908 \text{ 元}/(\text{kW} \cdot \text{h}) = 0.36 \text{ 元}$$

由于试验中采用的微波能吸收物质为固体残留物,因此无需计算投入。在热解阶段需要向热解系统内通入 N_2,以保持热解过程中的惰性气氛,其投入(C_{N2})为

$$C_{N2} = (0.15 \text{ L/min} \times 10 \text{ min} + 0.15 \text{ L/min} \times 2 \text{ min}) \times 5 \times 100 \text{ 元}/(40 \text{ L} \times 135 \text{ MPa}) = 0.17 \text{ 元}$$

微波制备每千克污泥灰微晶玻璃阶段电力费用(C_{EG})为

$$C_{EG} = (0.8 \text{ kW}/80\% \times 30 \text{ min} + 1.2 \text{ kW}/80\% \times 60 \text{ min}) \times 5/60 \times 0.908 \text{ 元}/(\text{kW} \cdot \text{h}) = 9.08 \text{ 元}$$

制备微晶玻璃需要添加 SiO_2 14.5%、CaO 23.5% 及 TiO_2 6%,费用为 2.07 元。

依据国外文献,热解气及热解油的单位价格分别为 0.08 美元/Nm^3 及 0.32 美元/kg-oil,即 0.56 元/Nm^3 及 2.24 元/kg-oil。商品微晶玻璃的价格为 17.6 元/kg。

则每处理 1 kg 含水率 80% 的污水污泥,微波热解工艺的运行费用为

$$0.36 + 0.17 + (9.08 + 2.07) \times 45\% = 5.54(\text{元})$$

所获产物的经济收益为

$$0.56 \text{ 元}/Nm^3 \times 0.6 \text{ } Nm^3 + 2.24 \text{ 元}/\text{kg-oil} \times 0.29\text{kg} + 17.6 \text{ 元}/\text{kg} \times 0.45\text{kg} = 8.91 \text{ 元}$$

从上述计算可知,采用微波热解制备燃料及微晶玻璃工艺处理 1kg 含水率 80% 的污水污泥其运行净收益为 3.37 元。因此,该工艺具有较良好的经济可行性,该技术进一步发展的方向主要为降低微波热解设备费用及开发燃气、燃油纯化升级,特种微晶玻璃配方等提升产物附加值的新技术。

参 考 文 献

奥村和平，笼桥章，西尾. 微波焙烧炉和微波焙烧方法. CN Pat. 03108476.1

白慧玲. 2008. 城市污泥处置与利用综述. 山西建筑，34(20)：81～82

白润英，梁鹏，黄霞. 2005. 卷贝进行污泥减量的应用研究. 给水排水，31(7)：19～21

白润英. 2004. 两种微型动物减量污泥的初步研究. 西安建筑科技大学硕士学位论文

曹长玉. 2007. 微波诱导城市污水污泥高温热解气态产物研究. 哈尔滨工业大学硕士论文

曹洪法. 1979. 污泥在农业上的利用. 环境保护，(6)

曹秀芹，陈裙. 2002. 污水处理厂污泥处理存在问题分析. 北京建筑工程学院学报，18(1)：1～4

曹秀芹，谭晶晶. 2008. 原生动物在活性污泥系统中的作用及发展. 北京建筑工程学院学报，24(1)：1～5

岑可法，倪明江，王健等. 1999. 污泥的热解动力学特性研究. 环境科学学报，19(2)：7～8

陈肠，肖亿群，邱江平. 2003. 蚯蚓生物滤池处理城市污水初步试验. 上海交通大学学报(农业科学版)，21
  (4)：336～339

陈国玮，席彭鸽，陈慧. 2005. Cu^{2+} 和 Zn^{2+} 对活性污泥生长动力学的影响. 合肥工业大学学报(自然科学
  版)，28(2)：150～154

陈海翔，刘乃安，范维澄. 2006. 基于差示扫描量热技术的生物质热解两步连续反应模型研究. 物理化学学
  报，22(7)：786～790

陈洁，熊贞晟. 2004. 红斑颗体虫对污泥内源呼吸耗氧速率的影响. 贵州环保科技，10(3)：27～31

陈军. 2005. 城市污水处理厂污泥利用现状及潜在环境问题. 矿产与地质，19(6)：732～734

陈曼，金保升，贾相如. 2005. 城市污水污泥的热解动力学特性研究. 能源研究与利用，(3)：31～34

陈学民，黄魁，伏小勇等. 2010. 2种表居型蚯蚓处理污泥的比较研究. 环境科学，31(5)：1274～1279

陈肠，吴敏，杨健. 2003. 蚯蚓生态床处理剩余污泥. 中国给水排水，19(5)：59～60

陈中颖，刘爱萍，刘永等. 2009. 中国城镇污水处理厂运行状况调查分析. 环境污染与防治，31(9)：
  99～102

迟军，王宝贞，荆国林. 2003. 应用淹没式膜生物反应器处理含磷污水. 大庆石油学院学报，27(2)：40～42

戴兴春，黄民生，徐亚同等. 2007. 沸石强化生化装置脱氮功能的效果及机理初探. 环境科学，28(8)：
  1882～1888

丁一. 2010. 慢性生长菌的分离及其在污泥减量化中的作用效能评价. 东北师范大学硕士论文

丁永伟，王琳，王宝贞. 2006. 复合式 A^2/O 工艺中污泥沉降特性及污泥减量研究. 水处理技术，32(8)：
  30～33

方琳，田禹，武伟男等. 2008. 微波高温热解污水污泥各态产物特性分析. 安全与环境学报，8(1)：29～
  33

方琳. 2007. 微波能作用下污泥脱水和高温热解的效能与机制. 哈尔滨工业大学博士论文

冯小平，何峰，李立华. 2001. $CaO-Al_2O_3-SiO_2$ 系统微晶玻璃晶化行为的研究. 武汉理工大学学报，23(1)：
  22～25

付荣恕，杜作滨. 2008. 铅、镉污染对水丝蚓的急性毒性效应. 山东师范大学学报(自然科学版)，12(23)：
  93～95

傅大放，蔡明元，华建良等. 1999. 污水厂污泥微波处理试验研究. 中国给水排水，15(6)：56～57

傅大放，周涛. 2003. 生物固体微波杀菌及机理研究. 微波学报，19(4)：70～72

傅大放，邹路易. 2001. 微波加热对污泥肥效和卫生指标的影响. 中国给水排水，17(5)：20～23

傅剑锋，季民，张书廷等. 2004. 零污泥排放处理新技术及应用. 节能与环保，9(1)：17～20

甘义群. 2005. 城市污泥热解特性及资源化利用新方法试验研究. 中国地质大学博士论文

戈峰, 刘向辉, 江炳缜. 2002. 蚯蚓对金属元素的富集作用分析. 农业环境保护, 21(2): 16～18

葛漱玉. 1985. 天然气热值的测定. 石油与天然气化工, 14(4): 41～44

何品晶, 邵立明, 陈正夫等. 1998. 污水厂污泥低温热化学转化过程机理研究. 中国环境科学, 18(1): 39～42

何品晶, 顾国维, 李笃中. 2003. 城市污泥处理与利用. 北京: 科学出版社, 13～14

何品晶, 邵立明, 顾国维等. 2001. 城市污水厂污泥低温热解动力学模型研究. 环境科学学报, 21(2): 148～151

胡建红. 2006. 工业污泥热解和燃烧及动力学特性. 重庆大学博士论文

黄嘉. 2010. 附着型蠕虫床流场数值模拟. 哈尔滨工业大学硕士论文

蒋轶锋, 王琳, 王宝贞等. 2002. 污泥臭氧化对 MBR 运行效能的影响. 中国环境科学, 5(5): 519～522

康晓菲. 2011. 与蠕虫床联用的污水处理工艺的选择和运行效果研究. 哈尔滨工业大学硕士论文

李宝毅. 2005. 赤泥-粉煤灰微晶玻璃的制备研究. 吉林大学硕士论文

李海英. 2006. 生物污泥热解资源化技术研究. 天津大学博士论文

李鸿江, 顾莹莹, 赵由才. 2010. 污泥资源化利用技术. 北京: 冶金工业出版社

李军, 杨秀山, 彭永臻. 2002. 微生物与水处理工程. 北京: 化学工业出版社, 92

李伶艳. 2011. 具有同步硝化反硝化能力的新型寡毛类蠕虫污泥减量反应器的研究. 辽宁大学硕士论文

李美芬. 2009. 低煤级煤热解模拟过程中主要气态产物的生成动力学及其机理的实验研究. 太原理工大学博士论文

李水清. 2002. 固体废物热解制取洁净燃料和化学原料的基础研究. 浙江大学博士论文

李颖, 叶芬霞. 2006a. 化学解偶联剂对活性污泥产率的控制作用. 环境科学研究, 19(3): 88～90

李颖, 叶芬霞. 2006b. 剩余污泥减量化的解偶联代谢数学模型. 22(3): 105～108

李有光, 龚七一. 秦德酬等. 1994. 利用铬渣制造微晶玻璃建筑装饰板. 环境科学, (6): 752～756

李之鹏. 2009. 解偶联剂 2,6-DCP 在活性污泥中的迁移转化特性研究. 哈尔滨工业大学硕士论文

梁鹏, 黄霞, 钱易. 2004. 利用红斑颤体虫减少剩余污泥产量的研究. 中国给水排水, 1(20): 13～17

梁鹏, 黄霞, 钱易等. 2006. 3 种生物处理方式对污泥减量效果的比较及优化. 环境科学, 27(11): 2339～2343

林海莲. 2009. 环境条件对水丝蚓生长及污泥减量效果的影响研究. 哈尔滨工业大学硕士论文

刘恢, 柴立元, 于霞等. 2004. 活性污泥处理重金属废水的研究进展. 工业用水与废水, 35(4): 9～12

刘佳, 孙德栋, 薛文平等. 2008. 微波辐射与碱联合处理污泥的试验研究. 环境污染与防治, 30(12): 63～66

刘文铁, 王淑彦, 崔崇威等. 2006. 污泥的热解动力学及机理研究. 热能动力工程, 21(5): 529～531

刘新文, 沈东升. 2003. 污泥减量化的生物化学技术研究进展. 中国沼气, 21(3): 18～21

柳锋. 2006. 解偶联剂对重金属污水污泥性能的影响研究. 哈尔滨工业大学硕士论文

柳会雄. 2006. 解偶联用于污泥减量化的机理和污泥减量化效果评价研究. 合肥工业大学硕士论文

卢耀斌. 2009. SBR＋附着型蠕虫床联合工艺研究. 哈尔滨工业大学硕士论文

罗曦, 雷中方, 张振亚等. 2005. 好氧/厌氧污泥胞外聚合物(EPS)的提取方法研究. 环境科学学报, 25(12): 1624～1629

马小英. 2004. 利用剩余污泥吸附铜、镉的研究. 吉林大学硕士学位论文

马宗凯. 2006. 铜离子与解偶联剂协同下的污泥减量作用研究. 哈尔滨工业大学硕士论文

孟冠华, 李爱民等. 2007. 新型树脂对氯酚类物质的吸附研究. 环境污染与防治, 29(5): 347～351

彭虎，李俊. 2005. 微波高温加热技术进展. 材料导报，19(10)：100～103

彭虎，李俊. 一种用工业微波炉生产氮化钒的方法. CN Pat. 200410023104.0

祁伟. 2009. 水丝蚓附着型反应器污泥减量效能研究. 哈尔滨工业大学硕士论文

杞桑，梁轩，李文珍. 1990. 温度对霍夫水丝蚓排粪的影响及其粪便的氨基酸分析. 暨南大学学报(自然科学与医学版)，(3)：54～58

乔玮，王伟，黎攀等. 2008. 城市污水污泥微波热水解特性研究. 环境科学，29(1)：152～157

任永平. 2010. 吸附法分离提纯沼气技术研究及装置设计. 兰州理工大学硕士论文

任正元. 2010. 微波热解污泥过程中产生 NH_3 和 HCN 的规律及影响因素研究. 哈尔滨工业大学硕士论文

邵敬爱. 2008. 城市污水污泥热解试验与模型研究. 华中科技大学博士论文

宋敬阳. 1983. 城市污水污泥的农田施用. 国外环境科学技术，2：36～39

孙萍，肖波，杨家宽等. 2002. 微波技术在环境保护领域的应用. 化工环保，22(2)：71～75

谭洪. 2005. 生物质热裂解机理试验研究. 浙江大学博士论文

谭涛. 2011. 污水污泥含氮模型化合物的构建及热解过程中氮转化途径研究. 哈尔滨工业大学硕士论文

唐良建，曾曜，左宁. 2011. HA-A/A-MCO 污泥减量工艺的微生物与污泥特性. 中国给水排水，27(11)：25～29

佟志芳，毕诗文，杨毅宏. 2004. 微波加热在冶金领域中的应用研究现状. 材料与冶金学报，3(2)：117～120

万立国. 2006. 添加物辅助微波高温热解污水污泥反应条件的优化研究. 哈尔滨工业大学硕士论文

王宝贞，王琳，时双喜等. 1996. 延时曝气淹没式生物膜法同时去除有机物和氮的工艺研究. 哈尔滨建筑大学学报，29(5)：5～10

王宝贞. 1994. 水污染控制工程. 北京：高等教育出版社，303～305

王保军，杨惠芳. 1996. 微生物与重金属的相互作用. 重庆环境科学，18(1)：35～38

王红武，李晓岩，赵庆祥. 2003. 胞外聚合物对活性污泥沉降和絮凝性能的影响研究. 中国安全科学学报，13(9)：31～34

王家玲. 1988. 环境微生物学. 北京：高等教育出版社，42～45

王剑虹，严莲荷，周申范等. 2003. 微波技术在环境保护领域中的应用. 工业水处理，23(4)：18～22

王磊，兰淑澄. 1997. 固定化硝化菌去除氨氮的研究. 环境科学，18(2)：18

王磊. 1998. 城市污水厂模拟与控制方法基础研究. 同济大学硕士学位论文

王琳，王宝贞. 2000. 污泥减量技术. 给水排水，26(10)：28～31

王琳，王宝贞. 2000. 淹没式生物膜法污水处理厂的设计及运行. 中国给水排水，16(3)：16～19

王启中，宋碧玉. 2003. 污水处理中的污泥减量新技术. 城市环境与城市生态，16(6)：295～297

王同华，胡俊生，夏莉等. 2008. 微波热解污泥及产物组成的分析. 沈阳建筑大学学报(自然科学版)，24(4)：662～666

王欣. 2010. 蠕虫捕食污泥减量过程中重金属赋存及分布特征研究. 哈尔滨工业大学硕士论文

王歆鹏，陈坚，华兆哲等. 1999. 硝化菌群在不同条件下的增殖速率和硝化活性. 应用与环境生物学报，5(1)：64

王亚炜，魏源送，刘俊新. 2006. 水丝蚓反应器结构和曝气方式对剩余污泥处理的影响. 中国给水排水，22：338～342

王亚炜，魏源送，刘俊新. 2008. 水生生物重金属富集模型研究进展. 环境科学学报，28(1)：12～20

魏源送，van Houten R T，Borger A R 等. 2004. 蠕虫在膜生物反应器和活性污泥法中的污泥减量研究. 环境科学学报，24(3)：406～412

魏源送，樊要波. 2005a. 蠕虫污泥减量效果及其影响因素分析. 环境科学，26(1)：76～83

魏源送，刘俊新．2005b．利用寡毛类蠕虫反应器处理剩余污泥的研究．环境科学学报，25(6)：803～808

魏源送．1999．堆肥技术及进展．环境科学进展，(3)：11～13

翁焕新．2009．污泥无害化、减量化、资源化处理新技术．北京：科学出版社

吴迪．2009．解偶联剂对污水处理系统硝化作用的影响研究．哈尔滨工业大学硕士论文

吴娟．2006．城市污水处理厂污泥制备活性炭的研究．山东大学硕士学位论文

吴敏，杨健．2003．蚯蚓生态床处理剩余污泥．中国给水排水，19(S)：59～60

武伟男．2007．城市污水污泥微波高温热解油类产物特性研究．哈尔滨工业大学硕士论文

席鹏鸽，陈国伟，徐得潜．2004．解偶联剂对活性污泥产率的影响及其机理研究．工业用水与废水，35(3)：
　5～7

席鹏鸽．2005．解偶联用于污泥减量化的技术与机理研究．合肥工业大学硕士论文

谢冰，奚旦立，陈季华．2003．活性污泥工艺对重金属的去除及微生物的抵制机制．上海环境科学，22(4)：
　283～288

谢冰．2004．分子生物学方法研究铜锌重金属离子对活性污泥微生物的影响．华东师范大学博士学位论文

谢冰．2004．重金属对活性污泥微生物的影响．环境保护，2(4)：13～15

熊贞晟，王喜昌，黄梅生，项华．2007．红斑顠体虫对活性污泥性能的影响．环保科技，13(4)：21～23

徐丽莉，孙善利．2007．国内外污泥处理现状及工艺．商场现代化，(20)：381

徐明艳．2006．固有矿物质/铁/钙添加物对煤热解过程中氮/硫分配的影响．太原理工大学博士论文

徐晓虹，褚颖，孙淑珍等．2004．ZnO，ZnO-Fe_2O_3 晶核剂对微晶玻璃显微结构的影响．硅酸盐通报，(3)：
　23～27

薛东森．2001．美国污水污泥的研究和利用概况．国外农业环境保护，1(1)：31～33

延崇建．2011．MBR＋蠕虫床耦合系统内 SMP 及 EPS 特性的研究．哈尔滨工业大学硕士论文

杨家宽，肖波，姚鼎文等．2003．黄磷渣微晶玻璃制备及显微结构分析．矿产综合利用，34(2)：40～44

杨健，施鼎方．2001．城镇污水处理绿色技术及其进展．环境污染与防治，23(3)：107～120

杨琦，文湘华，王志强．1999．湿式氧化处理城市污水厂污泥的研究．中国给水排水，15(7)：4～8

杨怡，陈金锥，张智等．2007．珠海市污水处理厂污泥处理处置探讨．给水排水，33(3)：37～41

姚强，陆雷，江勤．2005．钢渣微晶玻璃的实验研究．硅酸盐学报，16(1)：31～34

叶芬霞，陈英旭．2005．能量解偶联代谢对剩余污泥的减量化研究．环境科学与技术，28(4)：4～5

叶芬霞，潘利波．2003．活性污泥工艺中剩余污泥的减量技术．中国给水排水，19(1)：25～28

叶芬霞，陈英旭，冯孝善．2004．化学解偶联剂对活性污泥工艺中剩余污泥的减量作用．环境科学学报，24
　(3)：395～399

尹军，谭学军．2005．污水污泥处理处置与资源化利用．北京：化工工业出版社

俞庭康，杨健．2000．污水处理最佳实用技术新进展．环境污染治理技术与设备，1(5)：54～60

俞小勇，胡勤海，叶芬霞．2006．化学解偶联剂和 OSA 联合工艺对剩余污泥的减量化作用．城市环境与城
　市生态，19(6)：40～42

袁春燕，王鹏，潘维倩．2008．微波诱导热解污泥制备吸附剂的研究．哈尔滨工业大学学报，40(4)：568～
　570

翟小蔚，潘涛，Ghyoot W 等．2000．利用原生动物削减剩余活性污泥产量．中国给水排水，16(11)：6～9

张光明，张信芳，张盼月．2005．城市污泥资源化技术进展．北京：化工工业出版社

张建频．2003．上海市城市污泥处理与处置方法的探讨．污泥处理处置技术与装备国际研讨会文集．82～87

张军．2008．解偶联剂在活性污泥系统中的迁移转化研究．哈尔滨工业大学硕士论文

张全，陆鲁．1995．剩余污泥微氧消解工艺研究．上海环境科学，14(11)：15～16

张绍园. 2000. 膜分离与生物降解组合工艺处理受污染水研究. 北京:中国科学院生态环境研究中心博士论文

张义安,高定,陈同斌等. 2006. 城市污泥不同处理处置方式的成本和效益分析——以北京市为例. 生态环境,15(2):234~238

赵博研. 2010. 微波法熔融制备污泥灰微晶玻璃的实验研究. 哈尔滨工业大学硕士论文

赵娟. 2007. 污泥微波高温热解的吸附剂制备及其再利用技术研究. 哈尔滨工业大学硕士论文

赵庆良,姜珺秋,王琨等. 2010. 微生物燃料电池处理剩余污泥与同步产电性能. 哈尔滨工程大学学报,31(6):780~785

赵庆祥. 2002. 污泥资源化技术. 北京:化学工业出版社,47~48

赵希强. 2010. 农作物秸秆微波热解实验及机理研究. 山东大学博士论文

周立祥,胡霭堂,戈乃玢等. 1999. 城市污泥土地利用研究. 生态学报,19(2):185~193

周少奇. 2002. 城市污泥处理处置与资源化. 广州:华南理工大学出版社,32

周玉. 2008. Pb、Cu 对草履虫的毒性作用. 科技资讯,12:221~223

朱振超,周路. 1996. 剩余有机污泥"零排放"工程性试验. 上海环境科学,15(8):40~41

诸晖,魏源送,王亚炜等. 2008. 颤蚓对活性污泥沉降性能的影响. 环境科学学报,28(5):910~915

祝初梅. 2007. 微波高温热解城市污泥重金属固定效能研究. 哈尔滨工业大学硕士论文

邹路易,居剑洪. 1998. 活性污泥微波脱水的初步研究. 江南学院学报,13(4):56~60

佐藤元泰. 烧结炉、制造烧结物的方法和烧结物. CN Pat. 01811729. 5;JP Pat. 319417/2000

Abbassi B, Dullstein S, Rabiger N. 2000. Minimization of excess sludge production by increase of oxygen concentration in activated sludge flocs: experimental and theoretical approach. Water Res, 34(1):139~146

ADEME. 1999. Situation du recyclage agricole des boues d'épuration urbaines en Europe et divers autres pays du monde. ADEME, Ref. No. 3358

Aksu Z, Akpinar D. 2001. Competitive biosorption of phenol and chromium(VI) from binary mixtures onto dried anaerobic activated sludge. Biochem Eng J, 7:183~193

Aksu Z, Kutsal T. 1991. Investigation of biosorption of Cu(II), Ni(II), Cr(III) ions to activated sludge bacteria. Environ Technol, 12:915~921

Aksu Z, Tatli A L. 2007. A comparative adsorption/biosorption study of Acid Blue 161: effect of temperature on equilibrium and kinetic parameters. Chemical Engineering Journal, 1~39

Aksu Z, Yener J. 2001. A comparative adsorption/biosorption study of monochlorinate phenols onto various sorbents. Water Manage, 21:695~702

Aksu Z, Yener J. 1998. Investigation of the biosorption of phenol and mono-chlorinated phenols on the dried activated sludge. Process Biochemistry, 33(6):649~655

Almeida J S, Julio S M, Reis M A M et al. 1995. Nitrite inhibition of denitrification by Pseudomonas uorescens. Biotechnol Bioeng, 46:194~201

Alvarez E A, Mochon M C, Sanchez J C J et al. 2002. Heavy metal extractable forms in sludge from wastewater treatment plants. Chemosphere, 47:765~775

Anderson K B, Meyenburg K. 1980. Are growth rates of Escherichia coli in batch cultures limited by respiration? Bacteriol, 144:114~123

Antonio D B. 2000. Composition Fate and Transofrmation of Extracellular Polymers in waste water and Sludge Treatment Processes. A Dissertation Presented to the Faculty of the Graduate School of Comell

University for the Degree of Doctor of Philosophy，3～28

Aparicio I，Santos J L，Alonso E. 2009. Limitation of the concentration of organic pollutants in sewage sludge for agricultural purposes：A case study in South Spain. Waste management (New York)，29(5)：1747-1753

Asquini L，Furlani E，Bruckner S et al. 2008. Production and characterization of sintered ceramics from paper mill sludge and glass cullet. Chemosphere，71(3)：83～89

Babatunde A O，Zhao Y Q. 2006. Constructive approaches toward water treatment works sludge management：an international review of beneficial reuses. Critical Reviews in Environmental Science and Technology，37(2)：129～164

Balch W E，Fox G E，Magrum L J et al. 1979. Methanogens：reevaluation of a unique biological group. Microbiol Rev，43：260

Balmelle B，Nguyen K M，Capderille B，et al. 1992. Study of factors controlling nitrite build-up in biological processes for water nitrification. Wat Sci Technol，26(5～6)：1017～1025

Banerjee M R，Burton D L，Depoe S. 1997. Impact of sewage sludge application on soil biological characteristics . Agric. Ecosyst. Environ，66：241～249

Barker D J，Stuckey D C. 1999. A review of soluble microbial products (SMP) in wastewater treatment systems. Water Res，33(14)：3063～3082

Barsdate R J，Prentki R T，Fenchel T. 1974. Phosphorus cycle of model ecosystems：significance for decomposer food chains and effect of bacterial grazers. Oikos，25 ：239～251

Beck A，Johnson D L，Jones K C. 1996. The form and bioavailability of non-ionic organic chemicals in sewage sludge-amended agricultural soils. Sci Total Env，185(1～3)：125～149

Bell J P，Tsezos M. 1987. Removal of hazardous organic pollutants by adsorption on microbial biomass. Wat Sci Technol，19：409

Benmoussa H，Tyagi R D，Campbell P G C. 1997. Simultaneous sewage sludge digestion and metal leaching using an internal loop reactor. Water Res，31 (10)：2638～2654

Berk S G，Botts J A. 1984. Indirect effects of chlorinated wastewater on bacteriovorous protozoa. Environ. Pollut (series A)，34：237～249

Bertoncini E I，D'Orazio V，Senesi N et al. 2008. Effects of sewage sludge amendment on the properties of two Brazilian oxisols and their humic acids. Bioresour Technol，99(11)：4972～4979

Beyenal H，Donovan C，Lewandowsk Z et al. 2004. Three-dimensional biofilm structure quantification. Journal of Microbiological Methods，59(3)：395～413

Biggs C，Lant P. 2000. Activated Sludge Flocculation：On-line Detemrination of Floc Size and the Effect of Shear. Water Res，(34)：2542～2550

Bilali L，Benchanaa M，El harfi K et al. 2005. A detailed study of the microwave pyrolysis of the Moroccan (Youssoufia) rock phosphate. Journal of Analytical and Applied Pyrolysis，73(1)：1～15

Boon A G，Burgess D R. 1974. Treatment of crude sewage in two high-rate active sludge plants operated in series. Water Pollution Control，73(4)：382～395

Brandt S，Zeng A，Deckwer W. 1997. Adsorption and desorption of penta- chlorophenol on cells of M. chlorophenolicum PCP-1. Biotechnol Bioeng，55：480～491

Bridle T. 1990. Upgrading and evaluation of sludge derived oil as a diesel fuel. Internal Report of Environmental Solution. International，Perth，Australian

Bridle T R. 1990. Upgrading and evaluation of sludge derived oil as a diesel fuel, R&D report to Alternative Energy Board, WA Government. Perth, Australia

Bru K, Blin J, Julbe A et al. 2007. Pyrolysis of metal impregnated biomass: An innovative catalytic way to produce gas fuel. Journal of Analytical and Applied Pyrolysis, 78(2): 291~300

Bulbul G, Aksu Z. 1997. Investigation of wastewater treatment containing phenol using free and Ca-alginate gel immobilized P. putida in a batch stirred reactor. Turkish J Engng Environ Sci, 21: 175~181

Butala S J M, Medina J C M, Taylor T Q et al. 2000. Mechanisms and Kinetics of Reactions Leading to Natural Gas Formation during Coal aturation. Energy&Fuels, 14(2): 235~259

Buys B R, Klapwijk A, Elissen H et al. 2008. Development of a test method to assess the sludge reduction potential of aquatic organisms in activated sludge. Bioresource Technol, 99(17): 8360~8366

Caballero J A, Front R, Marcilla A et al. 1997. Characterization of sewage sludges by primary and secondary pyrolysis. Journal of Analytical and Applied Pyrolysis, 40~41(5): 433~450

Camilla G, Gunnel D. 2001. Development of nitrification inhibition assays using pure cultures of nitrosomonas and nitrobacter. Water Res, 35(2): 433~440

Carbonell G, Pro J, Gómez N. 2009. Sewage sludge applied to agricultural soil: Ecotoxicological effects on representative soil organisms. Ecotoxicology and Environmental Safety, 72(4): 1309~1319

CEC: Council of the European Communities. 1999. The landfill directive (1999/31/EC). Off. J. Eur. Communities L, 182/1~19

CEPB(China Environmental Protection Bureau). 2002. Standard methods for examination of water and wastewater 4th ed. Beijing: Chinese Environmental Science Press

Chan L C, Gu X Y, Wong J W C. 2003. Comparison of bioleaching of heavy metals from sewage sludge using iron and sulfur-oxidizing bacteria. Adv Environ Res, 7: 603~607

Chang I S, Lee C H. 1998. Membrane filtration characteristics in membrane-coupled activated sludge system—the effect of physiological states of activated sludge on membrane fouling. Desalination, 120(3): 221~233

Chang S Y, Huang J C, Liu Y. 1986. Effects of Cd and Cu on a biofilm system. J Environ Eng, 112: 94~104

Chen C, Strand S E. 2004. Anaerobic transformation of 1,1,1-trichloroethane by municipal digester sludge. Biodegradation, 10: 1572~1584

Chen C L, Lo S L, Chiueh P T et al. 2007. The assistance of microwave process in sludge stabilization with sodium sulfide and sodium phosphate. Journal of Hazardous Materials, 147(3): 930~937

Chen G H, Liu Y. 1999. Modelling of Energy Spilling in Substratesufficient Cultures. Environ Eng ASCE, 1999, 125(5): 8~13

Chen G H, Mo H K, Liu Y. 2002a. Utilization of a metabolic uncoupler 3,3',4',5-tetrachlorosalicylanilide (TCS) to reduce sludge growth in activated sludge culture. Water Res, 36(8): 2077~2083

Chen G H, Mo H K, Saby S et al. 2002b. Minimization of activated sludge production by chemically stimulated energy spilling. Wat Sci Technol, 42(12): 189~200

Chen W, Westerhoff P, Leenheer J A, et al. 2003. Fluorescence excitation-emission matrix regional integration to quantify spectra for dissolved organic matter. Environmental Science & Technology, 37(24): 5701~5710

Chiaramonti D, Oasmaa A, Solantausta Y. 2007. Power generation using fast pyrolysis liquds from biomass.

Renewable & Energy Reviews, 11(6): 1056~1086

Chiou I J, Wang K S. 2006. Lightweight aggregate made from sewage sludge and incinerates ash. Waste Management, 26(2): 1453~1461

Chitra S, Chandrakasan G. 1996. Response of phenol degrading *Pseudomonos pictorum* to changing loads of phenolic compounds. J Environ Sci Health, A31(3): 599~619

Chu C P, Lee D J, Chang C Y. 2001. Thermal pyrolysis characteristics of polymer flocculated waste activated sludge. Water Res, 25(1): 49~56

Cioffi R, Pernice P, Aronne A et al. Glass-ceramic from fly ash with added MgO and TiO_2. Journal of the European Ceramic Society. 1994, 14(6):517~521

Coble P G. 1996. Characterization of marine and terrestrial dom in seawater using excitation-emission matrix spectroscopy. Marine Chemistry, 51(4): 325~346

Conesa J A, Marcilla A, Prats D et al. 1997. Kinetic study of the pyrolysis of sewage sludge. Waste Management and Research, 15(3): 293~305

Cook G M, Russell J B. 1994. Energy-spilling reactions of *Streptococcus bovis* and resistance of its membrane to proton conductance. Appl Environ Microbiol, 60: 1942~1948

Curds C R. 1982. The ecology and role of protozoa in aerobic sewage treatment process. Ann Rev Microbial, 36: 27~46

Czemiks S, Franch R, Feik C et al. 2000. Production of hydrohen from biomass-derived liquids. Process in thermochemical biomass conversion. NREL/CP-570-30535: 130~140

Dai J, Xu M, Chen J et al. 2007. PCDD/Fs, PAHs and heavy metals in the sewage sludge from six wastewater treatment plants in Beijing, China. Chemosphere, 66(2): 353~361

Debellefontaine H, Foussard J N. 2005. Wet air oxidation for the treatment of industrial wastes. Chemical aspects, reactor design and industrial applications in Europe. Waste Management, 20(1): 15~25

Domínguez A, Fernández Y, Fidalgo B et al. 2008. Bio-syngas production with low concentrations of CO_2 and CH_4 from microwave-induced pyrolysis of wet and dried sewage sludge. Chemosphere, 70(3): 397~403

Domínguez A, Menéndez J A, Inguanzo M et al. 2003. Gas chromatographic-mass spectrometric study of the oil fractions produced by microwave-assisted pyrolysis of different sewage sludges. Journal of Chormatography A, 1012: 193-206

Domínguez A, Menéndez J A, Inguanzo M et al. 2006. Production of bio-fuels by high temperature pyrolysis of sewage sludge using conventional and microwave heating. Bioresource Technol, 97(1): 1185~1193

Dong S M, Katoh Y, Kohyama A et al. 2002. Microstructural evolution and mechanical performances of SiC/SiC composites by polymer impregnation/microwave pyrolysis (PIMP) process. Ceramics International, 28(8): 899~905

Duncan J B, David C S. 1999. A Review of soluble microbial products (smp) in wastewater treatment systems. Water Res, 33(14): 3063~3082

Eckenfelder W W, Connor D J. 1961. Biological Waste Treatment. Oxford: Pergamon Press

Elissen H J H, Hendrickx T L G, Temmink H et al. 2006. A new reactor concept for sludge reduction using aquatic worms. Water Res, 40(20): 3713~3718

Eriksson L, Alm B. 1991. Sutdy of Flocculation Mechanisms by Obsevring Eeffcts of A Complexing Agent on Activated Sludge Properties. Water Sci Technol, 24(7): 21~28

Erkan S, Filiz B D. 2007. Effect of feeding time on the performance of a sequencing batch reactor treating a mixture of 4-CP and 2,4-DCP. Journal of Environ Manage, 83: 427~436

Esa S M, Kimmo T J, Jaakko A P. 1998. Effects of temperature on chlorophenol biodegradation kinetics in fluidized-bed reactors with different biomass carriers. Water Res, 32(1): 81~90

Eskicioglua C, Terzian N, Kennedy K J et al. 2007. Athermal microwave effects for enhancing digestibility of waste activated sludge. Water Res, 41(11): 2457~2466

EU. 2002. European Union Synthesis report on Disposal and Recycling Routes for Sewage Sludge. European Commission DG Environment B/2

European Commission . 2001. Organic contaminants in sewage sludge for agricultural use. Report of the European Commission Joint Research Centre, Ispra, 73

European Commission. 1997. The comparability of quantitative data on waste water collection and treatment. Final report to the European Commission DG XI B1, EWPCA

European Commission Regulary Report. 2001. Disposal and recycling routes for sewage sludge, part 2. European Commission DG Environment, ISBN92-894-1799-4, 137

European Commission Scientific and Technical Sub-component Report. 2001. Disposal and recycling routes for sewage sludge part 3. European Commission DG Environment, ISBN 92-894-1800-1, 132

Fdz-Polanco F, Villaverde S, Garcia P A. 1994. Temperature effect on nitrifying bacteria activity in biofilters: activation and free ammonia inhibition. Wat Sci Tech, 34(3): 371~378

Fenchel T. 1980. Suspension feeding in ciliated protozoa: functional response and particle size selection. Microbiol Ecol, 6: 1~11

Feng J, Li W, Xie K et al. 2003. Studies of the release rule of NO_x precursors during gasification of coal and its char. Fuel Processing Technol, 84(3): 243~254

Finogenova N P, Lobasheva T M. 1987. Growth of Tubifex tubifex (Oligochaeta, Tubificidae) under various trophic conditions. Int Rev Ges Hydrobiol, 72(6): 709~726

Font R, Fullana A, Conesa J. 2005. Kinetic models for the pyrolysis and combustion of two types of sewage sludge. Journal of Analytical and Applied Pyrolysis, 74(1~2): 429~438

Fonts I, Azuara M, Gea G et al. 2009. Study of the pyrolysis liquids obtained from different sewage sludge. Journal of Analytical and Applied Pyrolysis, 85(1): 184~191

Frolund B, Palmgren R, Keiding K et al. 1996. Extraction of Extracellular Polymers from Activated Sludge Using a Cation Exchange Resin. Water Res, (30): 1749~1758

Fuentes A, Llorens M, Saez J et al. 2004. Phytotoxicity and heavy metals speciation of stabilized sewage sludges . J Hazard Mat, 108: 161-169

Fuerhacker M, Haile T M. 2011. Treatment and Reuse of Sludge. Hdb Env Chem, 14: 63~92

Fytili D, Zabaniotou A. 2007. Utilization of sewage sludge in EU application of old and new methods-a review [J]. Renewable and Sustainable Energy Reviews, 12 (1): 116-140

Gao R Y, Wang J L. 2007. Effects of pH and temperature on isotherm parameters of chlorophenols biosorption to anaerobic granular sludge. Journal of Hazardous Materials, 145: 398~403

Gasco G, Cueto M J, Méndez A. 2005. The effect of acid treatment on the pyrolysis behavior of sewage sludges. Journal of Analytical and Applied Pyrolysis, 80(2): 496~501

Gasco G, Cueto M J, Méndez A. 2007. The effect of acid treatment on the pyrolysis behavior of sewage sludges. Journal of Analytical and Applied Pyrolysis, 80(3): 496~501

Germain E, Stephenson T. 2005. Biomass characteristics, aeration and oxygen transfer in membrane bioreactors: their interrelations explained by a review of aerobic biological processes. Rev Environ Sci Bio/Technol, 4: 223~233

Ghosh S. 1987. Improved Sludge Gasification by Two-Phase Anaerobic Digestion. J Environ Eng, 113(6): 1265~1284

Ghyoot W, Verstraete W. 2000. Reduced sludge production in a two-stage membrane assisted bioreactor. Water Res, 34(1): 205~215

Guibelin E. 2002. Sustainability of thermal oxidation processes: strengths for the new millennium. Water Science and Technology, 46(10):259~267

Guo L, Li X, Bo X et al. 2008. Impacts of sterilization microwave and ultra sonication pretreatment on hydrogen producing using waste sludge. Bioresource Technol, 99(3): 3651~3658

Guo X, Liu J, Wei Y et al. 2007. Sludge reduction with Tubificidae and the impact on the performance of the wastewater treatment process. Journal of Environmental Sciences, 19:257~263

Halletal J E. 1994. Survey of sludge production, treatment, quality and disposal in the European Union. 2007. Anjou Research. Communities of the European Communities

Hamoda M F, Al-attar I M S. 1995. Effects of high sodium chloride concentrations on activated sludge treatment. Wat Sci Technol, 31(9): 61~72

Hansson K M, Leichtnam J N. 2000. The behaviour of fuel-nitrogen during fast pyrolysis of polyamide at high temperature. Journal of Analytical and Applied Pyrolysis, 55(1): 255~268

Haque K E. 1999. Microwave energy for mineral treatment processes. Minerals & Metallurgical Processing, 57(2): 1~24

Helsen L, Hacala A. 2006. Formation of metal agglomerates during carbonisation of chromated copper arsenate (CCA) treated wood waste: Comparison between a lab scale and an industrial plant. J Hazardous Materials, 137(3): 1438~1452

Hendrickx, T L G, Temmink H, Elissen H J H et al. 2009. The effect of operating conditions on aquatic worms eating waste sludge. Water Res, 43(4): 943~950

Hendrickx T L G, Elissen H H J, Temmink H et al. 2011. Operation of an aquatic worm reactor suitable for sludge reduction at large scale. Water Res, 45(16): 4923~4929

Hendrickx T L G, Temmink H, Elissen H J H et al. 2009. Aquatic worms eating waste sludge in a continuous system. Bioresource Technol, 100(20): 4642~4648

Huang C, Lin J, Lee W S et al. 2011. Effect of coagulation mechanism on membrane permeability in coagulation-assisted microfiltration for spent filter backwash water recycling. Coll Surfaces A: Physicochem Eng Aspects, 378: 72~78

Huang X, Liang P, Qian Y. 2007. Excess sludge reduction induced by Tubifex tubifex in a recycled sludge reactor. J Biotechnol, 127(3): 443~451

Huang X, Liu R, Qian Y. 2000. Behaviour of Soluble Microbial Products in a Membrane Bioreactor. Process Biochemistry, 36(5): 401~406

Hultman B, Levlin E, Stark K. 2000. Swedish debate on sludge handling. In: Pfaza E, Levlin E, Hultman B, editors. Proceedings of a Polish – Swedish Seminar on sustainable municipal sludge and solid waste handling, Cracow, May 29, 2000. Report No 7

Hultman B, Levlin E, Stark K. 2000. Swedish debate on sludge handling. Proceedings of a Polish-Swedish seminar. Cracow, May 29, 2000, on sustainable municipal sludge and solid waste handling, Report No 7, ISBN 91-7170-584-8, 1~16

Hunik J H. 1993. Engineering aspects of nitrification with immobilised cells[D]. The Netherlands: Wageningen Agricultural University. 12

Hwang B K, Lee W N, Yeon K M et al. 2008. Correlating TMP increases with microbial characteristics in the bio-cake on the membrane surface in a membrane bioreactor. Environ Sci Technol, 42(11): 3963~3968

Hyungseok Y. 1999. Nitrogen removal from synthetic wastewater by simultaneus nitrification and denitrification via nitrite in an intermittently-aerated reactor. Wat Sci Res, 33(1): 146

Itoh S J, Suzuki A, Nakamura T et al. 1994. Production of heavy oil from sewage sludge by direct themochemical liquefraction. Desalination, 98(9): 127~133

Jacob J, Chial H, Boey L et al. 1995. Review-thermal and non-thermal interaction of microwave radiation with materials. Journal of Materials Science, 30(21): 5321~5327

Jakab E, Mészáros E, Borsa J. 2010. Effect of slight chemical modification on the pyrolysis behavior of cellulose fibers. Journal of Analytical and Applied Pyrolysis, 87(1): 117~123

Jamali M K, Kazi T G, Arain M B. 2009. Speciation of heavy metals in untreated sewage sludge by using microwave assisted sequential extraction procedure. J Hazardous Materials, 163(2): 1157~1164

Jothiramalingam R, Lo S L, Chen C L. 2010. Effects of different additives with assistance of microwave heating for heavy metal stabilization in electronic industry sludge. Chemosphere, 78(5): 609~613

Kennedy K J, Lu J, Mohn W. 1992. Biosorption of chlorophenols to anaerobic granular sludge. Water Res, 26: 1085~1092

Kennedy K J, Thi T P. 1995. Effect of anaerobic sludge source and condition on biosorption of PCP. Water Res, 29(10): 2360~2366

Khater G A. 2002. The Use of Saudi Slag Production of Glass-Ceramic Materials. Ceramics International, 18(1): 59~60

Khursheed A, Kazmi A A. 2011. Retrospective of ecological approaches to excess sludge reduction. Water Res, 45(15): 4287~4310

Kim Y, Parker W. 2007. A technical and economic evaluation of the pyrolysis of sewage sludge for the production of bio-oil. Bioresource Technol, 59(3): 126~132

Klee N, Gustafsson L, Kosmehl T et al. 2004. Changes in toxicity and genotoxicity of industrial sew-age sludge samples containing nitro-and amino-aromatic compounds following treatment in bioreactors with different oxygen regimes. Env Sci Pollut Res, 11: 313-320

Klee N, Gustafsson L, Kosmehl T et al. 2004. Changes in toxicity and genotoxicity of industrial sew-age sludge samples containing nitro-and amino-aromatic compounds following treatment in bioreactors with different oxygen regimes. Env Sci Pollut Res, 11: 313-320

Langenkamp H, Marmo L. 1999. Workshop on problems around sludge. Report of the European Commission Joint Research Centre

Langford K, Lester J N. 2003. Fate and behavior of endocrine disrupters in wastewater treatment processes. In: Birkett J W, Lester J N(Eds), Endocrine disrupters in wastewater and sludge treatment process. Lewis Publishers and IWA Publishing, London, UK, 2003: 103~144

Lapara T M, Konopka A, Alleman J E. 2000. Energy spilling by thermophilic aerobes in potassium limited continuous culture. Water Res, 34(10): 2723~2726

Lapinski J, Tunnacliffe A. 2003. Reduction of suspended biomass in municipal wastewater using bdelloid rotifers. Water Research, 7: 2027~2034

Laturnus F, von Arnold K, Grøn C. 2007. Organic contaminants from sewage sludge applied to agricultural soils: false alarm regarding possible problems for food safety? Env Sci Pollut Res, 14(1): 53~60

Lazzari L, Sperni L, Bertin P et al. 2000. Correlation between inorganic (heavy metals) and organic(PCBs and PAHs) micro pollutant concentrations during sewage sludge composting processes. Chemosphere, 41: 427~435

LeBlanc R J, Matthews P, Richard R P. 2009. Global Atlas of Excreta, Wastewater Sludge, and Biosolids Management: Moving Forward the Sustainable and Welcome Uses of A Global Resource. United Nations Human Settlements Programme (UN-HABITAT), ISBN: 978-92-1-132009-1

Lee D J, Spinosa L, He P J et al. 2006. Sludge production and management processes: case study in China. Wat Sci Technol, 54(5): 189~196

Lee D J, Spinosa L, Liu J C. 2002. Towards Sustainable Sludge Management. Water, 21 Dec: 22~23

Lee N M, Welander T. 1996. Use of Protozoa and Metazoa for Decreasing Sludge Production in Aerobic Wastewater Treatment. Biotechnol Lett, 18(4): 429~434

Lee N M, Welander T. 1996. Use of protozoa and metazoan for decreasing sludge produ-ction in aerobic wastewater treatment. Biotechnology Letters, 18(4): 429~434

Leslie G L, Schneider R P, Fane A G et al. 1993. Fouling of microfiltration membrane by two gramnegative bacteria. Coll Surfaces A: Physicochem Eng Aspects, 73: 165~178

Liang P, Huang X, Qian Y. 2006. Excess Sludge Reduction in Activated Sludge Process through Predation of Aeolosoma hemprichi. Biochem Eng J, 28: 117~122

Liang P, Huang X, Qian Y. 2006. Excess Sludge Reduction in Activated Sludge Process through Predation of Aeolosoma Hemprichi. Biochemical Engineering Journal, 28: 117~122

Liang P, Huang X, Qian Y et al. 2006. Determination and comparison of sludge reduction rates caused by microfaunas, predation. Bioresource Technol, 97: 854~861

Li H, Zhang S, Zhao X et al. 2006. Pyrolysis experiment of municipal; sewage sludge and characterstics of fractions. Journal of Tianjin University, 39(6): 739~744

Lin D, Chi H. 2001. Use of sludge ash as brick material. J Environ Eng, 127(10): 922~927

Lin K L, Lin C Y. 2005. Hydration characteristics of waste sludge ash utilized as cement raw material. Cement and Concrete Research, 235(10): 1999~2005

Liu Y, Chen G. 1997. A model of energy uncoupling for substrate-sufficient culture. Biotechnol Bioeng, (55): 571~576

Liu Y, Chen G H, Paul E. 1998. Effect of the S_0/X_0 ratio on energy uncoupling in substrate-sufficient batch culture of activated sludge. Water Res, 32(10): 2883~2888

Liu Y. 2000. Effect of chemical uncoupler on the observed growth yield in batch culture of activatived sludge. Water Res, 34(7): 2025~2030

Liu Y. 1996. Bioenergetic interpretation on the S_0/X_0 ratio in substrate~sufficient batch culture. Water Res, 30(11): 2766~2770

Loomis W F, Lipmann F. 1948. Reversible inhibition of the coupling between phosphorylation and oxidation. J Biol Chem, 14(9): 807~814

Low E W, Chase H A, Milner M G et al. 2000. Uncoupling of Metabolism to Reduce Biomass Production in the Activated Sludge Process. Water Res, 34(12): 3204～3212

Low E W, Chase H A. 1998. The use of chemical uncouplers for reducing biomass production during biodegradation. Wat Sci Technol, 37(425): 399～402

Low E W, Chase H A. 1999. Reducing production of excess biomass during wastewater treatment. Water Res, 33(5): 1119～1132

Lu G Q, Low J C, Liu C. Y et al. 1995. Surface area development of sewage sludge during pyrolysis. Fuel, 74(3): 344～348

Lu G Q, Low J C, Liu F C et al. 1995. Surface area development of sewage sludge during pyrolysis. Fuel, 74 (3): 344～348

Lumxy B S, Kubo T, Yamamoto K. 2001. Sludge Reduction Potential of Metozoa in Membrane Bioreactors. Wat Sci Technol, 44(10): 197～202

Mae K, Maki T, Miura K. 2002. A new method for estimating the cross-linking reaction during the pyrolysis of brown coal. Journal of Chemical Engineering of Japan, 35(8): 778～785

Magoarou P. 2000. Urban waste water in Europe-What about the sludge? Proceedings of the workshop on problems around sludge. European Commission Joint Research Centre EUR 19657EN. 9～16

Mahmood T, Elliott A. 2006. A review of secondary sludge reduction technologies for the pulp and paper industry. Water Res, 40: 2093～2112

Manfred C, Birgit S. 2004. Adsorption of bisphenol-A, 17β-estradiole and 17α-ethinyl estradiole to sewage sludge. Chemosphere, 56: 843～851

Mareilla A, Gomez A, Menargues S. 2005. TG/FTIR study of the thermal pyrolysis of EVA copolymers. Jounal of Analytical and Applied pyrolysis, 74(1～2): 224～230

Mareo R D, Laresgoiti M F, Cabrero M. A et al. 2001. Pyrolysis of scrap tyres. Fuel, 72(2): 9～22

Marr A G. 1991. Growth rate of Escherichia coli. Microbiol Rev, 55(2): 316～333

Masse A, Sperandio M, Cabassu C. 2006. Comparison of sludge characteristics and performance of a submerged membrane bioreactor and an activated sludge process at high solids retention time. Water Res, 40: 2405～2415

Mathews C K, van Holde K E, Ahern K G. 2000. Biochemistry. 3rd ed. New York: Addison-Wesley Publishing Company

Matthias K, Drewsa A. 2001. Influence of continuous membrane bioreactor operation on ferrichrome production using Ustilago maydis. Desalination. 149: 261～266

Maxine M, Tom S. 1998. Biomass yield reduction: Is biochemical manipulation possible without affecting activated sludge process efficiency? Wat Sci Technol, 38: 137～144

Mayhew M, Stephenson T. 1998. Biomass yield reduction: Is biochemical manipulation possible without affecting activated sludge process efficiency. Wat Sci Technol, 38(8～9): 137～144

McCann B. 2006. A global overview of the diverse world of wastewater sludge. Water 21, February 2007, 16～19

McDermott G N, Moore W A, Ettinger M B. 1963. Effects of Copper on Acrobic Biological Sewage Treatment. J Wat Pollut Control Fed, 35: 163～177

McMahon D S. 1996. Nutrient Values for Biosolids in Virginia. Technical Services Administrator, Wheelabrator Water Technologies Inc. , Bio Gro Division, USA

McWhirter J R. 1978. Oxygen and Activated Sludge Process. The Use of High-Purity Oxygen in the Activated Sludge Process, vol. 1. CRC Press, FL: USA

Meknassi Y F, Tyagi R D, Narasiah K S. 2000. Simultaneous sewage sludge digestion and metal leaching: effect of aeration. Process Biochem, 36: 263~273

Menéndes J A, Inguanzo M, Pis J J. 2002. Microwave-induced pyrolysis of sewage sludge. Water Res, 36 (13): 3261~3264

Menéndez J A, Domínguez A, Inguanzo M et al. 2004. Microwave pyrolysis of sewage sludge: analysis of the gas fraction. Journal of Analytical and Applied Pyrolysis, 71(2): 657~667

Metcalf, Eddy. 2003. Wastewater Engineering: Treatment, Disposal and Reuse. 4th ed. New York: McGraw-Hill Publishing Company Ltd

Metcalf, Eddy. 1995. Wastewater Engineering: Treatment, Disposal and Reuse. 3rd ed. New York: McGraw-Hill Publishing Company Ltd

Mingos D M P, Baghurst D R. 2011. Application of microwave dielectric heating effects to synthetic problems in chemistry. Chemical Society Reviews, 20(3): 1~47

Mitchell P. 1961. Coupling of phosphorylation to electron and hydrogen transfer by a chemiosmotic type of mechanism. Nature, 191(1): 144~148

Miura M, Kaga H, Sakurai A et al. 2004. Rapid pyrolysis of wood block by microwave heating. Journal of Analytical and Applied Pyrolysis, 71(1): 187~199

Montgomery M A, Elimelech M. 2007. Water and sanitation in developing countries: including health in the equation. Environ Sci Technol, 41: 17~24

Moussa M S, Hooijmans C M, Lubberding H J, et al. 2005. Modelling nitrification, heterotrophic growth and predation in activated sludge. Water Res, 20: 5080~5098

Moussa M S. 2004. Nitrification in Saline Industrial Wastewater. Netherlands: Delft University of Technology

Mueller J A, Boyle W C, Popel H J. 2002. Aeration: Principles and Practice. Boca Raton: CRC Press

Mulder J W, van K R. 1997. N-removal by SHARON. Water Quality International, (2): 30~31

Mun, K J. 2007. Development and tests of lightweight aggregate using sewage sludge for nonxtructural concrete. Construction and Building Materials, 147(21): 1583~1588

Nagaoka H, Ueda S, Miya A. 1996. Influence of Bacterial Extracellular Polymers On the Membrane Separation Activated Sludge Process. Water Science and Technology, 34(9): 165~172

Nandakumar K, Ramamurthy S, Rajarajan A et al. 1998. Suitability of Dindigul town's sewage sludge for field application: nutritional perspective. Pollut Res, 17(1): 61~63

Neijssel O M. 1977. The effect of 2, 4-dinitrophenol on the growth of Klebsiella aerogenes NCTC418 in aerobic chemostat cultures. FEMS Lett, 1: 47~50

Neufeld R D, Hermann E R. 1975. Heavy Metal Removal by Acclimated Activated Sludge. J Wat Pollut Control Fed, 47: 310~319

Nielsen P H, Frolund B, Sring S et al. 1997. Microbial Fe(Ⅲ) Reductionin Activated Sludge. Syst Appl Microbiol, (20): 645~653

Ning Z, Fernandes L, Kennedy K J. 1999. Chlorophenol sorption to anaerobic granules under dynamic conditions. Water Res, 33(1): 180~188

Ohtsuka Y, Xu C, Kong D et al. 2004. Decomposition of ammonia with iron and calcium catalysts supported on coal chars. Fuel，53(6)：655～692

Ong S A，Lim P E，Seng C E. 2005. Effects of Cu(Ⅱ) and Cd(Ⅱ) on the Performance of Sequencing Batch Reactor Treatment System. Process Biochemistry，(40)：453～460

Oveeoglu M L. 1998. Microstructural Characterization and Physical Properties of a Slag-Based Glass-Cermaic Crystallized at 950 and 1100℃. Journal of the European Ceramic Society. (18)：161～168

Pakdel H，Roy C，Aubin H et al. 1992. Foramtion of dllimonene in used tire vacuum Pyrolysis oils. Envion Sci Technol，25(3)：1646～1649

Park Y J，Moon S O，Heo J. 2003. Crystalline phase control of glass ceramics obtained from sewage sludge fly ash. Ceramics International，29(2)：223～227

Pathak A，Dastidar M G，Sreekrishnan T R. 2008. Bioleaching of heavy metals from anaerobically digested sewage sludge. J Environ Sci Health，Part A，43(4)：402～411

Pathak A，Dastidar M G，Sreekrishnan T R. 2009. Bioleaching of heavy metals from sewage sludge：a review. Jounal of Environmental Management，90：2343～2353

Patterson J W. 1977. Wastewater Treatment Technology，Ann Arbor Science，USA

Peuravuorio J，Paaso N，Pihlaja K. 2002. Sorption behavior of some chlorophenols in lake aquatic humic matter. Talanta. 56：523～538

Porada S. 2004. The influence of elevated pressure on the kinetics of evolution of selected gaseous products during coal pyrolysis. Fuel，83(7～8)：1071～1078

Porada S. 2004. The reactions of formation of selected gas products during coal pyrolysis. Fuel，83(9)：1191～1196

Prasad S A，William D. 1995. "Microwave Sintering Kilogram Batches of Silicon Nitride". Microwaves：Theory and Application in Materials ProcessingⅢ

Quan X C，Shi H C et al. 2003. Biodegradation of 2,4-dichlorophenol in an air-lift honeycomb-like ceramic reactor. Process Biochemistry，38：1545～1551

Raats M H M，van Diemen A J G，Lave J et al. 2002. Full scale electrokinetic dewatering of waste sludge. Colloids and Surfaces A：Physicochem. Eng Aspects，210：231-241

Ratsak C H，Kooi B W，van Verseveld H. 2000. Biomass reduction and mineralization increase due to the ciliate Tetrahymena pyriformis grazing on the bacterium Pseudomonas fluorescens. Water Science and Technology，29：119～128

Ratsak C H，Verkuijlen J. 2006. Sludge Reduction by Predation Activity of Aquatic Oligochaetes in Wastewater Treatment Plants：Science or Fiction? A Review. Hydrobiologia，564：197～211

Ratsak C H. 1994. Grazer Induced Sludge Reduction in Wastewater Treatment. Amsterdam：Free University

Rensink J H，Corstanje R，van der Pal J H. 1996. A new approach tosludge reduction by metazoa. In 10th European Sewage and Reuse Symposium，IFAT，Munich：339～364

Rensink J H，Rulkens W H. 1997. Using metazoa to reduce sludge production. Wat Sci Technol，36(11)：171～179

Renze Y，Houtenb R T. 2003. Minimization of excess sludge production for biological wastewater treatment. Water Research，37：4453～4467

Rich L G，Yates O W. 1955. The effect of 2,4-dinitrophenol on activated sludge. J Appl Microbiol 3：95～103

Riveranevares J A，Wyman J F，Vonminden DL et al. 1995. 2,6-ditert-butyl-4- nitrophenol(DBNP)a potentially powerful uncoupler of oxidative phosphorylation. Environ Toxicol Chem, 14(1): 251~256

Roberto, Raffaele C. 2006. Evaluation of biodegradation kinetic constants for aromatic compounds by means of aerobic batch experiments. Chemosphere, 62: 1431~1436

Rols J L, Mauret M, Ranihmani H et al. 1994. Population dynamics and nitrite build-up in activated sludge and biofilm processes for nitrogen removal. Wat Sci Technol, (29): 43~52

Rosenberger S, Kraum M E. 2002. Filterability of activated sludge in membrane bioreactors. Desalination, 36:45~56

Rosenberger S, Krüger U, Witzig R et al. 2002. Performance of a bioreactor with submerged membranes for aerobic treatment of municipal waste water. Water Research. 36:413~420

Rosenwinkel K H, Wagner J. 2000. Sludge production in membrane bioreactors under different conditions. Water Science and Technology, 41 (10-11):251~258

Ruiz G, Jeison D, Chamy R. 2003. Nitrification with high nitrite accumulation for the treatment of wastewater with high ammonia concentration. Water Res, 7: 1371~1377

Rulkens W H. 2003. Sustainable sludge management-what are the challenges for the future? in: Biosolids 2003-Wastewater Sludge as a Resource, Norway: Trondheim

Russel J B, Cook G M. 1995. Energetics of bacterial growth: balance of anabolic and catabolic reactions. Microbiol Rev, 59(1): 48~62

Russell J B, Strobel H J. 1990. ATPase dependent energy spilling by the ruminal baeterium, Streptoccus bovis. Arch Microbiol, 153: 378~383

Russell J B. 1992. Glucose toxicity and inability of Bacteroides rumininicola to regulate glucose transport and utilization. Appl Environ Microbiol, 58(6): 2040~2045

Russell J B. 1991. A reassessment of bacterial growth effieieney: the heat production and membrane potential of Streptoccus bovis in batch and continuous culture. Arch Microbiol, 155: 559~565

Russell J B. 1993. Effect of amino acids on the heat production and growth effieieney of Streptoccus bovis: balance of anabolic and catabolic rates. Appl Environ Microbiol, 59(6): 1747~1751

Russell J B. 1993b. Glueose toxicity in Prevotella ruminicola: methylglyoxal accumulation and its effect on membrane physiology. Appl Environ Microbiol, 9(9): 2844~2850

Salvadó H, Mas M, Menéndez S et al. 2001. Effects of Shock Loads of Salt on Protozoan Communities of Activated Sludge. Acta Protozool, 40 : 177~185

Sanchez M E, Martinez O, Gomez X et al. 2006. Pyrolysis of mixtures of sewage sludge and manure: A comparison of the results obtained in the laboratory(semi-pilot)and in a pilot plant. Waste Management, 21(9): 123~129

Sanchez M E, Menéndez J A, Domínguez A et al. 2009. Effect of pyrolysis temperature on the composition of the oils obtained from sewage sludge. Biomass and Bioenergy, 33(6): 933~940

Schowanek D, Carr R, David H. 2004. A risk-based methodology for deriving quality standards for organic contaminants in sewage sludge for use in agriculture-Conceptual Framework. Regul Toxicol Pharmacol, 40: 227~251

Scott S A, Dennis J S, Davidson J F et al. 2006. Thermogravimetric measurement of the kinetics of pyrolysis of dried sewage sludge. Fuel, 85(9): 1248~1253

Sebastian W, Ryszard K. W. 2010. A review of methods for the thermal utilization of sewage sludge: The Polish perspective. Renewable Energy, 35(9): 1914~1919

Selivanovskaya S Y, Zaripova S K, Latypova V Z et al. 2010. Treatment and Disposal of Biosolids. Environmental Bioengin, 11: 1~51

Senez J C. 1962. Some considerations on the energetics of bacterial growth. Bacteriol Rev, 26: 95~107

Sheng G P, Yu H Q. 2006. Characterization of extracellular polymeric substances of aerobic and anaerobic sludge using three-dimensional excitation and emission matrix fluorescence spectroscopy. Water Research, 40(6): 1233~1239

Shie J L, Chang C Y, Lin J P et al. 2000. Resources recovery of oil sludge by pyrolysis: Kinetics study. J Chem Technol Biotechnol, 75(6): 443~450

Simon E W. 1953. Mechanisms of dinitrophenol toxicity. Biol Rev 28: 453~479

Singh K P, Mohan D, Sinha S et al. 2004. Impact assessment of treated/untreated wastewater toxicants discharged by sewage treatment plants on health, agricultural, and environmental quality in the wastewater disposal area. Chemosphere, 55(2): 227~255

Singleton F L, Guthrie R K. 1977. Aquatic Bacterial Populations and Heavy Metals. Composition of Aquatic Bacterial in the Presence of Copper and Mercury Salts. Water Res, 11:639~642

Smith S R. 2009. A critical review of the bioavailability and impacts of heavy metals in municipal solid waste composts compared to sewage sludge. Environment international, 35(1): 142~56

Song Y C, Kwon S J, Woo J H. 2004. Mesophilic and thermophilic temperature co-phase anaerobic digestion compared with single-stage mesophilic and thermophilic digestion of sewage sludge. Water research, 38(7): 1653~1662

Spinosa L. 2007. Wastewater sludge: a global overview for the current status and future prospects. Water 21 Market Briefing Series, IWA Publishing, London, 41

Stockdale M, Sewyn J. 1971. Effects of ring substituents on the activity of phenols as inhibitors and uncouplers of mitochondrial respiration. Eur J Biochem, 21: 565~574

Strand S E, Harem G H, Stensel H D. 1999. Activated-sludge yield reduction using chemical uncouplers. Wat Environ Res, 71(4): 454~458

Stryer L. 1988. Biochemistry, 3rd ed. New York:Freeman

Suarez M E, Kim J, Carrera J et al. 2007. Catalytic and non-catalytic wet air oxidation of sodium dodecylbenzene sulfonate: Kinetics and biodegradability enhancement. Journal of Hazard Materials, 12(1): 125~136

Sun D D, Khor S L, Hay C T et al. 2007. Impact of prolonged sludge retention time on the performance of a submerged membrane bioreactor. Desalination, 208: 101~112

Sun K J, Zhang J T, Ruan L et al. 2010. The mechanism of improving the dehydration and viscosity of municipal activated sludge (MAS) with calcined magnesia. Chem Eng J, 165(1): 95~101

Suthersan S, Ganczarczyk J J. 1986. Inhibition of nitrite oxidation during nitrification: some observations. Water Pollut Res J Canada, (21): 257~266

Tamaan G. 1925. The States of Aggreation. NewYork:D. Van Nostrand: 86~89

Tamis J, Schouwenburg G V, Kleerebezem R et al. 2011. A full scale worm reactor for efficient sludge reduction by predation in a wastewater treatment plant. Water Res, 45(18): 5916~5924

Tempest D W, Neijssel O M. 1992. Physiological and energetic aspects of bacterial metabolite overproduction. FEMS Microbiol Lett, 100: 169~176

The Commission of European Communities. 1986. Council Directive 86/278/EEC of 12 June 1986 on the protection of the environment, and in particular of the soil, when Sewage Sludge is used in Agriculture

The Commission of European Communities. 1991. Council Directive 91/271/EEC of 21 March 1991 concerning urban waste-water treatment

Thipkhunthod P, Meeyoo V, Rangsunvigit P et al. 2006. Pyrolytic characteristics of sewage sludge. Chemosphere, 64(6): 955~962

Thipkhunthod P, Meeyoo V, Rangsunvigit P et al. 2007. Describing sewage sludge pyrolysis kinetics by a combination of biomass fractions decomposition. Journal of Analytical and Applied Pyrolysis, 79(1~2): 78~85

Thipkhunthod P, Meeyoo V, Rangsunvigit P et al. 2007. Describing sewage sludge pyrolysis kinetics by a combination of biomass fractions decomposition. Journal of Analytical and Applied Pyrolysis, 79(1~2): 78~85

Tian F, Li B. 2002. Formation of NO_x precursors during the pyrolysis of coal and biomass. Part V. Pyrolysis of a sewage sludge. Fuel, 81(2): 2203~2208

Tian Y, Lu Y, Chen L et al. 2010. Optimization of process conditions with attention to the sludge reduction and stable immobilization in a novel Tubificidae-reactor. Bioresource Technol, 101(15): 6069~6076

Tian Y, Lu Y. 2010. Simultaneous nitrification and denitrification process in a new Tubificidae-reactor for minimizing nutrient release during sludge reduction. Water Res, 44(20): 6031~6040

Tinga W R, Voss W. 1968. Microwave Power Engineering. New York: Academic Press

Torri S I, Lavado R. 2008. Zinc distribution in soils amended with different kinds of sewage sludge. J Environ Manage, 88(4): 1571~1579

Toya T, Kameshima Y, Nakajima A et al. 2006. Preparation and properties of glass-ceramics from kaolin clay refining waste (Kira) and paper sludge ash. Ceramics International, 32(2):789~796

Toya T, Nakamura A, Kameshima Y et al. 2007. Glass-ceramics prepared from sludge generated by a water purification plant. Ceramics International, 33(1): 573~577

Tsai C C, Wang C S. 2006. Effect of SiO_2-Al_2O_3-flus ratio change on the bloating characteristics of lightweight aggregate material produced from recycled sewage sludge. J Haz Materials,134(1): 87~93

Tsai S P, Lee Y H. 1990. A model for energy-sufficient culture. Biotechnol and Bioengrg, 35(2):138~145

Tsezos M, Bell J P. 1989. Comparison of the biosorption and desorption of hazardous organic pollutants by live and dead biomass. Water Res, 23: 563~568

Tsubouchi N, Ohshima Y, Xu C, et al. 2002. Enhancement of N_2 formation from the nitrogen in carbon and coal by calcium. Energy & Fuels, 15(1): 158~162

Turovskiy I S, Mathai P K. 2006. Wastewater Sludge Processing. Hoboken, New Jersey: John Wiley & Sons, Inc

UK Environment Agency. 1999. Sewage Sludge Survey. R&D Technical Report,165

Ungoed-Thomas J, Grey S. 1999. British farmers spreading thousands of tons human sewage on food crops. Sunday Times

Vesilind P A, Martel C J. 1990. Freezing of Water and Wastewater Sludge. J Environ Eng, 116: 854

Wagner J, Rosenwinkel K H. 2000. Sludge production in membrane bioreactors under different conditions. Water Science and Technology, 32: 33~42

Wang J L, Qian Y. 2000. Bioadsorption of pentachlorophenol (PCP) from aqueous solution by activated sludge biomass. Bioresource Technol, 75: 157~161

Wang Q Y, Wang Z W, Wu Z C et al. 2011. Sludge reduction and process performance in a submerged membrane bioreactor with aquatic worms. Chemical Engineering Journal, 172: 929~935

Wang S, Liu X, Zhang H. 2007. Aerobic granulation for 2,4-dichloro-phenol biodegradation in a sequencing batch reactor. Chemosphere, 69: 769~775

Wang X, Chen T,Ge Y et al. 2008. Studies on land application of sewage sludge and its limiting factors. J Hazard Mat, 160(2~3): 554~558

Wang Z, Wu Z, Tang S. 2009. Extracellular polymeric substances (EPS) properties and their effects on membrane fouling in a submerged membrane bioreactor. Water Research. 43(9): 2504~2512

Warman P R, Termeer W C. 2005. Evaluation of sewage sludge, septic waste and sludge compost applications to corn and forage: Ca, Mg, S, Fe, Mn, Cu, Zn and B content of crops and soils. Bioresour Technol, 96(9): 1029~1038

Wei Y, Liu J. 2003. Sludge reduction with a novel combined worm-reactor. Oral Presentation. The 9th International Symposium on Aquatic Oligochaeta. The Netherlands:Wageningen

Wei Y, Liu J. 2006. Sludge reduction with a novel combined worm-reactor. Hydrobiologia, 564: 213~222

Wei Y,van Houten R T, Borger A R et al. Comparison performances of membrane bioreactor and conventional activated sludge processes on sludge reduction by oligochaete. Environ Sci Technol, 37(14): 3171~3180

Wei Y, van H R T, Borger A R et al. 2003. Minimization of excess sludge production for biological wastewater treatment. Water Res, 37(18): 4453~4467

Wei Y, Wang Y, Guo X et al. 2009. Sludge reduction potential of the activated sludge process by integrating an oligochaete reactor. J Hazardous Materials, 163(1): 87~91

Wei Y, Zhu H, Wang Y et al. 2009. Nutrients release and phosphorus distribution during oligochaetes predation on activated sludge. Biochem Eng J, 43(3): 239~245

Werle S, Wilk R K. 2010. A review of methods for the thermal utilization of sewage sludge: The Polish perspective. Renewable Energy, 35(9): 1914~1919

Wilen B, Jin B, Lant P. 2003. Impacts of sturcutral characteristics on activated sludge floc stability. Water Res, (37): 3632~3645

Wilen B, Jin B, Lant P. 2003. The influence of key chemical constiutents in activated sludge on surface and flocculating properties. Water Res, 37(9): 2127~2139

Wilfried P, Kurt J, Sandra B. 2001. Protozoa in wastewater treatment: Function and importance. Handbook of Environmental Chemistry 2 (Pt . K)

WIlliams T, Taylor D T. 1993. Aromatisation of tyre Pyrolysis oil to yield Polycylic aromatic hydroearbons. Fuel, 72(4):1469~1474

William T S, Lisa A C. 1999. Evaluating the relationship between the sorption of PAHs to bacterial biomass and biodegradation. Water Res, 33(11): 2535~2544

Wilson G. 1998. Burning and burying-dealing with sludge. Water Waste Treat 36

Wong J M. 1992. Biotreatment of contaminated groundwater with high organics and salinity contents[A] . In: Proc. 46th Annual PurdueIndustrial Waste Conf. Lewis, Chelsea, Mich: 75~87

Wong J W C, Li K, Fang M et al. 2001. Toxicity evaluation of sewage sludges in Hong Kong. Environ Intern, 27: 373~380

Wong J W C, Selvam A. 2006. Speciation of heavy metals during co-composting of sewage sludge with lime.

Chemosphere, 63(6): 980~986

Wong W T, Chan W I, Liao P H et al. 2006. A hydrogen peroxide/microwave advanced oxidation process for sewage sludge treatment. Journal of Environmental Science and Health, Part A. 41(2): 2623~2633

Woombs M, Johanna L P. 1986. The role of nematodes in low rate percolating filter sewage treatment works. Wat. Res. 20 (6) : 781~87

Wu J, Yu H Q. 2007. Biosorption of 2,4-dichlorophenol from aqueous solutions by immobilized phanerochaete chrysosporium biomass in a fixed-bed column. Chem Eng J, 1~8

Xiang L, Chan L, Wong J W C. 2000. Removal of heavy metals from anaerobically digested sewage sludge by isolated indigenous iron-oxidizing bacteria. Chemosphere, 41: 283~287

Xie M. 2002. Utilization of 8 kinds of metabolic uncouplers to reduce excess sludge production from the activated sludge process. Master Thesis. Beijing Technol Business University

Xiong S, Zhang B, Feng Z et al. 2010. The effect of experimental conditions on wet sludge pyrolysis for hydrogen-rich fuel gas. Acta Scientiae Circumstantiae, 30(5): 996~1001

Yang S F, Li X Y. 2009. Influences of extracellular polymeric substances (EPS) on the characteristics of activated sludge under non-steady-state conditions. Process Biochemistry, 44(1):91~96

Yang W, Cicek N, Ilg J. 2006. State-of-the-Art of Membrane Bioreactors: Worldwide Research and Commercial Applications in North America. Journal of Membrane Science. 270(1~2): 201~211

Yang X, Xie M, Liu Y. 2002. Metabolic uncouplers reduce excess sludge production in an activated sludge process. Process Biochemistry, 3(38): 1373~1377

Yarbrough J M, Rake J B, Eagon R G. 1980. Bacterial inhibitary effects of nitrite: inhibition of active transport, but not of group translocation, and of intracellular enzymes. Appl Environ Microbiol. 39(4): 831~834

Yu G, Juang Y, Lee D J et al. 2009. Enhanced aerobic granulation with extracellular polymeric substances (EPS)-free pellets. Bioresource Technol, 100: 4611~4615

Yutaka Y. 2002. Biomass Energy Characteristics and Technology of Energy Conversion. Tokyo: Media Communications Incorporate

Zabaniotou A, Theofilou C. 2008. Green energy at cement kiln in Cyprus-Use of sewage sludge as a conventional fuel substitute. Renewable & Sustainable Energy Reviews, 12(2): 531~541

Zakharov S D, Kuz′mina V P. 1992. ATP-synthase activity of the thermophilic bacterium Thermus Thermophilus HB-8 membranes. Biokhimiya, 57(4): 539~545

Zhang X, Bishop P L. 2003. Biodegradability of Biofilm Extracellular Polymeric Substances. Chemosphere, 50(1): 63~69

Zhao L M, Wang Y Y, Yang J et al. 2010. Earthworm-microorganism interactions: A strategy to stabilize domestic wastewater sludge. Water Reserch, (44): 2572~2582

Zlotorzynski A. 2005. The application of microwave radiation to analytical and environmental chemistry. Critical Reviews in Analytical Chemistry, 25(1): 43~76